钢铁冶炼行业
土壤及地下水污染防治

GANGTIE YELIAN HANGYE
TURANG JI DIXIASHUI WURAN FANGZHI

吴 剑 主编

·南京·

图书在版编目(CIP)数据

钢铁冶炼行业土壤及地下水污染防治/ 吴剑主编
. 一一南京：河海大学出版社，2020. 12
ISBN 978-7-5630-6823-4

Ⅰ. ①钢…　Ⅱ. ①吴…　Ⅲ. ①钢铁冶金—土壤污染—污染防治　②钢铁冶金—地下水污染—污染防治　Ⅳ. ①X757

中国版本图书馆 CIP 数据核字(2020)第 269054 号

书　　名　钢铁冶炼行业土壤及地下水污染防治
书　　号　ISBN 978-7-5630-6823-4
责任编辑　毛积孝
特约校对　王春兰
封面设计　徐娟娟
出版发行　河海大学出版社
地　　址　南京市西康路 1 号　(邮编:210098)
网　　址　http://www. hhup. com
电　　话　025-83737852(总编室)
　　　　　025-83722833(营销部)
经　　销　江苏省新华发行集团有限公司
印　　刷　江苏凤凰数码印务有限公司
开　　本　787 毫米×1092 毫米　1/16
印　　张　28
字　　数　549 千字
版　　次　2020 年 12 月第 1 版
印　　次　2020 年 12 月第 1 次印刷
定　　价　118.00 元

编写委员会成员

主　编　吴　剑

编　委　沈小帅　姜　洋　何　东　李媛媛　张庆泉

赵燕鹏　周　妮　提清清　李　晨

前　　言

钢铁，是一种铁碳合金，是人们日常生活中的重要组成，甚至可以说是现代社会的物质基础。19世纪以来，钢铁的工业化生产极大地推动了世界的现代化发展进程。钢铁冶炼行业属于能源密集型和资源密集型行业，其生产工序主要包括原料、烧结、焦化、炼铁、炼钢、轧钢等，行业企业具有生产规模大、工艺流程长、污染物排放量高的特点，在行业发展的同时也易产生环境问题。钢铁冶炼企业在生产过程中会产生大量的废水、废气和废渣，当环保治理与防护措施针对“三废”中污染物的去除和防护效果不足时，污染物最终的受纳区就是土壤。

土壤，是人类赖以生存的基石，时时刻刻与外界各环境要素之间进行着物质与能量交换。土壤具有一定的自净能力，但当排入土壤的污染物浓度超过了土壤的自净能力时，就会引起土壤化学、物理、生物等方面特性的改变，影响土壤的功能和有效利用，危害公众健康，破坏生态环境，产生土壤污染。地下水作为与土壤不可分割的一部分，在土壤受到污染时，污染物也易迁移至地下水中，并且污染物的迁移能力会随地下水的流动得到增加。

2014年4月17日发布的“全国土壤污染状况调查公报”显示：全国土壤环境状况总体不容乐观，重污染企业用地和工业废弃地是超标“重灾区”，土壤污染已成为我国可持续发展的制约因素。中国的钢铁冶炼企业多数建设于中华人民共和国成立初期，由于当时的管理水平和工艺技术有限，企业土壤环境保护意识不高，在生产经营过程中对土壤造成的影响在所难免。同时钢铁冶炼企业占地面积大、生产环节多、生产工艺复杂，企业生产设施经过几十年的修建、改造，地下设施、管线的实际状况往往难以考究。因此，针对钢铁冶炼行业土壤及地下水污染的分析、评估、修复、控制等方面的研究迫在眉睫。

本书以钢铁冶炼行业主体工艺流程的污染分析为基础，总结针对在产和关闭企业的土壤污染评价开展方式，结合钢铁冶炼行业主要特征污染物类型，分析污染物的特征、迁移转化规律以及污染治理手段。希望读者可以通过本书的介绍，了解钢铁冶炼行业的发展历程和工艺生产，掌握土壤污染评价的要求，增强对钢铁冶炼行业特征污染物迁移转化规律和污染治理手段的认识。同时本书为我国钢铁冶炼行业土壤及地下水污染防治提供了理论指导。

本书可以提供给钢铁冶炼，土壤监测，土壤及地下水评估、修复、控制、管理、研究等领域的从业人员和研究人员参考。

由于作者对书本内容认识有限，加之客观条件所限，书中疏漏和不足之处在所难免，恳请广大读者批评指正。

吴　剑

2020年10月

目 录

CONTENTS

第一章　现状概述

钢是一种铁和碳的合金，其中含有低于2%的碳和1%的锰及少量硅、磷、硫和氧。钢是世界上最重要的基础应用材料之一，从基础设施和运输，到储存食物的锡铁罐，已经渗透到人类生活的方方面面。利用钢材，可以创造庞大的建筑物或精密仪器的微小零件。钢已成为制造业、建筑业以及日常生活中不可或缺的组成部分。

伴随着19世纪的工业革命，欧洲和北美的钢铁工业开始崛起。然而，炼钢生产并非新技术，古代中国和印度的工匠大师已具备炼钢技能。直到工业革命，也就是200年前，人类科技的发展才使钢这个神奇材料变得不再神秘。

今天，钢铁生产商知道如何将铁、少量碳和其他微量元素进行完美配比，从而生产数百个钢种。然后将这些钢种进行轧制、退火和涂镀，并根据不同用途，生产具有特定性能的钢材。

世界城市人口正在日益增加。2010年，约有一半人口居住在城镇或城市。到2050年，该比例将达到70%左右。为了解决大量人口流动问题，城市在迅速扩张，正成为特大型城市。而建设这些特大型城市需要的众多材料中钢就是尤为重要的一种。住房和建筑行业是当今最大的钢材消费者，它们的用量占到钢铁产量的约50%。随着城市人口密度的增加，建造摩天大楼和公共交通基础设施仍需钢材。本书追溯了钢铁行业发展历史，介绍了钢铁冶炼行业重点工艺和产排污分析，并在此基础上，详细阐述了在产和关停钢铁企业可能发生的土壤和地下水污染及其防治措施。

第一节　钢铁冶炼行业发展进程

钢铁行业是以从事黑色金属矿物采选和黑色金属冶炼加工等工业生产活动为主的工业行业，包括金属铁、铬、锰等的矿物采选业、炼铁业、炼钢业、钢加工业、铁合金冶炼业、钢丝及其制品业等细分行业，是国家重要的原材料工业之一。此外，由于钢铁生产还涉及非金属矿物采选和制品等其他一些工业门类，如焦化、耐火材料、碳素制品等，因此通常将这些工业门类也纳入钢铁工业范围中。钢铁工业系指生产生铁、钢、钢材、工业纯铁和铁合金的工业，是世界所有工业化国家的基础工业之一。经济学家通常把钢产量或人均钢产量作为衡量各国经济实力的一项重要指标。

铁矿石是钢铁工业的主要原料。20 世纪 70 年代后期，全世界铁矿石总储量约为3 500 亿 t，其中富矿储量约为 1 500 亿 t(以上均不包括中国的储量)。苏联铁矿石储量占世界总储量的近三分之一，居世界首位，其后依次是巴西、玻利维亚、加拿大和澳大利亚。这五国铁矿石储量之和占世界总储量的 90%左右。苏联 20 世纪 70 年代各年的铁矿石产量为 1.95 亿～2.46 亿 t，占同期世界年总产量的四分之一，是最大的铁矿石生产国。澳大利亚、巴西、美国、中国、加拿大的铁矿石产量依次排在第二至第六位。

铁矿石资源丰富是发展钢铁工业的重要条件。全世界平均的矿铁比总的趋势是下降的，20 世纪 50 年代末高于 2.00，60 年代末降为 1.80 左右，70 年代末又降至 1.70 左右。矿铁比越低，表明进入高炉的废石越少，渣量越少，燃料消耗量越低，炼铁生产的综合经济效益越大。在富铁矿所占比例逐渐减小的情况下，要降低矿铁比，需要在选矿、烧结和球团等方面做大量的工作，并不断提高炼铁生产技术水平。70 年代主要产铁国中，日本的矿铁比最低，仅为 1.42～1.47；联邦德国次之，为 1.42～1.59；法国最高，达 2.00～2.64。

钢铁工业中所用到的燃料主要为焦炭，这是由煤在约 1 000 ℃的高温条件下经干馏而获得的，钢铁工业生产中高炉冶炼过程实际上是将铁矿石还原的过程，焦炭即充当了还原剂和热量来源。钢铁工业除需要大量铁矿石、焦炭为主要原料外，尚需锰矿、石灰石、白云石、萤石、硅石及耐火材料等辅助材料。据有关资料统计，平均炼出 1 t 铁需要 1.6 t 辅助材料。其中锰是钢铁生产中非常重要的一种辅料，锰矿被称为黑色金属资源，它是铁合金原料，能增加钢铁的硬度、延展性、韧性和抗磨能力，同时还是高炉冶炼过程中的脱氧脱硫剂。

一、全球发展进程

(一) 发展历程

19 世纪钢铁的工业化生产推动了全世界的现代化发展。但炼钢的起源还要追溯到数千年前，从我们的祖先开始采矿和炼铁时，就开始了炼钢。

4 000 多年前，古埃及人和美索不达米亚人发现陨铁并利用这个“神的礼物”来作为装饰，2 000 多年之后，人民才开始用开采的铁矿石来生产铁。炼铁的历史最早起源于公元前 1800 年的印度。公元前约 1500 年，安纳托利亚的赫梯人开始冶炼铁。公元前约 1200 年，赫梯王国灭亡，各部落迁徙到欧洲和亚洲的同时传播了他们的炼铁知识。从此“铁器时代”开始了。早在公元前 3 世纪，用木炭加热坩埚熔炼熟铁冶炼出“乌兹钢”，至今这种材料仍以其质量上乘而闻名。

工业革命起源于英国，其对世界范围内的制造、贸易和社会各领域产生了巨大影响。工业革命始于 18 世纪，那时铁在工业领域独占鳌头，而到 20 世纪末，钢成为新的霸主，成为现代世界位于核心地位的金属材料。现代钢铁生产始于树木的短缺。由于木材日益短缺，工人们开始用由煤制成的焦炭为反射炉提供燃料，这种加热炉通过炉壁和炉顶反射热量来提高熔炼温度。1709 年，亚布拉汗・达比(Abraham Darby)把高炉内用焦炭炼铁的技术推向了成熟。

随着工业革命继续推进，钢铁需求不断增加。金属材料对于贸易和运输业的发展至关重要。作为造船业的供应商，亨利・科特发明了通过搅拌搅炼炉内的熔融生铁水提高铁的质量以及获得最终产品前的金属轧制两项具有里程碑意义的生产技术，为新工业时代所需关键部件的大规模生产奠定了基础，如铁路运输的铁轨，并将轧机厂推向了工业化规模生产，把新开发的板材应用到铁船建造中。

1815 年，苏格兰工程师威廉・默多克(William Murdock)用废弃的步枪枪膛连接成管网，为伦敦的照明系统输送煤气。他的创举开启了钢管时代，如今钢管已成为现代社会建造油、汽和水运输系统等基础设施的基本材料。现代的钢管或是沿钢管长度方向进行焊接的焊管，或是通过中心穿孔生产出来的无缝管。曼内斯曼(Mannesmann)发明的斜轧穿孔工艺开创了无缝钢管生产技术发展的历史。

几个世纪以来，钢因其韧性高且易于加工出锋利面而备受青睐，但其发展受生产过程缓慢且价格昂贵的制约。19 世纪五六十年代，贝塞麦工艺、蓄热式炉、平炉工艺等新技术的不断涌现让钢大规模生产成为可能。此后，钢迅速代替了铁应用于铁路和各种建筑结构中，从高大的桥梁到日常人居的房屋都能看到钢的身影。利用钢能够制造出巨大的动力涡轮和发电机等，使得水和蒸汽能够被用来为工业化进一步提供动力，从而开辟了电力时代。

即将进入 20 世纪之际，炼钢业成为重要产业。英国科学家亨利・克里夫顿・索尔比(Henry Clifton Sorby)发现了在铁晶体中渗入少量碳元素将有助于增加钢强度的重大现象。随着对钢性能更深入的了解，合金钢被越来越广泛地生产和应用，1908 年，一艘名为“日耳曼尼亚”(Germania)的 366 t 重的游艇的船体即用铬镍合金制造。

20 世纪的两次世界大战对钢铁生产产生巨大影响。和其他重工业一样，由于军事装备的需要，在很多国家钢铁制造被收归国有，为生产坦克和战舰提供钢材。

而二战结束后，贸易和工业开始复苏，钢铁企业转向满足汽车和家用电器等消费需求；同时，人口膨胀期恰好也是房地产兴旺时期，建筑钢业的兴盛带动了主梁和钢筋混凝土需求量的提高。

伴随着经济不断繁荣以及技术不断创新，钢迅速融入人们的日常生活，并给人们提供了巨大的便利，最典型的就是家用电器的普及。到 20 世纪 60 年代，家庭中越来越多地使用到各类家用电器，包括冰箱、冷冻机、洗衣机、烘干机等，均离不开钢铁的生产应用。此外，还有起源于 1955 年的钢制集装箱，为船舶、公路、铁路运输提供了强大、安全的方法。同时，随着汽车的普及，促进了石油天然气工业的发展，也带动了所有钢材品种的发展。

新技术和基础设施的发展拉动了具有特定力学性能的新材料的需求。全球钢铁企业都开始应对这一挑战，推动创新研发，新钢种层出不穷，极大地拓展了钢的应用领域。通过添加一定数量的不同种元素到熔融的铁矿石中，可以生产出高强度低合金钢(HSLA)。

20 世纪中叶，炼钢技术获得巨大提升。碱性氧化炼钢法和电炉炼钢法成为主要的生产工艺，使得生产过程更高效、更节能，甚至允许生产者把废钢作为原料进行再利用。在引进如氧气炼钢法等新技术的同时，钢铁企业也不断改良现有铸造、轧制技术，生产出符合用户需求的板材、型材。

20 世纪 60 年代，汽车、家电的报废产生的废钢以及工业废钢成为重要的、容易获取且价格低廉的原料。加之电炉不需要铁水装炉，可以使用冷态炉料、预热废钢或者生铁装炉；原料装炉时，电极置于炉料下方，启动电弧从而产生足够的高温以熔化废钢。基于废钢的充足供应，且电炉钢厂建设成本较低，对二战后还处于恢复期的美国和欧洲工业来说是至关重要的。

随着粗钢生产工艺的革新，把钢水导入模具中进行铸造的新工艺也开始出现。20 世纪 50 年代以前，钢水被注入固定模具中形成钢锭，随后再轧成薄板，或其他形状及尺寸更小的钢材。在连铸技术中，钢水通过一套传输系统不断输送到结晶器中，形成连续的金属流。当凝固的钢液从结晶器中脱除后，可以被切割成板坯或者方坯，它们比传统铸锭更薄，更容易轧制成成品和半成品。

生产粗钢并制成铸锭或板坯只是炼钢工业的第一步。加热、冷却、捶打、轧制等生产工艺的逐渐精进，使得各种形状、尺寸的钢种制备成为可能。热轧和冷轧工艺不仅能降低钢坯厚度，还可以转变金属中铁和其他元素的晶体结构，这反过来又会影响钢材性能。热轧可提升材料塑性、韧性、耐冲击和振动性能，冷轧则能提高硬度和强度。通常，上述工序后还需进行退火处理：即加热到约 800 ℃后缓冷。例如，冷轧钢经加工硬化后会产生脆性，而退火能软化金属，同时又保留了能使材料加工为成品材的硬度,在汽车零件的生产过程中应用颇多。其他热处理工艺,例如淬火(快速冷却)和回火(淬火后重新加热)也能进一步精确控制各等级钢的力学性能。最后,钢材还需要涂层来防锈和防腐蚀,这对于船舶、桥梁和铁路用钢尤其重要,因为这些材料要在高温、低温、海水和雨水环境中服役,采用纯锌或锌铝混合层作为涂层的热镀锌工艺已被广泛应用。对于用于其他领域的钢材,有的在其表面涂底漆后再涂面漆,或采取防紫外线和防刮擦处理,或做特殊处理,或涂具功能性或装饰性的彩色饰面。

20 世纪 60 年代,电炉(EAF)的兴起为短流程钢铁厂的发展奠定基础,也为钢铁行业带来了显著的变化。传统的基于碱性氧气转炉(BOF)流程的联合钢厂需要高炉提供铁水,这需要巨大的投资。然而基于电炉流程的钢铁厂则不同。该流程使用废钢、直接还原铁(DRI)或生铁作为原料,生产线的建设成本通常较少,且运行更简单,因此被称为"短流程钢铁厂"。此外,需要的投资成本也较低,为新的创业者开辟了道路。

在美国和欧洲相继出现短流程钢铁厂的同时,亚洲也在钢铁规模和产能上开始了创新。20 世纪 60 和 70 年代的日本钢铁产业规模迅速扩张,紧随其后的韩国研发了大量先进的集成设备,生产从板卷到涂镀板的高品质板材,产品应用于汽车和家电制造行业。不同于欧美国家,韩国和日本基本上都没有平炉生产的历史。部分原因是日本国内缺乏废钢,于是直接采用了创新的氧气转炉(BOF)技术,建造大型高炉来提供铁水。

自 20 世纪 70 年代以来,美日德法英等世界主要工业国家纷纷进入后工业化社会,这些国家的钢铁生产出现不同程度萎缩。与此同时中国、印度、韩国、巴西、土耳其等国的钢铁工业蓬勃发展,逐渐成为重要的钢铁生产国。

1. 韩国钢铁业发展

钢铁工业在过去的半个世纪中,为韩国经济的腾飞做出了巨大贡献。20 世纪 60 年代后期,随着韩国经济政策的重心从生活消费品进口替代转为发展重化工业,钢铁工业成为韩国六大战略产业之一。1973 年,以现代化的浦项钢铁第一期工程竣工为标志,韩国钢铁工业进入了新的成长阶段。70 年代,在政府扶植下,韩国钢铁工业年复增长率达到了 21.9%,韩国也迈入世界钢铁大国的行列。

重工业的过快发展使得韩国的重轻工业结构失调。20 世纪 80 年代,韩国钢铁产业进入了调整阶段,由过去单纯地追求数量和规模转为追求质量、效益和技术含量。尽管如此,随着韩国机械、汽车、电气、造船等产业快速发展,韩国钢铁工业在 80 年代仍保持着 11%的发展速度。1981 年,韩国粗钢产量突破 1 000 万 t。韩国仅用 10 年的时间就将钢铁产量从 100 万 t 扩大到 1 500 万 t,而在世界钢铁发展史中以发展速度快而闻名的日本则用了34年。

进入20世纪90年后，技术创新成为韩国钢铁工业的重点。1997年，受亚洲金融危机冲击，包括起亚钢铁、韩宝钢铁等多家大型钢铁企业倒闭。韩国政府对钢铁工业进行了调整。2000年，韩国钢材产量开始恢复，比上一年增长8.7%，达到4 897万t。进入21世纪后，船用钢板、汽车用钢板等高附加值产品增长加快，而低附加值产品开始出现负增长。2013年，韩国人均钢铁消费量居世界第一位，主要的钢铁生产商有浦项钢铁、现代钢铁、东国制钢等，其中浦项钢铁是世界上最大的钢铁企业之一，也是全球最具竞争力的钢铁制造商。

2. 德国钢铁行业发展史

据史料记载，从公元前1世纪起在德国境内就有了炼制生铁的记录。随着第一次工业革命的兴起，各种新生产工具和交通工具的发明对钢材需求量急速增加，直接推动了钢铁工业的发展，各种新式炼钢法也纷纷问世。19世纪初搅炼法被引入德国，开启了德国现代钢铁工业的序幕。1811年，阿弗瑞德·克虏伯在埃森建立了德国历史上第一家铸钢铁厂，随后在鲁尔区各类炼钢铁厂纷纷建立。1850年普鲁士地区钢铁业的雇员数已多达13 500人，产量突破了21万t。1864年德国工业家弗里德里希·西门子和威尔翰姆·西门子与法国人皮埃尔·马丁共同发明了平炉炼钢法，这是德国钢铁工业史上最重要的发明之一，在德国一直使用长达132年。炼钢技术的进步加速了钢铁工业地区聚集及企业规模的不断扩大，1887年阿弗瑞德·克虏伯去世时克虏伯钢铁厂已经发展成为拥有20 000名员工的钢铁巨头。从1811年到1914年这100余年间，德国钢铁工业经历了跳跃式的发展，到第一次大战前行业雇员总数达44万余人，生产效率提高了25倍之多，钢铁生产总量到20世纪初已经突破200万t，奠定了德国工业强国的基础。随着德国发动两次世界大战，其钢铁工业也进入了垄断扩张阶段，经济垄断与政治独裁相结合及钢铁工业的全面军事化成为这一时期德国钢铁工业发展的两大特点。一战后德国钢铁工业在政府的扶持下得以迅速恢复，到1929年德国再次成为继美国之后的世界第二大产钢国。1931年弗里茨·蒂森加入纳粹党，标志着德国钢铁工业全面与纳粹势力结盟，而另一家钢铁巨头克虏伯钢铁公司则大发战争财，成为两次世界大战德国最大的军火供应商。客观上两次世界大战刺激了德国钢铁工业的井喷式发展，到1945年二战结束前，德国钢铁总产量已经达到了惊人的6 700万t。二战后期盟军对德国本土的钢铁工业基地鲁尔区进行了大规模的轰炸，基础设施损毁率高达80%以上，战后初期德国钢铁工业生产能力已不足战前的20%。随着德国分裂，东部地区的部分产钢设备被搬迁到苏联地区，西部地区则在美国马歇尔计划的扶持下开始复苏。为了防止德国军事实力的再度膨胀，西部占领国管理委员会一方面通过了钢铁工业“脱钩”决议，即瓦解战前存在的垄断型钢铁企业，避免钢铁工业与政界的关系过于密切；另一方面则全面支持钢铁工业的战后重建，1952 年在法国的倡议下成立了欧洲煤钢共同体，监控并确保德国钢铁工业有序发展。到 1957 年西德的粗钢总产量已经恢复至二战前 1 600 万 t 的水平。1974 年西德的钢产量则达到了历史最高纪录的 5 300 万 t，成为德国经济复兴的重要标志之一。现在，德国拥有众多世界级的大型钢铁集团，德国钢铁业呈现出较强的多头竞争态势。就冶炼技术而言，目前德国主要采用高炉炼钢法（占目前粗钢总产量的 68.9％）和电弧炉炼钢法（占目前粗钢总产量的 31.1％）。

德国钢材工业正处在由传统的原材料供应商向系统供应服务商转换的过渡时期。德国钢材企业通过对各种原材料的组合可以向客户提供其所需的解决方案，并成为德国经济界新材料供应商，从而不断开辟新的应用领域。目前，德国钢材工业的回收运用率极高，为环境保护和原材料及能源的节约作出了重要贡献。

（二）世界钢铁工业发展现状

20 世纪 70 年代以前，钢铁、汽车、石油一直是资本主义国家的主要支柱产业。但 20 世纪 70 年代后，由于科学技术的发展，钢铁工业的重要性有一定程度的削弱，钢铁工业的利润迅速降低，目前，钢铁工业已经成为一个微利行业，不再有昔日的风光。钢铁工业重要性的削弱、利润的降低，使钢铁工业的竞争更加激烈。降低成本，改进技术，开发、抢占新市场成为各大钢铁公司为在竞争中取胜而采取的主要战略。当前，全球钢铁生产和贸易主要呈现以下格局：

1. 全球钢铁生产现状

（1）发展中国家在世界钢铁生产中的地位得到提升

钢铁工业曾经是发达国家的支柱产业，对发达国家的经济腾飞起到重要作用。但随着发展中国家经济的崛起，以及对钢铁技术的掌握，发展中国家在世界钢铁生产中也逐渐占据重要地位。以我国为例，1996 年成为世界第一大产钢国，且 1996 年到 2000 年间一直稳居世界第一的地位。据美国动态钢铁咨询公司提供的数据，在未来 10 年，钢铁生产的重心将从发达国家向发展中国家转移，发展中国家的钢铁生产潜力将进一步得到发挥。

（2）全球钢铁生产企业联盟、重组、纵向一体化踊跃

高新技术的突破引发世界经济结构调整，极大提升了全球钢铁生产能力，同时也把钢铁产业推向了产能过剩的境地。目前全世界钢铁的生产能力为 10 亿 t，但产能利用率仅为 80％左右。再加上全球经济增长放缓，投资者对钢铁需求影响巨大的两个行业包括建筑和汽车的发展前景不甚乐观，影响了大众对钢铁行业的预期，钢铁产品价格近几年一直处于低迷状态，这对于本已是微利行业的钢铁生产来

说，更是雪上加霜。以美国为例，近年申请破产保护的钢铁企业就达20多家。

钢铁生产企业为降低成本，增强实力，纷纷走上了联盟、重组的道路，企业重组、并购不仅表现在国内，还扩展到国际。2000年8月以前，钢铁企业的重组主要以德国克虏伯公司同蒂森公司、法国北方钢铁联合公司同比利时科克里尔桑不尔钢铁公司、卢森堡法比卢联合钢铁公司与西班牙冶金公司等的联姻合并为代表。2000年8月以后，钢铁公司的联盟、并购成为席卷国际钢铁企业的主流，韩国浦项制铁与新日铁宣布战略结盟，共同发展基础技术，并扩大在第三国的合资事业和情报资讯合作，以及提升相互之间的持股比例。这一事件引起了欧洲钢铁产业的强烈反应，它们立即作出回应加以整合，2001年2月20日，法国尤西诺、卢森堡雅贝德和西班牙阿塞拉西亚钢铁宣布合并，组成世界第一大钢铁厂，新钢铁厂年产量预计将达到4 440万t。

全球钢铁企业联盟、重组的同时，为降低成本和降低单一经营风险，有的企业还采取了纵向一体化的战略。如澳大利亚必和必拓(BHP)公司成功购买了巴西卡伊米(Caemi)公司的控股权。Caemi公司是巴西第二大铁矿石企业MHR的母公司，并拥有加拿大魁北克卡捷采矿公司50%的股份。BHP公司出资3.32亿元购买Caemi公司20%的股份，相当于Caemi公司有投票权股票的60%。

(3) 钢铁生产商积极开发研究高新技术产品

进入21世纪，随着炼铁、炼钢材料的多样化及钢铁产品的替代品的增加，客户对钢铁产品的品种和质量要求将越来越严格。为保持钢铁材料在21世纪作为基本工业原料的主导地位以及提高世界钢铁工业的竞争力，钢铁生产商们积极开发研究高技术含量产品。日本、欧洲和美国的三大主要钢铁组织前段时间宣布，以后钢铁工业的技术发展目标为高效、环保的炼铁技术，他们认为新的钢铁产品应有益于资源的重复利用，新的钢铁产品的应用应有利于建设生态友好的社会，同时他们认为今后研究和开发的重点，应放在对流程的改进和开发上，从而能处理一些焦点问题，例如资源、能源、环保和回收，以及为满足客户的需要而进行的产品开发和应用技术的创新。

2. 全球钢铁贸易现状

(1) 国际市场竞争日趋激烈，竞争的焦点主要集中在高附加值产品上

1999年钢材贸易量为2.7亿t，其中高附加值钢材的贸易量占到65%。同时由于一些高附加值产品的生产能力已远远大于需求，如不锈钢、镀锡板、镀锌板等设备开工能力只有40%～70%，使得国际上高附加值钢材的竞争白热化。一些世界著名的钢铁企业不惜耗费巨额投资对现有企业的先进生产线进行超前性的技术改造，以确保在高附加值产品领域的竞争优势。

(2) 日本、欧盟、俄罗斯、韩国等国家在全球钢铁出口贸易中占有主导地位

根据英国钢和铁统计局(ISSB)的统计数据,2000 年全球钢铁出口量约为 2.2 亿 t,其中日本居世界钢铁出口之冠,俄罗斯次之,德国行三,乌克兰位居第四,比荷卢联盟位居第五。其中,日本、韩国、欧盟出口的主要钢铁产品为高附加值产品,如不锈钢、冷扎硅钢片、汽车面板和大尺寸造船板等;俄罗斯、乌克兰由于技术装备水平相对较差,出口的主要产品为一些附加值较低产品,如钢坯、建筑用钢材等。

(3) 钢铁贸易保护主义兴起,钢铁出口形势困难

由于近年来经济增长趋缓,各地区市场需求疲软,用户和分销商调整库存,钢材进口缺乏动力;另外各国政府在本国钢铁企业的呼吁下,加强了对进口钢材的监控,并采取了一系列的贸易保护措施,导致全球钢铁出口形势更加严峻。这些措施主要包括:提高关税、制定配额、采用进出口监督机制等非关税壁垒。特别是 2001 年美国布什总统授权国际贸易委员会对进口钢材产品进行历史上规模最大的 201 条款贸易调查,以及近期宣布的对 12 种钢铁产品征收幅度大约 8%～30% 的进口税,将很可能引发新一轮全球钢铁贸易保护战,使本已十分严峻的全球出口形势变得更加恶劣。美国是全球最大的钢铁进口国,被征收进口税的 12 种钢铁产品占其总进口量的 80%。美国的这一决定引起了亚洲、欧洲许多国家的不满,这些国家纷纷表示要采取相应行动。

二、国内发展进程

(一) 发展历程

中国的炼钢历史可追溯至公元前 2 世纪,其炼钢工艺接近于“贝塞麦酸性转炉炼钢法”;大约在公元 600—900 年,唐朝已广泛应用钢制农用工具。

钢铁产量通常与经济发展同步,尽管炼钢在中国拥有悠久的历史,但到 20 世纪下半叶我国钢铁产业一直相对落后。直到 1949 年新中国成立,政府采取措施发展工业基础设施,新建钢铁厂。20 世纪 80 年代改革开放以后,我国经济开始真正腾飞。对外开放促进了快速的经济增长和炼钢产能的大规模扩张。截至 2011 年末,我国成为世界上最大的产钢国,粗钢年产量超过 6.8 亿 t。

钢铁的大部分产能为中国快速的城市化发展提供物质保障,城市和基础设施以惊人的速度发展以实现现代化。为了实现中国钢铁自足,1978 年在上海港附近的宝山建成了一座全新的钢铁厂——中国宝钢集团有限公司(以下简称“宝钢”)。

到 20 世纪中叶,中国还新建了许多钢铁企业,据统计,当时有超过 4 000 家钢铁企业,年产粗钢 3.5 亿 t。然而,这仍不能满足需求,中国钢铁工业的规模和产量继续增长。2011 年,河北钢铁集团成为中国最大的钢铁公司,粗钢产量超过

4 400 万 t，成为世界第二大钢铁生产商。宝钢紧随其后，产量 4 300 万 t，位居世界第三。

目前，我国钢铁企业虽然发展较为稳定，但仍然存在一些不足，具体包括以下两个方面，分别是供过于求，利润降低以及环保压力，污染严重。近年来，低端钢铁产能过剩导致我国钢铁企业效益逐渐降低。根据我国工信部关于钢铁产能销量的数据，我国在 2015 年的时候粗钢生产量达到 8.04 亿 t，占全球粗钢生产总量的49.54%，而我国粗钢消费数据为 7 亿 t，相比 2014 年同期下降了 5.4%。而根据中国钢铁工业协会统计的数据可知，我国在 2009 年和 2010 年钢铁企业的平均利润率不到全国工业平均利润率的一半，而 2011 和 2012 年该利润也是所有行业里利润最低的。受到国内外宏观经济调控的影响，我国钢铁市场需求不容乐观，产能利用率持续降低。

2017 年，供给侧改革、去产能、环保限产多个政策从根本上改变了钢铁行业供需格局。从总供给来看，我国 2017 年全年粗钢产量 8.32 亿 t，同比增长 5.7%；钢材总产量 10.48 亿 t，同比增长 0.8%。全国粗钢表观消费量 6.62 亿 t，钢材表观消费量 8.87 亿 t。钢材总量增速虽然较低，但因为小钢铁厂的关停，落后产能清理，钢铁行业整体竞争环境改善。主要钢材价格持续上升：螺纹钢、热轧板卷、冷轧板卷、普碳中板等品种全国现货均在 2017 年有明显涨幅。相关专家表示，2016 年以来，通过扎实推进重点领域化解过剩产能工作，总量性去产能任务已经全面完成，系统性去产能、结构性优产能初显成效。产业结构和生产布局得到优化，供给质量和效率大幅提升，行业健康发展的长效机制不断完善。未来，要进一步推动钢铁、煤炭、电力企业兼并重组和上下游融合发展，更多依靠市场机制和科技创新优化生产要素配置，推动先进产能向优势地区和企业集中。并通过技术创新、产业融合、发展新兴产业等方式，鼓励传统煤钢企业转型升级，形成新的经济增长点。

2019 年我国粗钢产量再创历史新高，全国生铁、粗钢和钢材产量分别为 8.09 亿 t、9.96 亿 t 和 12.05 亿 t，同比分别增长 5.3%、8.3%和 9.8%。2019 年钢铁行业市场需求较好，基建、房地产等下游行业运行稳定，国内粗钢表观消费量约 9.4 亿 t，同比增长 8%。预期我国 2020 年钢铁总产能将达到 12.13 亿 t，2020 年是钢铁煤炭等重点行业去产能的收官之年，未来将进一步加快僵尸企业处置，严控产能总量。为防止已经退出的钢铁项目死灰复燃，进一步完善钢铁产能置换，促进钢铁项目落地的科学性和合理性，国家发改委、国家能源局以及各地方政府也加大了去产能政策力度。钢铁大省河北发布了 2020 年淘汰落后产能工作方案，推进各地市对重点行业进行全面排查，将落后产能全部淘汰到位。山东省也加大排查工作力度，通过依法关停、停业、关闭、断电、断水等方式，确保落后生产工艺装备或落后产品按时有序退出。2020 年同样是“十三五”规划的收官之年，钢铁发展面临复杂多变的形势。全行业将按照中央经济工作会议要求，坚持以供给侧结构性改革为主线，巩固钢铁去产能成效，提高钢铁行业绿色化、智能化水平，提质增效，推动钢铁行业高质量发展。(以上数据来源于相关行业网站公开数据)

(二) 目前我国钢铁行业特征

我国钢铁消费总量进入峰值平台区，消费的质量和个性化需求越来越高。2014 年 1—11 月，我国粗钢表观消费量同比下降 2%，这是我国已经进入钢铁消费总量峰值平台区的明显信号。

钢铁业将进入大变革、大调整阶段，在新的产业发展格局中重新谋划发展定位，提高生存发展能力成为新趋势。新常态必然加速企业分化，分化的过程就是产业内部集中和产业结构优化的过程。分化是钢铁工业优化的前提，只有分化，才能优化。企业在这样的大变局中都面临着重新定位。

新变化、新趋势，推动企业重塑竞争新优势。长期依靠数量扩张和价格竞争的模式给钢铁产业发展带来了极大的损害，使众多企业筋疲力尽、苦不堪言。企业转向以质量型、差异化竞争为主的新阶段是势所必然。

企业加快改革创新的内生动力明显增强。新形势对企业改革创新形成倒逼机制，通过改革激活并强化企业的内生动力，实现思维方式和思想观念的彻底转变。凡没有体现出完全市场化的内容，都需要大胆变革、大胆颠覆。

企业依法合规经营、绿色发展，进入新阶段。企业改革发展越是艰难，越要依法合规；企业越大，其经营发展就越依赖法治；企业经营风险防范也越来越需要法治来规避。徐乐江强调，2015 年企业依法治企的重点就是抓新环保法。

加强资金链管理，有效规避经营风险得到普遍重视。企业将面临加强资金管理、防范资金风险、提高资金使用效率、保证资金链安全的严峻考验。

(三) 我国钢铁行业面临的挑战

目前我国宏观经济发展进入新常态，钢铁产业整体发展放缓。钢铁产业集中度偏低、产能过剩、国际竞争力不强、资金供应不足是我国钢铁产业发展面临的主要问题。在新常态经济发展形势下，我国钢铁行业的转型和发展面临以下挑战：

1. 宏观经济发展进入新常态，钢铁工业总体发展放缓

党的十八大以来，经济发展进入新常态。不同于以前的经济发展方式和发展速度，经济发展步入结构调整期，原有的服装、制鞋等劳动力密集的行业出现了部分企业倒闭的现象。经济的内涵式发展，使得原有依靠房地产、基础设施投资驱动经济发展模式的弊端逐渐显现。在这样的宏观经济背景下，钢铁工业作为重工业的代表在运营方面出现了很多问题，主要有产能过剩、产业集中度不高、国际竞争力不强等。

而随着产能过剩、全行业亏损加剧，银行对钢铁行业采取各种限贷措施，对钢铁企业信贷大幅收紧，而钢铁企业的资金大多来源于银行的贷款，资金链断裂是钢铁企业面临的最大风险。因此，钢价跌、贷款难已经成为钢铁行业面临的重大问题。

2. 钢铁业整体经济效益偏低，市场竞争激烈，经营困难长期存在

自2014年以来，钢铁业总体呈现高投入、低价格、低效益的态势，钢材成品价格持续走低。中国钢铁工业协会（以下简称"中钢协"）数据显示，2014年9月份国内钢材综合价格指数为86.35点，连续第12个月低于100点，其中长材价格降幅大于板材价格，均是2003年1月份以来的最低水平。2014年前三季度，全国共生产粗钢6.18亿t、生铁5.42亿t、钢材8.39亿t，分别比上年同期增长2.34%、0.38%和5.02%，增幅均大幅回落。钢材企业效益低下，其主要原因是：第一，钢铁产品需求缺乏价格弹性，建筑规范决定了每平米消耗的钢材数量，不会因为钢材价格的上涨而减少用量，而钢铁行业产能过剩，产业分散，且产业中存在众多的炼铁全流程生产企业；第二，企业品牌建设滞后，竞争手段单一，在需求放缓的环境下，企业为了保住市场份额，竞相降价，产品质量信息不透明，销售利润率偏低，导致整个行业生产效益低下；第三，钢铁企业不发展钢铁，有的钢铁企业争取到银行贷款，没有把钱投入钢铁主业发展和技术研发，而是转手将银行贷款投入了房地产和金融投资领域，只想赚快钱。

3. 钢铁行业产业集中度偏低，钢铁企业高端产品竞争加剧

产业集中度是指行业内少数企业的生产量、销售量、资产总额等指标对该行业的支配程度，即少数企业的销售额占该行业总量的百分比，从产业内部组织来反映该行业的国际竞争力和对市场的支配能力。钢铁行业的产业集中度可以用最大几家钢铁生产企业的产量与行业全部产量之比来衡量。国外钢铁企业规模大、数量少，钢铁产业集中度高，少数大企业的钢产量占到行业总产量的一半以上。中国钢铁产业集中度一直较低，2013年，粗钢产量前十名的钢铁企业集团产量占全国总量的比重为39.4%，同比下降6.5个百分点；前30家占55.1%，同比下降5.9个百分点；前50家占65.3%，同比下降4.6个百分点。产业集中度不升反降，加剧了市场竞争。大型钢铁企业精品板材项目不断增加，越来越多的企业将重点放在了高端产品方面，甚至重复研发其他企业已有产品，造成高端产品同质化竞争加剧。多数钢材品种均处于过剩状态，企业价格战加剧。大批规模小、专业化生产水平低的小型钢铁企业彼此之间无序竞争，加剧了整个钢铁行业的产能过剩。

4. 新环保法倒逼钢铁业进行技术改造

第十二届全国人民代表大会常务委员会第八次会议通过的《中华人民共和国环境保护法》已于2015年1月1日起正式施行。新环保法针对钢铁业的8项新标

准发布后，钢铁行业受到了极大震动。新标准几乎覆盖了从铁矿石采选、烧结、炼焦、炼铁到轧钢的全工序。钢铁环保治理针对的污染物种类更加细化，污染物排放标准也大幅收紧。有的企业现有的环保设施较为落后，设备本身无法达到新标准要求，需要进行改造或增加环保设施。有的企业现有环保设施因技术、质量、运行成本、管理等问题不能正常运行，与主体工艺设备同步运行率较低，致使其污染物排放不能达标。这些企业需要投入大量资金进行环保技术改造，这对原本利润微薄、普遍亏损的钢铁企业来说是极大的挑战。

（四）我国钢铁行业新趋势——智能制造

智能制造不单是指拥有智能化工厂，而是指在全供应链上，无论是从横向还是纵向来看，利用原料、制造及销售产品的方式都发生革命性的转变——以顾客的需求为中心。

这一转变不仅仅是一个生产环节上的改变，还涉及供应链上多方之间的信任和数据安全问题。钢铁行业应对这一趋势有积极应对的实例，尤其是在业务单元的垂直整合上，其将智能工厂各生产环节连接在一起。在国内，包头钢铁（集团）有限责任公司（以下简称“包钢”）已将智能化系统应用于实践中。

将机器人嵌入生产线，代替人去完成高强度、重复性乃至有危险性的劳动，是国内钢铁行业迈向智能制造的重要一步。这些自动化设备不仅降低了工人的劳动强度，还提升了工作的准确度，节省了成本。使用捞渣机器人后，出渣率由原先的10%降低到了9%，降低一个百分点，折算到一年里面，大约可以节省60万元。目前，包钢已有多条生产线上岗了工业机器人。在煤焦化工分公司，回收区域硫酸铵自动打包生产线高效运转，整套生产线由码垛机器人系统、机器人袋式抓具、自动上袋机等组成，从打包到输送，整个流程一气呵成，干净利落。在金属制造公司，自动贴标签机器人不仅能为钢卷贴标、扫码，还能校验钢卷信息，确认无误后才予以放行。人工进行钢卷贴标大概有千分之五的出错率，机器人嵌入生产线后，每台机器人能代替一个班（约24人）的工人，可提高贴签效率10%左右，且工序质量明显提高。在炼钢厂，连铸机自动加渣系统、“一键式”炼钢模式，让工厂职工告别了脏与累。

在包钢的白云鄂博矿区，每天都能看到几辆高6.8 m，载重170 t的“大块头”矿车沿着既定路线，准确无误地向指定位置运送矿石。在矿车明亮的驾驶室内，本应由驾驶员掌控的方向盘现在由电控方向盘代替。油门、制动，全部为电动传感。靠着先进的GPS与视觉感知技术，无人驾驶矿车能够准确感知周边环境；而强大的5G边缘计算能力与核心云计算能力，让矿车有了自动分级决策的“大脑”。这些高科技傍身的矿车不仅可以完全按照编程路线行驶，而且不受恶劣环境影响，可以说是风雨无阻。作为全国首个无人驾驶运输运营的露天矿山，包钢白云鄂博矿区于2018年8月迎来第一台无人驾驶矿车的实地测验。在不到两年的时间内，已有4台无人驾驶矿车在矿区正式上岗了。随着矿车数量的增多，矿区依托5G网络，搭建了远程智能调度监控平台，建设了“车车-车网-车地”通信系统，实现车辆的远程操控、自动避障、实时调度。同时构建起“露天铁矿石石方-铁矿原石运输矿卡无人驾驶作业集群”，让矿车可以协同工作，互相配合，最大程度减少了工程现场作业人员数量。白云鄂博智慧矿山项目的第二部分是无人机测绘。无人机可以对矿山的地理情况进行测绘，并将数据传回来，通过分析数据就能解决每天要采什么地方、采多少等问题，还可以依托数据建立数字模型，优化采矿过程中的管理。第三部分是调度系统，这是智能矿山的核心。基于上面两个系统传送来的数据，可以监控整个生产过程并对整个调度系统进行优化，找出最佳的控制方法。目前，正在进行的建设项目有生产智能调度系统、智能矿区安全监控系统、电铲智能管控系统、牙轮钻机智能管控系统等。在智能化管理下，矿区综合效益提升10%以上，整体能耗下降5%以上，节能环保水平也显著提升。随着我们国家5G技术的快速发展，以及工业互联网的建设，未来的白云鄂博矿山将会是一座集安全、绿色、智慧、人文及科学于一体的矿山。

在金属制造公司的冷轧智能仓库，百米厂房内只有机械设备在有条不紊、尽职尽责地工作。机器人把标签贴在钢卷上，为钢卷打上二维码，这些二维码是钢卷的“身份证”，是串联起库区物联网的关键信息，只要对着它“扫一扫”，相关数据就会实时上传至库区管理系统，管理人员可以轻松查询、跟踪。带着“身份证”的钢卷在传输带上稍作停留，便被有着两条巨大吊臂的无人行车吊走入库。这些悬在空中的无人吊机“手脚灵活”，能够准确识别、吊运钢卷，且不会对钢卷产生损耗。同时，它们的安全性能很高，吊机运行的边界设有黄色安全隔离栏，隔离栏上每隔一段距离都有一道安全门，工作人员想要进入库区，必须按下门上的红色按钮，获得管理系统的许可，门才会打开，确保了无人库安全有序运行。

在库区的操作室内，管理人员面前的电脑屏幕上正显示着库区的三维立体建模，与整个模型外面的库区的实际运作情况别无二致。库区之所以能实现全流程自动跟踪和管控，源于它有一个智慧的“大脑”——库区管理系统，系统拥有庞大的信息网络，可以通过行车智能调度、路径规划、垛位分配等功能，完成五条生产线上所有钢卷的下线入库、上线出库、库内倒垛以及所有行车和地面设备的无人作业，还可以对物料进行实时跟踪。智能仓库的使用，不仅缩短了作业时间，而且钢卷损率下降了90%，作业准确率也大大提升。更重要的是，无人智能库运行后，减少了36名吊车司机和4名地面人员，目前一个班只有2个人负责吊车生产系统看护和应急操作，每年可节省人工成本479万元。

第二节　钢铁冶炼行业对社会发展的影响

钢铁在我们生活中无处不在是有其缘由的，钢铁是了不起的合作者，它与所有其他材料一起共同推动了经济增长和社会发展。钢铁业是过去 100 年全球经济发展和社会文明进步的重要物质基础，它仍将扮演同等重要角色迎接下一个 100 年的挑战。

一、经济影响

钢铁工业在世界上是仅次于石油和天然气的第二大产业，估计全球营业额为 9 000 亿美元。钢铁可应用在每个重要的行业：能源、建筑、汽车交通、基础设施、包装及机械等，人均世界钢铁消费量从 2001 年的 0.150 t 稳步增长到 2017 年的 0.214 5 t，它促进世界更加繁荣。到 2050 年，钢铁消费量有望增加到目前水平的 1.5 倍，以满足人口日益增长的需求。

现在我们都把钢和铁工业合称为“钢铁工业”，好像它们本身就是一个整体，但是在历史上它们是不同的产品。钢工业通常被看作经济进度的指标，因为钢在基础设施与整体经济发展中有着举足轻重的作用。在 1980 年，美国共有 500 000 名钢铁工人，到 2000 年，数量减至 224 000 人。中国与印度经济的急剧增长，导致近年对钢铁的需求量也跟着大幅增加。在 2000—2005 年，世界钢铁的需求量共增加了 6%。自 2000 年起，好几家印度及中国钢铁商成功突围而出，晋身世界一流钢铁行业之列，例如塔塔钢铁（于 2007 年收购柯以斯集团）、上海宝钢集团及江苏沙钢集团。然而，安赛乐米塔尔仍然是世界上最大的钢铁生产商。根据英国地质调查局的数据，在 2005 年中国是世界第一名的钢铁生产国，钢铁产量占全球总产量的三分之一，第二、三、四名分别为日本、俄罗斯及美国。伦敦金属交易所于 2008 年开始将钢材列入交易范围。在 2008 年底，钢铁工业面对了一场激烈的经济衰退，因此对生产规模做了不少削减。

钢铁工业作为国民经济的基础原材料产业，在经济发展中具有重要地位。中国钢铁工业不仅为中国国民经济的快速发展做出了重大贡献，也为世界经济的繁荣和世界钢铁工业的发展起到积极的促进作用。中国是钢铁生产的大国，从 1996 年钢产量首次突破 1 亿 t 开始，一直稳居世界钢产量排名第一的位置。2008 年中国粗钢产量达到了 5 亿 t，超过位居第二位到第八位的国家的粗钢产量的总和。粗钢产量连续13年居世界第一。中国钢铁工业不仅在数量上快速增长，而且在品种质量、装备水平、技术经济、节能环保等诸多方面都取得了很大的进步，形成了一大批具有较强竞争力的钢铁企业。然而，辉煌成绩的背后却难掩中国钢铁企业普遍面临的经营困难。

中国粗钢产量自1996年开始超过日本，自2002年起呈翻倍增长。而2008年、2009年，日本和全球产量都有下降的趋势，反观中国粗钢产量仍然保持增长状态。根据国家统计局公布，2008年我国有四万亿经济刺激政策，故而大量投资涌入钢铁产业，导致重复建设，粗钢产能不断上涨。另一方面，国产铁矿石价格高于进口铁矿石价格，增加了钢铁企业的生产成本。而对于进口铁矿石价格，我国钢铁企业又没有议价优势。

2020年上半年中国钢铁行业运行具有以下特点：生产依然维持高位运行状态。1—6月份，全国生铁、粗钢、钢材产量分别为4.33亿t、4.99亿t和6.06亿t，同比分别增长2.2%、1.4%和2.7%。由于产能过剩等综合原因，钢铁价格低位徘徊。据中钢协监测，中国钢材价格指数平均为101.0点，同比下降7.7%，其中，长材平均下降8.2%，板材平均下降7.5%。但矿石进口量价齐增。据海关总署数据，6月份，铁矿石进口10 168万t，环比增长16.8%，同比增长35.3%；进口均价100.8美元/t，环比增加10.0%。1—6月份，铁矿石累计进口54 691万t，同比增长9.6%；进口均价90.2美元/t，同比增长0.9%，较一季度增加1.8%。再反观钢材贸易，压力攀升。据海关总署数据，1—6月份，全国累计出口钢材2 870.4万t，同比下降16.5%；全国累计进口钢材734.3万t，同比增长26.1%。而钢材库存维持高位。据中钢协监测，6月下旬，重点统计企业钢材库存1 362万t，比上月末增加33万t，增幅2.5%；同比增加239万t，增幅21.3%。全国主要钢材市场五种钢材（中板、冷轧薄板、热轧薄板、线材和螺纹钢）社会库存量为1 216万t，环比下降96万t，降幅7.3%；同比增加71万t，增幅6.2%。总体来看，上半年我国钢铁行业经济效益大幅下降。据国家统计局数据，1—6月份，黑色金属冶金及压延加工业实现营业收入31 860.4亿元，同比下降3.8%；实现利润总额840.8亿元，同比下降40.3%。钢材消费持续增长。1—6月份，我国粗钢表观消费量48 066万t，同比增长3.8%。从下游用钢行业情况看，与一季度相比，二季度房地产新开工施工面积、汽车产量、船舶产量分别增长145.8%、87.1%、55.9%，有力支撑了钢铁产量的增长。

2020年6月12日，国家发展改革委、工业和信息化部、国家能源局、财政部、人力资源社会保障部和国务院国资委六个部门联合印发《关于做好2020年重点领域化解过剩产能工作的通知》，提出扎实推进重点领域化解过剩产能工作，强调进一步做好重点领域去产能工作，全面巩固去产能成果；分类处置年产 30 万 t 以下煤矿和长期停产停建的“僵尸企业”，加快退出落后产能。对尚未完成“十三五”去产能目标的地区和中央企业，要确保去产能任务在 2020 年底前全面完成。

专家表示，2016 年以来，通过扎实推进重点领域化解过剩产能工作，总量性去产能任务已经全面完成，系统性去产能、结构性优产能初显成效。产业结构和生产布局得到优化，供给质量和效率大幅提升，行业健康发展的长效机制不断完善。未来，要进一步推动钢铁、煤炭、电力企业兼并重组和上下游融合发展，更多依靠市场机制和科技创新优化生产要素配置，推动先进产能向优势地区和企业集中。并通过技术创新、产业融合、发展新兴产业等方式，鼓励传统煤钢企业转型升级，形成新的经济增长点。

二、环境影响

钢铁行业属于能源密集型和资源密集型行业，生产规模大、工艺流程长、污染物排放量显著，其极大发展的同时也造就了较多的环境问题。钢铁行业的生产经营主业包括原料采选、燃烧炼铁、冶炼合金、连铸和轧钢等。在生产过程中会产生大量的废渣、废水和废气，其中排放量最大的是废气。钢铁在冶炼过程中排放的废气中主要含一氧化碳、二氧化硫等有毒有害物质，同时会携带大量粉尘。

（一）我国钢铁行业环境污染成因分析

1. 缺乏先进的工艺装置和技术

调查报告显示，我国现有高炉千余座，容积在 300 m^3 以上的高炉数量非常多，并且 20 t 以下的转炉年生产率占总产能的 10%左右，相比发达国家，我国钢铁行业的生产装备大型化储备不足。其次，钢铁行业产品缺乏较高的附加价值，存在大量的低水平产能，且生产质量无法达到市场标准，严重浪费能源和资源，并相应产生了较大的环境污染问题，无法有效回收利用可燃性气体，煤气的放散率也比较高，不能通过有效措施回收转炉煤气。此外，我国南北方的水资源差距也较大，沿海钢铁企业虽不存在水资源短缺问题，但企业的水资源循环利用率较低。

2. 钢铁行业环保措施力度不大

在控制钢铁行业废气污染时，主要是对排放总量进行控制，但我国二氧化硫废气处理排放技术与发达国家存在较大差距，无法全面实现总量控制目标，二氧化碳排放量及重金属排放量仍存在超标问题。我国在烟气脱硫装置方面仍存在较多问题，缺乏符合发展要求的脱硫工艺。我国的煤炭和铁矿石普遍含硫量较高，外国的脱硫技术无法适用于我国，经脱硫处理后产生的物质无法进行二次利用，脱硫装置的成本费用也较高。按照我国当前对脱硫废水处理装置的配置要求来看，中小型企业尚无法承受设备购置成本。

3. 钢铁行业清洁生产工艺落后

现阶段，我国钢铁行业中仅有宝钢的清洁生产工艺能够媲美国际一流水平，其他中小型企业在清洁生产技术等方面还较落后。由于缺乏先进的节能生产工艺，导致钢铁行业的能源消耗和资源消耗也较高。

（二）钢铁行业环境污染的改善措施

随着社会发展对节能环保的要求不断提升，钢铁行业的绿色发展也逐步开展。从近年来我国钢铁行业废水和废气排放的调研报告可看出，污染物排放量均呈现利好趋势。2015 年，钢铁行业节能与 2014 年相比，统计的中钢协会员生产企业总能耗、吨钢综合能耗、吨钢可比能耗以及烧结、炼铁、炼钢、轧钢等主要工序能耗均呈下降趋势。同时，外排废水中化学需氧量、氨氮、挥发酚、总氰化物、悬浮物和石油类六项主要污染物排放量及外排废气中二氧化硫、烟粉尘等主要污染物排放量均下降趋势。其中外排废水中悬浮物、石油类排放量比 2014 年下降幅度达 30%以上，化学需氧量、氨氮和挥发酚排放量比 2014 年下降幅度达 20%以上；外排废气中二氧化硫排放量比 2014 年下降 24.3%，吨钢二氧化硫排放量比 2014 年下降 21.59%，烟粉尘排放量比 2014 年削减 1.9 万 t。另外，2015 年累计利用废钢资源 4 344.99 万 t，比 2014 年减少 430.53 万 t，下降 9.91%，其中生产回收 2 154.66 万 t，比 2014 年增加 28.84 万 t，增长 1.34%。国内采购 1 931.86 万 t，比 2014 年减少 458.37 万 t，降低 23.73%。

1. 生产环节的污染源头处理措施

（1）适度扩大优质炼焦煤进口促进钢铁行业绿色发展

炼焦煤是钢铁联合企业焦炭生产的原料，焦炭是高炉生产的主要燃料和还原剂。从我国的煤炭资源分布来看，我国煤炭资源相对较为丰富，但从具体种类来讲，动力煤资源充足，炼焦煤资源贫乏，而且品质低、硫等杂质含量高，导致炼焦工序的脱硫脱硝处理投入高，其处理物的二次处理和应用费用较高，这是钢铁行业绿色发展面临的主要问题之一。

煤炭是中国主要大型钢铁厂炼铁生产中必不可少的原料。为了降低硫排放，就必须使用更加低硫优质的煤炭，而国内优质低硫（硫含量低于 1%）的煤炭储量较少，无法满足钢铁厂的需求。于是，各大钢铁厂纷纷转向进口优质主焦煤，在提高焦炭强度的同时，可大大降低硫排放，满足国家环保要求。

当前，我国进口煤主要是动力煤及其他煤。据海关统计，2019 年，中国进口煤炭 29 967 万 t，其中炼焦煤进口量只有 7 466 万 t，占进口煤炭总量的 24.91%；动力煤及其他煤进口量则占进口煤炭总量的 75.09%，但进口炼焦煤的品质远好于动力煤。

近3年来，国家发改委要求海关控制进口煤数量。海关主要通过两种措施限制进口煤，一是要求当年进口数量不能超过上一年进口量，二是延长进口放行时间。钢铁企业为了降低硫排放，减少污染，不得不多采购一定数量的优质低硫进口煤囤积起来，从而解决因海关延长进口放行时间而带来的使用缺口问题。这在增加钢铁厂资金占用的同时，也抬高了国际煤价。

全国人大代表、中国宝武武汉钢铁有限公司制造管理部科技成果（专利）管理首席师袁伟霞和全国人大代表、江苏沙钢集团淮钢特钢股份有限公司轧钢铁厂三轧车间副主任杨庚豹针对当前我国钢铁行业使用炼焦煤现状，在十三届全国人民代表大会三次会议上提出：一要控制电煤进口，适度增加优质炼焦煤进口量。当前，我国电煤年度进口量远远高于炼焦煤，但品质远远低于进口炼焦煤，且电煤的大量进口会对国内煤矿生产造成一定影响。因此，从环保、保护国内短缺的炼焦煤资源和保护国内煤矿生产企业的角度出发，建议控制电煤进口量，增加优质炼焦煤的进口量。二要缩短进口煤放行时间，为企业减负。目前海关对进口煤延长放行时间，既增加了钢铁厂的资金占用，又抬高了国际煤价，建议恢复正常的放行时间，给企业减负。通过以上措施适度提高钢铁企业进口优质炼焦煤的动力，从而促进钢铁行业绿色发展。

(2) 优化生产工艺

钢铁企业在选择生产原材料时，应优先选择杂质含量低和含氯、硫物质低的烧结配料，生产中要应用小球烧结、热风烧结和低温烧结等方式，避免设备出现漏风现象。冶铁过程中要推广使用精料技术，并采用全量铁水技术进行转炉炼钢。在进行高炉生产时，要加强高球团配比；在实施电炉炼钢时，要应用废钢进行生产。在冶炼碳钢期间，不能使用热兑铁水。在选择电炉炼钢碳源时，不能使用废轮胎和废塑料。在进行废钢预热时，不能在高效除尘设备下完成。使用铸坯热送热装轧制时，要应用烟气余热回收技术，并应用无铬钝化技术实施冷轧生产。

2. 实行钢铁行业循环经济体制

钢铁行业以处置钢渣、粉尘、环保固体危废为重点，推广应用固废综合利用技术，发展循环经济，提高钢铁行业资源综合利用水平，发挥钢铁企业高效能源转换、消纳废弃物并实现资源化的功能作用，实现多产业协同低碳发展，同时引导并协同下游用钢产业进行绿色消费，以全生命周期理念体现钢企对全社会节能减排做出的贡献。2015年钢铁行业副产品的回收和利用已达到97.3%的全球材料效率。新型的轻钢结构（如汽车和轨道车辆结构）有助于节约能源和资源。过去几十年内，钢铁行业为减少环境污染作出了极大的努力。能源消耗和二氧化碳排放已降到 1960 年的 40%，粉尘排放降低更为显著。

废钢产业作为我国循环经济的重要组成部分，是保证我国钢铁工业可持续发展的重要支撑；同时，废钢是不争的绿色资源。资料显示，废钢作为炼钢原料之一，是一种可无限循环使用的绿色载能资源，是目前唯一可以逐步代替铁矿石的优质炼铁原料。从节能环保因素来看，与用铁矿石生产 1 t 钢相比，用废钢生产 1 t 钢可节约铁矿石 1.3 t，减少 350 kg 标煤能耗，减排二氧化碳 1.4 t；同时，还可减少尾矿、煤泥、粉尘、铁渣等固体排放物排放量 97%，减少一氧化碳、二氧化碳、二氧化硫等废气排放量 26%，减少废水排放量 76%。李树斌表示，用铁矿石冶炼将产生 40%的固废，而采用废钢冶炼时，这一比例仅为 5%。

我国废钢行业正迎来发展转折期，但目前我国废钢回收利用和产业发展总体还处于初级阶段，废钢回收加工企业经营规模小、设备陈旧、技术落后等问题依然明显，废钢质量问题频出，我国废钢资源利用程度落后于发达国家。曹志强指出，当前我国废钢产业主要存在以下问题：进入门槛低，集中度低，难以实现规模化生产，资源转化为实际产出少；废钢企业增值税传导机制不畅，各地优惠政策力度不一，制约了废钢企业的发展；废钢标准实际执行力弱；进口废钢受政策影响呈逐年减少趋势等。对此，全国人大代表，华菱集团党委书记、董事长曹志强在 2020 年全国两会上提出了以下建议：

一是践行绿色发展理念，加快废钢回收利用体系建设。国家在政策引导和法律法规体系建设上应充分体现出废钢的战略资源属性。曹志强建议借鉴日本的经验，如在政府部门中设立专门机构负责制定废钢相关政策；整合废钢行业组织和机构，打通各行业协会之间的联结，疏通各领域的废钢流通渠道，为废钢供需双方提供交流与合作的平台，推进废钢加工企业与钢企间的互信与合作；支持区域加工企业下沉设立回收站点，打造加工配送基地、配送网络和区域废钢加工中心，形成废钢回收加工产业链；完善废钢市场定价机制，抓紧推进废钢期货合约及废钢期货上市，为废钢企业提供成本对冲手段；建立全国废钢资源数据库，鼓励钢企向上游延伸产业链，引导社会各类资本进入废钢拆解加工行业，努力实现废钢资源“可收尽收、收好用好”。

二是深化税制改革，破解发展难题。针对个体经营者不开税票、加工企业收不到进项发票、加工企业增值税税负过高、所得税核定办法不统一、各地优惠政策不同导致的不公平竞争等问题，曹志强建议，对废钢回收加工产业链不同环节税收实行差别征收，对废钢收集末端的散户及小规模纳税人的增值税税负降低到 0.5%左右，或者直接降为 0%，引导废钢企业规范纳税；出台《财政部国家税务总局关于印发〈资源综合利用产品和劳务增值税优惠目录〉的通知》的实施细则，将退税比例提高到 50%以上；在全国范围内统一和规范废钢加工企业所得税的核定方法，规范和统一各地税收优惠力度，杜绝“税收洼地”和异地开票现象，营造公平竞争氛围。

三是以标准执行为抓手加强废钢行业监管。制定并严格执行完整的废钢标准体系，是促进废钢产业提升发展水平的重要前提。对此，曹志强建议，补充完善废钢加工产品的用途分类标准，促进废钢回收加工企业提高精细化管理和专业化运营水平；结合钢铁行业环保要求，完善废钢加工企业环保标准；制定进口废钢标准，对高品质的进口废钢进行分类，严格限制档次低、夹带危险品及污染物的废钢进口，从而保证进口废钢质量。

四是适当放开废钢进口政策管制。进口废钢可以缓解国内资源不足的问题。欧美日韩等发达国家和地区均将废钢视为钢铁冶炼的主要原料进行管理。因此，曹志强建议，将废钢从“限制进口类货物管理目录”移除，作为普通可自由进口货物管理，以此拓宽废钢资源的供应渠道。同时，他建议制定相应的废钢出口限制政策，以避免大量优质废钢资源流出，特别是低价流出。

五是加强钢铁行业废钢使用研究。曹志强建议，要鼓励钢企和有关科研机构、院校加强对钢铁冶金过程中废钢杂质和夹杂物的理论研究，加强对废钢产业利用配套工艺的研究，通过技术进步来提高废钢资源的综合利用水平。

3. 淘汰落后企业，优化产业结构

目前，我国钢铁企业存在产能过剩的问题，需要优化调整产业结构，将高能耗企业和落后产能企业合并或淘汰，消除低产值企业。还要不断调整企业的生产技术失衡情况，维护短流程产钢与中长流程产钢之间的平衡性。要加快产业升级，并按照我国钢铁行业的发展现状，将短流程生产企业引入发达地区，全面发挥税收和政策的调节功能。

4. 加强制度法规监督力度

钢铁企业应建立健全生产管理监督制度，强化生产人员对污染物浓度和排放量控制意识，全面落实企业环保生产设备工艺，提升各项设备的运转率，并在日常运行期间加大检测和监控力度。此外，还可应用法律制度保障企业生产的节能化和经济性，维护钢铁企业的长久稳定发展。

（三）钢铁行业的绿色制造标准

当前，钢铁行业已进入高质量发展阶段，绿色发展则是其中关键。为促进全行业的绿色发展，2019 年 4 月，中国金属学会标准化工作委员会成立了绿色制造标准化技术委员会，在全行业征集钢铁工业绿色工厂设计、绿色园区管理、绿色生产管理以及绿色产品等高质量的团体标准和起草建议书。2020 年 1 月 2 日，中国金属学会对钢铁行业绿色制造标准《钢铁行业绿色生产管理评价标准(通则)》《绿色园区（工厂）标准》《炼钢绿色生产管理评价团体标准》《炼铁绿色生产管理评价团体标准》《烧结、球团绿色生产管理评价团体标准》向全行业进行了公开征求意见。未来，这些标准的实施，将有助于更加科学合理地评价不同钢铁企业绿色生产管理水平和企业绿色制造分级，引导钢铁企业有序开展深度治理、节能减排。

2019 年 4 月，生态环境部、发改委、工信部等五部门联合发布《关于推进实施钢铁行业超低排放的意见》（环大气〔2019〕35 号，以下简称《意见》）。《意见》指出，全国新建（含搬迁）钢铁项目原则上要达到超低排放水平。现有钢企方面，到 2020 年底前，重点区域钢铁企业力争完成 60%左右产能改造，有序推进其他地区钢铁企业超低排放改造工作；到 2025 年底前，重点区域钢铁企业超低排放改造基本完成，全国力争 80%以上产能完成改造。

《意见》显示，钢铁企业超低排放是指对所有生产环节（含原料场、烧结、球团、炼焦、炼铁、炼钢、轧钢、自备电厂等，以及大宗物料产品运输）实施升级改造。具体来看，烧结机机头、球团焙烧烟气颗粒物、二氧化硫、氮氧化物排放浓度小时均值分别不高于 10、35、50 mg/m^3；其他主要污染源颗粒物、二氧化硫、氮氧化物排放浓度小时均值原则上分别不高于 10 mg/m^3、50 mg/m^3、200 mg/m^3，达到超低排放的钢铁企业每月至少 95%以上时段小时均值排放浓度满足上述指标。

《意见》指出，要严格新改扩建项目环境准入，积极有序推进现有钢铁企业超低排放改造，依法依规推进钢铁企业全面达标排放，依法依规淘汰落后产能和不符合相关强制性标准要求的生产设施，加强企业污染排放监测监控。

为落实《意见》和《关于做好钢铁企业超低排放评估监测工作的通知》（环办大气函〔2019〕922 号，以下简称《通知》），为钢铁企业有效实施超低排放改造提供技术支撑，中国环境保护产业协会于 2020 年 1 月印发了《钢铁企业超低排放改造技术指南》（以下简称《指南》），通过总结现有钢铁企业超低排放改造实践经验，在技术路线选择、工程设计施工、设施运行管理等方面可为钢铁企业实施超低排放改造提供参考。

（四）钢铁企业行动

1.《中国钢铁企业绿色发展宣言》行动

2019 年 9 月 7 日，在钢铁行业庆祝中华人民共和国成立 70 周年座谈会上，中国宝武钢铁集团有限公司、鞍钢集团公司、首钢集团有限公司、河钢集团有限公司、太原钢铁（集团）有限公司、江苏沙钢集团有限公司、马钢（集团）控股有限公司、安阳钢铁集团有限责任公司、山东钢铁集团有限公司、湖南华菱钢铁集团有限责任公司、本钢集团有限公司、包头钢铁（集团）有限责任公司、天津市新天钢钢铁集团有限公司、北京建龙重工集团有限公司、中信泰富特钢集团有限公司共 15 家中国钢铁企业在中国钢铁工业协会的见证下联合签署并共同发布《中国钢铁企业绿色发展宣言》(以下简称《宣言》),作为新时代中国钢铁践行绿色发展理念的新起点。《宣言》倡议并承诺:在未来的发展中,绿色理念更坚定,绿色创新更给力,环保管控更智慧,环境治理更有效,绿色钢铁更广泛,绿色生态更完善,钢铁厂城市更和谐,钢铁制造更低碳。

2. “蓝天保卫战”超低排放改造行动

在当今世界钢铁业,我国制定并发布且正在大规模实施的钢铁行业超低排放标准,在粉尘颗粒物、二氧化硫和氮氧化物排放浓度三项主要指标上,其严格的程度均明显优于世界主要发达国家标准,有的指标甚至差一个数量级,将我国钢铁行业单位产品排放强度提升至世界先进之列。自 2019 年,全国 222 家钢企已启动超低排放改造。

3. 河钢建成“世界最清洁工厂”

近年来,河钢高度重视环境经营和清洁生产,积极推进生态文明建设,成果丰硕。

一是积极淘汰落后产能,提升技术装备水平,奠定清洁生产、绿色发展的硬件基础。2008 年以来,河钢先后淘汰焦化产能 120 万 t、烧结及球团产能 1 419 万 t、生铁 820 万 t、粗钢 1 186 万 t,并在不增加产能的前提下,积极推进结构调整、产业升级项目建设,实现了装备的大型化、现代化,为企业进一步绿色发展打好了基础。

二是加大节能减排投入,积极发挥示范引领作用,提升绿色发展效益。2008 年以来,河钢累计投入节能减排资金 165 亿元,实施重点节能减排项目 360 余项,截至目前,主要节能环保指标达到国内领先水平;率先实施全封闭机械化原料场建设和焦化储煤仓改造,其中河钢邯钢投资 7 亿元建成跨度 146 m 的全封闭机械化原料厂,河钢唐钢南区建设了全封闭地下仓储式料仓;在核心企业配备了炼钢三次除尘装备,其中河钢邯钢在业内率先实现了超低排放;各钢铁子公司均投资建设了污水处理中心,水重复利用率达 98%以上,其中河钢唐钢投资 3.2 亿元建成华北地区处理能力最大的水处理中心,每天可处理城市中水和工业废水各 7.2 万 m^3,每年可节约深井水和地表水约 2 450 万 m^3。

三是强化能源成本管理,打造低消耗、低排放、低成本、高效率、高效益的绿色制造循环经济产业链。河钢在国内首推全流程能源成本管理模式,利用信息化手段对能源成本进行动态控制;推广干熄焦、煤调湿、烧结余热发电、炼铁炼钢干法除尘等先进节能减排工艺技术;通过采用在线自清洁高效过滤、多元阻垢防结晶一体化联合技术,解决了换热系统存在的结晶、结垢和堵塞问题;为城市供热面积达到 1 400 万 m^2,促进钢企与城市和谐共融发展。

四是加大科研技术投入，加快产品结构调整步伐，为社会提供绿色产品。近年来，河钢主动适应钢材减量化与可持续的发展趋势，积极研发推广高强、长寿、耐蚀、轻量化的钢材产品，成功研发生产出超强汽车双相钢，0.8 设计系数 X80、X90 管线钢，700 mm 特宽特厚高强耐蚀海洋工程用钢等一批填补国内空白、替代进口的绿色高强钢材产品，在满足社会绿色产品需求的同时，也促进了下游行业的节能减排。

五是实施厂区环境综合整治，提高厂区绿化水平，为员工提供整洁优美的生产生活环境。近年来，河钢高标准启动了厂区环境综合治理活动，使河钢唐钢、邯钢绿化覆盖率达到 50%以上，被授予"全国绿化模范单位"称号，其中河钢唐钢铁厂区生态环境优于主城区，被业内誉为"世界最清洁钢铁厂"，被工信部树立为钢铁厂与城市协调发展的典型。

第三节　钢铁冶炼行业土壤及地下水环境现状

土壤是人类赖以生存的物质基础，当排入土壤的污染物超过土壤的自净能力，就产生土壤污染。根据 2014 年 4 月 17 日发布的《全国土壤污染状况调查公报》显示：全国土壤环境状况总体不容乐观，重污染企业用地和工业废弃地是超标"重灾区"，已成为我国可持续发展的制约因素。

一、污染状况概述

近年来，随着我国工业化程度的加剧和城市规模的不断扩大，原本位于城市边缘地区的工业企业逐渐成为人口密集的城市中心区域的一部分。为改善城市环境质量，优化产业结构，一些大、中城市对位于中心区域的工业企业实行了"退二进宝""退城进园"等政策。自 20 世纪 90 年代以来，我国不少城市陆续出现了大规模的工业企业搬迁现象。以北京和重庆这两个典型城市为例，2001—2007 年间，北京和重庆主城区分别有 166 家和 96 家工业企业实行搬迁。据粗略统计，全国不同类型的数万家企业将在未来几年内实施搬迁，涉及的污染土地面积十分惊人。

诸多重工业企业搬出城镇中心，腾出空间发展第三产业。原工业生产区变成商业、服务业、学校甚至居民住宅区的同时，原有企业遗留在土壤和地下水中的有毒有害物质以更大的概率与人体接触，危害人体健康。

搬迁的工业企业多为老旧企业，其生产过程中大多存在管理水平较低和工艺技术陈旧等问题，部分企业因历史原因未设置环保设施或环保设施落后。经过多年生产活动，地块土壤与地下水均受到不同程度的污染，部分企业的土壤和地下水中污染物的含量超过环境保护标准，部分指标甚至超标数千倍。研究资料表明，有色金属、化工、石化、冶炼及电镀、制药和机械制造等行业遗留地块的污染较为严重，涉及的污染物包括重金属、农药、持久性有机污染物、石油烃、多环芳烃(PAHs)、多氯联苯和各种有机溶剂等，且部分地块为多种污染物并存的复合型污染。

因此，调查和识别关闭搬迁工业企业遗留地块中的有毒有害物质，有效控制其污染风险，是保障人居环境安全的重要举措。为此，国家颁布了在土地利用方式改变的同时必须进行环境状况调查的相关规定，并启动了系列科研项目，为污染地块的调查、管理和修复提供技术支撑。

我国在此领域的研究尚处于起步阶段，还须在充分借鉴国外发达国家经验的基础上建立适合我国国情的相应标准和方法。国家环境保护总局 2004 年发出《关于切实做好企业搬迁过程中环境污染防治工作的通知》(环办〔2004〕47 号)，要求各地环保部门切实做好企业搬迁过程中环境污染防治工作，一旦发现土壤/地下水污染问题，要及时报告并尽快制订污染控制方案。所有产生危险废物的工业企业、实验室和生产经营危险废物的单位，在结束原有生产经营活动、改变原土地使用类型时，必须经具有省级以上质量认证资格的环境监测部门对原场址进行监测分析，一旦发现地块污染问题，环保部门要尽快制订污染控制实施方案。《国家中长期科学和技术发展规划纲要(2006—2020 年)》中明确把“环境”领域的“综合治污与废弃物循环利用”划为优先研究主题；《国家环境保护“十三五”科技发展规划纲要》中明确把“土壤污染防治”作为三大战役之一及重点工程。

中国的钢铁企业多数建设于中华人民共和国成立初期，由于管理水平和工艺技术有限，给土壤造成了不同程度的污染，经过几十年的修建改造，生产工艺变化多，地下设施和污染状况复杂，有多层固化面，给调查和修复带来了更多难度。由于钢铁生产企业占地面积庞大、生产环节多、生产工艺复杂，涉及的原料、燃料和辅料等种类不尽相同，甚至原料的产地和预处理方法不同都会导致产生的污染物有差异。因此，有必要分析各生产工序不同生产工艺的排污特征和对环境可能造成的污染，分清各污染物的来源、类型、分布区域，以便有针对性地开展钢铁生产污染地块调查、分析检测，准确有效地评估地块污染风险。

钢铁厂工厂遗留地块是污染地块中典型的一种，其主要分布在城市郊区，一般是由于企业搬迁或倒闭而“闲置”，由于从事钢铁生产，地块很可能存在污染，在城市化进程中，其将纳入城市规划，从工业用地向商业用地、居住用地或市政用地转化，存在较高的环境和社会风险。根据《中国统计年鉴 2008》资料显示，截至 2007

年年底，全国规模以上工业企业达到了 336 768 家，56.5%的企业属于重工业，89.2%属于小型企业；同时统计资料显示，中国城市化进程不断加快，中国城市人口的比例从 1980 年的 20%增加到 1990 年的 27%。2005 年达到 43%，到 21 世纪中叶，中国的城市化率将达到 75%以上。随着战略目标的推进和城市化进程日益深入，许多工业企业需要撤出城市，遗留地块的开发再利用问题越显突出，是城市化进程面临的一个巨大挑战，是一个亟待解决的社会和环境问题。

二、污染物来源和种类

钢铁冶炼存在生产工序复杂、工艺设备多、污染物种类和排放点较多、占地规模大等特点，其对土壤及地下水产生的污染也存在污染面积大、修复体量大、修复环境复杂等诸多特点，将是我国重污染企业用地和工业废弃地土壤修复领域的重要组成。钢铁生产（不含采选）对土壤和地下水的污染总体可能来自：

（1）如果取用地下水作为供水水源，则超采可能降低当地的地下水水位，形成漏斗。目前已经没有完全取用地下水的钢铁企业。

（2）物料堆存。其包括矿粉、煤炭、各种渣、灰泥等的大量长期堆存，残留于地表以下一定深度的土壤层内一些元素含量很高，主要有 Pb、Hg、Cd、Zn、Fe 等，受雨水冲淋后，对土壤和地下水有污染影响。所以堆场应该防渗，采用抑尘措施，或者封闭半封闭堆场。

（3）烟尘飘落致使污染物进入土壤，它们携带的污染物（重金属、BaP、二噁英等），经过降雨和灌溉等进入土壤，污染地下水。

（4）废水废液处理设施的直接渗漏。这些设施包括产品表面处理、污水处理、排水管网和污水排放沟渠等。早期的钢铁企业相关设施基本没有防渗处理，大量污水排入地面水体甚至农灌，这样污水中含有的重金属和有机污染物会大量进入土壤，并慢慢污染地下水。

钢铁行业的生产包括原料场、焦化、烧结、球团、炼铁、炼钢连铸、轧钢等单元，普遍存在生产工序复杂，污染物组成繁多，污染面积大，修复难度高等特点。此外，地下水一旦受到污染，修复成本巨大，如某焦化厂污染场地 16.5 万 m^3 地下水修复费用高达 7.4 亿元。受污染的地下水通过挥发、生活用水以及灌溉等暴露途径对人体健康造成危害，钢铁企业地下水污染的防治尤为重要。钢铁工业由于历史上存在粗放型生产、环保意识淡薄等原因，导致场地常存在地下水污染，主要特征污染物包括重金属、多环芳烃、苯系物、氰化物、总石油烃、氟化物、酚类、硫化物等。各单元由于对地下水的影响途径和作用方式不同，环境风险程度有较大区别。烧结/球团、炼铁、炼钢连铸等主要通过大气沉降方式污染土壤，进而对地下水造成间接影响，由此产生的重金属、PAHs、二噁英等在自然条件下多富集于土壤表层，对地下水环境所能造成的影响有限。露天的原料场、水渣堆场、钢渣堆场等在降尘、长期降雨淋滤等条件下，可能对地下水造成一定程度的影响。焦化、冷轧等工序，由于其生产过程中产生化学品及高浓度的酚氰废水、酸碱废水、含油污水、重金属废渣等，属地下水重大风险源。特别是焦化单元，作为钢铁联合企业产生污染最严重的工序之一，在我国污染场地修复工程中占有较高比重。在目前研究中，钢铁工业生产导致的土壤污染作为世界上最为严峻的问题之一，其污染因子、分布特征及风险评价研究较多，而对于地下水污染相关问题，特别是针对钢铁联合企业的整体性研究与分析较少。钢铁企业地下水污染状况复杂，除了受人类活动因素影响之外，污染状况还受气候、水文地质条件、地势及土壤类型所控制。

钢铁企业在生产、冶炼和尾矿处理中产生的大量污染物，特别是 Cu、Pb 和 Zn 等重金属污染物，通过大气沉降及废渣渗滤等方式进入工业区周边土壤，导致土壤严重污染，土壤质量迅速下降。有研究者分别采用磁化技术或理化分析方法研究了钢铁厂周围土壤的重金属污染。研究表明，钢铁工业区降尘对其周边土壤中污染元素的积累有明显影响，突出表现在土壤表层重金属含量升高，而磁化率一般能很好地表征这种表聚的特点。刘大猛等在首钢焦化厂环境中检测出 40 多种多环芳烃，认为煤中多环芳烃通过焦化作业以烟尘、煤粒、焦末以及外排废水形式迁移而污染大气、土壤和水环境。葛成军等采用化学分析法在南京钢铁工业区周边农业土壤中检出了 PAHs。巩宏平等采样研究推断出钢铁企业厂区内土壤中二噁英类物质主要来源于烧结厂烟气的排放。我国生活垃圾和危险废物烟气中二噁英排放标准分别为 1.0 ng I-TEQ/m^3 和 0.5 ng I-TEQ/m^3。朱媛媛等测定了鞍钢土壤中 15 种酞酸酯类化合物（PAEs）的含量，土壤样品含 PAEs 质量浓度范围为 0.75～3.26 mg/kg，其中铸钢点位土壤样品 PAEs 浓度最高，烧结点位土壤样品 PAEs 浓度最低。

钢铁生产过程中一些环节和产排污节点需要重点关注，在钢铁生产的“焦化、烧结、炼铁、炼钢、轧钢”等生产环节中，尤以焦化生产对环境的影响最大，焦化生产中的煤气净化及化学品回收区域、焦油渣和酸焦油堆场、固体沥青堆场、生化污泥堆场、炼焦炉附近、推焦和熄焦线路、储煤场、废水处理池附近等区域污染最严重，属于高风险区域。烧结生产中烧结配料仓和混料仓附近、冲渣废水处理车间沉渣池、沉淀池附近、煤气洗涤废水沉淀池、烧结机头及烟囱周边、烧结机头电除尘灰堆场、烧结矿筛分转运、湿式除尘排水、煤气水封阀排水区域属于高风险点。炼铁中高炉瓦斯泥装运点附近、铸铁机冷却和高炉冲渣废水处理、(荒)高炉煤气洗涤与净化等炼铁废水沉淀池与处理池、高炉渣堆场等区域应重点关注。炼钢生产烟气洗涤废水处理沉淀车间附近、烟气净化污泥堆场、连铸钢坯冷却、炼钢(连铸、转炉)废水处理、钢渣堆场、废钢预热等属高风险区域。轧钢生产的轧辊冷却、废水处理及其污泥堆场、冷轧的酸洗废液和废水处理及其污泥堆场等,都是应关注的污染区域。

钢铁行业生产排放中对土壤和地下水造成污染中应重点关注的污染物以重金属和PAHs为主。焦化生产以PAHs、重金属、氰化物为主;烧结生产以重金属、PAHs为主;炼铁、炼钢、轧钢以重金属为主,其中冲渣废水沉淀池、煤气洗涤废水沉淀池、废水处理池附近土壤还应关注PAHs污染。一些区域存在重金属和有机复合污染,如焦化的储煤场、焦油渣堆场,烧结的配料仓和混料仓。电除尘灰和电弧炉钢渣应关注二噁英。钢铁冶炼的动力来源主要依靠燃料油或高压电力,油槽或高压变电室管理不当,易泄漏造成多氯联苯(PCB)污染。轧延或切割时,为防止机械磨损所用润滑油会造成废油污染。

三、影响钢铁场地污染因素

中国的钢铁企业多数建于中华人民共和国成立初期,由于管理水平和工艺技术有限,给土壤造成了不同程度的污染。经过几十年的技术改革和改造,生产工艺变化多,地下设施和污染状况复杂,有的场地地下多层固化面,给调查和修复带来了较大的困难。场地污染物的种类和污染范围与钢铁生产流程、生产工艺,以及生产原料、辅料、产品等因素有很密切的关系,甚至建厂时间、原料的产地和预处理方法不同都可以对土壤造成不同的污染,主要影响因素总结如下。

(1) 建厂时间

我国钢铁生产的发展分几个阶段,生产工艺变化多。20世纪90年代之前建设的钢铁厂,基本无环境评价资料,生产工艺落后,跑、冒、滴、漏现象严重,废物基本用来填坑,有的固体废物填埋在土壤深处后又用土壤进行覆盖。后建的钢铁厂,大多积累了环境影响评价资料,生产防护措施和排污措施都得到了改进,尤其是大型钢铁企业,由于配套设施完善,污染相对较轻。要准确调查真实的地下污染状况,必须先明确其建厂时间,污染调查要从历史源头分阶段进行。

(2) 生产工艺

烧结、炼铁、炼钢等环节都用到湿法或干法除尘。过去的生产工艺用湿法除尘较多,现在一般用干法除尘,干法可以避免湿法除尘带来的废水污染,同时也有利于粉尘的回收利用。焦化厂不同时期炼焦工艺差别也很大,土焦和机焦所产生的污染有差异,早期的土法炼焦污染严重,煤燃烧时半隔绝空气,自身做燃料,参与炼焦过程,与炭化同处一室。机焦则是用高炉煤气间接加热,不进入炭化室,可以使煤带来的污染大大降低。炼钢的电弧炉、平炉、转炉造成的污染也不尽相同。因此，进行钢铁生产场地调查时，掌握其生产历史、生产工艺及生产工艺变化情况，对于污染源的判断和分析至关重要。

（3）原料来源

矿石来源不同，其有用成分差异很大。烧结所用的原料铁矿石来源分国内矿山生产和从海外进口，海外进口矿一般含氯较多，更容易产生二噁英。海水洗选的铁矿石中氯含量比淡水洗选的多。我国烧结所用的原料铁矿石来源与钢铁企业分布区域有关。目前我国大多数钢铁企业都采用进口矿，尤其是沿海钢铁企业生产原料基本以进口矿为主，进口矿通常采用海水洗选，其中含氯较高，易产生二噁英。20 世纪 90 年代以后，很多钢铁企业内的焦化厂都停用了原煤场和洗煤厂，直接购买洗精煤堆放于储煤场用于配煤。

（4）产品

钢铁企业产品不同，所用的生产工艺就有所不同，对环境造成的污染也就不同。生产特钢对环境造成的污染比生产普钢的更严重。冷轧通常比热轧得到的产品要精细，通常在热轧后进行，需经过酸洗和退火等过程，也更容易造成污染。

四、污染现状

（一）总体情况

有大量研究者采集并分析钢铁企业土壤污染物的种类和浓度，在土壤中存在较大污染风险而受到关注的主要污染物包括重金属、PAHs 和二噁英等，具体研究结论如下：董捷等人采集我国北方某大型钢铁企业 22 个表层土壤（0～20 cm）样品，采用气相色谱-质谱联用仪（GC-MS）分析了土壤中 16 种需优先管控 PAHs 的含量。结果表明，土壤中 Σ16PAHs 含量范围为 22.0～20 062.0 μg/kg，且以中高环（4、5 环）为主，单体以芴、芘的含量最高，与同类相关研究比较，该钢铁厂表层土壤中 PAHs 污染处于中等水平，中、重度污染采样点主要位于焦化厂、球团厂等典型区域，20 个采样点 PAHs 单体均超过荷兰土壤质量标准中 10 种 PAHs 的目标值，而与北京工业场地土壤筛选值相比，仅部分采样点苯并[a]蒽、苯并[a]芘超标。源解析结果表明，表层土壤中 PAHs 主要来源于以煤为主的化石燃料的燃烧，石油类燃烧和泄漏的贡献较少。健康风险评价结果表明，苯并[a]芘、苯并[a]蒽、二苯并[a,h]蒽（DbA）、苯并[b]荧蒽、茚并[1,2,3-cd]芘在居住用地条件下的致癌风险超过了 1×10^{-6}，BaP、BaA、DBA 在工业用地条件下的致癌风险超过了 1×10^{-6}，BaP 的致癌风险最大，该钢铁厂表层土壤中 PAHs 已对人群健康产生危害。

李永霞等人采集我国某大型钢铁企业 22 个表层土壤（0～20 cm）样品，采用气相色谱-质谱仪（GC-MS）分析了其中 16 种 PAHs 的含量，并采用荷兰、加拿大土壤标准及苯并[a]芘的毒性当量浓度(TEQBaP)对PAHs生态风险进行评价。结果表明,土壤中∑16PAHs含量范围为21.0～20 062.0 μg/kg,平均值为2 564.7 μg/kg,单体以Flu、Pyr的含量最高,较之背景点土壤中PAHs含量,平均富集系数为22.9(BCF)～304.0(Flu)。与国内同类研究相比,该钢铁厂表层土壤中PAHs污染处于中等水平,各采样点中PAHs组成主要以4环为主,占31.9%～100%,5环组分仅次于4环。相关性分析表明,PAHs低环(2～3环)与中环(4环)组分之间相关性更强,且二者与TOC相关性较高环组分显著。50.0%的采样点超过荷兰土壤标准目标参考值,该钢铁厂表层土壤已处于中等风险水平,污染主要集中在球团厂、焦化厂、炼铁厂和厂前交通繁忙区,其土壤潜在风险已呈增加趋势。

葛成军等人对某大型矿业企业周边农业土壤中PAHs残留量进行了调查。结果表明,PAHs总残留量范围为312.2～27 580.9 ng/g,且以4环以上PAHs组分为主。所有土样中均检出PAHs,单一污染物以芘、䓛、荧蒽、苯并[a]芘、蒽、菲、苯并[a]蒽、苯并[k]荧蒽、茚并[1,2,3cd]芘、苯并[g,h,i]苝为主。PAHs残留量与有机质含量相关性较好。不同样区土壤PAHs残留量受常年风向影响明显。以加拿大农业区域土壤PAHs的治理标准值为指标,用内梅罗综合指数法进行评价表明,研究区农业土壤达重污染水平的占37%,中度污染的占19%,轻污染的占25%,另有13%的采样点污染程度处于警戒线,仅有6%的采样点尚处于安全级。

万田英等人以武汉钢铁公司周边地区为研究区,测定了采集的23个土壤样本中重金属含量。研究结果表明:武汉钢铁公司周边研究区重金属污染物主要是Cu、Zn和Cd,其中Cd污染较严重,几何均值是湖北省土壤背景值的12.3～17.4倍;4个采样区的Pb、Cr、Ni均低于背景值。综合污染指数分别为3.37、2.01、4.77、2.32,达到中或重污染程度。

谢团辉等人调查了闽西某炼钢铁厂周边农田土壤的重金属污染状况,以《土壤环境质量标准》(GB 15618—1995)中的二级标准作为评价标准,对土壤重金属Cr、Pb、Cd、Ni、Cu、Zn、As进行了污染指数评价、主成分分析和因子分析,以明确土壤中的主要污染重金属种类及其污染程度、重金属的主要来源和污染分布。单因子评价结果表明调查区土壤Cd和Zn的污染普遍且较严重,点位超标率分别为100%和95.5%;Pb、Cu和As污染程度较轻,点位超标率分别为29.6%、15.9%和6.8%;土壤未遭受Cr与Ni的污染。主成分分析和因子分析法分析结果表明,Pb、Cd、Cu、Zn、As之间相关性显著,具有同源性,主要受炼钢铁厂排放的污染物影响;而Cr和Ni之间相关性显著,亦具有同源性,主要受土壤本底含量的影响。土壤重金属的综合污染程度随距炼钢铁厂距离的增加而逐渐递减,炼钢铁厂污水进入农田的主要进水口附近的农田土壤污染较严重。

陈铁楠以晋南某钢铁厂土壤及周边农田表层土壤（0～20 cm）为对象，共设置49个采样点，用原子吸收法测定土壤Cd、Cr、Mn、Ni、Pb和Zn的质量分数。结果表明：土壤重金属质量分数不同程度高于山西省土壤背景值，土壤Pb积累最为明显，存在偏中至中等污染。6种重金属潜在生态风险（E）大小顺序为：Cd(53.16)＞Pb(21.17)＞Ni(3.14)＞Cr(3.38)＞Mn(1.04)＞Zn(1.1)。6种重金属的综合潜在生态风险指数（RI）平均为87.54，总体上属中等生态风险。Cd对RI的平均贡献率为60.05%，是主要的致险因子。炼铁厂区土壤污染比较严重，存在较强的潜在生态风险；厂区周围农田土壤重金属污染较轻，为轻微风险等级。钢铁厂周边农田土壤中的Mn和Ni属于自然源重金属，Cr和Cd属于混合源重金属，Zn和Pb属于工业源重金属。

黄晨等人针对钢铁冶炼、生活垃圾焚烧和危险废物焚烧等行业开展了周边土壤中二噁英浓度分布特性的研究。结果表明，典型行业周边土壤中二噁英毒性当量浓度为0.77～3.80 ng TEQ/kg，平均为1.98 ng TEQ/kg，其中钢铁冶炼企业周边土壤中二噁英的平均毒性当量浓度（2.50 ng TEQ/kg）最高，其次是生活垃圾焚烧企业（2.01 ng TEQ/kg），危险废物焚烧企业周边土壤中二噁英的平均毒性当量浓度最低（1.44 ng TEQ/kg），可见针对周边土壤二噁英污染，钢铁冶炼行业属于重点行业，亟需重点关注。钢铁冶炼企业浅层土壤（0～200 mm）中二噁英毒性当量浓度明显高于深层土壤（200～400 mm），土壤中二噁英毒性当量浓度与空气中二噁英的沉降作用有关，钢铁冶炼企业土壤中二噁英分布与最大落地浓度点、污染源中二噁英分布均相近。

（二）典型企业

现有文献研究较多地针对钢铁企业土壤污染情况，而对于地下水研究较少，且由于文献研究一般针对某一种研究对象如重金属，因此不能全面地了解钢铁厂的整体污染现状。收集了3家具有代表性且业内享有盛誉的钢铁厂提供的土壤和地下水环境质量监测报告，分析整理了钢铁企业的土壤、地下水污染状况，以此作为我国当前钢铁行业的土壤、地下水污染现状的缩影，以下涉及的钢铁厂均匿名。

根据这3家的土壤地下水监测报告，钢铁企业厂区土壤整体偏碱性。土壤中主要存在的重金属污染物包括Cr、Pb、Cd、Cu、Ni、Zn、Be、Hg、Co、Mn、V、Mo、Cr^{6+}等，其他无机污染物例如氰化物、氟化物在钢铁厂内土壤中均存在不同程度检出。土壤中挥发性有机物（VOCs）类污染物主要包括苯系物如苯、甲苯、乙苯、间，对-二甲苯、苯乙烯、邻-二甲苯、1，2，4-三甲基苯等以及卤代烃类如1，2-二氯丙烷、1，2-二氯乙烷、四氯乙烯等。土壤中半挥发性有机物（SVOCs）类污染物主要为苯酚、硝基苯酚和 PAHs 类污染物包括萘、苊烯、苊、芴、菲、蒽、荧蒽、芘、苯并[a]蒽、䓛、苯并[b]荧蒽、苯并[k]荧蒽、苯并[a]芘、茚并[1,2,3-cd]芘、二苯并[a,h]蒽、苯并[g,h,i]苝等。石油烃类污染物在钢铁厂土壤中均存在不同程度的检出。且由于钢铁厂普遍涉及焦化工序,周边土壤中均检测到二噁英类污染物。

钢铁企业厂内地下水 pH 跨度较广,耗氧量、氨氮、氰化物、硫化物、氟化物、硝酸盐、硫酸盐、氯化物均存在检出。地下水中主要存在的重金属污染物包括 Cr、Pb、Mn、Co、Be、Ni、Zn、Mo、Cu、Cd 等。地下水中挥发性有机物(VOCs)类污染物主要包括苯系物如苯、乙苯、甲苯、苯乙烯、1,3,5-三甲苯、1,2-二氯苯以及氯代烃类污染物如 1,2-二氯丙烷、氯仿、四氯化碳、1,2-二氯乙烷、二氯甲烷、1,2,3-三氯丙烷、氯甲烷、1,1,2-三氯乙烷、1,1,2,2-四氯乙烷等。地下水中半挥发性有机污染物主要为 PAHs 类污染物包括苯并[a]蒽、茚并[1,2,3-cd]芘、苯并[b]荧蒽、萘、2-甲基萘以及苯酚、六氯丁二烯、二苯并呋喃等半挥发性有机污染物。石油烃类污染物在钢铁厂地下水中均存在不同程度的检出。

因此,总体而言,钢铁企业土壤中普遍存在的污染物主要为重金属、苯系物、氯代烃、PAHs、酚类、石油烃类污染物以及二噁英类污染物,地下水中污染物与土壤保持较高的一致性。

(三) 分析比对

前文中综合分析了三家规模较大的且具有较好代表性的钢铁企业,分析了土壤和地下水中普遍共同存在的污染物。本节中将利用具体的监测数据分析钢铁厂普通共同存在的污染物的含量或浓度。选择 5 家分布于不同地区的钢铁企业,根据相关的环境监测报告,总结了土壤和地下水中典型钢铁企业污染物包括重金属、PAHs、总石油烃以及二噁英的污染情况。以下,这 5 家钢铁企业均匿名,分别以 A 钢、B 钢、C 钢、D 钢、E 钢表示。

1. 土壤重金属

根据这 5 家钢铁企业的环境监测报告,总结了土壤中 As 及重金属 Cd、Cu、Hg、Pb、Ni 和 Cr^{6+} 的污染状况。

图 1.3 - 1 为不同钢铁企业土壤中 As 含量范围,其中 A 钢土壤 As 范围为 6.4～20.9 mg/kg,B 钢土壤 As 范围为 2.1～23.8 mg/kg,C 钢土壤 As 范围为 1.92～31.9 mg/kg,D 钢土壤 As 范围为 1.98～37.2 mg/kg,E 钢土壤 As 范围为 2.14～37.2 mg/kg,D 钢和 E 钢土壤 As 含量最高,而 A 钢土壤 As 含量最低。5 家不同的钢铁企业土壤 As 含量范围差异较小,而同一家企业中土壤 As 含量范围跨度较大,可能的原因是 As 在土壤中的迁移导致纵向上分布不均以及不同生产

区由于工艺的差异导致土壤中 As 含量差异。

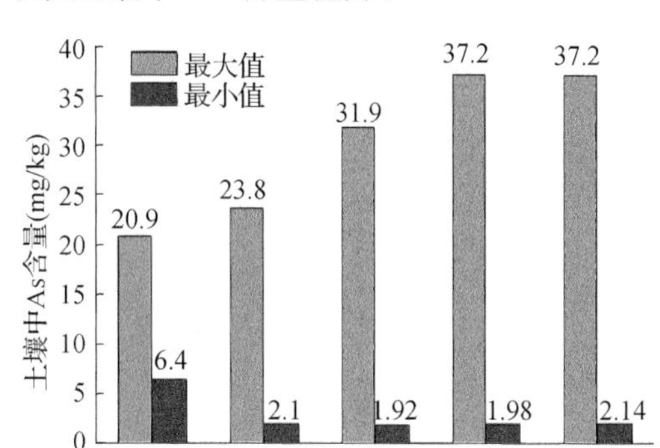

图 1.3－1　不同钢铁企业土壤中 As 含量范围

图 1.3－2 为不同钢铁企业土壤中 Cd 含量范围，其中 A 钢土壤 Cd 范围为 0.08～0.68 mg/kg，B 钢土壤 Cd 范围为 0.04～47.1 mg/kg，C 钢土壤 Cd 范围为 0.06～0.58 mg/kg，D 钢土壤 Cd 范围为 0.01～0.87 mg/kg，E 钢土壤 Cd 范围为 ND～6.87 mg/kg（ND 表示未检出），B 钢土壤 Cd 含量最高，且显著高于其他 4 家钢铁企业，其次是 E 钢，B 钢土壤 Cd 最高含量均超过 A、C、D 钢铁厂中土壤 Cd 最高含量的 50 倍以上，而 E 钢土壤 Cd 最高含量均超过 A、C、D 钢铁厂中土壤 Cd 最高含量的 7 倍以上。

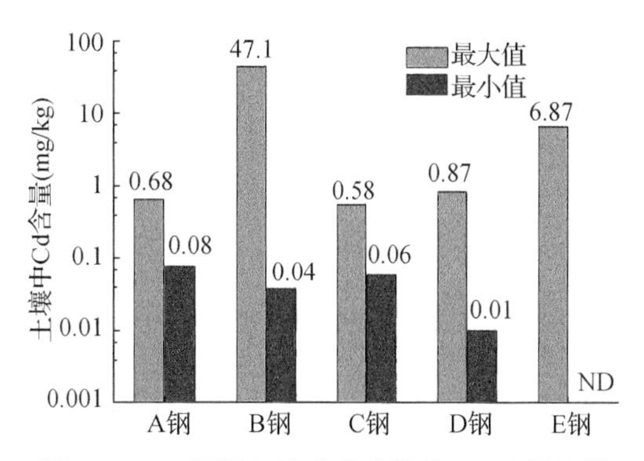

图 1.3－2　不同钢铁企业土壤中 Cd 含量范围

图 1.3－3 为不同钢铁企业土壤中 Cu 含量范围，其中 A 钢土壤 Cu 范围为 19.4～39.9 mg/kg，B 钢土壤 Cu 范围为 6.7～418.5 mg/kg，C 钢土壤 Cu 范围为 4.58～55.2 mg/kg，D 钢土壤 Cu 范围为 17～89 mg/kg，E 钢土壤 Cu 范围为 6～253 mg/kg，B 钢土壤 Cu 含量最高，且显著高于其他 4 家钢铁企业，其次是 E 钢，A 钢土壤 Cu 含量最低。B 钢土壤 Cu 最高含量均超过 A、C、D 钢铁厂中土壤 Cu 最高含量的 4 倍以上，而 E 钢土壤 Cu 最高含量均超过 A、C、D 钢铁厂中土壤 Cu 最

高含量的 2 倍以上。

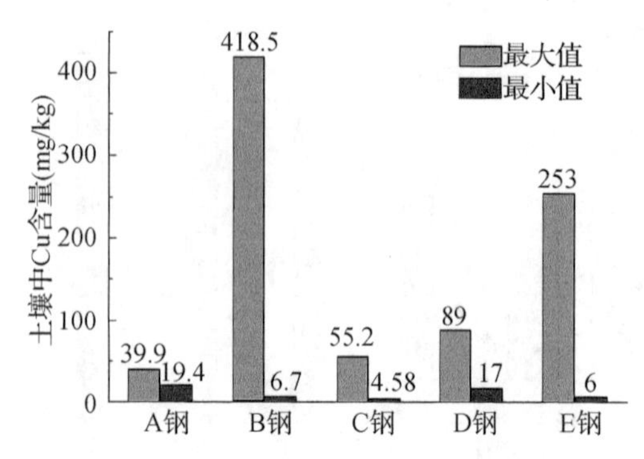

图 1.3－3　不同钢铁企业土壤中 Cu 含量范围

图 1.3－4 为不同钢铁企业土壤中 Hg 含量范围，其中 A 钢土壤 Hg 范围为 0.023～0.043 mg/kg，B 钢土壤 Hg 范围为 0.002～0.9 mg/kg，C 钢土壤 Hg 范围为 0.010 4～0.797 mg/kg，D 钢土壤 Hg 范围为 0.01～1.16 mg/kg，E 钢土壤 Hg 范围为 0.008～0.33 mg/kg，D 钢土壤 Hg 含量最高，其次是 B 钢，而 A 钢土壤 Hg 含量最低，且显著低于其他 4 家钢铁厂。

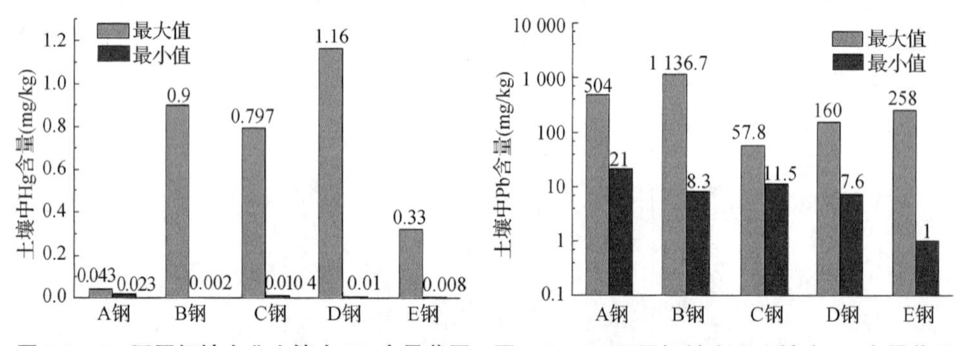

图1.3－4　不同钢铁企业土壤中 Hg 含量范围　**图 1.3－5　不同钢铁企业土壤中 Pb 含量范围**

图 1.3－5 为不同钢铁企业土壤中 Pb 含量范围，其中 A 钢土壤 Pb 范围为 21～504 mg/kg，B 钢土壤 Pb 范围为 8.3～1 136.7 mg/kg，C 钢土壤 Pb 范围为 11.5～57.8 mg/kg，D 钢土壤 Pb 范围为 7.6～160 mg/kg，E 钢土壤 Pb 范围为 1～258 mg/kg，B 钢土壤 Pb 含量最高，且显著高于其他 4 家钢铁企业，其次是 A 钢，而 C 钢土壤 Pb 含量最低。

图 1.3－6 为不同钢铁企业土壤中 Ni 含量范围，其中 A 钢土壤 Ni 范围为 22～62 mg/kg，B 钢土壤 Ni 范围为 4.9～528 mg/kg，C 钢土壤 Ni 范围为 5.54～74.4 mg/kg，D 钢土壤 Ni 范围为 15～101 mg/kg，E 钢土壤 Ni 范围为 4～125 mg/kg，B 钢土壤 Ni 含量最高，且显著高于其他 4 家钢铁企业，其次是 E 钢，而

A 钢土壤 Ni 含量最低。

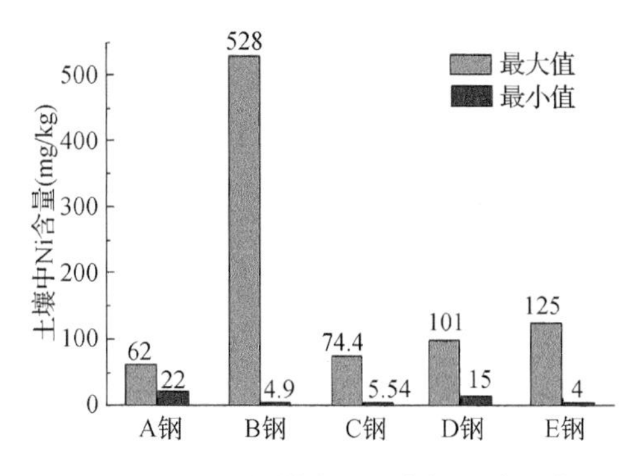

图 1.3-6 不同钢铁企业土壤中 Ni 含量范围

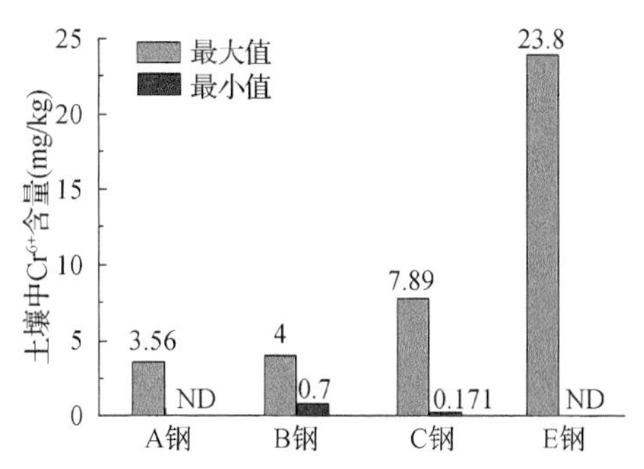

图 1.3-7 不同钢铁企业土壤中 Cr^{6+} 含量范围

图 1.3-7 为不同钢铁企业土壤中 Cr^{6+} 含量范围(D 钢土壤 Cr^{6+} 含量数据未获取),其中 A 钢土壤 Cr^{6+} 范围为 ND～3.56 mg/kg,B 钢土壤 Cr^{6+} 范围为 0.7～4 mg/kg,C 钢土壤 Cr^{6+} 范围为 0.171～7.89 mg/kg,E 钢土壤 Cr^{6+} 范围为 ND～23.8 mg/kg,E 钢土壤 Cr^{6+} 含量最高,且显著高于其他 3 家钢铁企业,其次是 C 钢,而 A 钢土壤 Cr^{6+} 含量最低。

综合上述分析,钢铁厂土壤中主要存在的污染物包括 As 及重金属 Cd、Cu、Hg、Pb、Ni 和 Cr^{6+},不同种类重金属含量水平在不同钢铁厂之间存在较大差异,总体而言 B 钢和 E 钢土壤中重金属含量水平较高,而 A 钢土壤中重金属含量水平总体上较低。不同重金属含量差异较大,其中整体上含量水平最高的重金属是 Pb,而含量水平最低的是 Hg。

2. 土壤多环芳烃(PAHs)

图 1.3-8 显示了 4 家钢铁企业土壤中不同种类 PAHs 包括萘、菲、蒽、䓛、芘、苯并[a]蒽、苯并[a]芘的最大含量(A 钢土壤 PAHs 数据未获取),其中 B 钢土壤中不同 PAHs 最高含量分别为:萘 2.6 mg/kg,菲 2.8 mg/kg,蒽 0.5 mg/kg,䓛 1.7 mg/kg,芘 2.6 mg/kg,苯并[a]蒽 1.5 mg/kg,苯并[a]芘 1.7 mg/kg;C 钢土壤中不同 PAHs 最高含量分别为:萘 2.47 mg/kg,菲 0.5 mg/kg,蒽 0.5 mg/kg,䓛 0.6 mg/kg,芘 1.18 mg/kg,苯并[a]蒽 0.6 mg/kg,苯并[a]芘 0.4 mg/kg;D 钢土壤中不同 PAHs 最高含量分别为:萘 1.96 mg/kg,菲 4.8 mg/kg,蒽 0.7 mg/kg,䓛 0.9 mg/kg,芘 2.8 mg/kg,苯并[a]蒽 1.2 mg/kg,苯并[a]芘 0.8 mg/kg。E 钢土壤中不同 PAHs 最高含量分别为:萘 15.4 mg/kg,菲 9.25 mg/kg,蒽 32.4 mg/kg,䓛 2.98 mg/kg,芘 9.77 mg/kg,苯并[a]蒽 3.37 mg/kg,苯并[a]芘 1.49 mg/kg。E 钢土壤 PAHs 含量整体水平明显高于其他 3 家钢铁企业。在统计的 7 种 PAHs,B

钢土壤中含量最高的是菲，含量最低的蒽；C 钢土壤中含量最高的萘，含量最低的是苯并[a]芘；D 钢土壤中含量最高的是菲，含量最低的是蒽；E 钢土壤中含量最高的蒽，含量最低的是苯并[a]芘。可见不同钢铁厂土壤中 PAHs 含量水平存在一定差异，不同种类的 PAHs 含量水平分布差异较大。

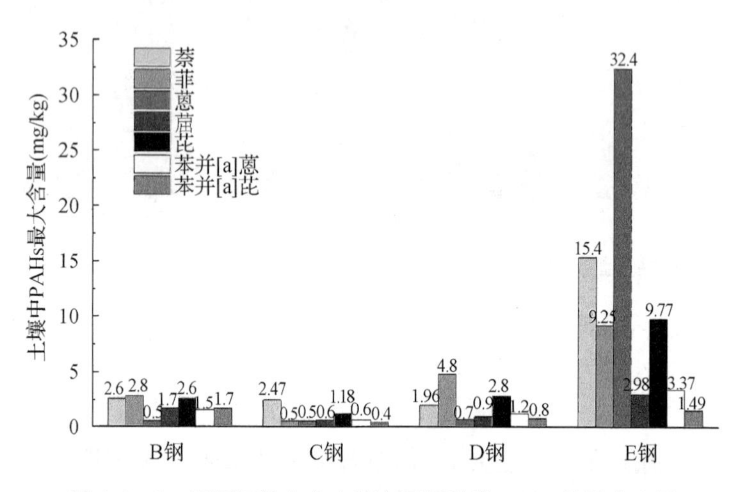

图 1.3-8　不同钢铁企业土壤中不同种类 PAHs 的最大含量

3. 土壤二噁英

图 1.3-9 显示了 4 家钢铁企业土壤中二噁英含量的范围(E 钢土壤二噁英数据未获取)，二噁英含量以其毒性当量表示即折算为 2,3,7,8-TCDD 的浓度，其中，A 钢土壤二噁英含量范围为 0.37～0.48 ngTEQ/kg，B 钢土壤二噁英含量范围为 0.4～94 ngTEQ/kg，C 钢土壤二噁英含量范围为 1.07～9.51 ngTEQ/kg，D 钢土壤二噁英含量范围为 0.19～9.8 ngTEQ/kg，B 钢土壤二噁英含量明显高于其他 3 家钢铁企业，且均超过其他 3 家 9 倍以上，C 钢和 D 钢土壤中二噁英含量排其次，A 钢土壤中二噁英含量最低。

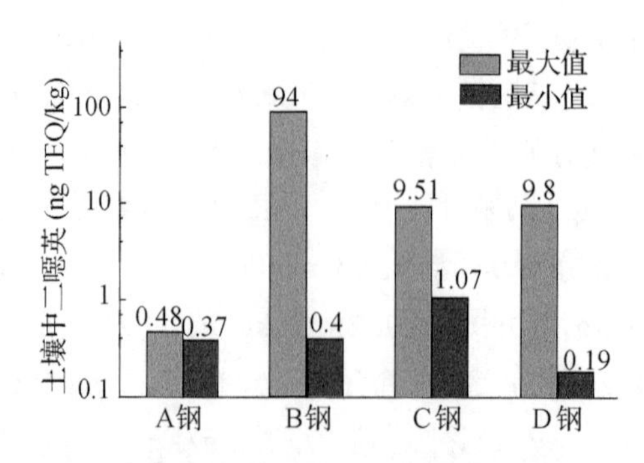

图 1.3-9　不同钢铁企业土壤中二噁英含量(毒性当量)范围

4. 土壤总石油烃

图 1.3－10 显示了 4 家钢铁企业土壤中总石油烃含量的范围（A 钢土壤总石油烃数据未获取），其中，B 钢土壤总石油烃含量范围为 6.1～5 582.3 mg/kg，C 钢土壤总石油烃含量范围为 14～2 970 mg/kg，D 钢土壤总石油烃含量范围为 6～365 mg/kg，E 钢土壤总石油烃含量范围为 5.8～603 mg/kg，B 钢土壤总石油烃含量明显高于其他 3 家钢铁企业，其次是 C 钢。

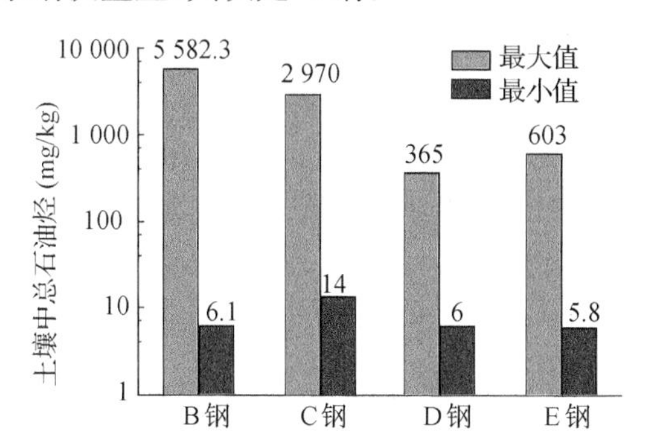

图 1.3－10 不同钢铁企业土壤中总石油烃范围

5. 地下水重金属

图 1.3－11 显示了 5 家钢铁企业地下水中不同种类重金属的最大浓度，其中 A 钢地下水中 Cd、Hg、As、Pb、Ni、Mn 的最大浓度分别为 0.3、0.000 1、1.77、0.063、2.66、38 μg/L；B 钢地下水中 Cd、As、Pb、Ni、Cu、Mn 的最大浓度分别为 4、56.5、34.1、137.6、89.6、6 453 μg/L；C 钢地下水中 Hg、As、Ni、Cu、Mn 的最大浓度分别为 0.77、9.4、94、170、2 410 μg/L；D 钢地下水中 Cd、Hg、As、Pb、Ni、Cu、

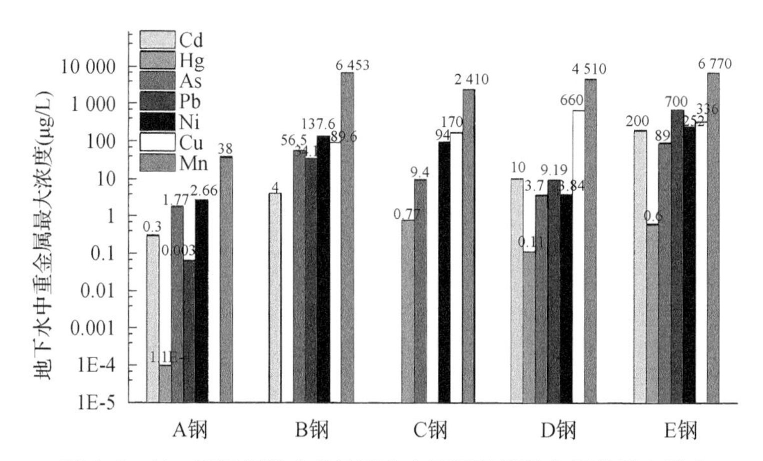

图 1.3－11 不同钢铁企业地下水中不同种类重金属的最大浓度

Mn的最大浓度分别为10、0.11、3.7、9.19、3.84、660、4 510 μg/L；E钢地下水中Cd、Hg、As、Pb、Ni、Cu、Mn的最大浓度分别为200、0.6、89、700、252、336、6 770 μg/L。5家钢铁企业中，地下水中Cd最高浓度出现在E钢，为200 μg/L；地下水中Hg最高浓度出现在C钢，为0.77 μg/L；地下水中As最高浓度出现在E钢，为89 μg/L；地下水中Pb最高浓度出现在E钢，为700 μg/L；地下水中Ni最高浓度出现在E钢，为252 μg/L；地下水中Cu最高浓度出现在D钢，为660 μg/L；地下水Mn最高浓度出现在E钢，为6 770 μg/L。整体而言，在这5家钢铁企业中，E钢地下水重金属污染最为严重，A钢污染较轻。

6. 地下水总石油烃

图1.3-12显示了不同钢铁企业地下水中总石油烃浓度范围，其中A钢地下水中总石油烃浓度范围为0.12～0.15 mg/L，B钢地下水中总石油烃浓度范围为0.018 8～3.136 4 mg/L，C钢地下水中总石油烃浓度范围为0.77～12.6 mg/kg，D钢地下水中总石油烃浓度范围为0.01～0.4 mg/kg，E钢地下水中总石油烃浓度范围为0.13～2.32 mg/kg，C钢地下水中总石油烃浓度最高，且显著高于其他4家钢铁企业，其次是B钢和E钢，而A钢地下水中总石油烃浓度最低。

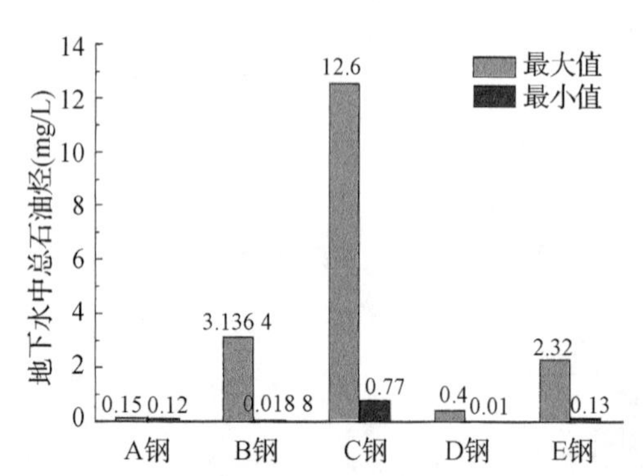

图1.3-12　不同钢铁企业地下水中总石油烃范围

第二章　污染分析

钢铁冶炼行业涉及工艺种类繁多，本章节将着重从原料处理、烧结、球团、焦化、炼铁、炼钢、轧钢、表面处理和配套公辅九个方面对全行业的生产过程开展污染分析。

第一节　原料场污染环节及污染物类型

一、原理概述

原料场是接受、贮存、加工处理和混匀钢铁冶金原燃料的场地。现代化大型原料场的贮料场（贮存原料的场地）包括矿石场、煤场、辅助原料场和混匀料场，不但贮存外来的铁矿石、铁精矿、球团矿、锰矿石、石灰石、白云石、蛇纹石、硅石、焦煤、动力煤，还贮存一部分烧结矿、球团矿以及钢铁厂内的循环物，如氧化铁皮、高炉灰、碎焦、烧结粉、匀矿端部料等。现代化的原料场具有贮存原料、加工原料、配矿和混匀的功能（图 2.1－1）。

图 2.1－1　常见原料场现状

1. 贮存

贮存的目的是解决矿山或选矿厂与钢铁企业之间的生产不平衡，交通运输间歇作业、事故、自然灾害与钢铁企业均衡生产之间的矛盾，调节钢铁企业有关车间循环物生产与使用之间的不平衡，以及解决来料零散、成分复杂需要贮存到一定数量后才能使用等问题；此外，还可保证矿石混匀和加工处理作业的正常进行。原料场场地要求有坚实的地坪，以承载巨大的料堆压力，避免因原料压入地坪以下而造成资源浪费。一般当用量较少或矿点分散，运输条件差，运距远，特别是长距离船舶运输时，原料贮存时间要多些；当定点矿山供料，用量较多，运输距离近，或有专用铁路时，贮存时间可短些。

2. 加工处理

有些进场的原料，如铁矿石、石灰石、白云石、锰矿石或者焦、煤等，经常含有不能直接使用的大块，需要筛除或加工处理到下步工序要求的粒度；而球团矿、烧结矿则需要在原料场筛除粉末，以满足高炉精料的要求。加工处理一般采用通用的破碎筛分流程，并分别设有矿石、熔剂和煤等加工系统。主要加工处理设备有旋回破碎机、圆锥破碎机、棒磨机、反击式破碎机、锤式破碎机以及各种类型的筛分机。

3. 配矿和混匀

原料场除在堆料过程中起到预混匀作用，使下步混匀作业达到较高的效果外，还可对来料按下步工序要求的成分、水分、粒度等进行配矿，以达到烧结对精料的要求。混匀的方法为分层平铺截取法；采用的主要设备有堆料机、混匀取料机、堆取料机、桥式抓斗起重机和门形抓斗起重机等。此外，原料场还可担负外运烧结矿及焦炭、碎焦、煤等任务。

二、功能分类

原料场按其作用可分为贮料场和带混匀作业的原料场。

1. 贮料场

仅单纯贮存原燃料及熔剂。苏联的以及中国在20世纪70年代以前的一些原料场大部分为这种形式的料场，一般都没有完整的配矿和混匀作业，加工处理系统也不完备。故这种形式的原料场不适用于现代化钢铁企业的精料准备工作。

2. 带混匀作业的原料场

这种原料场不但有原燃料、熔剂以及厂内循环物的贮存系统，还有加工处理系统以及完整的配矿和原料混匀作业系统，适用于现代化钢铁企业的精料准备作业。日本一些钢铁企业即设有这种原料场。

原料场堆料方式有连续走行和断续走行两种作业方式。矿石场多采用断续走行方式;混匀料场多采用连续走行方式。

继续走行堆料方式一般有定点走行一层堆料和定点走行多层堆料(鳞状堆料),多层堆料为堆料机进行小堆堆料,边堆边纵向移动,达到规定位置后换向操作,在预定区域全部堆积一层后,再堆第二层、第三层,周而复始,直至达到最终堆积高度。为防止原料在堆积过程中产生粒度和成分的偏析,使单一品种原料在一定程度上均化,含铁原料多采用鳞状堆料。

连续走行堆料方式则以条形或人字形的布料法比较适合。矿石场的料堆高度决定堆料的机械装备水平,原料场的矿石场、煤场和辅助原料场的原料堆高,堆料时应按品种、成分不同分别堆存,各种料堆多形成三角锥形或梯形料堆断面,堆底应有足够的间距,以防混料。

三、工艺及产排污节点

常见原料场工艺及产排污情况如下:原料场主要承担炼铁、烧结、球团、焦化、石灰窑单元所需原料的受卸、贮存、加工、供应等任务。原料场工程主要设施包括受料设施、料场设施、混匀配料设施、筛分设施、供返料设施、成品集中仓、高炉供料设施和辅助设施等。

原料准备工艺流程及产污节点见图 2.1-2。

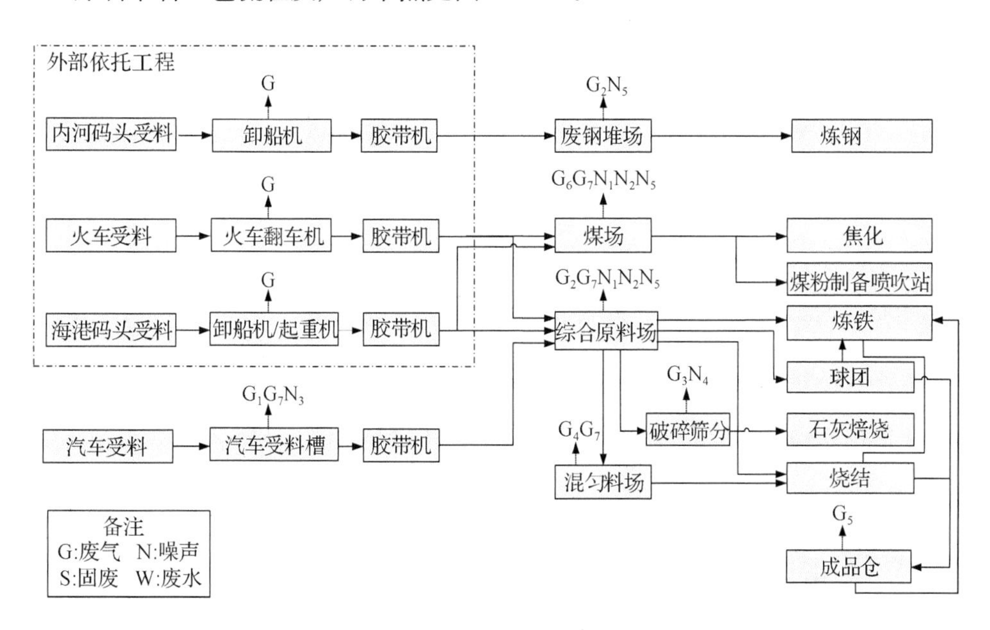

图 2.1-2　原料场工艺流程及产污节点图

1. 受料系统

受料设施一般主要包括码头受料系统、汽车受料系统、火车受料系统。原燃料进原料场、煤场前设有铁矿石自动取样设施、燃料自动取样设施，取样后送至全厂检化验单元进行分析检验。

2. 混匀配料设施

混匀配料系统包括混匀配料槽、槽下定量配料装置及胶带输送机。参与混匀配料的原料为烧结粉矿、厂内含铁杂料及回收料。预配料系统按照混匀配料方案，将需要混匀的各种原料由矿石料场、副原料场输送到混匀配料槽，然后由混匀配料槽下的定量给料装置，按照预先设定的输出能力向槽下胶带机供料，最后运输至烧结配料仓。

3. 筛分破碎系统

石灰石、白云石从料场取出后，采用胶带机输送至筛分破碎系统。采用棒条筛进行筛分筛下物料进入筛屑缓冲仓贮存，采用破碎机破碎后由胶带机输送进入粉料仓。

块矿向高炉供料前需进行筛分作业，降低块矿粉率。筛分后精块矿可返回料场，或直供高炉。筛下粉设置缓冲仓，可直接进入混匀配料槽，也可返回料场粉矿料仓。

4. 供返料设施

供返料设施包括料场内部供料、原料场向各用户供料、各用户之间的供料以及各用户向原料场返料四大部分，通过皮带运输实现。

产排污环节：

废气污染源主要为原燃料装卸、混配、筛分、转运过程产生的含尘废气，包括汽车受料槽废气、原燃料转运废气、筛分破碎系统废气、混匀配料废气、成品集中仓进出料废气、焦炭成品仓转运废气、料场无组织废气等。

废水污染源主要为循环冷却水系统排放污水。

固体废物为除尘系统捕集的除尘灰。

第二节　烧结工艺污染环节及污染物类型

一、原理概述

烧结，是指把粉状物料转变为致密体，是一个传统的工艺过程。人们很早就利用这个工艺来生产陶瓷、粉末冶金、耐火材料、超高温材料等。一般来说，粉体经过成型后，通过烧结得到的致密体是一种多晶材料，其显微结构由晶体、玻璃体和气孔组成。烧结过程直接影响显微结构中的晶粒尺寸、气孔尺寸及晶界形状和分布，进而影响材料的性能。

在钢铁冶炼过程中，烧结过程是将各种粉状含铁原料，配入适量的燃料和熔剂，加入适量的水，经混合和造球后在烧结设备上使物料发生一系列物理化学变化，将矿粉颗粒黏结成块的过程。常见烧结厂现状如图 2.2－1 所示。

图 2.2－1　常见烧结厂现状

烧结过程中涉及的化学反应原理如下：

1. 固体碳燃烧反应

反应后生成 CO 和 CO_2，还有部分剩余 O_2，为其他反应提供了氧化还原气体和热量。燃烧产生的废气成分取决于烧结的原料条件、燃料用量、还原和氧化反应的发展程度以及抽过燃烧层的气体成分等因素。

2. 碳酸盐的分解和矿化作用

烧结料中的碳酸盐有 $CaCO_3$、$MgCO_3$、$FeCO_3$、$MnCO_3$ 等，其中以 $CaCO_3$ 为主。在烧结条件下，$CaCO_3$ 在 720 ℃左右开始分解，880 ℃时开始化学沸腾，其他碳酸盐相应的分解温度较低些。$CaCO_3$ 分解产物 CaO 能与烧结料中的其他矿物发生反应，生成新的化合物，这就是矿化作用。反应式为：

$$CaCO_3 + SiO_2 = CaSiO_3 + CO_2$$

$$CaCO_3 + Fe_2O_3 = CaO \cdot Fe_2O_3 + CO_2$$

如果矿化作用不完全，将有残留的自由 CaO 存在，在存放过程中，它将同大气中的水分进行消化作用，使烧结矿的体积膨胀而粉化。反应式为：

$$CaO + H_2O = Ca(OH)_2$$

3. 铁和锰氧化物的分解、还原和氧化

铁的氧化物在烧结条件下，温度高于 1 300 ℃时，Fe_2O_3 可以分解。Fe_3O_4 在烧结条件下分解压很小，但在有 SiO_2 存在、温度大于 1 300 ℃时，也可能分解。

二、质量指标

评价烧结矿的质量指标主要有：化学成分及其稳定性、粒度组成与筛分指数、转鼓强度、落下强度、低温还原粉化性、还原性、软熔性等。

1. 化学成分

化学成分主要检测 TFe、FeO、CaO、SiO_2、MgO、Al_2O_3、MnO、TiO_2、S、P 等，要求有效成分高，脉石成分低，有害杂质(P、S 等)少。

2. 稳定性

根据《我国优质贴烧结矿的技术指标》(YB/T-006-91)，TFe≥54%，允许波动±0.4%；FeO<10%，允许波动±0.5%；碱度 R(CaO/SiO_2)≥1.6，允许波动±0.05；S<0.04%。筛分指数取 100 kg 试样，等分为 5 份，用筛孔为 5 mm×5 mm的摇筛，往复摇动 10 次，以<5 mm 出量计算筛分指数：$C=(100-A)/100\times100\%$，其中 C 为筛分指数，A 为大于 5 mm 粒级的量。

3. 落下强度

评价烧结矿冷强度，测量其抗冲击能力，试样量为 20±0.2 kg，落下高度为 2 m，自由落到大于 20 mm 钢板上，往复 4 次，用 10 mm 筛分级，以大于 10 mm 的粒级出量表示落下强度指标。$F=m_1/m_2\times100\%$，其中 F 为落下强度，m_1 为落下 4 次后，大于 10 mm 的粒级出量，m_2 为试样总量。$F=80\%\sim83\%$为合格烧结矿，$F=86\%\sim87\%$为优质烧结矿。

4. 转鼓强度

根据 GB3209 标准，转鼓为 1 000×500 mm，装料 15 kg，转速 25 r/min，转 200 转，鼓后采用机械摇动筛，筛孔为 6.3×6.3 mm，往复 30 次，以<6.3 mm 的粒级表示转鼓强度。转鼓强度 $T=m_1/m_0\times100\%$，抗磨强度 $A=(m_0-m_1-m_2)/m_0\times100\%$，其中 m_0 为试样总质量，m_1 为+6.3 粒级部分质量，m_2 为−6.3+0.5 mm 粒级部分质量，T、A 均取两位小数。要求：$T\geq70.00\%$，$A\leq5.00\%$。

5. 还原性

是模拟炉料自高炉上部进入高温区的条件，用还原气体从烧结矿中排除与铁结合的氧的难易程度的一种度量，是评价烧结矿冶金性能的主要质量标准。

三、工艺及产排污节点

常见烧结工艺及产排污情况如下：生产工艺主要包括原料配混、烧结、冷却及余热回收、整粒筛分、烧结机头烟气脱硫脱硝等，烧结生产工艺流程及产污节点见图 2.2-2。

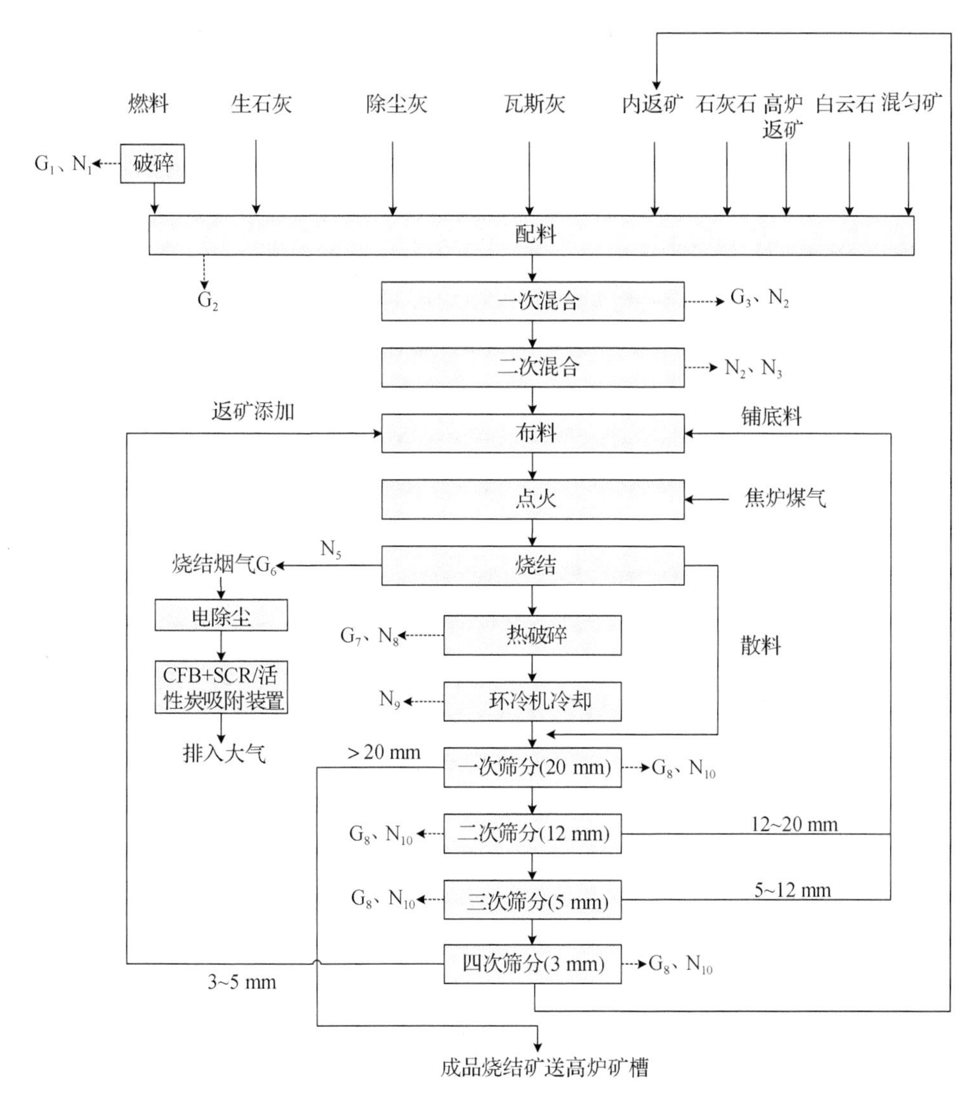

图 2.2-2 烧结工艺流程及产污节点图

1. 原料配混

烧结配料包括含铁原料、燃料、熔剂等，其中含铁原料主要包括混匀含铁料、高炉返矿、内返矿、球团返矿、除尘灰等；燃料主要包括高炉返焦、无烟煤和焦炉煤气；熔剂主要包括石灰石、生石灰和白云石等。

产排污环节：

废气污染源主要为燃料破碎废气、烧结配料废气、一次混合制粒废气、高炉返矿转运废气、高炉返焦转运废气。

固体废物为各除尘系统捕集的除尘灰。

2. 烧结

混合料由皮带机从制粒室运至烧结室，采用梭式布料机均匀卸入烧结机头混合料矿槽内，为提高混合料温度，向混合料矿槽中通入蒸汽对混合料进行预热。预热后的混合料经圆辊给料机与布料器组成的布料装置均匀地布在铺有底料的烧结机台车上，烧结机一般采用铺底料工艺，以保护台车篦条并降低烟气含尘量。混合料经点火炉（燃用焦炉煤气）点火后，料层中的燃料在烧结抽风机负压作用下自上而下逐渐燃烧，使混合料氧化熔融固结生成烧结矿。烧结机头烟气抽风大烟道高温段设余热回收装置，产生的蒸汽用于余热发电机组发电。

产排污环节：

废气污染源为烧结机头烟气。

废水污染源为点火器、主抽风机等设备间接循环冷却水系统排污水。

固体废物为烧结机头静电除尘系统捕集的除尘灰。

3. 烧结矿冷却及整粒筛分

混合料烧结完全后在机尾卸料，经单辊破碎机破碎后送入鼓风机式环冷机冷却。冷却后的烧结矿经皮带通廊转运至成品烧结矿整粒筛分车间，筛分得到成品矿、铺底料和返矿。成品矿一部分经封闭皮带通廊运至高炉矿槽，一部分送烧结成品矿槽，铺底料送铺底料仓，返矿则送配料间再利用。

产排污环节：

废气污染源为烧结机尾废气、整粒筛分废气。

固体废物为各除尘系统捕集的除尘灰。

第三节　球团工艺污染环节及污染物类型

一、原理概述

球团是人造块状原料的一种方法，是一个将粉状物料变成物理性能和化学组成能够满足下一步加工要求的过程。球团过程中，物料不仅由于滚动成球和粒子密集而发生物理性质如密度、孔隙率、形状、大小和机械强度等变化，更重要的是发生了化学和物理化学性质如化学组成、还原性、膨胀性、高温还原软化性、低温还原软化性、熔融性等变化，使物料的冶金性能得到改善。

球团矿生产先将矿粉制成粒度均匀、具有足够强度的生球。造球通常在圆盘或圆筒造球机上进行。矿粉借助于水在其中的毛细作用形成球核;然后球核在物料中不断滚动,黏附物料,球体越来越大,越来越密实。矿粉间借分子水膜维持牢固的黏结。采用亲水性好、粒度细(小于 0.044 mm 的矿粉应占总量的 90%以上),比表面积大和接触条件好的矿粉,加适当的水分,添一定数量的黏结剂(皂土、消石灰和生石灰等),可以获得有足够强度的生球。

生球经过干燥(300～600 ℃)和预热(600～1 000 ℃)后在氧化气氛中焙烧。在预热和焙烧阶段出现氧化铁的氧化、石灰石分解和去硫等反应。焙烧是球团固结的主要阶段。球团固结过程中,固相反应和固相烧结起重要作用,而液相烧结只在一定的条件下才得到发展。焙烧温度一般是 1 200～1 300 ℃,主要用气体或液体燃料,有时也可用固体燃料。常见球团厂现状如图 2.3 - 1 所示。

图 2.3 - 1　常见球团厂现状

二、焙烧方法分类

1. 竖炉焙烧

竖炉是最早采用的球团矿焙烧设备。现代竖炉在顶部设有烘干床,焙烧室中央设有导风墙。燃烧室内产生的高温气体从两侧喷入焙烧室向顶部运动,生球从上部均匀地铺在烘干床上被上升热气体干燥、预热,然后沿烘干床斜坡滑入焙烧室内焙烧固结,在出焙烧室后与从底部鼓进的冷风气相遇,得到冷却。最后用排矿机排出竖炉。竖炉的结构简单,对材质无特殊要求;缺点是单炉产量低,只适用于磁精粉球团焙烧,由于竖炉内气体流难于控制,焙烧不均匀造成球团矿质量也不均匀。

2. 带式焙烧

带式焙烧机是使用最广的焙烧方法。带式焙烧的特点:① 采用铺底料和铺边料以提高焙烧质量，同时保护台车延长台车寿命；② 采用鼓风和抽风干燥相结合以改善干燥过程，提高球团矿的质量；③ 鼓风冷却球团矿，直接利用冷却带所得热空气助燃焙烧带燃料燃烧以及干燥带使用，只将温度低含水分高的废气排入烟囱；④ 适用于各种不同原料（赤铁矿浮选精粉、磁铁矿磁选精粉或混合粉）球团矿的焙烧。

三、工艺及产排污节点

常见球团工艺及产排污情况如下：生产工艺包括磨矿、配料、混合与造球、焙烧、冷却等，球团生产工艺流程及产污节点见图 2.3－2。

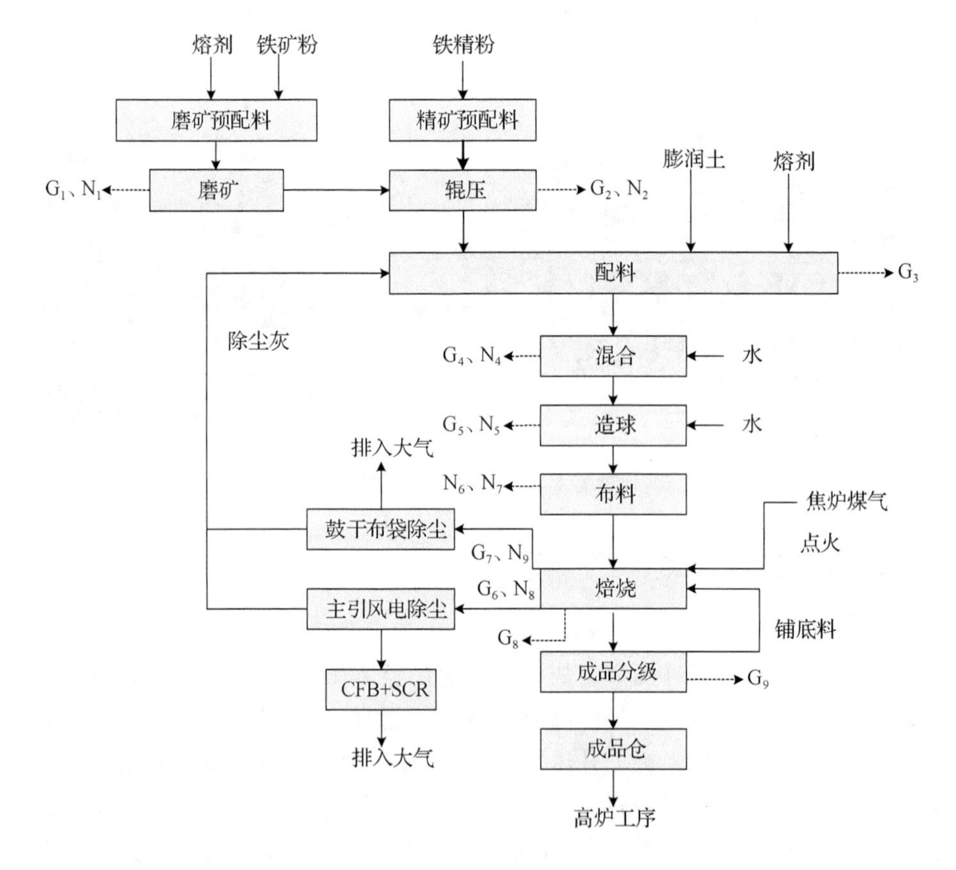

图 2.3－2 球团工艺流程及产污节点图

1. *磨矿与配料*

球团生产铁原料、粗熔剂从原料场由带式输送机运至预配料室上部，经卸料车卸料至矿仓和熔剂仓。在磨矿预配料室配好的铁矿粉、粗熔剂由带式输送机运往磨矿间。磨矿后精粉通过带式输送机运到预配料室的矿精粉仓。

球团生产铁精粉从料场由带式输送机运至预配料室上部，经移动小车卸料卸至精粉仓中。各种铁原料按设定的比例配好后，形成混合铁精粉，经带式输送机运往辊压室。通过辊压将精矿颗粒破碎成不规则的片状，使颗粒表面活性增加，提高比表面积，改善成球性能，提高生球强度，减少返料循环。

产排污环节：

废气污染源为磨矿过程中产生的废气、物料辊压废气、配料废气。

固体废物为各除尘系统捕集的除尘灰。

2. 混合与造球

进入混合室的物料经立式强力混合机混合后通过皮带机运至造球室混合料仓，仓下经调速圆盘给料机给料至皮带秤称量后送入圆盘造球机，造球机的给料可按设定值自动控制，并且每个造球机进料溜槽配有疏料器，可将压实物料疏松后再送入造球机圆盘内，以便于造球。混合物料在圆盘造球机中加水造球，成球后生球经辊式生球筛分机筛分，粒径合格的生球由布料器运往焙烧主厂房。

产排污环节：

废气污染源为混合废气、造球废气。

3. 布料与焙烧

生球布料流程为：布料器→宽皮带→分级布料辊筛→带式焙烧机，筛下的散料及小球通过湿返料运输系统返回造球系统，合格生球进入带式焙烧机焙烧。带式焙烧机分鼓风干燥段、抽风干燥段、预热段、焙烧段、均热段和一冷段、二冷段共 7 个工艺段。

产排污环节：

废气污染源为球团焙烧主引风废气和鼓风干燥段废气。

固体废物为鼓风干燥除尘系统捕集的除尘灰。

4. 成品分级

冷却后的球团矿，通过胶带机送成品分级站，通过底边料分离器分出一部分成品作铺底、边料用，其他的成品球团矿用胶带机系统转运至成品料仓。

产排污环节：

废气污染源为机尾烟气、成品分级站、转运站等废气。

固体废物为除尘系统捕集的除尘灰。

第四节　焦化工艺污染环节及污染物类型

一、原理概述

焦化一般指有机物质碳化变焦的过程，在煤的干馏中指高温干馏。在石油加工中，焦化是渣油焦炭化的简称，是指重质油（如重油、减压渣油、裂化渣油甚至土沥青等）在 500 ℃左右的高温条件下进行深度的裂解和缩合反应，产生气体、汽油、柴油、蜡油和石油焦的过程。焦化主要包括延迟焦化、釜式焦化、平炉焦化、流化焦化和灵活焦化五种工艺过程。常见焦化厂现状如图 2.4－1 所示。

图 2.4－1　常见焦化厂现状

炼焦化学工业是煤炭化学工业的一个重要部分，煤炭主要加工方法包括高温炼焦、中温炼焦、低温炼焦三种方法。冶金行业一般采用高温炼焦来获得焦炭和回收化学产品。产品焦炭可作高炉冶炼的燃料，也可用于铸造、有色金属冶炼、制造水煤气；可用于制造生产合成氨的发生炉煤气，也可用来制造电石，以获得有机合成工业的原料。在炼焦过程中产生的化学产品经过回收、加工，提取焦油、氨、萘、硫化氢、粗苯等产品，并获得净焦炉煤气、煤焦油，粗苯精制加工和深度加工后，可以制取苯、甲苯、二甲苯、二硫化碳等。

焦化一般由备煤车间、炼焦车间、回收车间、焦油加工车间、苯加工车间、脱硫车间和废水处理车间组成。根据焦炉本体和鼓冷系统流程，从焦炉出来的荒煤气进入初冷器之前，已被大量冷凝成液体，同时，煤气中夹带的煤尘、焦粉也被捕集下来，煤气中的水溶性的成分也溶入氨水中。焦油、氨水以及粉尘和焦油渣一起流入机械化焦油氨水分离池。分离后氨水循环使用，焦油送去集中加工，焦油渣可回配到煤料中。炼焦煤气进入初冷器被直接冷却或间接冷却至常温，此时，残留在煤气中的水分和焦油被进一步除去。出初冷器后的煤气经机械捕焦油使悬浮在煤气中的焦油雾通过机械的方法除去，然后进入鼓风机被升压至 19 600 Pa(2 000 mm 水柱)左右。为了不影响以后的煤气精制的操作，例如硫铵带色、脱硫液老化等，使煤气通过电捕焦油器除去残余的焦油雾。为了防止萘在温度低时从煤气中结晶析出，煤气进入脱硫塔前设洗萘塔用洗油吸收萘。在脱硫塔内用脱硫剂吸收煤气中的硫化氢，与此同时，煤气中的氰化氢也被吸收了。煤气中的氨则在吸氨塔内被水或水溶液吸收产生液氨或硫铵。煤气经过吸氨塔时，由于硫酸吸收氨的反应是放热反应，煤气的温度升高，为不影响粗苯回收的操作，煤气经终冷塔降温后进入洗苯塔内，用洗油吸收煤气中的苯、甲苯、二甲苯以及环戊二烯等低沸点的炭化氢化合物和苯乙烯、萘、古马隆等高沸点的物质，与此同时，有机硫化物也被除去。

二、主体装置

焦化的主体装置为炼焦炉，一种通常由耐火砖和耐火砌块砌成的炉子，用于使煤炭化以生产焦炭。现代炼焦炉是指以生产冶金焦为主要目的、可以回收炼焦化学产品的水平室式焦炉，由炉体和附属设备构成。炼焦炉炉体由炉顶、燃烧室和炭化室、斜道区、蓄热室等部分组成，并通过烟道和烟囱相连。整座炼焦炉砌筑在混凝土基础上。现代炼焦炉基本结构大体相同，但由于装煤方式、供热方式和使用的燃料不尽相同，又可以分成许多类型。

现代炼焦炉由炭化室、燃烧室、蓄热室、斜道区、炉顶、基础、烟道等组成。炭化室中煤料在隔绝空气条件下受热变成焦炭。一座炼焦炉有几十个炭化室和燃烧室相间配置，用耐火材料(硅砖)隔开。每个燃烧室有 20～30 个立火道。来自蓄热室的经过预热的煤气(高热值煤气不预热)和空气在立火道底部相遇燃烧，从侧面向炭化室提供热量。蓄热室位于焦炉的下部，利用高温废气来预热加热用的煤气和空气。斜道区是连接蓄热室和燃烧室的斜通道。炭化室、燃烧室以上的炉体称炉顶，其厚度按炉体强度和降低炉顶表面温度的需要确定。炉顶区有装煤孔和上升管孔通向炭化室，用以装入煤料和导出煤料干馏时产生的荒煤气。还设有看火孔通向每个火道，供测温、检查火焰之用，根据检测结果，调节温度和压力。整座炼焦炉砌筑在坚固平整的混凝土基础上，每个蓄热室通过废气盘与烟道连接，烟道设在基础内或基础两侧，一端与烟囱连接。

炭化室又称为一个炉孔，一座炼焦炉由数十个炉孔组成。按加热系统的结构不同，现代炼焦炉有多种类型，大致可分为：① 双联火道式，上升气流火道和下降气流火道成对组合，整个燃烧室由若干组双联火道组成；② 两分火道式，整个燃烧室的半侧火道均走上升气流，另半侧火道均走下降气流；③ 上跨焰道式，整个燃烧室的各火道分为若干组，通过上跨焰道与相邻燃烧室的火道组相联。炼焦炉的生产能力决定于炭化室的尺寸和结焦时间。

炼焦炉主要部位由硅砖砌成，为使密封性好，要采用异型砖砌筑。通常一座大型炼焦炉要使用 400 种以上的砖，有的甚至超过 1 000 种。一座 36 孔、容积为 35 m^3、炭化室高度为 4.3 m 的炼焦炉需用耐火材料约 8 400 t。要按照严格质量标准施工，并应在烘炉时充分考虑硅砖的性质，以保证运行良好并延长寿命。炼焦炉烘炉后，炭化室区域的膨胀近 200 mm。烘炉的日膨胀率一般采取不大于0.035%，烘炉天数为 50～60 d。因炼焦炉烘炉时有较大的膨胀，某些与炉体相连接的设备和结构，要在烘炉末期炉体膨胀基本结束后，才最终进行连接、固定和密封。

炼焦炉烘炉阶段由于硅砖的膨胀是非线性的，上下部位膨胀速度不一，有被拉成阶梯裂纹的可能。正常生产过程中，由于炭化室的周期性装煤和出焦，炉温波动很大，砌体也会产生一定程度的胀缩变化。再加上各种机械设备对砌体的撞击，均可能导致砌体变形和开裂。因此要利用可调节的弹簧势能，通过护炉设备连续不断地向砌体施加数量足够、分布合理的保护性压力，使砌体从烘炉、开工到正常生产的整个过程中始终保持完整和严密，一直到炼焦炉停产，均应维持这种保护性压力，并定期检查、调整。护炉铁构件对炼焦炉施加的总负荷，按炉高计算，每米为 1.5～2.0 t。由于硅砖的残存膨胀和不可避免地产生的裂缝，将导致炉长逐年膨胀，正常的年膨胀量应不大于 10 mm，护炉设备管理较好的炼焦炉，投产二、三年后年膨胀量可在 5 mm 以下。炉长的总膨胀量是炉体衰老的标志之一。

三、工艺及产排污节点

常见焦化工艺及产排污情况如下：焦化按照生产单元主要分为备煤、炼焦、干熄焦及余热利用、煤气净化系统。

（一）备煤工序

配煤后分组粉碎工艺流程主要由配煤室、筛分粉碎室、混合机室、煤塔顶层以及相应的带式输送机和转运站组成，并设有煤焦制样室等生产辅助设施。

配煤室布料层采用可逆配仓带式输送机将各单种煤卸至煤槽中。配煤室槽口设自动配煤装置，设给料皮带和称量皮带。出配煤室带式输送机设有除铁器，防止铁进入粉碎机。根据所需配煤比，采用自动控制将各单种煤配合后经由转运站进入筛分粉碎室。筛分粉碎室设交叉式细粒滚轴筛及粉碎机，配煤室料线将配合煤送入滚轴筛进行筛分，筛上煤料进入对应粉碎机粉碎，粉碎后与筛下煤料一起通过移动式皮带机卸至下部带式输送机上运往混合机室混合。混合机室设混合机，将来自筛分粉碎室的煤混合均匀后送入煤塔。混合机设焦油渣添加口，将焦油渣与炼焦煤充分混合后送往煤塔(图 2.4－2)。

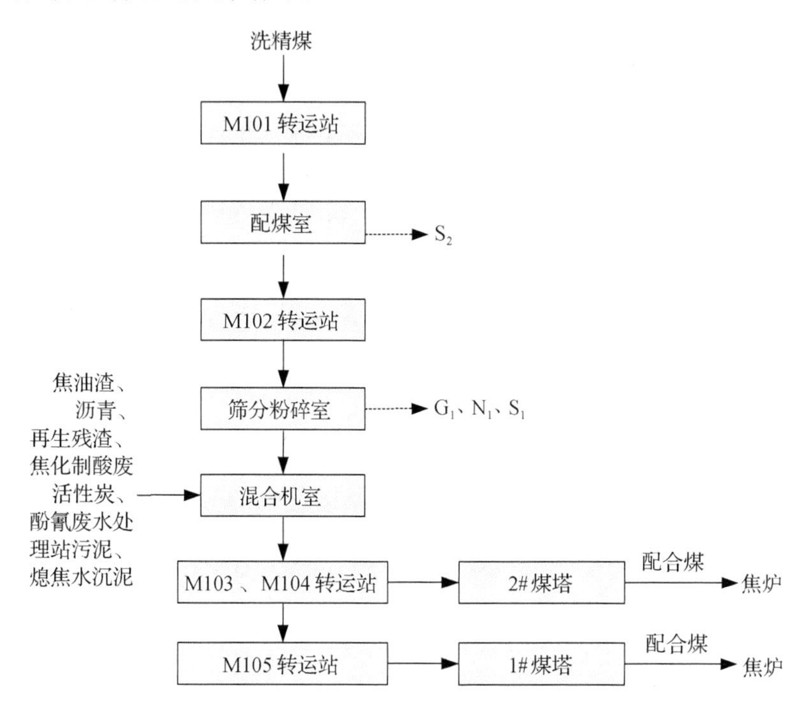

图 2.4－2　备煤工序工艺流程及产排污节点

产排污环节：

废气主要为煤料在筛分粉碎等过程中产生的煤尘。

固体废物为煤筛粉碎机室布袋除尘时产生的粉尘，出配煤室带式输送机产生少量废铁皮。

(二) 炼焦系统

由备煤作业区送来的配合好的炼焦用煤装入煤塔。装煤车按作业计划从煤塔取煤，经计量后装入炭化室内，煤料在炭化室内经过一个结焦周期的高温干馏炼制成焦炭和荒煤气。

炭化室内的焦炭成熟后，用推焦机推出，经拦焦机导入焦罐车(或熄焦车)内送干熄焦(或湿熄焦)进行熄焦，熄焦后的焦炭送往焦处理系统进行处理，然后通过带式输送机送往炼铁厂(图 2.4－3)。

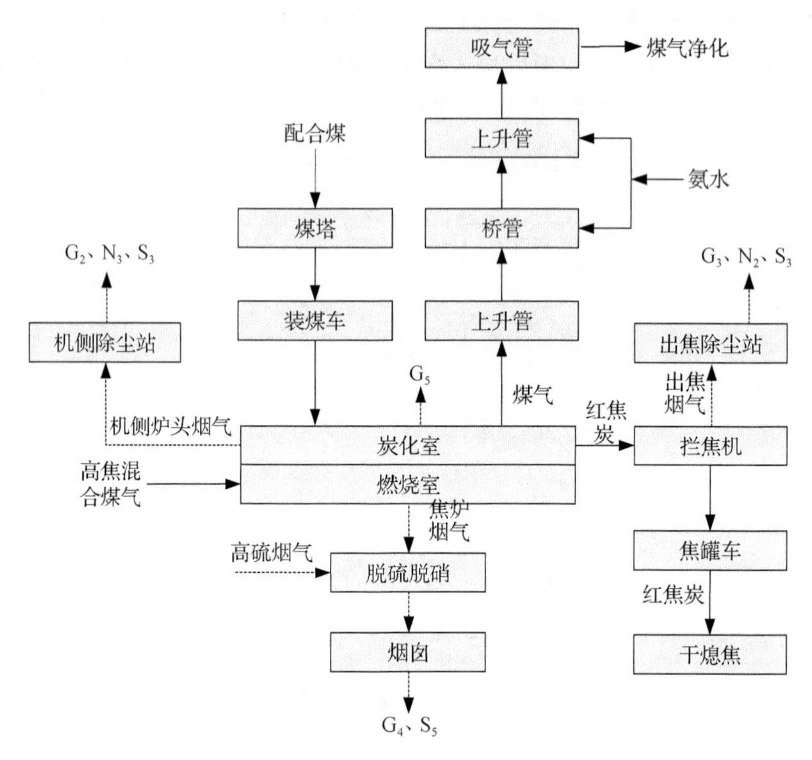

图 2.4-3　炼焦工序工艺流程及产排污节点

产排污环节：

废气主要为焦炉炉体的连续性泄漏，装煤、推焦时的阵发性排放，焦炉烟囱的连续性排放以及焦炭在运输、贮存过程中的连续性排放等。

废水主要为机侧除尘水封排水及煤气管道冷凝水。

固体废物为焦炉出焦除尘器和焦炉机侧除尘器除尘时产生的粉尘。

（三）干熄焦工序

干熄焦工艺装置、干熄焦热力系统及汽轮发电站、焦转运系统以及配套的生产辅助设施等组成熄焦工序。装满红焦的焦罐车由电机车牵引至提升井架底部。提升机将焦罐提升并送至干熄炉炉顶，通过炉顶的装入装置将焦炭装入干熄炉。冷却焦炭的循环气体由循环风机通过干熄炉底的供气装置鼓入干熄炉，与红热焦炭逆流换热(图 2.4-4)。

产排污环节：

废气污染源主要为焦炭装入干熄炉、干熄炉预存室放散过程产生的烟尘，排焦过程和干熄焦循环风机放散后产生的高硫烟气。

废水主要为干熄焦换热站排水、凝结水回收站排水、干熄焦水封排污水。

固体废弃物主要为一、二次除尘器，环境除尘及高硫烟气除尘分离的焦粉。

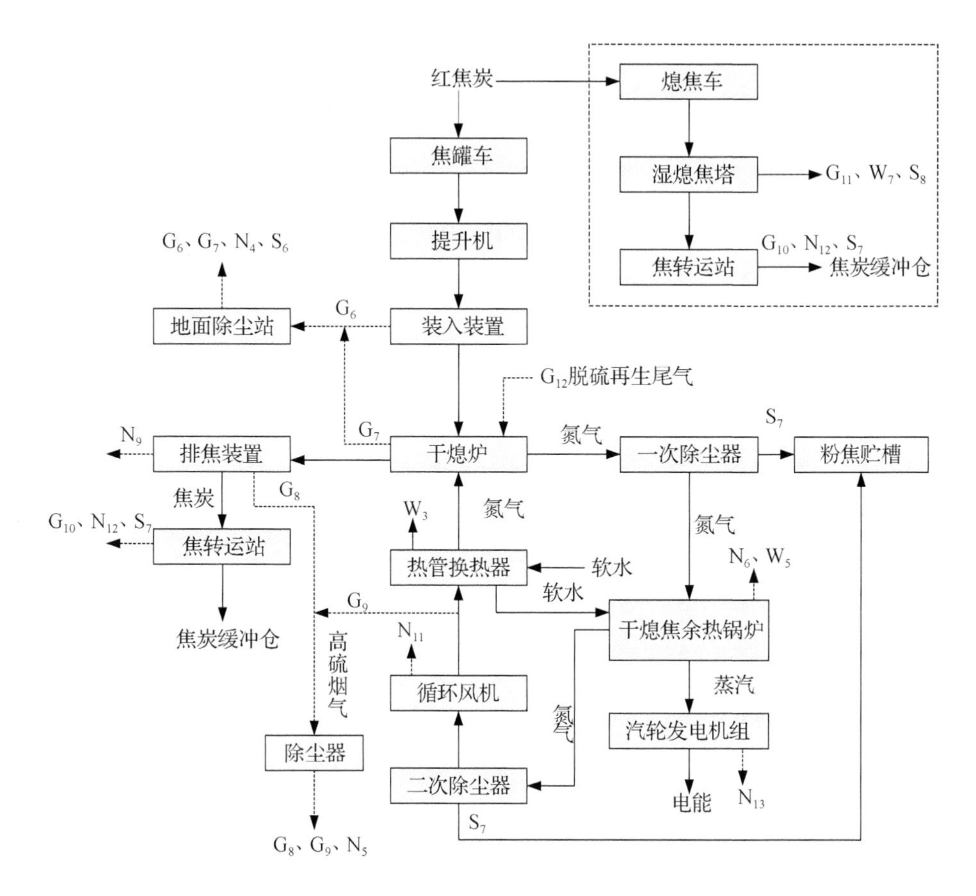

图 2.4-4 熄焦工艺流程及产污节点

(四) 煤气净化系统

煤气净化装置由冷凝鼓风系统(煤气初冷单元、电捕焦油单元、焦油氨水分离单元、煤气鼓风机单元)、HPF 脱硫单元、制酸单元、硫铵单元、蒸氨单元、终冷洗苯单元和粗苯蒸馏单元组成。煤气净化单元主要工艺流程图见图2.4-5。

1. 冷凝鼓风系统

从焦炉集气管出来的荒煤气与焦油、氨水混合液一起沿吸煤气管道自流至气液分离器，分出其中的焦油氨水混合液后，荒煤气进入横管初冷器。横管初冷器从上至下分为三段，即采暖水冷却段、循环水冷却段、低温水冷却段，最终将煤气温度冷却至 20～21 ℃。

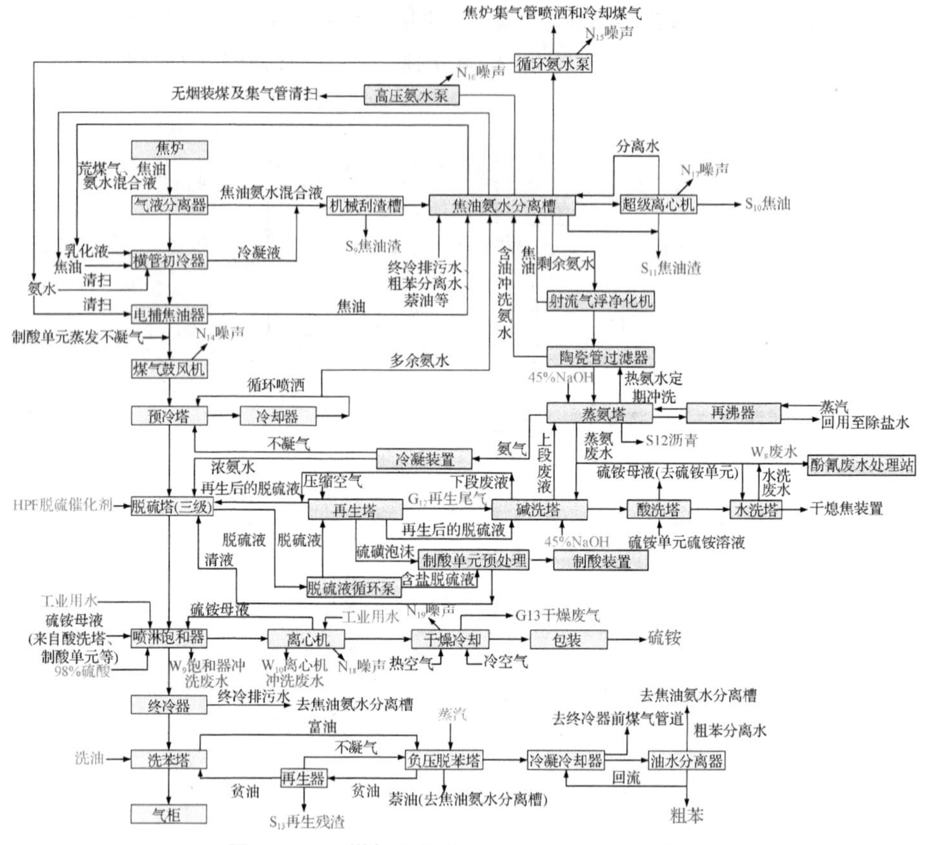

图 2.4-5　煤气净化单元工艺流程及产污节点

2. 脱硫单元

预冷循环液从预冷塔下部用泵抽出送至循环水冷却器，用低温水冷却后进入塔顶循环喷洒。多余的循环液返回焦油氨水分离槽。氨法脱硫工艺，利用焦炉煤气自身含有的氨和氨水中的氨作为吸收剂，以 HPF（由对苯二酚、双核钛氰钴磺酸盐及硫酸亚铁组成的醌钴铁类复合型催化剂的简称）为催化剂，对焦炉煤气进行脱硫脱氰。脱硫后的富液在 HPF 催化剂的作用下，用空气进行氧化再生，从煤气中脱出的 H_2S 最终在脱硫液中被转化成单质硫。催化剂 HPF 在脱硫和再生全过程中均有催化作用。

3. 硫铵单元

由脱硫单元来的煤气进入喷淋式饱和器。煤气进入环形室，与母液加热器加热后的循环母液（即酸性的硫铵溶液）逆流接触，其中的氨被母液中的硫酸吸收，生成硫酸铵。脱氨后的煤气在饱和器的后室合并成一股，经小母液循环泵连续喷洒洗涤后，沿切线方向进入饱和器内旋风式除酸器，分离出煤气中所夹带的酸雾后，送至终冷洗苯单元。

4. 蒸氨单元

由焦油氨水分离单元来的剩余氨水进入氨水换热器，与蒸氨塔底出来的蒸氨废水换热后，进入蒸氨塔进行蒸氨。

5. 终冷洗苯单元

从硫铵单元来的煤气进入间接式终冷器。在终冷器内，对煤气进行冷却，最终将煤气温度冷却到 25 ℃后进入捕雾器，脱除煤气中夹带的冷凝液液滴后分两路进入洗苯塔。洗苯塔内填充不锈钢孔板波纹填料，塔顶喷洒粗苯蒸馏单元送来的贫油，煤气与贫油逆向接触，吸收煤气中的苯。塔底富油由富油泵抽出，送往粗苯蒸馏单元再生。两路洗苯后的煤气经塔顶捕雾器脱除油雾液滴后合并成一系送往用户。

6. 粗苯蒸馏单元

粗苯蒸馏采用蒸汽法负压脱苯工艺，可使富油表面的压力降低，从而降低富油中组分的沸点，在低于常压蒸馏工艺的操作温度下将苯类物质从富油中蒸出。

产排污环节：

废气主要为再生塔再生尾气、硫铵干燥产生的干燥尾气。

各中间贮槽、粗苯蒸馏分离器等产生的呼吸废气：主要成分为氨、硫化氢、氰化氢、酚、苯、苯并[a]芘、非甲烷总烃等；焦油渣和沥青渣排渣系统放散口在排渣过程会逸散少量有机废气，主要成分为非甲烷总烃等；油库单元各储罐大小呼吸废气、物料装卸过程产生的装卸废气，主要成分非甲烷总烃等。煤气净化系统装置区还存在设备和管线动静密封点的少量泄漏逸散，主要成分为苯、硫化氢、氨、氰化氢、酚、苯并[a]芘、非甲烷总烃。

废水污染源主要为蒸氨单元产生的蒸氨废水、硫氨单元产生的喷淋饱和器冲洗废水，以及离心机定期冲洗废水，以上废水的主要污染物为 COD、SS、氨氮、总氮、总磷、挥发酚、氰化物、硫化物、石油类、苯、多环芳烃、苯并[a]芘、萘等；另外泵机械密封冲洗水、地面冲洗水也会定期产生，主要污染物为 COD、SS、氨氮、石油类等。

固体废物污染源为机械刮渣槽内的焦油渣、超级离心机产生的焦油渣、蒸氨塔产生的沥青渣。

第五节　炼铁工艺污染环节及污染物类型

一、原理概述

将金属铁从含铁矿物（主要为铁的氧化物）中提炼出来的工艺过程，主要有高炉法、直接还原法、熔融还原法、等离子法。从冶金学角度而言，炼铁即是铁生锈、逐步矿化的逆行为，简单地说，从含铁的化合物里把纯铁还原出来。实际生产中，纯粹的铁不存在，得到的是铁碳合金。常见炼铁厂现状如图 2.5－1 所示。

图 2.5－1　常见炼铁厂现状

炼铁是在高温下，用还原剂将铁矿石还原得到生铁的生产过程。炼铁的主要原料是铁矿石、焦炭、石灰石、空气。铁矿石有赤铁矿（Fe_2O_3）和磁铁矿（Fe_3O_4）等。铁矿石的含铁量叫作品位，在冶炼前要经过选矿，除去其他杂质，提高铁矿石的品位，然后经破碎、磨粉、烧结，才可以送入高炉冶炼。焦炭的作用是提供热量并产生还原剂一氧化碳。石灰石是用于造渣除脉石，使冶炼生成的铁与杂质分开。炼铁的主要设备是高炉。冶炼时，铁矿石、焦炭和石灰石从炉顶进料口由上而下加入，同时将热空气从进风口由下而上鼓入炉内，在高温下，反应物充分接触反应得到铁。高炉炼铁是指把铁矿石和焦炭、一氧化碳、氢气等燃料及熔剂(从理论上说把金属活动性比铁强的金属和矿石混合后高温也可炼出铁来)装入高炉中冶炼，去掉杂质而得到金属铁(生铁)。

其反应式为：

$$Fe_2O_3 + 3CO \xlongequal{\text{高温}} 2Fe + 3CO_2\text{（还原反应）}$$

$$Fe_3O_4 + 4CO \xlongequal{\text{高温}} 3Fe + 4CO_2\text{（还原反应）}$$

炉渣的形成：

$$CaCO_3 \xlongequal{\text{高温}} CaO + CO_2$$

$$CaO + SiO_2 \xlongequal{\text{高温}} CaSiO_3$$

二、主体装置

1. 上料、配料系统

高炉上料是炼铁高炉系统中最重要的一环，及时、准确的配料、上料是保证高炉产量和产品质量的前提。根据现代化高炉的要求，上料控制系统需要实现自动上料及上料数据的报表打印，体现系统稳定性、先进性和经济实用性，因此从设计的初级阶段到完成应用阶段，需要一直采用先进的控制方案和硬件控制系统，才能最终完成这一重要的系统。

国内常用的配料方法有两种，即容积配料法和重量配料法。容积配料法是利用物料的堆比重，通过给料设备对物料容积进行控制，达到配加料所要求的添加比例的一种方法。此法优点是设备简单，操作方便；其缺点是物料的堆比重受物料水分、成分、粒度等影响。所以，尽管闸门开口大小不变，若上述性质改变时，其给料量往往不同，造成配料误差。重量配料法是按照物料重量进行配料的一种方法，该法是借助于电子皮带秤和定量给料自动调节系统实现自动配料的。

2. 高炉内衬

高炉炉壳内部砌有一层厚 345～1 150 mm 的耐火砖，以减少炉壳散热量，砖中设置冷却设备防止炉壳变形。高炉各部分砖衬损坏机理不同，为了防止局部砖衬先损坏而缩短高炉寿命，必须根据损坏、冷却和高炉操作等因素，选用不同的耐火砖衬。过去，炉缸、炉底常使用高级和超高级黏土砖，这部分砖是逐渐熔损的，因收缩和砌砖质量不良，常引起重大烧穿事故。现在，炉缸、炉底大多用碳素耐火材料，基本上解决了炉底烧穿问题。炉底使用碳砖有三种形式：全部为碳砖；炉底四周和上部为碳砖，下部为黏土砖或高铝砖；炉底四周和下部为碳砖，上部为黏土砖或高铝砖。后两种又称为综合炉底。设计炉底厚度有减薄趋势（由 0.5 d 左右减至 0.3 d左右或炉壳内径的 1/4 厚度，d 为炉缸直径）。碳砖的缺点是易受空气、二氧化碳、水蒸气和碱金属侵蚀。炉腰特别是炉身下部砖衬，由于磨损、热应力、化学侵蚀等，容易损坏。采用冷却壁的高炉，投产两年左右，炉身下部砖衬往往全被侵蚀。炉身上部和炉喉砖衬要求使用具有抗磨性和热稳定性的材料，以黏土砖为宜。炉腹砖衬被侵蚀后靠“渣皮”维持生产。

近几年应用喷补技术修补砖衬已相当普遍。喷补高铝质耐火材料（含 Al_2O_3 40%～60%），寿命为砌衬的 3/4。

3. 高炉冶炼

高炉冶炼是把铁矿石还原成生铁的连续生产过程。铁矿石、焦炭和熔剂等固体原料按规定配料比由炉顶装料装置分批送入高炉，并使炉喉料面保持一定的高度。焦炭和矿石在炉内形成交替分层结构。矿石料在下降过程中逐步被还原、熔化成铁和渣，聚集在炉缸中，定期从铁口、渣口放出。

鼓风机送出的冷空气在热风炉加热到 800～1 350 ℃以后，经风口连续而稳定地进入炉缸，热风使风口前的焦炭燃烧，产生 2 000 ℃以上的炽热还原性煤气。上升的高温煤气流加热铁矿石和熔剂，使其成为液态；并使铁矿石完成一系列物理化学变化，煤气流则逐渐冷却。下降料柱与上升煤气流之间进行剧烈的传热、传质和传动量的过程。

下降炉料中的毛细水分当受热到 100～200 ℃时即蒸发，褐铁矿和某些脉石中的结晶水要到 500～800 ℃才分解蒸发。主要的熔剂石灰石和白云石，以及其他碳酸盐和硫酸盐，也在炉中受热分解。石灰石中 $CaCO_3$ 和白云石中 $MgCO_3$ 的分解温度分别为 900～1 000 ℃和 740～900 ℃。铁矿石在高炉中于 400 ℃或稍低温度下开始还原。部分氧化铁是在下部高温区先熔于炉渣，然后再从渣中还原出铁。

焦炭在高炉中不熔化，只是到风口前才燃烧气化，少部分焦炭在还原氧化物时气化成 CO。而矿石在部分还原并升温到 1 000～1 100 ℃时就开始软化；到 1 350～1 400 ℃时完全熔化；超过 1 400 ℃就滴落。焦炭和矿石在下降过程中，一直保持交替分层的结构。由于高炉中的逆流热交换，形成了温度分布不同的几个区域：① 区是矿石与焦炭分层的干区，称块状带，没有液体；② 区为由软熔层和焦炭夹层组成的软熔带，矿石开始软化到完全熔化；③ 区是液态渣、铁的滴落带，带内只有焦炭仍是固体；④ 风口前有一个袋形的焦炭回旋区，在这里，焦炭强烈地回旋和燃烧，是炉内热量和气体还原剂的主要产生地。

4. 冷却系统

早期的小高炉炉壁无冷却设备，19 世纪 60 年代高炉砖衬开始用水冷却。冷却设备主要有冷却水箱和冷却壁两种，因高炉各部分热负荷而异。炉底四周和炉缸使用碳砖时采用光面冷却壁。炉底之下可用空气、水或油冷却。炉腹使用碳砖时可从外部向炉壳喷水冷却，使用其他砖衬时，用冷却水箱或镶砖冷却壁。炉腰和炉身下部多采用传统的铜冷却水箱，左右间距 250～300 mm，上下间距 1～1.5 m。炉身上部可采用各种形式的冷却设备，一般用铸铁或钢板焊接的冷却水箱。近几年来炉腰和炉身有的用镶砖冷却壁汽化冷却，但炉身下部由于热负荷较高，多改用强制循环纯水冷却；炉喉一般不冷却。冷却介质过去使用工业水，改用软水和纯水。直流或露天循环供水系统也已被强制循环供水系统所代替，后者优点是热交换好、无沉淀、消耗水量少等。

三、工艺及产排污节点

常见炼铁工艺及产排污情况如下：炼铁工序主要包括矿焦槽、上料系统、炉体系统、出铁场、热风炉、炉渣处理、煤粉制喷、煤气净化、TRT、循环水处理及公辅设施等系统，所需原料包括烧结矿、球团矿，燃料包括焦炭、煤粉、高炉煤气等，产品为铁水，副产物包括高炉渣及高炉煤气。

高炉炼铁生产工艺流程及产污节点见图 2.5-2。

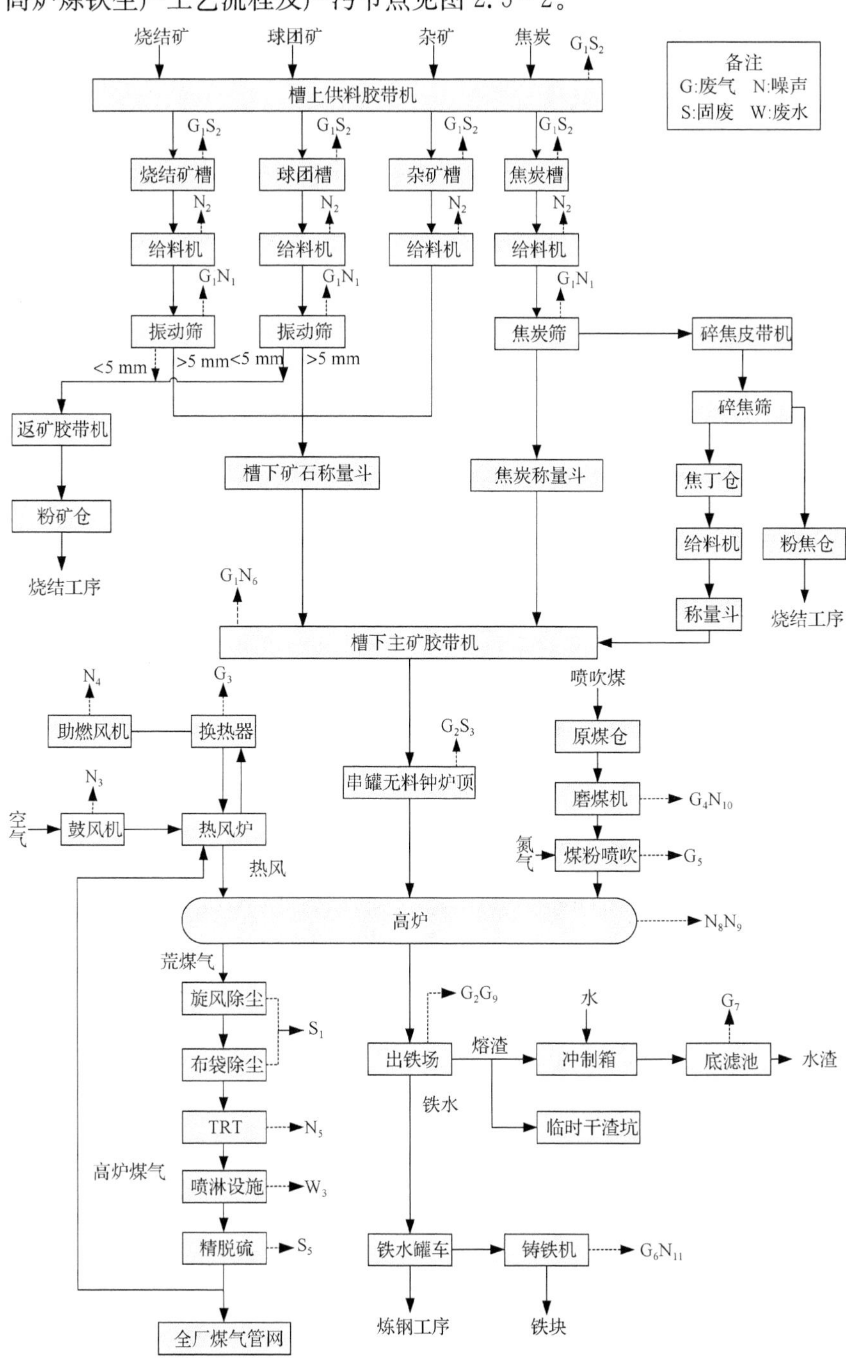

图 2.5-2 高炉炼铁工艺流程及产污节点

1. 矿焦槽及上料系统

高炉冶炼所需的主要原燃料包括烧结矿、球团矿、杂矿、焦炭、煤粉等，通过矿焦槽及上料系统进行供给，主要包括槽上上料系统、矿焦槽系统及上料主胶带机等设施。烧结矿、球团矿、焦炭通过封闭皮带通廊从相应分厂或成品缓冲仓输送至矿焦槽；焦炭经煤场储存后，由皮带通廊转运至煤粉制备喷吹站，制备的煤粉通过气力输送系统喷入高炉。

产排污环节：

废气污染源主要为原燃料转运过程转运站废气、矿焦槽槽上卸料、槽下振动筛分等过程产生的含尘废气。

固体废物污染源主要为各除尘系统捕集的矿焦槽除尘灰。

2. 炉顶系统

高炉炉顶系统包括串罐无料钟装料设备、料罐均排压设施、炉顶液压站及润滑站、布料溜槽传动齿轮箱水冷设施、炉顶探尺、检修设施及炉顶框架等。烧结矿、球团矿、焦炭等高炉运行原燃料通过上料皮带送至炉顶料罐，打开上料流阀，原料进入料罐后通过布料溜槽的旋转和倾动、料流调节阀进行多种方式的布料。无料钟炉顶设备为高压操作系统，为使上、下密封阀，料流调节阀等阀门按照程序顺利打开，设置均排压系统及均压煤气回收装置。泄压后炉料经上料流阀进入料罐，炉料经下料流阀进入炉内进行冶炼。

产排污环节：

废气污染源主要为高炉炉顶落料废气。

固体废物污染源主要为除尘系统捕集的除尘灰、煤气净化产生的瓦斯灰。

3. 炉体系统及出铁场系统

高炉炉体系统由炉体框架平台、炉壳、冷却设备、耐火内衬、冷却水系统、附属设备、检测仪表等构成。

产排污环节：

废气污染源主要为出铁场废气。

废水污染源主要为间接冷却系统排污水，该废水主要污染因子为SS、COD，水质简单。

固体废物污染源主要为出铁场除尘系统捕集的出铁场除尘灰。

4. 炉渣处理系统

高炉炉渣处理正常情况下100％冲水渣。

产排污环节：

废气污染源主要为高炉渣粒化废气，主要成分为水蒸气、硫化氢。

固体废物主要为高炉水渣。

第六节　炼钢工艺污染环节及污染物类型

一、原理概述

炼钢是指控制碳含量(一般小于 2%),消除 P、S、O、N 等有害元素,保留或增加 Si、Mn、Ni、Cr 等有益元素并调整元素之间的比例,获得最佳性能。把炼钢用生铁放到炼钢炉内按一定工艺熔炼,即得到钢。钢的产品有钢锭、连铸坯和直接铸成各种钢铸件等。常见炼钢厂现状如图 2.6-1 所示。

图 2.6-1　常见炼钢厂现状

通常所讲的钢,一般是指轧制成各种钢材的钢。钢属于黑色金属,但钢不完全等于黑色金属。炼钢的过程主要如下:

(1) 加料

向电炉或转炉内加入铁水或废钢等原材料的操作,是炼钢操作的第一步。

(2) 造渣

调整钢、铁生产中熔渣成分、碱度和黏度及其反应能力的操作。目的是通过渣-金属反应炼出具有所要求成分和温度的金属。例如氧气顶吹转炉造渣和吹氧操作是为了生成有足够流动性和碱度的熔渣,能够向金属液面中传递足够的氧,以便把硫、磷降到计划钢种的上限以下,并使吹氧时喷溅和溢渣的量减至最小。

(3) 出渣

电弧炉炼钢时根据不同冶炼条件和目的在冶炼过程中所采取的放渣或扒渣操作。如用单渣法冶炼时,氧化末期须扒氧化渣;用双渣法造还原渣时,原来的氧化渣必须彻底放出,以防回磷等。

(4) 熔池搅拌

向金属熔池供应能量,使金属液和熔渣产生运动,以改善冶金反应的动力学条件。熔池搅拌可借助于气体、机械、电磁感应等方法来实现。

(5) 脱磷

减少钢液中含磷量的化学反应。磷是钢中有害杂质之一。含磷较多的钢,在室温或更低的温度下使用时,容易脆裂,称为“冷脆”。钢中含碳越高,磷引起的脆性越严重。一般普通钢中规定含磷量不超过0.045%,优质钢要求含磷更少。生铁中的磷,主要来自铁矿石中的磷酸盐。氧化磷和氧化铁的热力学稳定性相近。在高炉的还原条件下,炉料中的磷几乎全部被还原并溶入铁水。如选矿不能除去磷的化合物,脱磷就只能在(高)炉外或碱性炼钢炉中进行。

碱性渣的脱磷反应是在炉渣与含磷铁水的界面上进行的。钢液中的磷和氧结合成气态 P_2O_5 的反应如下：

$$2[P]+5[O] \longrightarrow P_2O_5$$

(6) 电炉底吹

通过置于炉底的喷嘴将 N_2、Ar、CO_2、CO、CH_4、O_2 等气体根据工艺要求吹入炉内熔池以达到加速熔化,促进冶金反应过程的目的。采用底吹工艺可缩短冶炼时间,降低电耗,改善脱磷、脱硫操作,提高钢中残锰量,提高金属和合金收得率。并能使钢水成分、温度更均匀,从而改善钢质量,降低成本,提高生产率。

(7) 熔化期

炼钢的熔化期主要是对平炉和电炉炼钢而言。电弧炉炼钢从通电开始到炉料全部熔清为止、平炉炼钢从兑完铁水到炉料全部化完为止都称熔化期。熔化期的任务是尽快将炉料熔化及升温,并造好熔化期的炉渣。

(8) 氧化期

普通功率电弧炉炼钢的氧化期,通常指从炉料溶清、取样分析到扒完氧化渣这一工艺阶段。也有认为是从吹氧或加矿脱碳开始的。氧化期的主要任务是氧化钢液中的碳、磷;去除气体及夹杂物;使钢液均匀加热升温。脱碳是氧化期的一项重要操作工艺。为了保证钢的纯净度,要求脱碳量大于0.2%左右。随着炉外精炼技术的发展,电弧炉的氧化精炼大多移到钢包或精炼炉中进行。

(9) 精炼期

炼钢过程通过造渣和其他方法把对钢的质量有害的一些元素和化合物,经化学反应选入气相或排、浮入渣中,使之从钢液中排出的工艺操作期。

(10) 还原期

普通功率电弧炉炼钢操作中,通常把氧化末期扒渣完毕到出钢这段时间称为还原期。其主要任务是造还原渣进行扩散、脱氧、脱硫、控制化学成分和调整温度。高功率和超功率电弧炉炼钢操作已取消还原期。

(11) 炉外精炼

将炼钢炉(转炉、电炉等)中初炼过的钢液移到另一个容器中进行精炼的炼钢过程,也叫二次冶金。炼钢过程因此分为初炼和精炼两步进行。初炼:炉料在氧化性气氛的炉内进行熔化、脱磷、脱碳和主合金化。精炼:将初炼的钢液在真空、惰性气体或还原性气氛的容器中进行脱气、脱氧、脱硫,去除夹杂物和进行成分微调等。将炼钢分两步进行的好处是:可提高钢的质量,缩短冶炼时间,简化工艺过程并降低生产成本。炉外精炼的种类很多,大致可分为常压下炉外精炼和真空下炉外精炼两类。按处理方式的不同,又可分为钢包处理型炉外精炼及钢包精炼型炉外精炼等。

(12) 钢液搅拌

炉外精炼过程中对钢液进行的搅拌。它使钢液成分和温度均匀化,并能促进冶金反应。多数冶金反应过程是相界面反应,反应物和生成物的扩散速度是这些反应的限制性环节。钢液在静止状态下,其冶金反应速度很慢,如电炉中静止的钢液脱硫需 30～60 min;而在炉精炼中采取搅拌钢液的办法脱硫只需 3～5 min。钢液在静止状态下,夹杂物上浮除去,排除速度较慢;搅拌钢液时,夹杂物的除去速度按指数规律递增,并与搅拌强度、类型和夹杂物的特性、浓度有关。

(13) 钢包喂丝

通过喂丝机向钢包内喂入用铁皮包裹的脱氧、脱硫及微调成分的粉剂,如Ca-Si粉,或直接喂入铝线、碳线等对钢水进行深脱硫、钙处理以及微调钢中碳和铝等成分的方法。它还具有清洁钢水、改善非金属夹杂物形态的功能。

(14) 钢包处理

钢包处理型炉外精炼的简称。其特点是精炼时间短(约 10～30 min),精炼任务单一,没有补偿钢水温度降低的加热装置,工艺操作简单,设备投资少。它有钢水脱气、脱硫、成分控制和改变夹杂物形态等装置。如真空循环脱气法(RH、DH)、钢包真空吹氩法(Gazid)、钢包喷粉处理法(IJ、TN、SL)等均属此类。

(15) 钢包精炼

钢包精炼型炉外精炼的简称。其特点是比钢包处理的精炼时间长(约 60～180 min),具有多种精炼功能,有补偿钢水温度降低的加热装置,适于各类高合金钢和特殊性能钢种(如超纯钢种)的精炼。真空吹氧脱碳法(VOD)、真空电弧加热脱气法(VAD)、钢包精炼法(ASEA-SKF)、封闭式吹氩成分微调法(CAS)等,均属此类;与此类似的还有氩氧脱碳法(AOD)。

(16) 气体处理

向钢液中吹入惰性气体 Ar,这种气体本身不参与冶金反应,但从钢水中上升的每个小气泡都相当于一个“小真空室”(气泡中 H_2、N_2、CO 的分压接近于零),具有“气洗”作用。炉外精炼法生产不锈钢的原理,就是应用不同的 CO 分压下碳铬和温度之间的平衡关系。用惰性气体加氧进行精炼脱碳,可以降低碳氧反应中 CO 分压,在较低温度的条件下,碳含量降低而铬不被氧化。

(17) 预合金化

向钢液加入一种或几种合金元素,使其达到成品钢成分规格要求的操作过程称为合金化。多数情况下脱氧和合金化是同时进行的,加入钢中的脱氧剂一部分消耗于钢的脱氧,转化为脱氧产物排出;另一部则为钢水所吸收,起合金化作用。在脱氧操作未全部完成前,与脱氧剂同时加入的合金被钢水吸收所起到的合金化作用称为预合金化。

(18) 成分控制

保证成品钢成分全部符合标准要求的操作。成分控制贯穿于从配料到出钢的各个环节,但重点是合金化时对合金元素成分的控制。对优质钢往往要求把成分精确地控制在一个狭窄的范围内;一般在不影响钢性能的前提下,按中、下限控制。

(19) 增硅

吹炼终点时,钢液中含硅量极低。为达到各钢号对硅含量的要求,必须以合金料形式加入一定量的硅。它除了用作脱氧剂消耗部分外,还使钢液中的硅增加。增硅量要经过准确计算,不可超过吹炼钢种所允许的范围。

(20) 终点控制

氧气转炉炼钢吹炼终点(吹氧结束)时使金属的化学成分和温度同时达到计划钢种出钢要求而进行的控制。终点控制有增碳法和拉碳法两种方法。

(21) 出钢

钢液的温度和成分达到所炼钢种的规定要求时将钢水放出的操作。出钢时要注意防止熔渣流入钢包。用于调整钢水温度、成分和脱氧用的添加剂在出钢过程中加入钢包或出钢流中。

二、主体装置

1. 转炉炼钢

转炉炼钢是以铁水、废钢、铁合金为主要原料,不借助外加能源,靠铁液本身的物理热和铁液组分间化学反应产生热量而在转炉中完成炼钢过程。转炉按耐火材料分为酸性和碱性；按气体吹入炉内的部位有顶吹、底吹和侧吹；按气体种类为分空气转炉和氧气转炉。碱性氧气顶吹和顶底复吹转炉由于生产速度快、产量大，单炉产量高、成本低、投资少，为使用最普遍的炼钢设备流程如下：转炉主要用于生产碳钢、合金钢及铜和镍的冶炼。

氧气顶吹转炉炼钢设备工艺流程如下：按照配料要求，先把废钢等装入炉内，然后倒入铁水，并加入适量的造渣材料（如生石灰等）。加料后，把氧气喷枪从炉顶插入炉内，吹入氧气（纯度大于 99%的高压氧气流），使它直接跟高温的铁水发生氧化反应，除去杂质。用纯氧代替空气可以克服由于空气里的氮气的影响而使钢质变脆，以及氮气排出时带走热量的缺点。在除去大部分硫、磷后，当钢水的成分和温度都达到要求时，即停止吹炼，提升喷枪，准备出钢。出钢时使炉体倾斜，钢水从出钢口注入钢水包里，同时加入脱氧剂进行脱氧和调节成分。钢水合格后，可以浇成钢的铸件或钢锭，钢锭可以再轧制成各种钢材。氧气顶吹转炉在炼钢过程中会产生大量棕色烟气，它的主要成分是氧化铁尘粒和高浓度的一氧化碳气体等。因此，必须加以净化回收，综合利用，以防止污染环境。从回收设备得到的氧化铁尘粒可以用来炼钢；一氧化碳可以用作化工原料或燃料；烟气带出的热量可以产生副产水蒸气。此外，炼钢时，生成的炉渣也可以用来做钢渣水泥，含磷量较高的炉渣，可加工成磷肥，等等。氧气顶吹转炉炼钢法具有冶炼速度快、炼出的钢种较多、质量较好，以及建厂速度快、投资少等许多优点。但在冶炼过程中都是氧化性气氛，去硫效率差，昂贵的合金元素也易被氧化而损耗，因而所炼钢种和质量就受到一定的限制。

转炉炼钢的原材料分为金属料、非金属料和气体。金属料包括铁水、废钢、铁合金，非金属料包括造渣料、熔剂、冷却剂，气体包括氧气、氮气、氩气、二氧化碳等。非金属料是在转炉炼钢过程中为了去除磷、硫等杂质，控制好过程温度而加入的材料。主要有造渣料（石灰、白云石），熔剂（萤石、氧化铁皮），冷却剂（铁矿石、石灰石、废钢），增碳剂和燃料（焦炭、石墨籽、煤块、重油）。

2. 电炉炼钢

电炉是把炉内的电能转化为热量对工件加热的加热炉，电炉可分为电阻炉、感应炉、电弧炉、等离子炉、电子束炉等。

电阻炉是以电流通过导体所产生的焦耳热为热源的电炉。按电热产生方式，电阻炉分为直接加热和间接加热两种。在直接加热电阻炉中，电流直接通过物料，因电热功率集中在物料本身，所以物料加热很快，适用于要求快速加热的工艺，例如锻造坯料的加热。这种电阻炉可以把物料加热到很高的温度，例如碳素材料石墨化电炉，能把物料加热到超过 2 500 ℃。直接加热电阻炉可做成真空电阻加热炉或通保护气体电阻加热炉，在粉末冶金中，常用于烧结钨、钽、铌等制品。大部分电阻炉是间接加热电阻炉，其中装有专门用来实现电-热转变的电阻体，称为电热体，由它把热能传给炉中物料。这种电炉炉壳用钢板制成，炉膛砌衬耐火材料如陶瓷纤维，内放物料。最常用的电热体是铁铬铝电热体、镍铬电热体、碳化硅棒、二硅化钼棒、硅碳棒、二硼化锆陶瓷复合发热体。根据需要，炉内气氛可以是普通气氛、保护气氛或真空。一般电源电压 220 V 或 380 V，必要时配置可调节电压的中间变压器。小型炉(<10 kW)单相供电，大型炉三相供电。对于品种单一、批料量大的物料，宜采用连续式炉加热。炉温低于 700 ℃的电阻炉，多数装置鼓风机，以强化炉内传热，保证均匀加热。用于熔化易熔金属(铅、铅铋合金、铝和镁及其合金等)的电阻炉，可做成坩埚炉；或做成有熔池的反射炉，在炉顶上装设电热体。电渣炉是由溶渣实现电热转变的电阻炉。

感应炉是利用物料的感应电热效应而使物料加热或熔化的电炉。感应炉的基本部件是用紫铜管绕制的感应圈。感应圈两端加交流电压，产生交变的电磁场，导电的物料放在感应圈中，因电磁感应在物料中产生涡流，受电阻作用而使电能转变成热能来加热物料；所以，也可认为感应电炉是一种直接加热式电阻电炉。

感应电炉的特点是在被加热物料中转变的电热功率(电流分布)很不均匀，表面最大，中心最小，称为趋肤效应。为了提高感应加热的电热效率，供电频率要适宜，小型熔炼炉或对物料的表面加热采用高频电，大型熔炼炉或对物料深透加热采用中频或工频电。感应圈是电感量相当大的负载，其功率因数一般很低。为了提高功率因数，感应圈一般并联中频或高频电容器，称为谐振电容。感应圈和物料之间的间隙要小，感应圈宜用方形紫铜管制作，管内通水冷却，感应圈的匝间间隙要尽量小，绝缘要好。感应加热装置，主要用于钢、铜、铝和锌等的加热及熔铸，加热快，烧损少，机械化和自动化程度高，适合配置在自动作业线上。感应炉系列加热炉特点：① 加热速度快、生产效率高、氧化脱碳少、节省材料与锻模成本；② 工作环境优越、提高工人劳动环境和公司形象、无污染、低耗能；③ 加热均匀，芯表温差极小，温控精度高。

感应熔化炉包括坩埚炉(无芯感应炉)和熔沟炉(有芯感应炉)。坩埚用耐火材料或钢制成，容量从几公斤到几十吨。其熔炼特点是坩埚中熔体受电动力作用，迫使熔池液面凸起，熔体自液面中心流向四周而引起循环流动。这种现象称为电动效应，可使熔体成分均匀，缺点是炉渣偏向周边，覆盖性差。与熔沟炉比较，坩埚炉操作灵活，熔炼温度高，但功率因数低，电耗较高。熔沟炉的感应器由铁芯、感应圈和熔沟炉衬组成，熔沟为一条或两条带状环形沟，其中充满与熔池相联通的熔体。在原理上，可以把熔沟炉看作是次级只有一匝线圈而且短路的铁芯变压器。感应电流在熔沟熔体中流动，从而实现电热转变。生产中，每炉金属熔炼完毕后，不能把熔池放空，不然容易干枯，一定要保留一部分熔体作为下一炉的起熔体。熔沟温度比熔池高，又承受熔体流动的冲刷，所以熔沟炉衬容易损坏，为便于维修，现代炉子的感应器制成便于更换的装配件。熔沟炉的容量从几百公斤到百余吨。熔沟炉供工频电，由于有用硅钢片制作的铁芯作磁通路，电效率和功率因数都很高。熔沟炉主要用于铸铁、铜、锌、黄铜等的熔化，还可作为混熔沪，用来贮存和加热熔体。

电弧炉是利用电弧热效应熔炼金属和其他物料的电炉。按加热方式分为三种类型：① 间接加热电弧炉。电弧在两电极之间产生，不接触物料，靠热辐射加热物料。这种炉子噪声大，效率低，逐渐被淘汰。② 直接加热电弧炉。电弧在电极与物料之间产生，直接加热物料。炼钢三相电弧炉是最常用的直接加热电弧炉。③ 埋弧电炉，亦称还原电炉或矿热电炉。电极一端埋入料层，在料层内形成电弧并利用料层自身的电阻发热加热物料。常用于冶炼铁合金。

真空电弧炉是在抽真空的炉体中用电弧直接加热熔炼金属的电炉。炉内气体稀薄，主要靠被熔金属的蒸气发生电弧，为使电弧稳定，一般供直流电。按照熔炼特点，分为金属重熔炉和浇铸炉。按照熔炼过程中电极是否消耗（熔化），分为自耗炉和非自耗炉，工业上应用的大多数是自耗炉。真空电弧炉用于熔炼特殊钢及活泼的和难熔的金属如钛、钼、铌。电弧电热可以认为是弧阻电热。电弧（弧阻）稳定是炉子正常生产的必要条件。交流电弧炉通常采用工频电，为使电弧稳定，炉子供电电路中要有适当的感抗，但是存在感抗会降低功率因数和电效率。降低电流频率是发展交流电弧炉的途径。弧阻阻值相当小，为获得必要的热量，炉子需要相当大的工作电流，因此炉子短网的电阻要尽量小，以免电路损耗过大。对于三相电弧炉，要使三相的阻抗接近一致，以免三相负荷不平衡。

等离子炉是利用工作气体被电离时产生的等离子体来进行加热或熔炼的电炉。产生等离子体的装置，通常叫作等离子枪，有电弧等离子枪和高频感应等离子枪两类。把工作气体通入等离子枪中，枪中有产生电弧或高频（5～20 MHz）电场的装置，工作气体受作用后电离，生成由电子、正离子以及气体原子和分子混合组成的等离子体。等离子体从等离子枪喷口喷出后，形成高速高温的等离子弧焰，温度比一般电弧高得多。最常用的工作气体是氩，它是单原子气体，容易电离，而且是惰性气体，可以保护物料。工作温度可高达 20 000 ℃，用于熔炼特殊钢、钛和钛合金、超导材料等。炉型有配置水冷铜结晶器炉、中空阴极式炉、配置感应加热的等离子炉、有耐火材料炉衬的等离子炉等。

电子束炉是用高速电子轰击物料使之加热熔化的电炉。在真空炉壳内，用通低压电的灯丝加热阴极，使之发射电子，电子束受加速阳极的高压电场的作用而加速运动，轰击位于阳极的金属物料，使电能转变成热能。因为电子束可经电磁聚焦装置高度密集，所以可在物料受轰击的部位产生很高的温度。电子束炉用于熔炼特殊钢、难熔和活泼金属。工业上用的电炉分类为两类：周期式作业炉和连续式作业炉。周期式作业炉分为箱式炉、密封箱式炉、井式炉、钟罩炉、台车炉、倾倒式滚筒炉；连续式作业炉分为窑车式炉、推杆式炉、辊底炉、振底炉、转底炉、步进式炉、牵引式炉、连续式滚筒炉、传送带式炉等。其中传送带式炉可分为有网带式炉、冲压链板式炉、铸链板式炉等。

电热炉可使用金属发热体或非金属发热体来产生热源，其主要特色是构造简单，用途十分广泛，可广泛应用于退火、正常化、淬火、回火、渗碳及渗碳氮化等。主要的金属发热体包括 Ni-Cr 电热线（最常见，最高可加热至 1 200 ℃）、Mo-Si 合金及 W、Mo 等纯金属；非金属发热体包括 SiC（最常见，最高可加热至 1 600 ℃）、$LaCrO_3$及石墨棒（真空或保护气氛下可加热至 2 000 ℃）。

三、工艺及产排污节点

（一）转炉炼钢工序

常见转炉炼钢工艺及产排污情况如下：炼钢连铸工序主要包括原料供应、铁水预脱硫、转炉冶炼、炉外精炼、连铸等。所需原料包括高炉铁水、废钢、铁合金、石灰等散状料等，产品为钢坯，副产物包括炉渣、转炉煤气。

转炉炼钢、连铸机生产工艺流程及主要产污节点见图 2.6－2。

1. 原料供应

废钢在进入废钢坑前进行分拣，避免掺杂的垃圾及其他废物，尺寸不符合炼钢要求的废钢进行火焰切割作业。经废钢秤称量后，由加料跨废钢起重机兑入转炉。

产排污环节：

废气污染源主要为散状料、地下料、仓卸料及上料废气、废钢切割废气。

固体废物污染源主要为除尘系统捕集的除尘灰。

2. 铁水脱硫

脱硫系统包括搅拌系统、脱硫剂加入系统、扒渣设备等及相关辅助设施。高炉铁水送至炼钢车间加料跨后，经铸造起重机将铁水罐吊至铁水脱硫装置的铁水罐车上，铁水罐车开至脱硫处理位，先对铁水进行一次检测，然后根据铁水成分，以及冶炼对铁水硫含量的要求，由自动控制系统计算出搅拌时间及脱硫剂（含氧化钙、萤石）用量，通过脱硫自动控制系统实现整个脱硫过程的操作。首先将搅拌头浸入铁水罐熔池一定深度，旋转使铁水产生旋涡，然后由给料系统向铁水漩涡区投入定量的脱硫剂，使之与铁水充分接触，发生脱硫反应，反应生成 CaS 进入脱硫渣而达到脱硫目的。

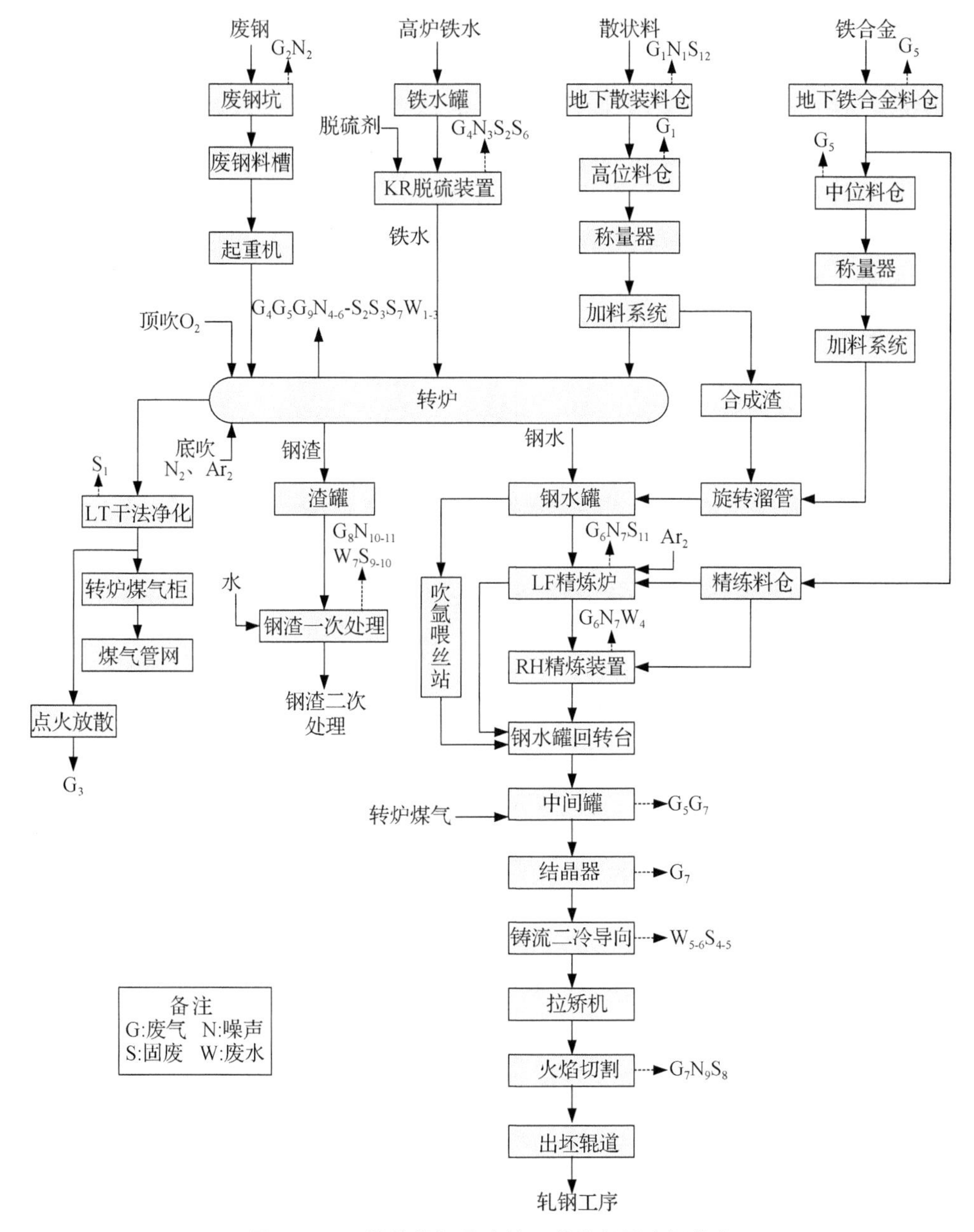

图 2.6－2　转炉炼钢及连铸工艺流程及产污节点

产排污环节：

废气污染源主要为铁水脱硫烟气及脱硫剂料仓废气。

固体废物污染源主要为除尘系统捕集的除尘灰和脱硫过程产生的脱硫渣。

3. 转炉冶炼

转炉冶炼过程：首先转炉倾动摇向炉前控制室方向，铁水罐由起重机吊至炉口，将脱硫后铁水兑入转炉内，同时加入废钢、生铁，然后将转炉摇至垂直，氧枪下降至转炉内液面上方，从氧枪头部喷出高速氧气射流冲击熔池，氧气与熔池铁水中碳、硅、磷等发生剧烈氧化反应，生成一氧化碳、二氧化碳及氧化硅、五氧化二磷等氧化物，同时活性石灰、轻烧白云石等熔剂由加料系统落入转炉熔池中，并在高温下熔融后与熔池中杂质反应，生成炉渣。转炉吹氧达到相应指标后，转炉摇向炉后，钢水由出钢口倒入钢水包内。铁合金经称量后通过旋转溜管加入钢水包中，实现钢水合金化，同时与钢水中的氧发生化学反应生成炉渣浮于钢水表面，达到钢水脱氧的目的。

产排污环节：

废气污染源主要为转炉一次烟气、转炉二次烟气、转炉三次烟气。

废水污染源主要为转炉设备间接冷却净环水系统排污水、汽化冷却系统排污水、煤气冷却循环水系统排污水、喷淋水池排污水等。

固体废物污染源主要为除尘系统捕集的除尘灰和转炉冶炼过程的转炉渣。

4. 炉外精炼

吹氩喂丝可通过对钢水喂丝改变钢液中夹杂物形态；LF 精炼炉在还原气氛下通过渣精炼脱氧、脱硫，进行合金化或合金微调，改变夹杂物形态；RH 真空精炼装置具备脱气、脱碳、进行合金化或合金微调、改变夹杂物形态等生产高品质钢种的重要功能，对提高钢种纯净度、钢材质量具有重要作用。

产排污环节：

废气污染源主要为精炼炉烟气、真空精炼装置抽真空烟气等。

废水污染源主要为真空炉系统排污水。

固体废物污染源主要为除尘系统捕集的精炼除尘灰。

（二）电炉炼钢工序

常见电炉炼钢工艺及产排污情况如下，主要工艺流程见图 2.6－3。

1. 原料准备

采用全废铁炼钢工艺，电炉炼钢的原料为废钢、生铁。本项目所用的废钢在废钢集中堆场进行分拣去除杂物、切割等加工处理后，运至本项目废钢跨暂存，并根据生产的钢种进行配料。

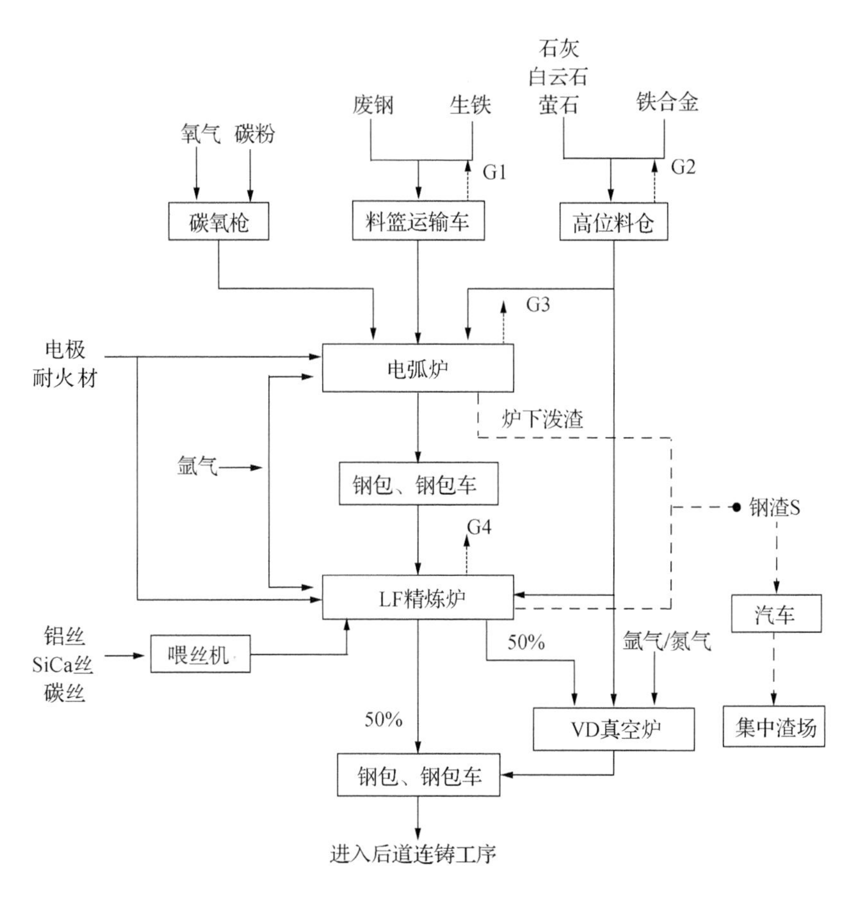

图 2.6-3　电炉炼钢生产工艺流程图

2. 电炉冶炼(冶炼周期 41～55 min)

① 装料;

② 通电熔化;

③ 升温初炼;

④ 出钢;

⑤ 出渣。

3. LF 精炼炉操作(冶炼周期 41～55 min)

电炉出钢完毕后,钢包车开至起吊位,通过行车将钢包吊运至 LF 钢包回转台上,接好氩气管通入氩气,对钢水进行搅拌,等待加热精炼。精炼时,钢包移至精炼炉加热工位,LF 炉盖降下盖在钢包上,电极降下通电升温(1 550～1 600 ℃),造渣材料和铁合金等散装料通过炉盖上的加料斗加入钢水中。

4. VD真空精炼炉操作

VD真空精炼是利用碳在真空条件下具有很强的脱氧能力的特点来对钢水进一步脱碳、脱气和成分微调,保证钢中的氢、氧、氮、碳含量达到最低水平,并精确调整钢水成分,有效提高钢的洁净度。

(三) 连铸工序

经过精炼处理后的钢水,其成分、温度等满足浇铸要求后,用起重机将钢水罐吊运至连铸钢水罐回转台。钢水罐由回转台旋转至中间罐上方后,打开钢水罐滑动水口,钢水流入中间罐,当中间罐内钢水深度达到浇铸要求高度后即可开始浇铸。钢水经长水口进入中间罐,待中间罐称重显示屏显示中间罐内钢水达到一定重量后,加入保温剂,人工开浇,钢水通过浸入式水口流入结晶器内。钢水液面在结晶器内上升,当液面达到一定高度后,结晶器振动装置和拉坯辊启动,拉坯开始。结晶器液面处于稳定状态后,液面自动控制装置投入使用。

铸坯经切割后辊道、输送辊道后到达出坯辊道。需要热送的铸坯,经热送辊道后,单根铸坯运输至轧钢车间。需要下线的铸坯由翻钢机将铸坯送至高位滑轨,再由移钢机将铸坯送至过渡冷床,再经步进式翻转冷床,铸坯在翻转冷床的步进过程中进一步均匀冷却,从翻转冷床下来的铸坯送至冷送辊道,由冷送辊道送至轧钢车间或由铸坯收集台架推送至铸坯收集成组装置,收集成组后的铸坯,经由起重机吊运下线、堆存,下线堆存的铸坯由过跨台车运输至轧钢车间。

产排污环节:

废气污染源主要为连铸浇铸烟气、连铸火焰切割烟气、中间罐倾翻废气、钢包热修废气等。

废水污染源主要为连铸浊环水系统排污水、连铸设备间接冷却系统排污水。

固体废物主要为连铸铸余渣、氧化铁皮、连铸污泥、废油及除尘系统捕集的除尘灰。

第七节　轧钢工艺污染环节及污染物类型

一、原理概述

在旋转的轧辊间改变钢锭、钢坯形状的压力加工过程叫轧钢。轧钢的目的与其他压力加工一样,一方面是为了得到需要的形状,例如钢板、带钢、线材以及各种型钢等;另一方面是为了改善钢的内部质量,我们常见的汽车板、桥梁钢、锅炉钢、管线钢、螺纹钢、钢筋、电工硅钢、镀锌板、镀锡板，包括火车轮都是通过轧钢工艺加工出来的。常见轧钢厂现状如图 2.7－1 所示。

图 2.7－1　常见轧钢厂现状

轧钢方法按轧制温度不同可分为热轧与冷轧；按轧制时轧件与轧辊的相对运动关系不同可分为纵轧、横轧和斜轧；按轧制产品的成型特点还可分为一般轧制和特殊轧制。周期轧制、旋压轧制、弯曲成型等都属于特殊轧制方法。此外，由于轧制产品种类繁多，规格不一，有些产品是经过多次轧制才生产出来的，所以轧钢生产通常分为半成品生产和成品生产两类。

二、轧钢类别

1. 热轧

热轧(hot rolling)是相对于冷轧而言的，冷轧是在再结晶温度以下进行的轧制，而热轧是在再结晶温度以上进行的轧制。简单来说，一块钢坯在加热后经过几道轧制，再切边，矫正成为钢板，这种叫热轧。热轧能显著降低能耗，降低成本。热轧时金属塑性高，变形抗力低，大大减少了金属变形的能量消耗。热轧能改善金属及合金的加工工艺性能，即将铸造状态的粗大晶粒破碎，显著裂纹愈合，减少或消除铸造缺陷，将铸态组织转变为变形组织，提高合金的加工性能。

热轧是指在金属再结晶温度以上进行的轧制。再结晶就是当退火温度足够高，时间足够长时，在变形金属或合金的纤维组织中产生无应变的新晶粒(再结晶核心)，新晶粒不断地长大，直至原来的变形组织完全消失，金属或合金的性能也发生显著变化，这一过程称为再结晶，其中开始生成新晶粒的温度称为开始再结晶温度，显微组织全部被新晶粒所占据的温度称为终了再结晶温度，一般我们所称的再结晶温度就是开始再结晶温度和终了再结晶温度的算术平均值，再结晶温度主要受合金成分、形变程度、原始晶粒度、退火温度等因素的影响。

以上就是理论上的热轧的简单原理，在铝加工行业的实际生产中主要的体现是，当铸锭在加热炉内加热到一定温度，也就是再结晶温度以上时，进行的轧制。

而这一个温度的确定主要依据是铝合金的相图，也就是最理想化的情况下，加热温度的确定为该合金在多元相图中固相线 80%处的温度为依据。这就牵扯到了不同合金多元相图的问题，加热温度的确定是以该合金固相线的 80%为依据，在制度的执行中，根据实际的生产情况，根据设备的运行情况，多加修改所得到的适合该合金生产的温度。

热轧的特点：

(1) 能耗低，塑性加工良好，变形抗力低，加工硬化不明显，易进行轧制，减少了金属变形所需的能耗。

(2) 热轧通常采用大铸锭、大压下量轧制，生产节奏快，产量大，这样为规模化大生产创造了条件。

(3) 通过热轧将铸态组织转变为加工组织，通过组织的转变使材料的塑性大幅度提高。

(4) 轧制方式的特性决定了轧后板材性能存在着各向异性，一是材料的纵向、横向和高向有着明显的性能差异，二是存在着变形织构和再结晶织构，在冲制性能上存在着明显的方向性。

2. 冷轧

用热轧钢卷为原料，经酸洗去除氧化皮后进行冷连轧，其成品为轧硬卷，由于连续冷变形引起的冷作硬化使轧硬卷的强度、硬度上升，韧塑指标下降，因此冲压性能将恶化，只能用于简单变形的零件。轧硬卷可作为热镀锌厂的原料，因为热镀锌机组均设置有退火线。轧硬卷重一般在 6～13.5 t，钢卷在常温下，对热轧酸洗卷进行连续轧制。内径为 610 mm。

因为没有经过退火处理，其硬度很高(HRB 大于 90)，机械加工性能极差，只能进行简单的有方向性的小于 90 度的折弯加工(垂直于卷取方向)。简单来说，冷轧，是在热轧板卷的基础上加工轧制出来的，一般来讲是热轧→酸洗→冷轧这样的加工过程。

冷轧是在常温状态下由热轧板加工而成，虽然在加工过程中因为轧制也会使钢板升温，但还是叫冷轧。由热轧经过连续冷变形而成的冷轧，机械性能比较差，硬度太高，必须经过退火才能恢复其机械性能，没有退火的叫轧硬卷。

冷轧通常采用纵轧的方式。冷轧生产的工序一般包括原料准备、酸洗、轧制、脱脂、退火(热处理)、精整等。冷轧以热轧产品为原料，冷轧前原料要先除磷，以保证冷轧产品的表面洁净。轧制是使材料变形的主要工序。脱脂的目的在于去除轧制时附在轧材上的润滑油脂，以免退火时污染钢材表面，也为防止不锈钢增碳。退火包括中间退火和成品热处理，中间退火是通过再结晶消除冷变形时产生的加工硬化，以恢复材料的塑性及降低金属的变形抗力。成品热处理的目的除了通过再结晶消除硬化外，还在于根据产品的技术要求以获得所需要的组织（如各种织构等）和产品性能（如深冲、电磁性能等）。精整包括检查、剪切、矫直（平整）、打印、分类包装等内容。冷轧产品有很高的包装要求，以防止产品在运输过程中表面被刮伤。除上述工序外，在生产一些特殊产品时还有各自的特殊工序。如轧制硅钢板时，在冷轧前要进行脱碳退火，轧后要进行涂膜、高温退火、拉伸矫直（见张力矫直）与回火等。

用于冷轧带钢的轧机有二辊轧机、四辊轧机和多辊轧机。应用最多的是四辊轧机。轧制更薄的产品则要采用多辊轧机。多辊轧机的种类很多，如六辊轧机、偏八辊轧机，十二辊轧机，二十辊轧机等（见轧机）。随着对板形要求的提高，发展了许多改进板形的技术，如弯辊技术、窜辊技术和交叉轧辊技术等。冷轧带钢轧机按机架排列可分为单机可逆或不可逆式与多机连续式两类。前者适用于多品种、少批量或合金钢产品比例大的情况。它投资低、建厂快，但产量低，金属消耗较大。多机架连续轧制适合于产品品种较单一或者变动不大的情况，它有生产效率高、产量大的优点，但投资较大。

与热轧带钢（见热连轧宽带钢生产工艺、热轧窄带钢生产）相比，冷轧带钢（见冷轧板带生产）的轧制工艺有以下特点：

（1）采用工艺润滑和冷却，以降低轧制时的变形抗力和冷却轧辊。

（2）采用大张力轧制，以降低变形抗力和保持轧制过程的稳定。采用的平均单位张力值为材料屈服强度的10%～60%，一般不超过50%。

（3）采用多轧程轧制。由于冷轧使材料产生加工硬化，当总变形量达到60%～80%时，继续变形就变得很困难。为此要进行中间退火，使材料软化后轧制得以继续进行。为了得到要求的薄带钢，这样的中间退火可能要进行多次。两次中间退火之间的轧制称为一个轧程。冷轧带钢的退火在有保护气体的连续式退火炉或罩式退火炉中进行（见冷轧板带退火）。冷轧带钢的最小厚度可达到0.05 mm，冷轧箔材可达到0.001 mm。

三、工艺及产排污节点

（一）棒材生产

常见棒材生产工艺及产排污情况如下：棒材生产线的生产工艺过程主要包括钢坯上料、加热、控制轧制与控制冷却、精整等工序，整个生产工艺过程是连续的、自动化的。

精品棒材生产工艺流程及主要产污节点见图2.7-2。

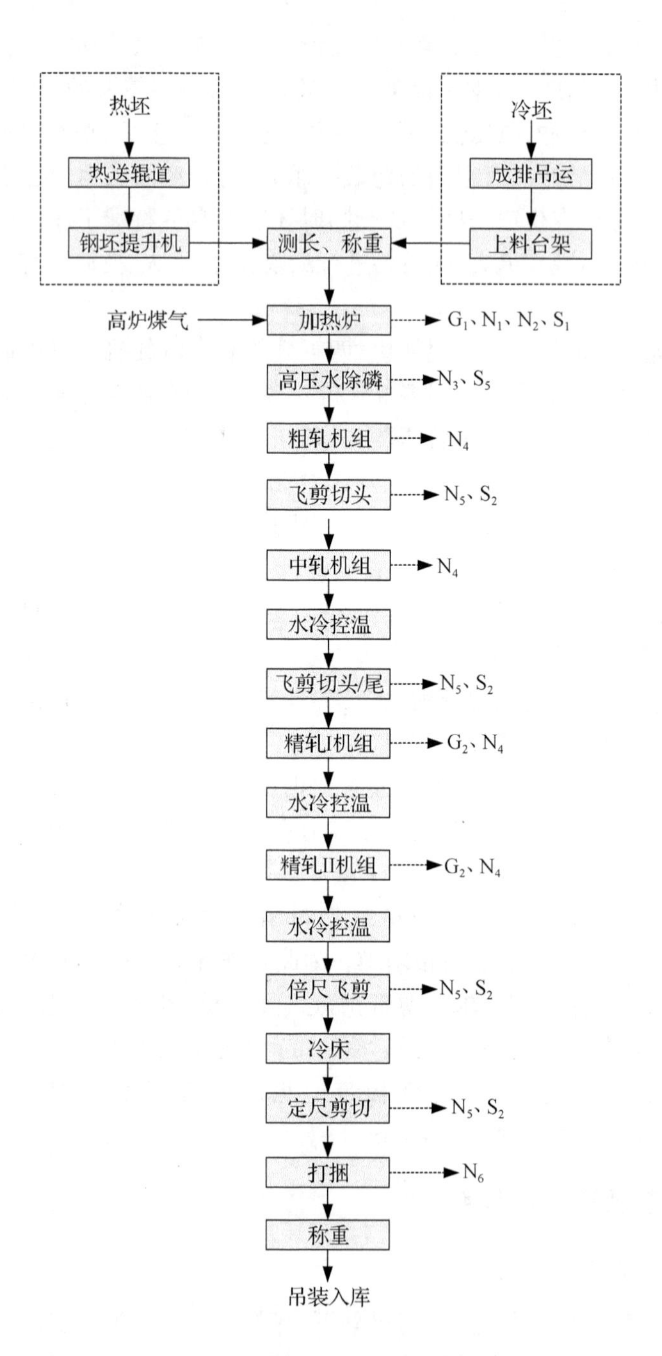

图 2.7－2　精品棒材工艺流程及产污节点

1. 轧制前处理

热装轧制时,由热送辊道输送来的热坯由钢坯提升机提升至炉前辊道上,经测长称重后送入加热炉进行加热;冷装轧制时,在连铸下线的冷坯,通过电动平车送入轧钢原料跨堆放。

产排污环节:

废气污染源主要为加热炉烟气。

废水污染源主要为间接循环冷却水系统排污水。

固体废物污染源主要为不合格钢坯。

2. 轧制

经炉后辊道及高压水除磷后送入轧线轧制,包括粗轧、中轧、精轧、打捆、入库等工序。为使轧制顺利进行,减少事故和事故处理时间,在粗轧机组后、中轧机组后设有飞剪,用于切头、切尾和事故碎断,在精轧机组后设有倍尺飞剪,将轧件剪切成所需的倍尺后上冷床。

产排污环节:

废气污染源主要为精轧机组废气。

废水污染源主要为高压水除磷、冲氧化铁皮等直接冷却环节产生的浊环水废水。

固体废物污染源主要为切头废钢、废油、除尘灰、氧化铁皮和废水处理污泥。

(二) 线材生产

常见线材生产工艺及产排污情况如下。高线生产工艺过程包括原料准备、加热、轧制、控制冷却及精整等工序,整个生产工艺过程是连续的、自动化的。高速线材生产工艺流程及主要产污节点见图 2.7 - 3。

1. 轧制前处理

钢坯加热炉,以高炉煤气为燃料,采用双蓄热烧嘴。钢坯在加热炉内加热至所需温度(950～1 100 ℃)后,根据轧制节奏的要求,由炉内出炉辊道逐根送出炉外。

产排污环节:

废气污染源主要为加热炉烟气。

废水污染源主要为间接循环冷却水系统排污水、穿水冷却水系统排污水。

固体废物污染源主要为不合格钢坯。

2. 轧制

经炉后辊道及高压水除磷后送入轧线轧制,包括粗轧、中轧、精轧、打捆、入库等工序。

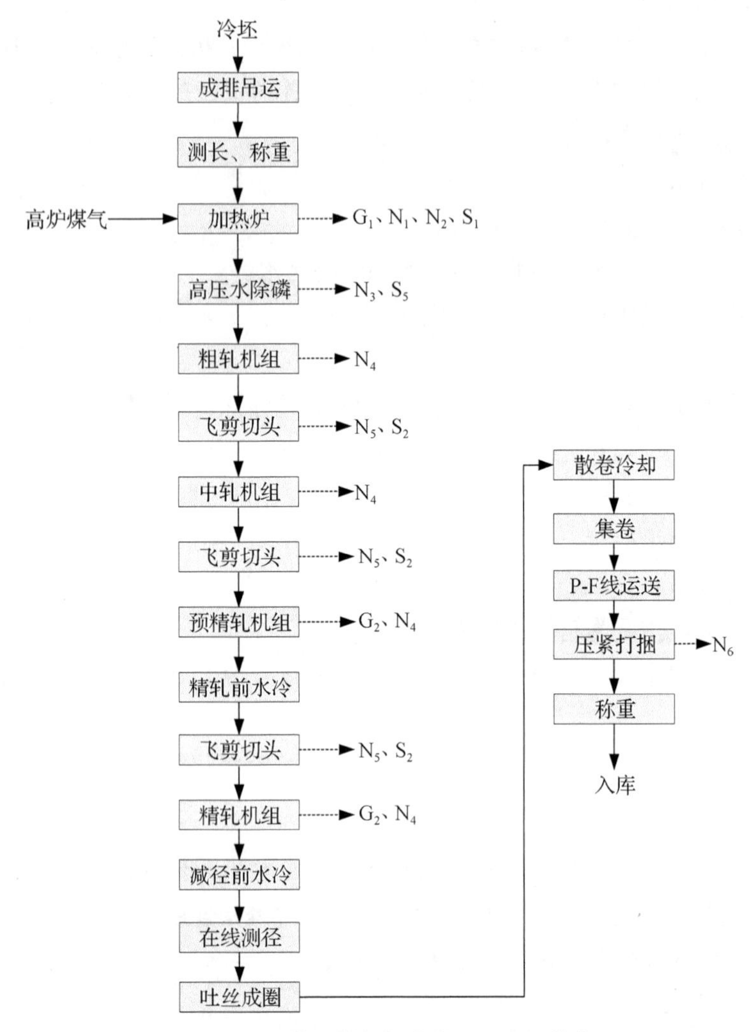

图 2.7-3　高速线材工艺流程及产污节点

为使轧制顺利进行，减少事故和事故处理时间，在粗轧机组后、中轧机组后设有飞剪，用于切头、切尾和事故碎断。轧出的成品线材，进入由精轧机后水冷装置和风冷运输机组成的控制冷却作业线。水冷装置主要用于冷却，以控制合适的成圈温度、氧化铁皮的生成量和吐丝温度。

产排污环节：

废气污染源主要为精轧机组废气。

废水污染源主要为高压水除磷、冲氧化铁皮等直接冷却环节产生的浊环水废水。

固体废物污染源主要为切头废钢、废油、除尘灰、氧化铁皮和废水处理污泥。

(三)板材生产

常见板材生产工艺及产排污情况如下。

1. 板加区

倍尺坯由受料辊道运至对中辊道进行对中、测长,然后被运送到切割辊道,并准确地停止在规定的切割位置上,火焰切割机开始切割。切割完毕后,定尺坯被输送辊道逐一送到去毛刺辊道,由去毛刺机去除板坯头、尾毛刺;去除毛刺的定尺坯经标志后被运送到卸料辊道,由板坯夹钳吊车将其逐块吊到板坯库进行堆放,或经板坯运输链直接运到加热炉上料辊道。

2. 轧线

板坯在加热炉加热到规定的温度后,按照轧制节奏要求,用出钢机依次将板坯托出,放到加热炉出炉辊道上。出炉板坯经辊道输送到高压水除磷箱,经高压水喷射清除板坯上、下表面的初生氧化铁皮,然后板坯由运输辊道运至四辊可逆轧机进行轧制。轧制工艺过程一般分为成形轧制、展宽轧制和延伸轧制三个阶段,根据钢种、用途和规格的不同,轧制工艺采用常规轧制和控制轧制两种。

3. 钢板冷却和表面检查

热矫直后的钢板一般在 600～700 ℃进入冷床,根据钢板的厚度及长度,钢板进入冷床将分为不同流向。

4. 剪切和精整

经检查、修磨的钢板由辊道送入剪切线进行剪切加工:钢板经辊道运送至切头分段剪辊道,切头分段剪启动切除钢板的头尾,并视板形情况进行分段处理;为了在后续剪切或下线处理时便于跟踪、识别,在钢板进入切头分段剪之前,在按计划剪切的“子板”上喷印上钢板号。钢板经切头分段后,由输送辊道运至双边剪前,钢板经激光定位、磁力横移装置对中后,由夹送辊将钢板送入双边剪,对钢板两侧边同时进行剪切。双边剪中的移动剪根据设定的成品宽度自动调整位置,双边剪根据钢板厚度自动设定剪刃间隙;当钢板送入双边剪后,双边剪以设定的剪切步长连续剪切钢板的两侧边。

生产工艺流程及产污节点见图 2.7－4。

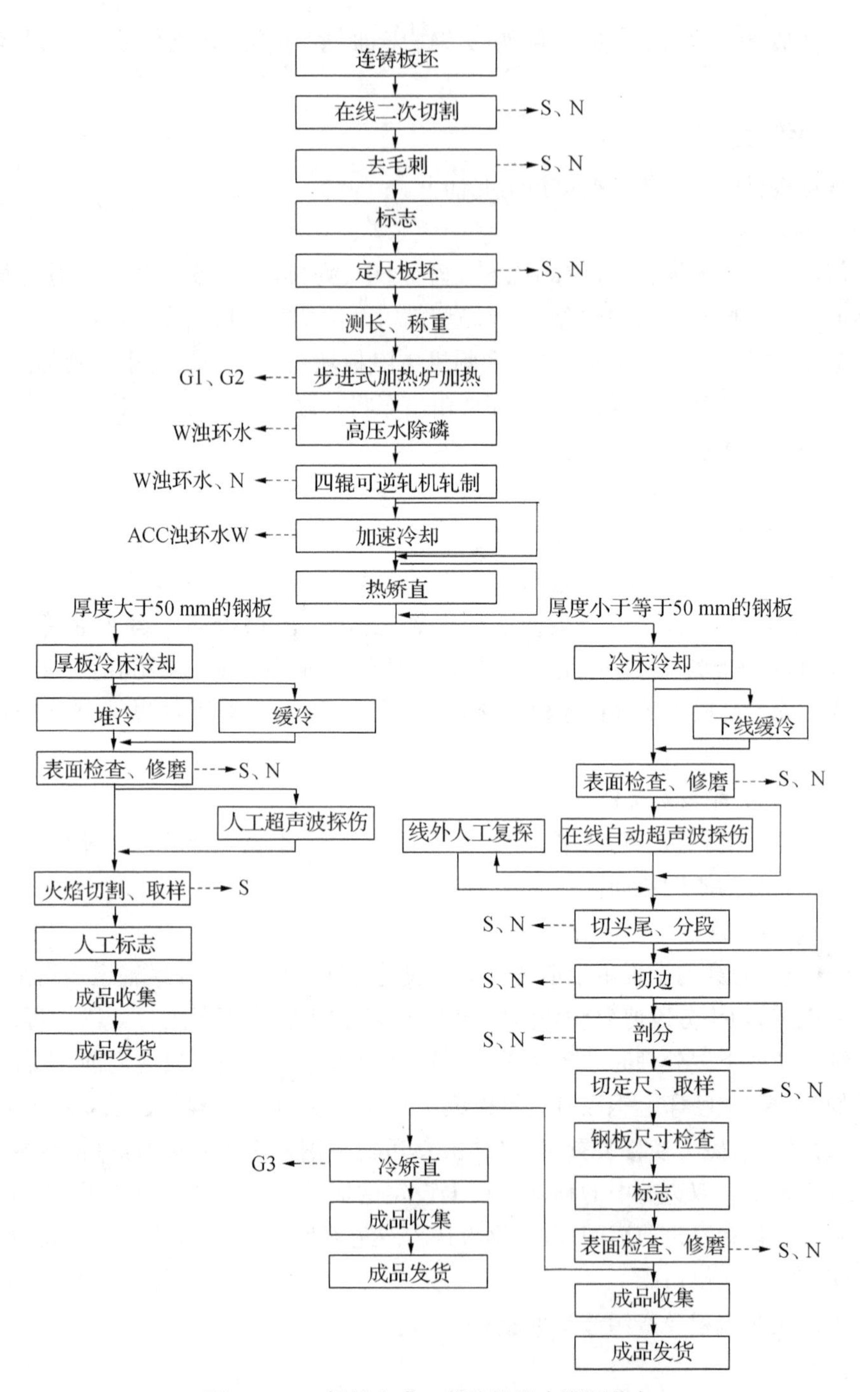

图 2.7-4　板材生产工艺流程及产排污节点

第八节 表面处理污染环节及污染物类型

本节所述表面处理阶段涉及的主要工序为成品钢材的表面电镀工序与热度工序。

一、电镀工序

(一) 原理概述

电镀就是利用电解原理在某些金属表面上镀上一薄层其他金属或合金的过程,是利用电解作用使金属或其他材料制件的表面附着一层金属膜的工艺从而起到防止金属氧化(如锈蚀),提高耐磨性、导电性、反光性、抗腐蚀性(硫酸铜等)及增进美观等作用。

电镀需要一个向电镀槽供电的低压大电流电源以及由电镀液、待镀零件(阴极)和阳极构成的电解装置。其中电镀液成分视镀层不同而不同,但均含有提供金属离子的主盐,能络合主盐中金属离子形成络合物的络合剂,用于稳定溶液酸碱度的缓冲剂,阳极活化剂和特殊添加物(如光亮剂、晶粒细化剂、整平剂、润湿剂、应力消除剂和抑雾剂等)。电镀过程是镀液中的金属离子在外电场的作用下,经电极反应还原成金属原子,并在阴极上进行金属沉积的过程。因此,这是一个包括液相传质、电化学反应和电结晶等步骤的金属电沉积过程。

在盛有电镀液的镀槽中,经过清理和特殊预处理的待镀件作为阴极,用镀覆金属制成阳极,两极分别与直流电源的正极和负极联接。电镀液由含有镀覆金属的化合物、导电的盐类、缓冲剂、pH 值调节剂和添加剂等的水溶液组成。通电后,电镀液中的金属离子,在电位差的作用下移动到阴极上形成镀层。阳极的金属形成金属离子进入电镀液,以保持被镀覆的金属离子的浓度。在有些情况下,如镀铬,是采用铅、铅锑合金制成的不溶性阳极,它只起传递电子、导通电流的作用。电解液中的铬离子浓度,需依靠定期地向镀液中加入铬化合物来维持。电镀时,阳极材料的质量、电镀液的成分、温度、电流密度、通电时间、搅拌强度、析出的杂质、电源波形等都会影响镀层的质量,需要适时进行控制。

电镀反应中的电化学反应:被镀的零件为阴极,与直流电源的负极相连,金属阳极与直流电源的正极联结,阳极与阴均浸入镀液中。当在阴阳两极间施加一定电位时,则在阴极发生如下反应:从镀液内部扩散到电极和镀液界面的金属离子 M^{n+} 从阴极上获得 n 个电子,还原成金属 M。另一方面,在阳极则发生与阴极完全相反的反应,即阳极界面上发生金属 M 的溶解,释放 n 个电子生成金属离子 M^{n+}。

（二）工艺及产排污节点

常见电镀工艺及产排污情况如下。

（1）电镀前处理工艺

脱脂除油：主要是通过脱脂剂中含有的大量乳化剂等表面活性物质，易于吸附在工件表面的油污与溶液的两相界面上，乳化剂分子中的憎水基团对油污具有较强的亲形成水包油的乳液小微粒，使得油污脱离金属表面，达到油污溶解和除油的效果。产生的污染物主要为除油产生的废槽液（主要含油脂废水）。

酸洗：将工件浸泡在稀盐酸内，其中预镀铜前处理的酸洗盐酸浓度为 20%～30%，镀锌前处理的酸洗盐酸浓度为 5%～20%，除去工件表面上极薄的氧化膜。预镀铜前处理的酸洗后水洗和镀锌前处理的酸洗后水洗均采用间歇式逆流清洗。产生的污染物主要为清洗废水和废槽液（主要含酸碱废水）、盐酸挥发的酸雾。

（2）电镀工艺

预镀铜：氰化预镀铜，是以铜氰络离子在阴极上放电得到镀铜层的，其中主盐氰化亚铜与氰化钠发生络合反应时被完全溶解，并形成铜氰络合物。主要污染物为含氰含铜漂洗废水、氢氰酸雾和含铜废渣。

镀镍：酸性硫酸盐镀镍，槽液主要由氯化镍、硫酸镍、硼酸等组成，电镀温度为 50～60 ℃。镀镍是在由镍盐（称主盐）、导电盐组成的电解液中，阳极用金属镍，阴极为镀件，通以直流电，在阴极（镀件）上沉积上一层均匀、致密的镍镀层。主要污染物为含镍废水和含镍废渣（图 2.8－1）。

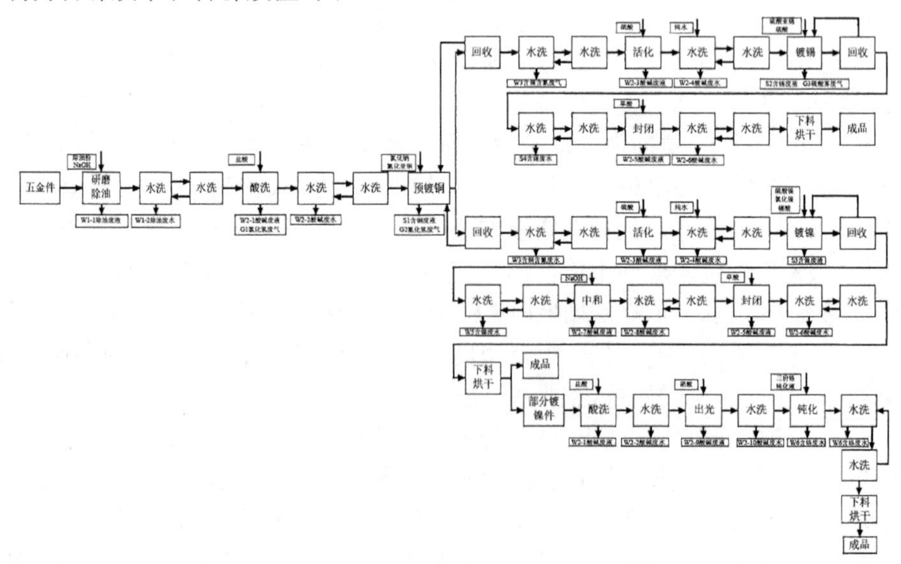

图 2.8－1　镀镍、镀锡工艺流程及产污环节

镀锡：酸性硫酸亚盐镀锡，槽液主要由硫酸亚锡、硫酸等组成，电镀温度为30～40 ℃。镀锡是在由锡盐(称主盐)、导电盐组成的电解液中，阳极用金属锡，阴极为镀件，通以直流电，利用电流从正极向负极的定向移动就会在管件上沉积一层锡。主要污染物为含锡废水、硫酸雾和含锡废渣(图 2.8－1)。

镀锌：采用碱性镀锌，槽液主要由氧化锌、NaOH 等组成，电镀温度为 22～32 ℃。在碱性无氰镀锌溶液中，工件连负极，工件的对面放置锌板连正极，利用电流从正极向负极的定向移动就会在管件上沉积一层锌。主要污染物为含锌废水和含锌废渣(图 2.8－2)。

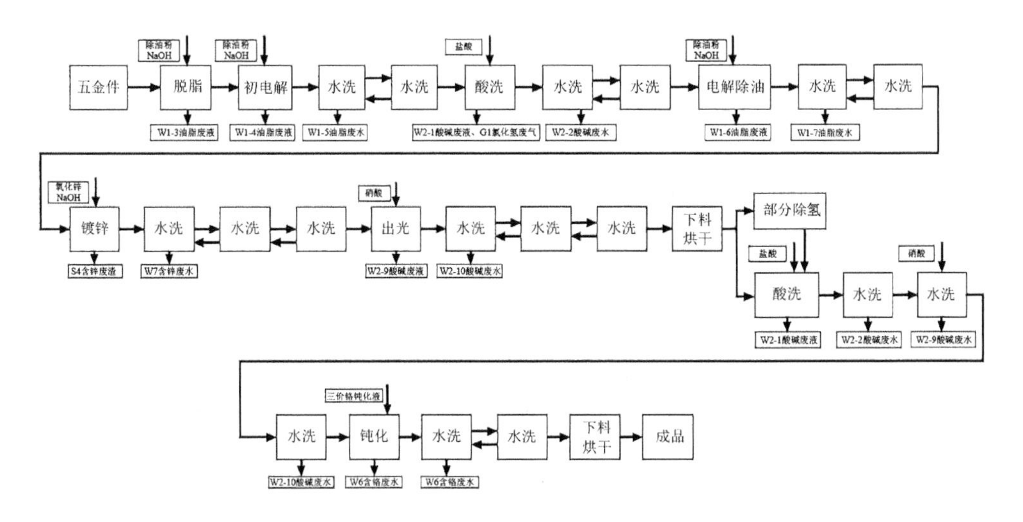

图 2.8－2　滚镀锌工艺流程及产污环节

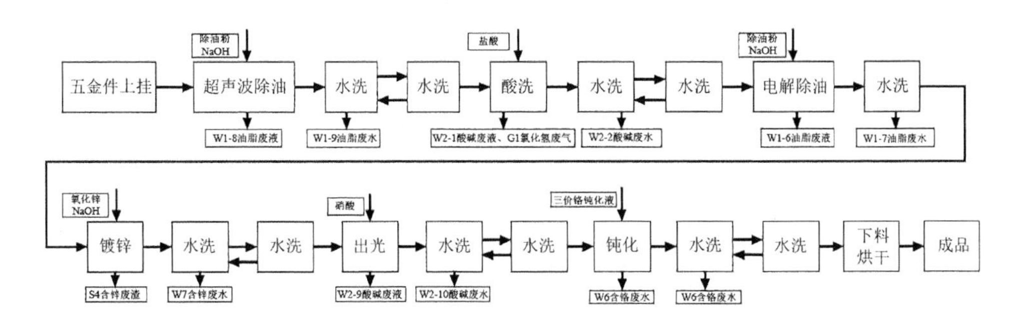

图 2.8－3　挂镀锌工艺流程及产污环节

二、热镀工序

(一) 原理概述

热镀一般指热镀是将清洁处理过的工件放入熔化的锌池内等温后取出，工件表面会包上比较厚的锌，一般达 0.2 mm 以上。热镀锌是使熔融金属与铁基体反应而产生合金层，从而使基体和镀层二者相结合。热镀锌是先将钢铁制件进行酸洗，为了去除钢铁制件表面的氧化铁，酸洗后，通过氯化铵或氯化锌水溶液或氯化铵和氯化锌混合水溶液槽中进行清洗，然后送入热浸镀槽中。热镀锌具有镀层均匀，附着力强，使用寿命长等优点。热浸镀锌是延缓钢铁材料环境腐蚀的最有效手段之一，它是将表面经清洗、活化后的钢铁制品浸于熔融的锌液中，通过铁锌之间的反应和扩散，在钢铁制品表面镀覆附着性良好的锌合金镀层。与其他金属防护方法相比，热浸镀锌工艺在镀层的物理屏障与电化学保护相结合的保护特性上，镀层与基体的结合强度上、镀层的致密性、耐久性、免维护性和经济性及其对制品形状与尺寸的适应性上，具有无可比拟的优势。热镀锌的主要判别标准如下：

(1) 附着量

耐蚀性主要决定于镀锌层的厚度，故量测厚度常为主要判定镀锌质量好坏的根据，镀锌层受钢材表面的成分、组织、结构不同而有不同的反应，另进出锌溶液的角度、速度亦有很大的影响。故预得完全均一的镀层厚度，实际上不太可能。所以量测附着量绝对不能以单一点(部位)来判定，必须要量测其单位面积(m^2)平均附着锌重(g)才有意义。

量测附着量的方法有很多种，如破坏性的切片金相观测法、酸洗法，非破坏性的膜厚计法、电化学法、进出货重量差估计法等。一般常用的为膜厚计法及酸洗法。

膜厚计为一利用磁场感应来量测锌层厚度最普遍省事的方法，其基本条件为钢铁表面必须平滑、完整，才可得较准确数字。故在钢材边角处或粗糙、有角度钢件或铸件等，均不太可能会的一准确的数字。普通铁件用原铁材当归零基材，尚可得相当准确的数字，铸件就绝对不准确了。

酸洗法为正式检验报告用，最准确的方法，惟切片时必须注意上下部位的公平取舍，才可得准确数字。但其亦有缺点，如费时甚多，复杂钢材面积不易求得，太大件无法整个酸洗等。故充分利用膜厚计来控制现场制程，而用酸洗法来做最后检测，就已经足够了。

(2) 均一性

热浸镀锌钢铁最易生锈的部位,仍是锌层最薄的地方,故必要测其最薄部位是否符合标准。

均一性的试验法,一般都用硫酸铜试验,但此方法对于由锌层和合金层组成的镀锌层皮膜测试很有问题。此因锌层与合金层在硫酸铜试验液中的溶解速度不同,合金层中也因锌/铁的比率差异而不同。所以,以一定浸渍时间的反复次数来判定均匀性并不是很合理。

因此,最近欧美规格及 JIS 中,均有废止此试验方法的倾向,以分布取代均一性,以目视或触感为主,必要时才用膜厚计检查分布状态。又形状复杂的小构件因面积量测不易,不易求得平均膜厚,有时不得不用硫酸铜试验法来做参考,但绝不能以硫酸铜试验取代附着量测定的目的。

(3) 坚实性

所谓坚实性就是镀锌层与钢铁密合性,主要要求镀锌构件在整理、运搬、保管及使用中具有不得剥离的性质,一般检验法有锤打法、挤曲法、卷附法等。

锤打法是以锤打击试片,检查镀层皮膜表面的状态。把试片固定,免得因锤支持台等高且水平,锤以支持台为中心,使柄重垂直位置自然落下,以 4 mm 间隔平行打击 5 点,观察皮膜是否剥离以为判断。但是,距离角或端 10 mm 以内,不得做此试验,同一处不可打击 2 次以上等。此法最普遍,适用于锌、铝等皮膜坚实测试。其他如挤曲法、卷附法一般很少用,故暂且不提。

一般人常有一种错误观念,往往为了方便量测坚实性,拿两个镀锌钢材,以边角互相敲击,观察边角剥落情形以为判断。若边角处刚好有几处较厚的锌粒。在作业中没处理好,则一用力敲击,厚的锌粒一定会剥落。故此法不能用来判定正常镀锌皮膜与铁基的密合性。

(二) 工艺及产排污节点

常见热镀工艺及产排污情况如下。工艺过程主要包括:入口段、预处理段、浸镀段、平整和拉伸矫直段、表面处理段、出口段等生产过程,生产的总体工艺流程及产污环节见图 2.8-4。

(1) 预处理段

预处理段入口垂直活套的作用是保证在焊接时也能提供足够长度的带钢以保证后续操作过程的连续运行。

经入口活套送来的冷轧钢卷首先进入清洗工序,以去除金属表面的轧制油和铁粉等杂质,使带钢具有清洁的表面;清洗操作过程顺序包括碱洗、碱刷洗、热漂洗和热风吹干等操作过程,其中碱洗和碱刷洗均为紊流操作过程,碱洗和碱刷洗同时又为总体逆流操作过程；为保持洗涤效果，需排放一定量碱洗废水。

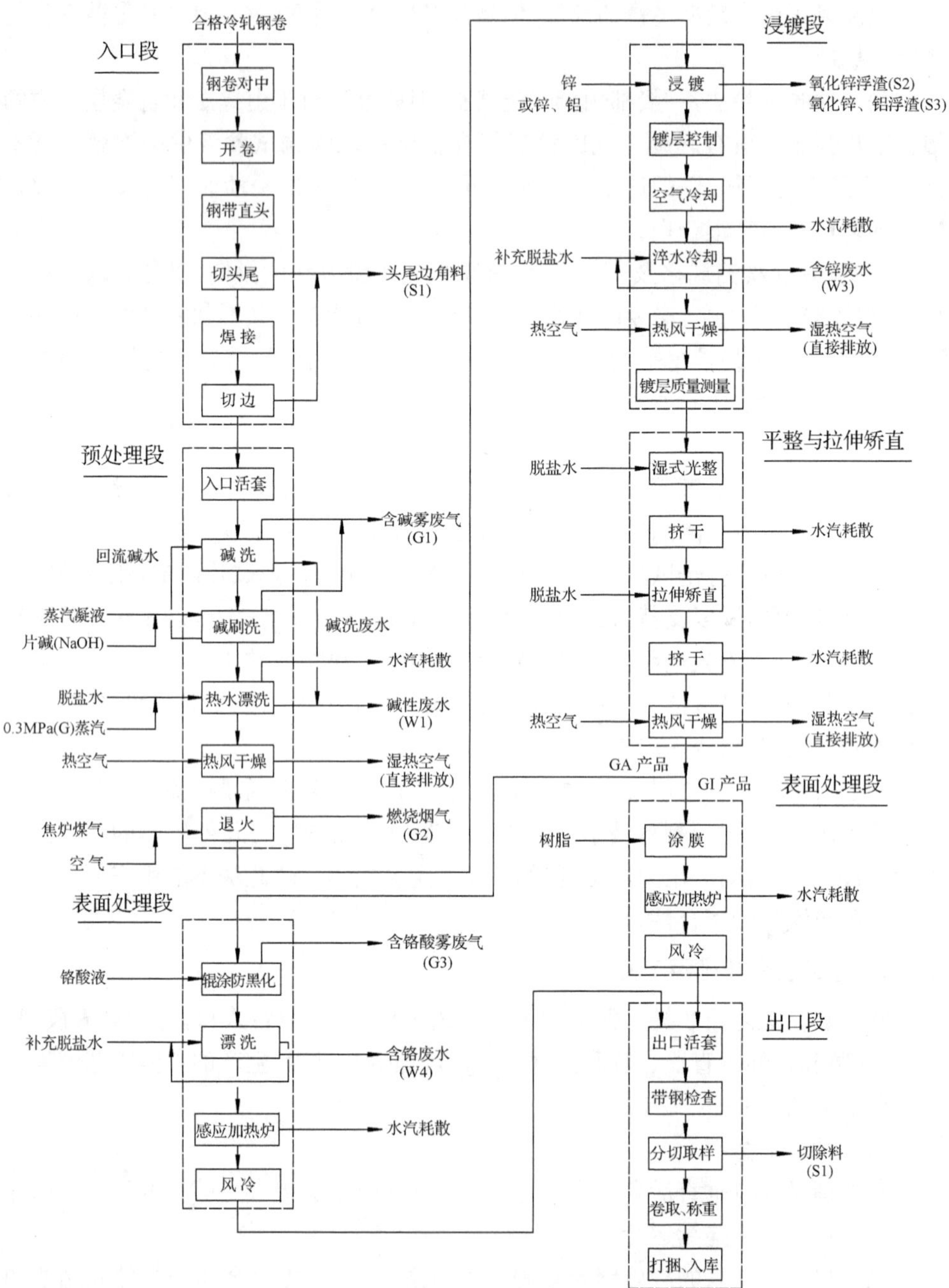

图 2.8-4 热镀锌工艺流程及产排污节点图

干燥后的带钢经纠偏辊和张紧辊后进入退火炉，退火炉为L型连续式，包括预热段（PH）、无氧化段（NOF）、辐射管段（RTF）、喷射冷却段（JCF）、出口转向段（TDS）等；带钢则经预热段（PH）被燃烧烟气预热、无氧化段（NOF）以循环氢气保温、辐射管段（RTF）加热、喷射冷却段（JCF）以循环氢气冷却到镀锌所需要的温度、经出口转向段（TDS）由热张紧辊调整张力后，送往浸镀段。

（2）浸镀段

进入浸镀段的带钢由锌鼻子引入锌锅，以使熔融的锌液附着在带钢表面，其附着量由镀层控制系统（气刀）自动调节到所需要的镀层重量。

该工段锌（或锌铝）熔化使用的是电能，通过电磁感应对金属均匀加热，因而不似使用燃料进行加热需通入气体进行搅拌；锌锅在工作状态下由于锌（或锌铝）熔液表面形成了氧化膜，覆盖在熔融的金属表面；操作过程控制锌锅的温度维持在锌或铝的熔化温度（锌熔化温度420 ℃、铝熔化温度660 ℃），远低于其汽化温度（锌沸点为906 ℃、铝沸点2 467 ℃）。基于上述因素，操作过程中锌、铝蒸汽不易挥发出来，基本不产生含锌（铝）烟气。

镀锌（或锌铝）后的带钢先通过空气冷却系统缓慢冷却，然后经过淬火槽喷入脱盐水将热镀后的带钢冷却到低于60 ℃的温度；该过程喷淋水系循环使用，并补充一定量的脱盐水弥补喷淋淬火过程水的挥发耗散和排放的一定量的含锌废水。

第九节 配套公辅污染环节及污染物类型

本节所述配套公辅涉及的主要工序为石灰工序、矿渣微粉工序、钢渣处理工序、转底炉工序。

一、石灰工序

（一）原理概述

石灰是一种以氧化钙为主要成分的气硬性无机胶凝材料。石灰是用石灰石、白云石、白垩、贝壳等碳酸钙含量高的产物，经900～1 100 ℃煅烧而成。石灰是人类最早应用的胶凝材料。

石灰石主要成分是碳酸钙，而石灰成分主要是氧化钙。烧制石灰的基本原理

就是借助高温,把石灰石中碳酸钙分解成氧化钙和二氧化碳的生石灰。它的反应式为

$$\mathrm{CaCO} — \mathrm{CaO} + \mathrm{CO}$$

它的工艺过程为,石灰石和燃料装入石灰窑(若气体燃料经管道和燃烧器送入)预热后到 850 ℃开始分解,到 1 200 ℃完成煅烧,再经冷却后,卸出窑外,即完成生石灰产品的生产。不同的窑形有不同的预热、煅烧、冷却和卸灰方式。但有几点工艺原则是相同的即:原料质量高,石灰质量好;燃料热值高,数量消耗少;石灰石粒度和煅烧时间成正比;生石灰活性度和煅烧时间,煅烧温度成反比。

石灰窑主要附属设备有上料机构、布料器、供风装置、燃烧装置、卸灰装置等,相对而言,混烧石灰窑布料很关键,因为它在把燃料和石灰石同时装入窑内时,必须通过布料实现炉料在窑内的合理分布,消除炉壁效应,均衡炉内阻力,力求整个炉截面"上火"均匀一致。所以布料器形式和使用效果对石灰窑的生产效率有很大影响。有各种各样布料器,包括旋转布料器、海螺形布料器、固定布料等等,其中林州现代科技中心研制的三段钟式布料器利用"漏斗喉管效应"和"倒 W 堆集角效应"原理和可调式档料板相结合的方式,结构简单,对解决了原燃料的均匀混合和大小粒度的合理分布问题效果很好。而且具有耐高温、耐磨损和方便检修等多种优点。特别适用于中小型石灰窑配置,而气烧窑它的主要附属设备是燃烧器,因为它的气体燃料是通过燃烧器把可燃气体和所需氧气(空气)按一定的比例在燃烧器内混合后送入炉内燃烧的,而且不同的燃气所需的空气量也不同,不同的炉型,不同的加热方式,它需要的火焰类型也不相同。如预混式、半混式、外混式及氧化焰、中性焰、还原焰等等。所以说气烧窑的燃烧器一定程度上决定着石灰窑的煅烧效果。当然其他附属设备也很重要,如风帽,看相似很简单,但要保证它所供窑内风量在整个窑断面上的分布才有好的效果。

(二) 工艺及产排污节点

常见石灰工艺及产排污情况如下。生产工艺包括原料准备、石灰石(白云石)煅烧、成品贮运等,具体工艺流程如下(图 2.9-1):

(1) 原料上料系统

经过筛分后满足回转窑焙烧要求的石灰石、白云石通过带式输送机从料场运输至石灰厂区白云石库库顶,白云石入库储存,石灰石经带式输送机转运至石灰石库储存。白云石库中的白云石经带式输送机送至预热器,石灰石库中的石灰石经带式输送机送至预热器。

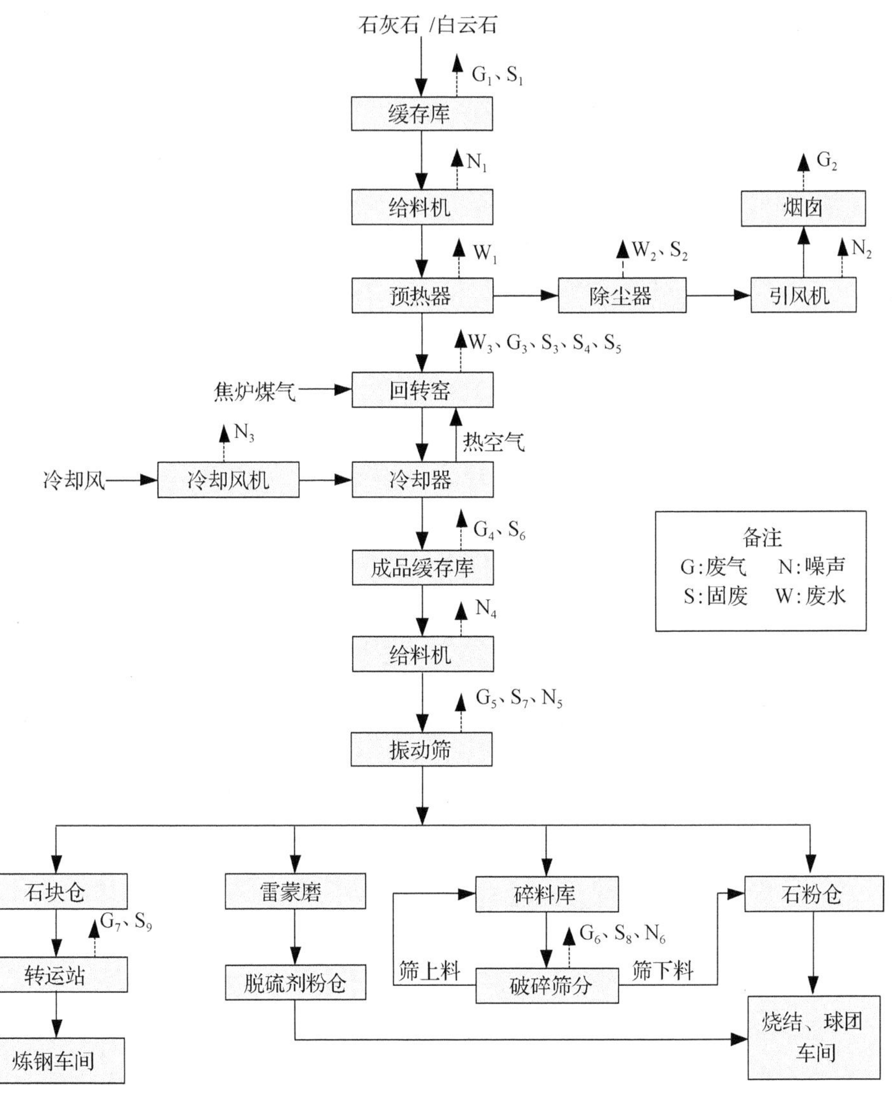

图 2.9-1 石灰工程工艺流程及产排污节点图

产排污环节：

废气污染源为原料转运、贮存和装车过程产生的含尘废气。

固体废物为除尘系统产生的除尘灰。

(2) 焙烧系统

合格粒度的石灰石/白云石由带式输送机送入预热器顶部料仓，然后由溜料管将石灰石/白云石分布到竖式预热器内，石灰石/白云石进入预热器后经窑尾约 1 100 ℃的烟气预热，其中约 30%的石灰石/白云石在预热器中分解。预热的物料由液压推杆推出，经转运溜槽进入回转窑中，物料在回转窑内经过焙烧分解，焙烧好的石灰/白云石进入竖式冷却器，由底部送入的冷空气冷却后通过振动给料机排出至集料斗，再经成品链斗机送往成品系统。

产排污环节：

废气污染源包括回转窑焙烧烟气、窑头厂房出料、转运及块料排料过程产生的含尘废气。

固体废物为除尘系统产生的除尘灰、废耐火材料、废 SCR 脱硝催化剂。

(3) 成品缓存、破碎、筛分、转运系统

冷却后的轻烧白云石送到轻烧白云石缓存库，再输送至轻烧白云石成品筛分、破碎及储运系统。冷却后的活性石灰送到石灰缓存库，再输送至石灰成品筛分、破碎及储运系统。

产排污环节：

废气污染源为成品筛分、破碎和储运过程产生的含尘废气。

固体废物为除尘系统产生的除尘灰。

(4) 成品发运系统

块状活性石灰及块状轻烧白云石由石灰块仓及轻烧白云石块仓底部卸出，经带式输送机输送至炼钢转运站。粉状活性石灰、粉状轻烧白云石及脱硫剂由罐车送至烧结、球团车间。

产排污环节：

废气污染源成品转运过程产生的含尘废气。

固体废物为除尘系统产生的除尘灰。

二、矿渣微粉工序

(一) 原理概述

矿渣微粉由高炉水渣磨细后得到的一类材料，主要用途是在水泥中掺和以及在商品混凝土中添加，其利用方式各有所不同，归结起来，主要表现为三种利用形式：外加剂形式、掺合料形式、主掺形式。主要作用是可以提高水泥、混凝土的早强和改善混凝土的某些特性(如易和性、提高早强、减少水化热等)。

矿渣微粉等量替代各种用途混凝土及水泥制品中的水泥用量，可以明显地改善混凝土和水泥制品的综合性能。矿渣微粉作为高性能混凝土的新型掺合料，具有改善混凝土各种性能的优点，具体表现为：

(1) 可以大幅度提高水泥混凝土的强度，能配制出超高强水泥混凝土；

(2) 可以有效抑制水泥混凝土的碱骨料反应，显著提高水泥混凝土的抗碱骨料反应性能，提高水泥混凝土的耐久性；

(3) 可以有效提高水泥混凝土的抗海水浸蚀性能，特别适用于抗海水工程；

(4) 可以显著减少水泥混凝土的泌水量，改善混凝土的和易性；

(5) 可以显著提高水泥混凝土的致密性，改善水泥混凝土的抗渗性；

(6) 可以显著降低水泥混凝土的水化热，适用于配置大体积混凝土；

(二) 工艺及产排污节点

常见微粉工艺及产排污情况如下。矿渣微粉生产线用于处理高炉水渣，将高炉水渣进行除杂后磨制成粉，作为水泥掺和料或混凝土添加剂外售。具体工艺流程如下(图 2.9－2)：

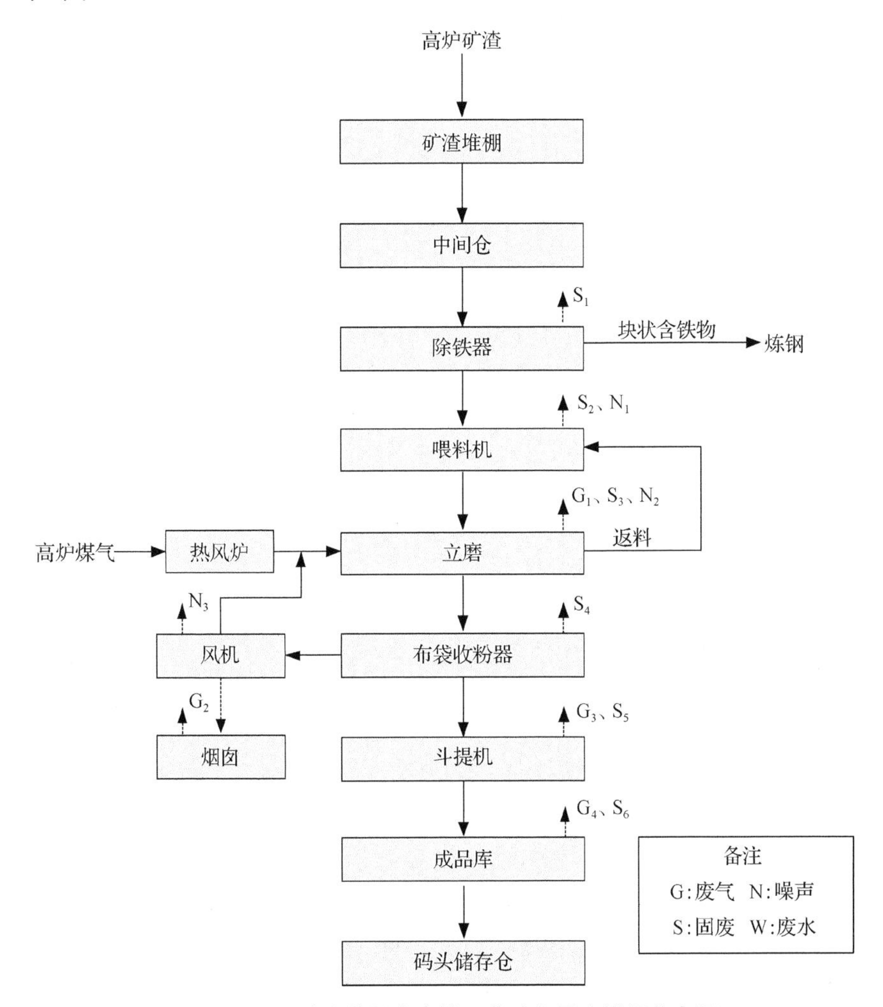

图 2.9－2　矿渣微粉生产线工艺流程及产排污节点图

(1) 矿渣原料上料系统

通过皮带将矿渣运至中间仓。中间仓内的矿渣由计量皮带秤定量卸出,经胶带输送机送到立磨系统。在原料上料的皮带机上设除铁器,排除矿渣中的大块金属铁。

(2) 立磨粉磨系统

入磨物料经螺旋喂料机喂入立磨,在磨内进行烘干、粉磨和选粉。喂入磨机的矿渣经磨辊在旋转的磨盘上碾压粉磨,粉磨后的矿渣被热风(上升承载气体)送入位于立磨上部的高效动态选粉机,分选出粗粉和细粉。细粉(即成品)随出磨气体送入布袋收粉器收集,由空气输送斜槽、斗式提升机等输送设备送入成品库。动态选粉机选出的粗粉喂入磨盘上再次粉磨。

(3) 矿渣微粉储存与输送

矿渣微粉经空气输送斜槽、斗式提升机送入矿渣微粉库内储存。矿渣微粉库内设有开式充气箱,通过充气控制装置对库内的矿渣微粉进行充气,对物料进行均化和流态化卸料。

产排污环节:

废气污染源为立磨返料废气、主收粉器废气、成品斗提废气和成品仓废气。

废水污染源主要为间接冷却循环系统废水。

固体废物主要为含铁杂块及除尘系统产生的除尘灰。

三、钢渣处理工序

(一) 原理概述

炼钢过程中的一种副产品。它由生铁中的硅、锰、磷、硫等杂质在熔炼过程中氧化而成的各种氧化物以及这些氧化物与溶剂反应生成的盐类所组成。钢渣含有多种有用成分:金属铁 2%~8%,氧化钙 40%~60%,氧化镁 3%~10%,氧化锰 1%~8%,故可作为钢铁冶金原料使用。钢渣的矿物组成以硅酸三钙为主,其次是硅酸二钙、RO 相、铁酸二钙和游离氧化钙。钢渣为熟料,是重熔相,熔化温度低。重新熔化时,液相形成早,流动性好。钢渣分为电炉钢渣、平炉钢渣和转炉钢渣 3 种。

钢渣作为二次资源综合利用有两个主要途径,一个是作为冶炼溶剂在本厂循环利用,不但可以代替石灰石,且可以从中回收大量的金属铁和其他有用元素;另一个是作为制造筑路材料、建筑材料或农业肥料的原材料。

目前国内钢渣主要处理工艺有:热泼法、风淬法、滚筒法、粒化轮法、热闷法。其中热泼法、滚筒法、热闷法最为常用,在此对其工作原理和优缺点进行简单介绍。

(1) 热泼法

渣线热泼法即将钢渣倾翻，喷水冷却 3～4 d 后使钢渣大部分自解破碎，运至磁选线处理。此工艺的优点在于对渣的物理状态无特殊要求、操作简单、处理量大。其缺点为占地面积大、浇水时间长、耗水量大，处理后渣铁分离不好、回收的渣钢含铁品位低、污染环境、钢渣稳定性不好、不利于尾渣的综合利用。

渣跨内箱式热泼法即该工艺的翻渣场地为三面砌筑并镶有钢坯的储渣槽，钢渣罐直接从炼钢车间吊运至渣跨内，翻入槽式箱中，然后浇水冷却。此工艺的优点在于占地面积比渣线热泼小、对渣的物理状态无特殊要求、处理量大、操作简单、建设费用比热闷装置少。其缺点为浇水时间 24 h 以上、耗水量大、污染渣跨和炼钢作业区、厂房内蒸汽大、影响作业安全。钢渣稳定性不好、不利于尾渣综合利用。

(2) 滚筒法

高温液态钢渣从溜槽流淌下降时，被高压空气击碎，喷至周围的钢挡板后落入下面水池中。此工艺的优点在于流程短、设备体积小、占地少、钢渣稳定性好、渣呈颗粒状、渣铁分离好、渣中 f—CaO 含量小于 4%（质量分数，下同）、便于尾渣在建材行业的应用。

其缺点为对渣的流动性要求较高、必须是液态稀渣、渣处理率较低、仍有大量的干渣排放、处理时操作不当易产生爆炸现象。

(3) 热闷法

待熔渣温度自然冷却至 300～800 ℃时，将热态钢渣倾翻至热闷罐中，盖上罐盖密封，待其均热半小时后对钢渣进行间歇式喷水。急冷产生的热应力使钢渣龟裂破碎，同时大量的饱和蒸汽渗入渣中与 f—CaO、f—MgO 发生水化反应使钢渣局部体积增大从而令其自解粉化。

此工艺的优点在于渣平均温度大于 300 ℃均适用，处理时间短（10～12 h），粉化率高（粒径 20 mm 以下者达 85%），渣铁分离好，渣性能稳定，f—CaO、f—MgO 含量小于 2%，可用于建材和道路基层材料。

其缺点为需要建固定的封闭式内嵌钢坯的热闷箱及天车厂房、建设投入大、操作程序要求较严格、冬季厂房内会产生少量蒸汽。

(二) 工艺及产排污节点

常见钢渣处理工艺及产排污情况如下。

1. 钢渣破碎磁选

大块渣经过破碎、磨矿等工序后进行选铁处理。选出的渣钢送至炼钢，钢渣尾渣送钢渣微粉生产线，磁选粉送原料场。具体工艺流程如下（图 2.9－3）：

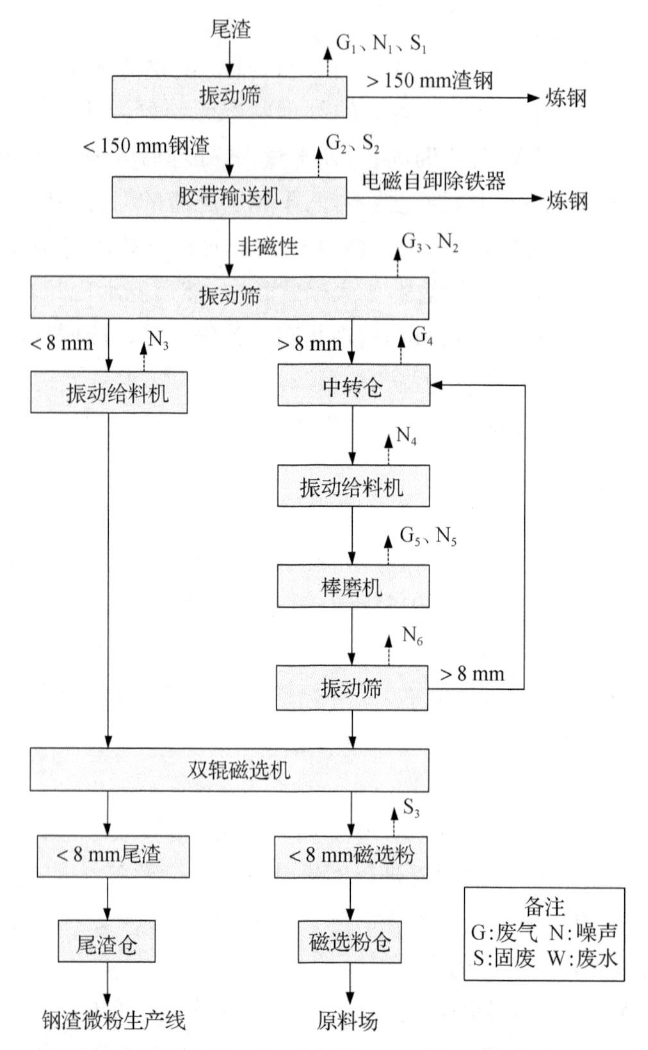

图 2.9-3　钢渣破碎磁选生产线工艺流程及产排污节点图

冷却后的尾渣由胶带机运输至钢渣堆场，由铲车装入受料仓，经过棒磨、筛分后的钢渣入磁选机磁选，磁选出的磁选粉送至磁选粉仓，钢渣尾渣送至尾渣仓。

产排污环节：

废气污染源为钢渣筛分、转运及棒磨机产生的含尘废气。

固体废物为筛分过程中产生的渣钢和磁选粉。

2. 钢渣微粉

钢渣微粉生产线用于处理磁选后的尾渣，尾渣经过磨粉处理后可以作为水泥混合料外售。具体工艺流程如下(图 2.9-4)：

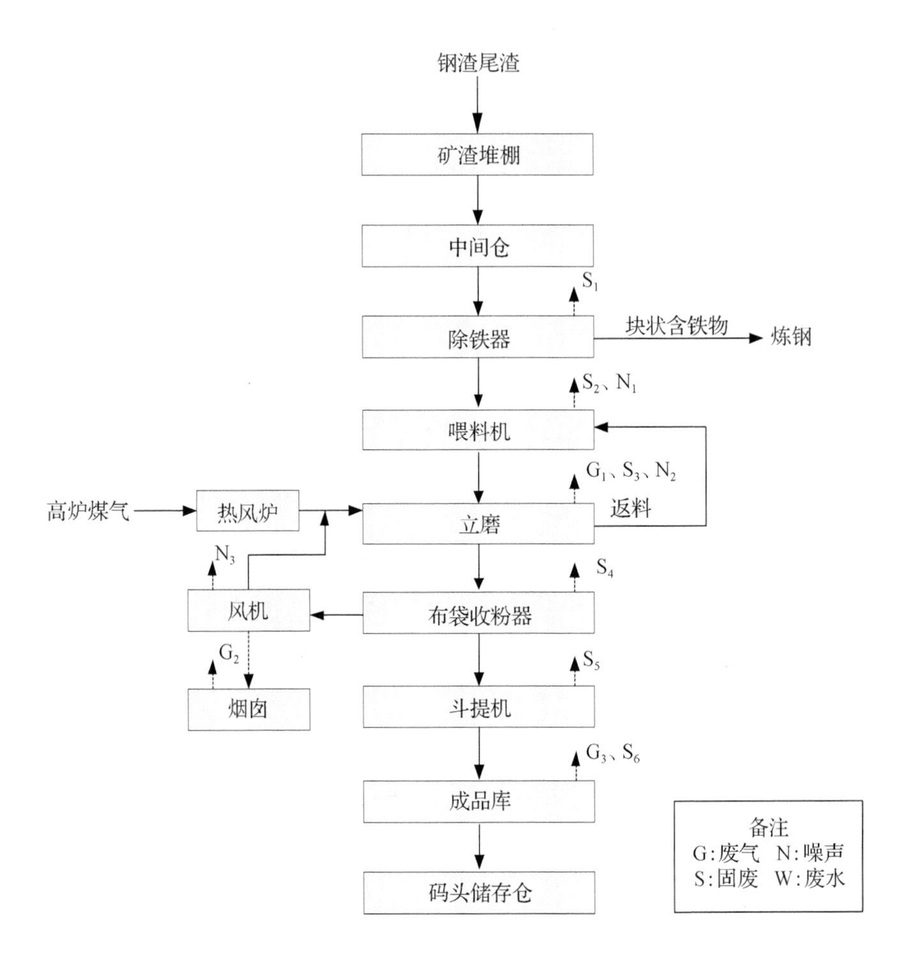

图 2.9－4　钢渣微粉生产线工艺流程及产排污节点图

(1) 钢渣原料系统

来自钢渣破碎磁选生产线处理的钢渣尾渣由皮带机输送至堆棚内,通过抓斗起重机将钢渣送至受料斗内,通过皮带运至钢渣中间仓,同时也可以输送至矿渣粉磨生产线前的钢渣中间仓。

(2) 立磨粉磨系统

入磨物料经螺旋喂料机喂入立磨,在磨内进行烘干、粉磨和选粉。喂入磨机的钢渣经磨辊在旋转的磨盘上碾压粉磨,粉磨后的钢渣被热风(上升承载气体)送入位于立磨上部的高效动态选粉机,分选出粗粉和细粉。细粉(即成品)随出磨气体送入布袋收粉器收集,由空气输送斜槽、斗式提升机等输送设备送入成品库。

产排污环节：

废气污染源为立磨返料含尘废气、主收粉器废气、成品斗提废气和成品仓废气。

废水污染源主要为间接冷却循环系统废水。

固体废物主要为含铁杂块及除尘系统产生的除尘灰。

四、转底炉工序

（一）原理概述

转底炉直接还原技术是铁矿粉(或红土镍矿、钒钛磁铁矿、硫酸渣或冶金粉尘、除尘灰、炼钢污泥等)经配料、混料、制球和干燥后的含碳球团加入具有环形炉膛和可转动的炉底的转底炉中，在 1 350 ℃左右炉膛温度下，在随着炉底旋转一周的过程中，铁矿被碳还原。

当铁矿粉含铁品位在 67%以上，采用转底炉直接还原工艺，产品为金属化球团供电炉使用；当矿粉含铁品位低于 62%时，采用转底炉—熔分炉的熔融还原铁工艺，产品为铁水供炼钢使用。通常金属化率可达 80%以上，金属化球团可作为高炉原料。

(1) 含碳球团成球技术

冷固结含碳球团是实现转底炉直接还原工艺的关键因素，具有与一般氧化球团和块矿不同的还原方式，是靠内部碳进行自身直接还原，无需外部提供还原剂。还原产生的 CO 在球团周围形成自封闭作用，一定程度上隔绝了球团内部与环境气氛，因而使球团可在氧化性气氛下进行还原反应。

含碳球团制造所采用的研磨、配料、混合设备必须保证球团的化学成分精确及矿煤的均匀混合，煤粉的粒度应在 0.25 mm 以下，矿粉粒度小于 0.1 mm。还原剂用煤一般为无烟煤，要求固定碳＞75%，挥发分＜20%，低灰分，低硫。挥发分高，球团还原后强度差，不能满足熔分炉的要求。

冷固结含碳球团应满足恰当的物理和力学性能，在输送、加热、还原的过程中粉化率最低。为达到这一要求，首先必须选用合适的特殊黏结剂配方，其次采用合理的造球技术。传统造球技术多采用圆盘滚球机，对原料粒度要求比较高，因此需要配备相应规格的磨料设备。目前所采用的对辊压球技术对原料粒度要求相对较低，生产率高，球团强度好。美国动力钢公司原来采用滚球技术，后来也改为压球技术。目前所生产的含碳球团的强度指标一般为：湿球 0.5 m 落下次数为 4～7 次，湿球抗压 6～7 kg/个；干球 1 m 落下次数为 10～15 次，干球抗压 75～95 kg/个。完全可以满足转底炉生产的要求。

(2) 转底炉喂料和出料设备

转底炉内含碳球团升温、反应所需热量主要来源于炉壁、炉气的辐射传热，因此要求炉内球团薄层均匀布料。根据这一特点，研制出振动布料机，实现在转底炉炉底横向、径向都均匀布料，避免机械强度有限的球团破碎，避免原料堆积和料层不均。振动给料机兼有筛除球团粉末的作用。该装置易于维护，且允许在各种生产率下操作。

螺旋出料机的功能是将还原后的金属化球团卸出炉外，因处理的金属化球团温度为 1 000 ℃左右，所以必须耐热耐磨，螺旋采用水冷，叶片上堆焊硬质合金，由北京科技大学冶金喷枪研究中心专门设计。该装置可使成品金属化球团从炉膛顺利排出且不产生大量粉末，螺旋本身也易于拆卸和维修。

(3) 金属化球团冷却设备

不同于氧化球团，高温金属化球团在大气中易于氧化，因此，设计金属化球团冷却机时应考虑到防止再氧化。熔分炉采用热装时同样需要采取防氧化的措施。

(4) 炉子热工

转底炉高温快速还原，关键炉温必须保持在 1 350 ℃左右，国外使用天然气为燃料，容易实现大于 1 350 ℃的炉温。我们采用发生炉煤气或者高炉煤气，实现办法主要采取高风温和煤气预热。另一方面，预热段、还原段应喷吹二次空气并形成强紊流，使得预热段产生的挥发分和还原产生的 CO 在炉内快速、充分地燃烧(后燃烧)，以便弥补球团还原强烈吸热，节约外部燃料消耗。在炉子还原末段，为了避免球团层上表面再氧化，则应严格控制二次空气流的进入，且控制烧嘴燃烧在亚化学计量条件下进行，以保持该区域一定的还原性气氛。

烧嘴设计应最大程度确保：在炉料上提供均匀的温度分布，防止局部过热；降低扰动和炉料附近的搅拌，以消除被 CO_2 和 H_2O 再氧化。

根据还原过程的要求控制炉内各段的温度和气氛，从而优化各段烧嘴的布置。

(二) 工艺及产排污节点

常见转底炉工艺及产排污情况如下。转底炉一般用于处理高锌除尘灰，如高炉一次灰、高炉二次灰、转炉一次灰细颗粒、转炉二次除尘灰、转炉三次灰、精炼除尘灰、干熄焦除尘灰等。DRI 球返高炉使用，DRI 粉经均质化生产线与其他物料混合后返原料场进入烧结工艺。具体工艺流程如下(图 2.9－5)：

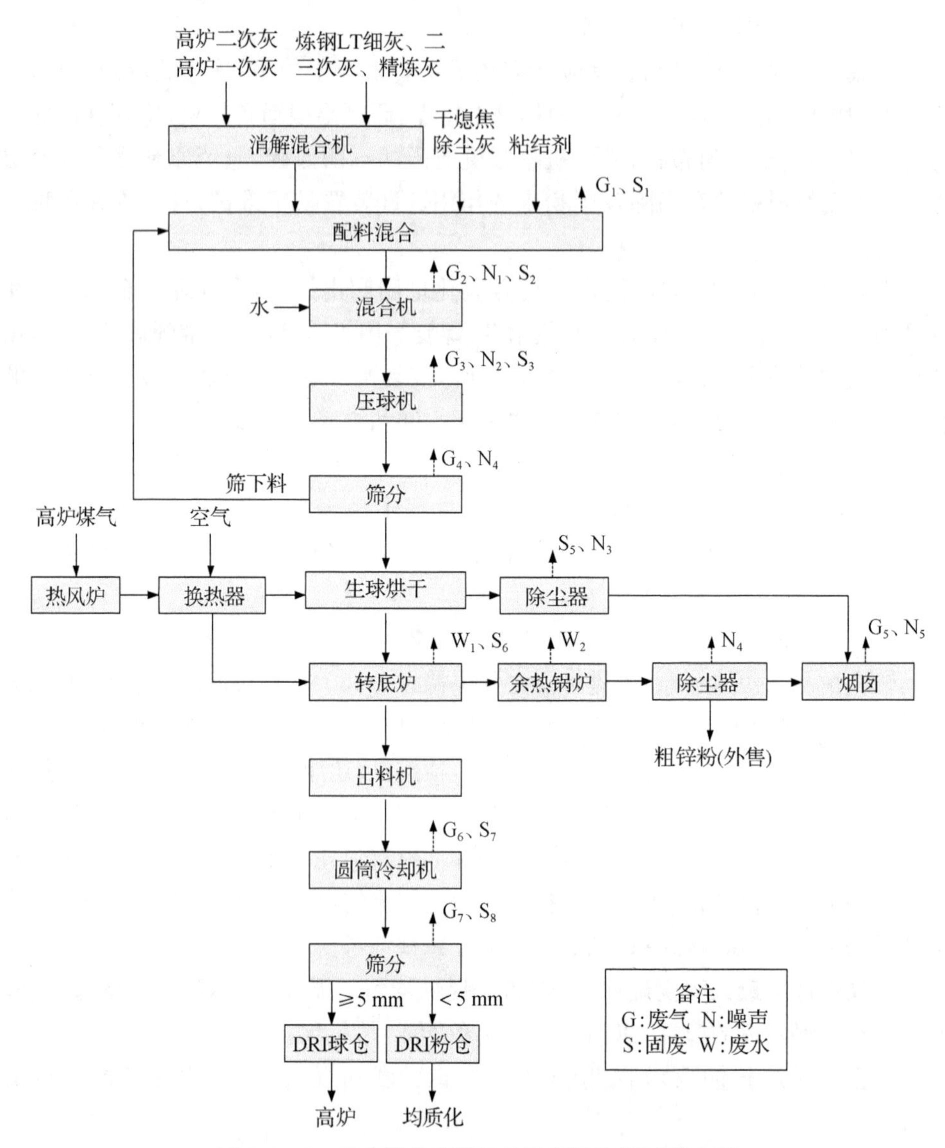

图 2.9-5　转底炉生产线工艺流程及产排污节点图

(1) 原料供应

高炉一次灰、二次灰通过水洗系统除杂后由胶带机输送进污泥接收仓。炼钢 LT 细灰、炼钢二、三次除尘灰、精炼除尘灰等通过密闭吸排罐车运输至原料间预配料间，气力输送进预配料仓。污泥与干灰经过仓下定量给料装置预配料后，通过水平刮板机送至混合机进行混合，混合后的混匀料通过卸料胶带输送至原料间消解料池落地消解。消解后的原料通过抓斗上料，经仓下圆盘给料机、带式定量给料机与黏结剂、干熄焦除尘灰按比例配料后一同送至强力混合机加水混匀。混匀后的物料送入成球缓冲仓，经仓下圆盘给料机、带式定量给料机给至压球机成球。

产排污环节：

废气污染源为各原料混合、配料、压球、筛分废气。

固体废物主要为除尘系统产生的除尘灰。

(2) 烘干及转底炉还原铁

压好的生球经过筛分，筛下物料重新返回混合机，合格生球进入生球干燥机脱水至约 1%。干燥后的生球送至转底炉振动布料器，将生球均匀布到转底炉环形炉床上。从转底炉出来的高温烟气，先通过沉降室，再经余热锅炉回收余热。余热锅炉出来的烟气经除尘器净化处理后排放。粗锌粉在余热回收过程和袋式除尘器中逐级回收。

产排污环节：

废气污染源为各烘干废气及转底炉烟气。

废水污染源主要为转底炉及余热锅炉设备循环冷却系统排水。

固体废物主要为除尘系统产生的除尘灰及转底炉产生的废耐火材料。

(3) 出料

还原后的金属化球团通过高温出料螺旋从转底炉内排出，经出料溜槽进入圆筒冷却机，圆筒冷却机内考虑氮气保护以防止高温成品球团氧化，圆筒冷却机外设有水喷淋系统冷却筒内球团。冷却后的成品球团温度降低至 200 ℃以下，再经筛分，筛上成品球进入成品球仓，筛下粉进入成品粉仓。成品球通过汽车外运至用户点。成品粉通过斗提机送至均质化生产线参与混合。

产排污环节：

废气污染源为圆筒冷却废气及成品除尘废气。

固体废物主要为除尘系统产生的除尘灰。

第十节　主要工序的特征污染物汇总

钢铁冶炼存在生产工序复杂、工艺设备多、污染物种类和排放点较多、占地规模大等特点，其对土壤及地下水产生的污染也存在污染面积大、修复体量大、修复环境复杂等诸多特点，是我国重污染企业用地和工业废弃地土壤修复领域的重要组成。

钢铁生产企业是由焦化、烧结、炼铁、炼钢和轧钢等多个大型生产厂组成的联合生产企业，每个生产厂又有庞大的生产过程，在各生产过程的各工序都有可能对环境造成污染，各个工序的生产和排污又有各自的特点。各工序不同的生产工艺、采用不同的原料都有可能造成不同的污染。生产地块污染物的种类和地块污染范围与钢铁生产流程和生产工艺，以及生产原料、辅料、产品等因素有很密切的关系，甚至建厂时间不同对土壤造成的污染也不同。

（一）生产工艺不同污染不同

烧结、炼铁的高炉煤气、炼钢等环节都用到湿法或干法除尘。过去的生产工艺湿法除尘较多，现在一般用干法除尘，烧结中用干法可以避免湿法除尘带来的废水污染，同时也有利于粉尘的回收利用。焦化厂不同时期炼焦工艺差别也很大，生产土焦和机焦所产生的污染有差异，早期的土法炼焦污染严重，煤燃烧时半隔绝空气，自身作燃料，参与炼焦过程，与炭化同处一室。机焦则是用高炉煤气间接加热，不进入炭化室，可以使煤带来的污染大大降低。平炉、转炉造成的污染也不尽相同。因此，进行钢铁生产地块调查时，掌握其生产历史、生产工艺及生产工艺变化情况，对于污染源的判断和分析至关重要。

（二）原料不同污染不同

矿石来源不同，其有用成分、污染元素差异很大。烧结所用的原料铁矿石的产地不同，造成的污染就不同。铁矿石来源分国内矿山生产和从海外进口，海外进口矿一般含氯较多，更容易产生二噁英。选矿分海水洗选和淡水洗选，洗选方式不同，污染也不同，海水洗选的铁矿石中含氯较多。我国烧结所用的原料铁矿石来源与钢铁企业分布区域有关。目前我国大多数钢铁企业都采用进口矿，尤其是沿海钢铁企业生产原料基本以进口矿为主。进口矿通常采用海水洗选，其中含氯较高，易于产生二噁英。

20 世纪 90 年代以后，很多钢铁企业内的焦化厂都停用了原煤场和洗煤厂，直接购买洗精煤堆放于储煤场用于配煤。

（三）产品不同污染不同

钢铁企业产品不同，所用的生产工艺就有所不同，对环境造成的污染也就不同。例如，生产特钢和生产普钢对环境造成的污染就有差异，生产特钢对环境造成的污染更严重。

综上所述，根据前人研究结果，结合生产工艺流程分析，将钢铁生产不同功能区可能产生的特征污染物列于表 2.10－1 中。

表 2.10－1　钢铁生产不同功能区土壤应重点关注的特征污染物清单

功能区		特征污染物及污染区域	
焦化厂		整个生产区，包括：备煤、装煤、破碎、筛分、转运、煤气净化及化学品回收、焦油渣和酸焦油等固废堆场	氰化物、硫化物、重金属、PAHs、酚类、VOC（含 BTEX）、石油烃、氟化物、（含 N、O、S）杂环
		炼焦、推焦和熄焦线路	＋二噁英/呋喃
		焦化废水处理、生化污泥堆场	＋硫氰化物
烧结厂		整个生产区，包括：配料、混料、烧结、电除尘、烧结矿筛分转运	重金属、氟化物、PAHs、VOC（BTEX）
		烧结机头及烟囱周边、烧结机头电除尘灰堆场	＋二噁英/呋喃
		湿式除尘排水、煤气水封阀排水区域	＋氰化物、酚类、硫化物
炼铁厂		整个生产区，包括：高炉、沉渣池、热风炉	重金属、氟化物、PAHs
		铸铁机冷却和高炉冲渣废水处理、（荒）高炉煤气洗涤与净化等炼铁废水沉淀池与处理池、瓦斯泥（灰）及装运、高炉渣堆场等区域	＋酚类、氰化物、硫化物
		高炉（荒高炉煤气的泄漏和放散）	＋二噁英/呋喃
炼钢厂		生产区，包括：冶炼、出钢、钢水精炼、原料准备系统	重金属、氟化物、PAHs
		烟气净化、连铸钢坯冷却、炼钢（连铸、转炉）废水处理、污泥堆场	＋酚类、氰化物、硫化物、石油烃
		钢渣堆场、含塑料的废钢预热	＋二噁英/呋喃
轧钢厂	热轧厂	生产区，包括：轧制过程、轧辊冷却、废水处理及其污泥堆场	重金属、VOC（BTEX）、石油烃
	冷轧厂	生产区，包括：热处理、酸洗、冷轧、调质、剪切	重金属、VOC（BTEX）、石油烃
		冷轧废液和废水处理及其污泥堆场	＋氟化物、氰化物

注：重金属应含：镉（Cd）、铬（Cr）、铅（Pb）、锌（Zn）、汞（Hg）、砷（As）、铜（Cu）、银（Ag）、镍（Ni）、锰（Mn）、锑（Sb）、锡（Sn）；

16 种 PAHs：萘、苊烯、苊、芴、菲、蒽、荧蒽、芘、苯并[a]蒽、䓛、苯并[b]荧蒽、苯并[k]荧蒽、苯并[a]芘、茚苯[1,2,3-cd]芘、二苯并[a,n]蒽、苯并[ghi]苝；

54 种 VOC 应含：5 种苯系物（苯、甲苯、乙苯、二甲苯、苯乙烯）、1,2,4-三甲苯、异戊烷、1-丁烯、三氯乙烯、四氯化碳、氯苯、溴化甲烷等；

＋：表示在生产区污染物基础上增加的应关注污染物。

第三章　污染评估

污染评估将首先从在产企业需开展的土壤污染隐患排查及自行监测的角度分析在产的钢铁企业需开展的重点工作，再从关停搬迁企业需开展的土壤污染状况调查及风险评估的角度分析关停的钢铁企业需开展的重点工作。

第一节　在产企业土壤污染隐患排查

2018 年 8 月 31 日，第十三届全国人民代表大会常务委员会第五次会议通过了《中华人民共和国土壤污染防治法》(以下简称“土壤污染防治法”)，并在 2019 年 1 月 1 日正式实行了。“土壤污染防治法”明确了土壤污染重点监管企业的义务，要求企业“建立土壤污染隐患排查制度，保证持续有效防止有毒有害物质渗漏、流失、扬散。”在产企业土壤污染隐患排查工作主要以《土壤污染隐患排查技术指南(征求意见稿)》的要求开展。

一、总体要求

重点单位原则上应以厂区为单位开展一次全面、系统土壤污染隐患排查。之后可针对生产经营活动中涉及有毒有害物质的场所、设施设备，定期开展重点排查，原则上每 2～5 年排查一次。企业可结合行业特点和生产实际，优化调整排查频次和排查范围。对于生产工艺、设施设备等发生变化的场所，或者新改扩建区域，应一年内开展补充排查。

重点单位是土壤污染隐患排查工作的实施主体，可根据自身技术能力情况，自行组织开展排查，或者委托相关技术单位协助完成排查。

根据企业生产现场实际情况，初步将区域风险排查结果分为三个等级，从小到大依次为:“可忽略”“可能产生污染”“易产生污染”。土壤和地下水作为污染“受体”，分析“源”（区域是否涉及有毒有害物质）和“途径”（防范措施是否到位）是否可能对土壤和地下水产生污染，来进行风险评判。评断标准参照表 3.1－1。

表 3.1－1　风险评判标准

排查类型	分类标准			
“源”排查	涉及有毒有害物质	涉及有毒有害物质	不涉及有毒有害物质	不涉及有毒有害物质
“途径”排查	防范措施不到位	防范措施到位	防范措施不到位	防范措施到位
风险等级	易产生污染	可能产生污染	可能产生污染	可忽略

对于评判为“易产生污染”的区域建议进行整改，对设备及防范措施进改善，以降低污染土壤和地下水的可能性；对于评判为“可能产生污染”的区域，建议定期巡查，注意污染的防范，可根据实际生产情况对防腐防渗等进行适当的改善；对于评判为“可忽略”的区域，建议在维持现状的基础上，做好设备及防腐防渗措施的定期维护。

二、排查方案

针对企业生产现状，重点对企业生产区域进行土壤污染隐患排查。各个车间使用功能及布置不同，实际具有的储罐、加工装置、物品存放情况多样。掌握企业地块分布以及根据各车间生产特点，对可能造成土壤环境污染的工艺设备和防范措施等进行针对性排查。

（一）工作流程

在产企业土壤污染隐患排查工作的工作流程如图 3.1－1 所示。一般包括：确定排查范围、开展现场排查、落实隐患整改、档案建立与应用等。

（1）确定排查范围：通过资料收集、人员访谈，确定重点场所和重点设施设备，即可能或易发生有毒有害物质渗漏、流失、扬散的场所和设施设备。

（2）开展现场排查：土壤污染隐患取决于土壤污染预防设施设备（硬件）和管理措施（软件）的组合。针对重点场所和重 点设施设备，排查土壤污染预防设施设备的配备和运行情况，有关预防土壤污染管理制度建立和执行情况，分析判断是否能有效防止和及时发现有毒有害物质渗漏、流失、扬散，并形成隐患排查台账。

（3）落实隐患整改：根据隐患排查台账，制定整改方案，针对每个隐患提出具体整改措施，以及计划完成时间。整改方案应包括必要的技术和管理整改方案。企业应按照整改方案进行隐患整改，形成隐患整改台账。

（4）档案建立与应用：隐患排查活动结束后，应建立隐患排查档案存档备查，并按照排污许可相关管理办法要求，纳入排污许可证年度执行报告上报。隐患排查成果可用于指导重点单位优化土壤和地下水自行监测点位布设等相关工作。

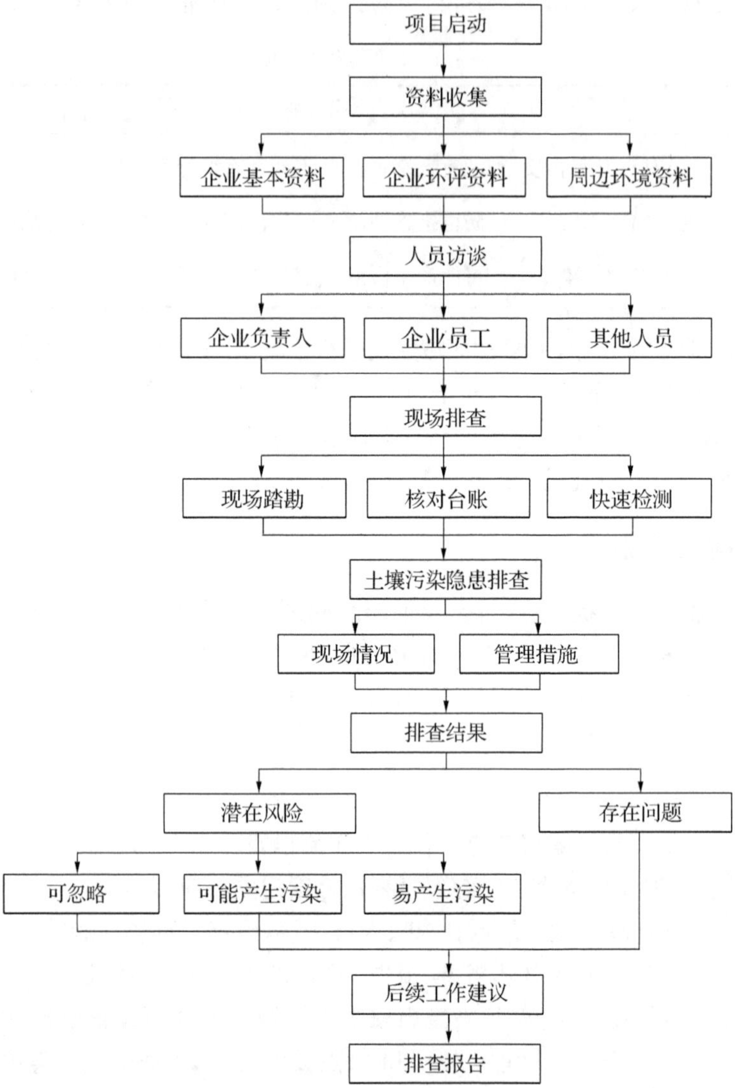

项目启动
资料收集
企业基本资料　企业环评资料　周边环境资料
人员访谈
企业负责人　企业员工　其他人员
现场排查
现场踏勘　核对台账　快速检测
土壤污染隐患排查
现场情况　管理措施
排查结果
潜在风险　存在问题
可忽略　可能产生污染　易产生污染
后续工作建议
排查报告

图 3.1－1　工作流程图

(二) 资料收集

重点收集企业基本信息、生产信息、环境管理信息等(包括但不限于表 1 列举的资料清单),并梳理企业有毒有害物质信息清单(表 3.1－2)。

有毒有害物质指:

(1) 列入《中华人民共和国水污染防治法》规定的有毒有害水污染物名录的污

染物；

（2）列入《中华人民共和国大气污染防治法》规定的有毒有害大气污染物名录的污染物；

（3）《中华人民共和国固体废物污染环境防治法》规定的危险废物；

（4）国家和地方建设用地土壤污染风险管控标准管控的污染物；

（5）列入优先控制化学品名录内的物质；

（6）其他根据国家法律法规有关规定应当纳入有毒有害物质管理的物质。

表 3.1－2　应收集的资料清单

信息	信息项目
基本信息	企业总平面布置图及面积。 企业生产工艺流程图。
生产信息	化学品，特别是有毒有害物质生产、使用、转运、储存等情况。 涉及化学品的相关设施设备防渗漏、流失、扬散设计和建设信息；相关管理制度和运行台账。
环境管理信息	建设项目环境影响报告书（表）、清洁生产报告、排污许可证、环境审计报告、突发环境事件风险评估报告竣工环保验收报告、应急预案等。 废气、废水收集、处理及排放，固体废物产生、贮存、利用和处理处置等情况，包括相关处理、贮存设施设备防渗漏、流失、扬散设计和建设信息，相关管理制度和运行台账。 土壤和地下水环境调查监测数据、历史污染记录。 已有的隐患排查及整改台账。
重点场所、设施设备管理情况	重点设施、设备的定期维护情况。 重点设施、设备的操作手册、人员培训情况。 重点场所的警示牌、操作规程的设定情况。

（三）现场踏勘

1. 地块踏勘

排查小组在了解企业内各设施信息的前提下进入企业现场开展踏勘工作，在企业相关技术人员的引导下，对照企业平面布置图，勘察地块上所有设施的分布情况，了解其内部结构、工艺流程及主要功能，并确定各设施周边是否存在发生污染的可能性。现场踏勘的重点区域包括地块内可疑污染源、污染痕迹、涉及有毒有害物质使用、处理、处置的场所或储存容器、建构筑物、污雨水管道管线、排水沟渠、回填土区域、河道、暗浜以及地块周边相邻区域。

对于受污染或可能受污染地块以及采样点现场需要拍照记录，现场照片应具有代表性，能反映污染痕迹等情况，原则上每个疑似污染区域与布点区域 2～4 张。

2. 快速检测

排查小组通过观察、异常气味辨识、照片视频记录、人员访谈等多种方式实施现场踏勘。现场踏勘过程中发现的污染痕迹、地面裂缝、发生过泄漏的区域及其他怀疑存在污染的区域应拍照留存。对于生产区域和其他可能造成土壤污染的地块,使用 PID 和 XRF 设备对地块内土壤采样进行快速检测并封装保存,分析数据判别该地块土壤是否受到污染。

(四) 人员访谈

必要时,可与企业各生产车间主要负责人员、环保管理人员等访谈,补充了解企业生产、环境管理等相关信息,包括设施设备运行管理,固体废物管理、化学品泄漏等情况。

(五) 重点设施及重点场所

可参考表 2,识别涉及有毒有害物质的重点场所或者重点设施设备,编制企业土壤污染隐患重点场所、重点设施设备清单(表 3.1－3)。若邻近的多个重点设施设备防渗漏、流失、扬散的要求相同,可合并为一个重点场所。

表 3.1－3　有潜在土壤污染隐患的重点场所或者重点设施设备

序号	涉及工业活动	重点场所或者重点设施设备
1	液体储存	地下储罐、接地储罐、地上储罐、废水暂存池、污水处理池、应急收集池
2	散装液体转运与厂内运输	散装液体物料装卸、管道运输、导淋、传输泵
3	货物的储存和运输	散装货物的储存和暂存、散装货物运输体系、包装货物的储存和运输、开放式装卸开放式包装运输
4	生产区	生产装置区
5	其他活动区	危险废物贮存库、废水排水系统、应急收集设施、分析化验室

三、现场排查

(一) 排查技术要求

企业应当结合生产实际开展排查,重点排查。

(1) 重点场所和重点设施是否具有基本的防渗漏、流失、扬散的土壤污染预防功能(如加装阴极保护系统的单层钢制储罐,带泄漏检测装置的双层储罐等;设施能防止雨水进入,或者能及时有效排出雨水),以及有关预防土壤污染管理制度建立和执行情况。

(2) 在发生渗漏、流失、扬散的情况下，是否具有防止污染物进入土壤的设施，包括二次保护设施(如储罐区设置围堰及渗漏液收集沟)、防滴漏设施(如小型储罐、原料桶采用托盘盛放)，以及地面防渗阻隔系统(指地面做防渗处理，各连接处进行密封处理，周边设置收集沟渠或者围堰等)等。

(3) 是否有能有效、及时发现及处理泄漏、渗漏或者土壤污染的设施或者措施。如二次保护设施需要更严格的管理措施，地面防渗阻隔系统需要定期检测密封、防渗、阻隔性能等。

(二) 编制隐患排查报告

排查完成后，企业应建立隐患排查台账，并编制《土壤污染隐患排查报告》。

(三) 制订隐患整改方案

企业应依据隐患排查台账，因地制宜制订隐患整改方案，采取设施设备提标改造或者完善管理等措施，最大限度降低土壤污染隐患，如在防止渗漏等污染土壤方面，可以加强设施设备的防渗漏性能；也可以加强有二次保护效果的阻隔设施等。在有效、及时发现泄漏、渗漏方面，可以设置泄漏检测设施；如果无法配备泄漏检测设施，可以定期开展专项检查来代替。

如果在排查过程中发现土壤已经受到污染，应制订相应处置方案，避免污染扩散。

(四) 建立隐患整改台账

企业应按照整改措施及时进行隐患整改，形成隐患整改台账。隐患排查档案是开展土壤环境调查评估和管理部门监管的重要资料。土壤污染隐患排查档案包括但不限于:收集的资料、日常检查表、隐患排查表、隐患排查台账、隐患排查报告、隐患整改方案、隐患整改台账等内容。

四、排查重点

针对相关设施设备，列举了可最大限度降低土壤污染隐患的土壤污染预防设施和措施的组合。企业可根据所列举的组合措施，查缺补漏进行整改，并可根据企业生产实际进行优化和调整。

(一) 液体储存

储罐类储存设施包括地下储罐(含埋地或者半埋地式储罐)、接地储罐和离地储罐等。造成土壤污染主要是罐体的内、外腐蚀造成液体物料泄漏、渗漏，可采用具备防腐蚀功能钢制储罐，或者耐腐蚀非金属材质储罐。一般而言，地下储罐或者接地储罐等具有隐蔽性，土壤污染隐患更高。可参考表 3.1 - 4 开展排查和整改。

表 3.1-4 储罐类储存设施土壤污染预防设施与措施推荐性组合

组合	土壤污染预防设施/功能	土壤污染预防措施
一、地下储罐		
1	单层钢制储罐 阴极保护系统 地下水监测井	定期开展阴极保护有效性检查 定期开展地下水或者土壤气的监测
2	单层耐腐蚀非金属材质储罐 地下水监测井	定期开展地下水或者土壤气的监测
3	双层储罐 泄漏检测装置	定期检查泄漏检测系统,确保正常运行
4	位于二次保护设施(如水泥池等)内的单层储罐 二次保护设施内加装泄漏检测装置	定期检查泄漏检测系统,确保正常运行
二、接地储罐		
5	单层储罐 泄漏检测装置 有二次保护设施	定期检查泄漏检测系统,确保正常运行 日常维护(如及时解决泄漏问题,及时清理泄漏的污染物,下同)
6	双层储罐 泄漏检测装置	定期检查泄漏检测系统,确保正常运行 日常维护
7	地面为防渗阻隔系统 渗漏、流失的液体能得到有效收集并定期清理 防渗阻隔系统能防止雨水进入,或者及时有效排出雨水,实现雨污分流	定期检查防渗效果 定期检查罐体 日常维护
三、离地储罐		
8	单层储罐 有二次保护设施	目视检查外壁是否有泄漏迹象 有效应对泄漏事件(包括完善工作程序,定期开展巡查、检修以预防泄漏事件发生;明确责任人员,开展人员培训;保持充足事故应急物质,以及时处理泄漏或者泄漏隐患;处理受污染的土壤等,下同)
9	单层储罐 防滴漏设施	定期清空防滴漏设施 目视检查外壁是否有泄漏迹象 有效应对泄漏事件
10	双层储罐 泄漏检测装置	定期检查泄漏检测系统,确保正常运行 定期检查罐体 日常目视检查(如按操作规程或者交班时,对是否存在泄漏、渗漏等情况进行快速检查,下同) 日常维护
11	地面为防渗阻隔系统 渗漏、流失的液体能得到有效收集并定期清理 防渗阻隔系统能防止雨水进入,或者及时有效排出雨水,实现雨污分流	定期开展防渗效果检查 日常维护

池体类储存设施造成土壤污染主要有两种情况:① 池体老化、破损、裂缝造成的泄漏、渗漏等;② 满溢导致土壤污染。可参考表 3.1-5 进行排查和整改。

表 3.1－5　池体类储存设施土壤污染预防设施与措施推荐性组合

组合	土壤污染预防设施/功能	土壤污染预防措施
1	防渗池体 泄漏检测设施	定期检查泄漏检测系统，确保正常运行 有效应对泄漏事件
2	防渗池体	定期检查防渗、密封效果 日常目视检查 日常维护

（二）散装液体转运与厂内运输

散装液体物料装卸造成土壤污染主要有两种情况：① 液体物料的满溢；② 装卸完成后，出料口及相关配件中残余液体物料的滴漏。可参考表 3.1－6 进行排查和整改。

表 3.1－6　液体物料装卸平台土壤污染预防设施与措施推荐性组合

组合	土壤污染预防设施/功能	土壤污染预防措施
一、顶部装载		
1	有二次保护设施 出料口放置处底下设置防滴漏设施 溢流保护装置 渗漏、流失的液体能得到有效收集并定期清理 二次保护设施能防止雨水进入，或者及时有效排出雨水，实现雨污分流	定期清空防滴漏设施 日常目视检查 设置清晰的灌注和抽出说明标识牌 有效应对泄漏事件
2	灌装设施和出料口放置处，地面为防渗阻隔系统 溢流保护装置 渗漏、流失的液体能得到有效收集并定期清理 防渗阻隔系统能防止雨水进入，或者及时有效排出雨水，实现雨污分流	定期防渗效果检查 设置清晰的灌注和抽出说明标识牌 日常维护
二、底部装卸		
3	有二次保护设施 溢流保护装置 渗漏、流失的液体能得到有效收集并定期清理 二次保护设施能防止雨水进入，或者及时有效排出雨水，实现雨污分流	自动化控制或者由熟练工操作 设置清晰的灌装和接卸说明标识牌，特别注意输送软管与装载车连接处 有效应对泄漏事件
4	有二次保护设施 正压密闭装卸系统；或者在每个连接点（处）均设置防滴漏设施 溢流保护装置 渗漏、流失的液体能得到有效收集并定期清理 二次保护设施能防止雨水进入，或者及时有效排出雨水，实现雨污分流	定期清空防滴漏设施 日常目视检查 设置清晰的灌注和抽出说明标识牌，特别注意输送软管与装载车连接处 有效应对泄漏事件
5	地面为防渗阻隔系统 溢流保护装置 渗漏、流失的液体能得到有效收集并定期清理 防渗阻隔系统能防止雨水进入，或者及时有效排出雨水，实现雨污分流	定期开展防渗效果检查 设置清晰的灌注和抽出说明标识牌，特别注意输送软管与装载车连接处 日常维护

管道运输造成土壤污染主要是由于管道的内、外腐蚀造成泄漏、渗漏。可参考表 3.1-7 排查和整改。

表 3.1-7 管道运输土壤污染预防设施与措施推荐性组合

组合	土壤污染预防设施/功能	土壤污染预防措施
一、地下管道		
1	单层管道	定期检测管道渗漏情况(气密性检查、压力传感器以及内窥镜等) 根据管道检测结果,制定并落实管道维护方案
2	单层管道 泄漏检测装置	定期检查泄漏检测系统,确保正常运行
二、地上管道		
3	单层管道	定期检测管道渗漏情况 根据管道检测结果,制定并落实管道维护方案 日常目视检查 有效应对泄漏事件

导淋造成土壤污染主要是物料的滴漏。可参考表 3.1-8 排查和整改。

表 3.1-8 导淋土壤污染预防设施与措施推荐性组合

组合	土壤污染预防设施/功能	土壤污染预防措施
1	有二次保护设施 注意排液完成后,导淋阀残余液体物料的滴漏	日常目视检查 有效应对泄漏事件
2	防滴漏设施 防止雨水造成防滴漏设施满溢	定期清空防滴漏设施 日常目视检查 日常维护
3	地面为防渗阻隔系统 渗漏、流失的液体能得到有效收集并定期清理 防渗阻隔系统能防止雨水进入,或及时有效排出雨水,实现雨污分流	定期开展防渗效果检查 日常目视检查 日常维护

传输泵造成土壤污染主要有两种情况:① 驱动轴或者配件的密封处发生泄漏;② 润滑油的泄漏或者满溢。可参考表 3.1-9 排查和整改。

表 3.1－9　传输泵土壤污染预防设施与措施推荐性组合

组合	土壤污染预防设施/功能	土壤污染预防措施
一、密封效果较好的泵(例如采用双端面机械密封等)		
1	有二次保护设施 进料端安装关闭控制阀门	制定并落实泵检修方案 日常目视检查 有效应对泄漏事件
2	对整个泵体或者关键部件设置防滴漏设施 进料端安装关闭控制阀门	定期清空防滴漏设施 制定并实施检修方案 日常目视检查 日常维护
3	地面为防渗阻隔系统 进料端安装关闭控制阀门 渗漏、流失的液体能得到有效收集并定期清理 防渗阻隔系统能防止雨水进入,或者及时有效排出雨水,实现雨污分流	定期开展防渗效果检查 日常目视检查 日常维护
二、密封效果一般的泵(例如单端面机械密封等)		
4	对整个泵体或者关键部件设置防滴漏设施 进料端安装关闭控制阀门	定期清空防滴漏设施 制定并落实泵检修方案 日常目视检查 日常维护
5	地面为防渗阻隔系统 进料端安装关闭控制阀门 渗漏、流失的液体能得到有效收集并定期清理 防渗阻隔系统能防止雨水进入,或者及时有效排出雨水,实现雨污分流	定期开展防渗效果检查 日常目视检查 日常维护
三、无泄漏离心泵(例如磁力泵、屏蔽泵等)		
6	进料端安装关闭控制阀门	日常目视检查 日常维护

(三) 货物的储存和运输

散装货物储存和暂存造成土壤污染主要有两种情况:① 散装干货物因雨水或者防尘喷淋水冲刷而流失进入土壤;② 散装湿货物因雨水冲刷而流失,以及渗出有毒有害液体物质进入土壤。可参考表 3.1－10 排查和整改。

表 3.1-10　散装货物的储存和暂存土壤污染预防设施与措施推荐性组合

组合	土壤污染预防设施/功能	土壤污染预防措施
一、干货物(不会渗出液体)的储存		
1	注意避免雨水冲刷,如有苫盖或者顶棚	日常目视检查 日常维护
二、干货物(不会渗出液体)的暂存		
2	有二次保护设施	日常目视检查 有效应对泄漏事件
三、湿货物(可以渗出有毒有害液体物质)的储存和暂存		
3	地面为防渗阻隔系统 防止屋顶或者覆盖物上流下来的雨水冲刷货物	定期开展防渗效果检查 日常目视检查 日常维护
4	地面为防渗阻隔系统 渗漏、流失的液体能得到有效收集并定期清理	定期开展防渗效果检查 日常目视检查 日常维护

散装货物密闭式运输造成土壤污染主要是由于系统的过载。散装货物开放式运输造成土壤污染主要有两种情况:① 系统过载;② 粉状物料扬散等造成土壤污染。可参考表 3.1-11 进行排查和整改。

表 3.1-11　散装货物密闭式/开放式运输土壤污染预防设施与措施推荐性组合

组合	土壤污染预防设施/功能	土壤污染预防措施
一、密闭运输方式		
1	无须额外防护设施 注意设施设备的连接处	制定检修计划 日常目视检查 日常维护
二、开放式运输方式		
2	有二次保护设施	日常目视检查 有效应对泄漏事件

包装货物储存和暂存造成土壤污染主要是包装材质不合适造成货物泄漏、渗漏。可参考表 3.1-12 排查和整改。

表 3.1－12　包装货物储存和暂存土壤污染预防设施与措施推荐性组合

组合	土壤污染预防设施/功能	土壤污染预防措施
一、包装货物为固态物质		
1	有二次保护设施 货物采用合适的包装(适用于相关货物的储存,下同)	日常目视检查 有效应对泄漏事件
2	地面为防渗阻隔系统	定期开展防渗效果检查 日常目视检查 日常维护
二、包装货物为液态或者黏性物质		
3	有二次保护设施 货物采用合适的包装	日常目视检查 有效应对泄漏事件
4	防滴漏设施 货物采用合适的包装	定期清空防滴漏设施 目视检查
5	地面为防渗阻隔系统 渗漏、流失的液体能得到有效收集并定期清理 防渗阻隔系统能防止雨水进 入,或者及时有效排出雨水,实现雨污分流	定期开展防渗效果检查 日常目视检查 日常维护

开放式装卸造成土壤污染主要是物料在倾倒或者填充过程中的流失、遗撒。可参考表 3.1－13 排查和整改。

表 3.1－13　开放式装卸土壤污染预防设施与措施推荐性组合

组合	土壤污染预防设施/功能	土壤污染预防措施
1	有二次保护设施 防止雨水进入阻隔设施	日常目视检查 有效应对泄漏事件
2	防滴漏设施 防止雨水造成防滴漏设施满溢	定期清空防滴漏设施 日常目视检查 日常维护
3	地面为防渗阻隔系统 渗漏、流失的液体能得到有效 4 收集并定期清理 防渗阻隔系统能防止雨水进入,或者及时有效排出雨水,实现雨污分流	定期开展防渗效果检查 日常目视检查 日常维护

包装货物开放式运输造成土壤污染主要是货物从包装中渗漏、流失和扬散，造成道路及周边土壤污染。可参考表 3.1－14 排查和整改。

表 3.1－14　包装货物开放式运输土壤污染预防设施与措施推荐性组合

组合	土壤污染预防设施/功能	土壤污染预防措施
1	道路两侧有二次保护设施 防止雨水	日常目视检查 有效应对泄漏事件
2	地面为防渗阻隔系统 防渗阻隔系统能防止雨水进入，或者及时有效排出雨水，实现雨污分流	定期开展防渗效果检查 日常目视检查 日常维护

(四) 生产区

生产加工装置一般包括密闭和开放、半开放类型。密闭设备指在正常运行管理期间无须打开，物料主要通过管道填充和排空，例如密闭反应釜、反应塔，土壤污染隐患较低；半开放式设备指在运行管理期间需要打开设备，开展计量、加注、填充等活动，需要配套土壤污染预防设施和规范的操作规程，避免土壤受到污染；开放式设备无法阻止物料从设备中的泄漏、渗漏，例如喷洒、清洗设备等。可参考表 3.1－15排查和整改。

表 3.1－15　生产区土壤污染预防设施与措施推荐性组合

组合	土壤污染预防设施/功能	土壤污染预防措施
一、密闭设备		
1	无须额外防护设施 注意车间内传输泵、易发生故障的零部件、检测样品采集点等位置	制定检修计划 对系统做全面检查(比如定期检查系统的密闭性，下同) 日常维护
2	有二次保护设施 注意车间内传输泵、易发生故障的零部件、检测样品采集点等位置	制定检修计划 对系统做全面检查 日常维护
3	地面为防渗阻隔系统 渗漏、流失的液体能得到有效收集并定期清理 防渗阻隔系统能防止雨水进入，或者及时有效排出雨水，实现雨污分流	定期开展防渗效果检查 日常维护

续表

组合	土壤污染预防设施/功能	土壤污染预防措施
二、半开放式设备		
4	有二次保护设施 能防止雨水进入	日常目视检查 有效应对泄漏事件
5	在设施设备容易发生泄漏、渗漏的地方设置防滴漏设施 能及时排空防滴漏设施中雨水	定期清空防滴漏设施 日常目视检查 日常维护
6	地面为防渗阻隔系统 渗漏、流失的液体能得到有效收集并定期清理 防渗阻隔系统能防止雨水进入,或者及时有效排出雨水,实现雨污分流	定期开展防渗效果检查 日常目视检查 日常维护
三、开放式设备(液体物质)		
7	地面为防渗阻隔系统 渗漏、流失的液体能得到有效收集并定期清理 防渗阻隔系统能防止雨水进入,或者及时有效排出雨水,实现雨污分流	定期开展防渗效果检查 日常目视检查 日常维护
四、开放式设备(黏性物质或者固体物质)		
8	有二次保护设施 二次保护设施能防止雨水进入,或者及时有效排出雨水,实现雨污分流	日常目视检查 有效应对泄漏事件
9	地面为防渗阻隔系统 渗漏、流失的液体能得到有效收集并定期清理 防渗阻隔系统能防止雨水进入,或者及时有效排出雨水,实现雨污分流	定期防渗效果检查 日常目视检查 日常维护

(五) 其他活动区

危险废物贮存库 GB 18597 规定了对危险废物贮存的一般要求,对危险废物包装、贮存设施的选址、设计、运行、安全防护、监测和关闭等要求。可按照GB 18597的要求开展排查和整改。

废水排水系统造成土壤污染主要是管道、设备连接处、涵洞、排水口、污水井、分离系统(如清污分离系统、油水分离系统)等地方的泄漏、渗漏。可参考表 3.1-16 排查和整改。

表 3.1－16　废水排水系统土壤污染预防设施与措施推荐性组合

组合	土壤污染预防设施/功能	土壤污染预防措施
已建成地下废水排水系统		
1	注意排水沟、污泥收集设施、油水分离设施、设施连接处和有关涵洞、排水口等，防止渗漏	定期开展密封、防渗效果检查；或者制定检修计划 日常维护
新建地下废水排水系统		
2	防渗设计和建设 注意排水沟、污泥收集设施、油水分离设施、设施连接处和有关涵洞、排水口等，防止渗漏	定期开展防渗效果检查 日常维护
地上废水排水系统		
3	防渗阻隔设施 注意排水沟、污泥收集设施、油水分离设施、设施连接处和有关涵洞、排水口等，防止渗漏	目视检查 日常维护

应急收集设施造成土壤污染主要是设施的老化造成渗漏、流失。可参考表3.1－17排查和整改。

3.1－17　应急收集设施土壤污染预防设施与措施推荐性组合

组合	土壤污染预防设施/功能	土壤污染预防措施
1	若为地下储罐型事故应急收集设施，参照 A.1.1	参考 A.1.1
2	防渗事故池	定期开展防渗效果检查 日常维护

车间操作活动包括在升降桥、工作台或者材料加工机器（如车床、锯床）上的操作活动等，造成土壤污染主要是物料的飞溅、渗漏和泄漏。可参考表 3.1－18 排查和整改。

表 3.1－18　车间操作活动土壤污染预防系统设计与措施推荐性组合

组合	土壤污染预防系统设计	土壤污染预防措施
1	有二次保护设施 渗漏、流失的液体应得到有效收集并定期清理	目视检查 日常维护 有效应对泄漏事件
2	有二次保护设施 在设施设备容易发生泄漏、渗漏的地方设置防滴漏设施 注意设施设备的经常活动的部件与易发生飞溅的部件	定期清空防滴漏设施 目视检查 日常维护
3	地面为防渗阻隔系统 渗漏、流失的液体能得到有效收集并定期清理	定期开展防渗效果检查 日常维护

分析化验室造成土壤污染主要是物质的泄漏、渗漏、遗洒。可参考表 3.1－19 排查和整改。

表 3.1－19　分析化验室土壤污染预防设施与措施推荐性组合

组合	土壤污染预防设施/功能	土壤污染预防措施
1	有二次保护设施 关键点位设置防滴漏设施 渗漏、流失的液体得到有效收集并定期清理	定期清空防滴漏设施 日常维护和目视检查
2	地面为防渗阻隔系统 渗漏、流失的液体得到有效收集并定期清理	定期检测密封和防渗效果 日常维护和目视检查

第二节　在产企业土壤及地下水自行监测

为切实加强土壤污染防治，逐步改善土壤环境质量，国务院制定发布了《土壤污染防治行动计划》（国发〔2016〕31 号），简称“土十条”。“土十条”中指出针对我国现阶段的土壤污染状况，应当“强化未污染土壤保护，严控新增土壤污染。”其中，为“防范建设用地新增污染”，应当“自 2017 年起，有关地方人民政府要与重点行业企业签订土壤污染防治责任书，明确相关措施和责任，责任书向社会公开。”并且加强日常环境监管。在产企业土壤及地下水自行监测工作主要以《在产企业土壤及地下水自行监测技术指南（征求意见稿）》的要求开展。

一、资料收集

搜集的资料主要包括企业基本信息、企业内各区域和设施信息、迁移途径信息、敏感受体信息、地块已有的环境调查与监测信息等，具体见表 3.2－1。

表 3.2－1　资料收集清单

分类	信息项目	目的
企业基本信息	企业名称、法定代表人、地址、地理位置、企业类型、企业规模、营业期限、行业类别、行业代码、所属工业园区或集聚区；地块面积、现使用权属、地块利用历史等	确定企业位置、企业负责人、基本规模、所属行业、经营时间、地块权属、地块历史等信息

续表

分类	信息项目	目的
企业内各设施信息	企业总平面布置图及面积； 生产区、储存区、废水治理区、固体废物贮存或处置区等平面布置图及面积； 地上和地下罐槽清单； 涉及有毒有害物质的管线平面图； 工艺流程图； 各厂房或设施的功能：使用、贮存、转运或产出的原辅材料、中间产品和最终产品清单； 废气、废水、固体废物收集、排放及处理情况	确定企业内各设施的分布情况及占地面积；各设施涉及的工艺流程；原辅材料、中间产品和最终产品使用、贮存、转运或产出的情况；三废处理及排放情况。便于识别存在污染隐患的重点设施及相应关注污染物
迁移途径信息	地层结构、土壤质地、地面覆盖、土壤分层情况； 地下水埋深/分布/流向/渗透性等特性	确定企业水文地质情况，便于识别污染物迁移途径
敏感受体信息	人口数量、敏感目标分布、地块及地下水用途等	便于确定所在地土壤及地下水相关标准或风险评估筛选值
地块已有的环境调查与监测信息	土壤和地下水环境调查监测数据； 其他调查评估数据	尽可能搜集相关辅助资料

二、现场踏勘

在了解企业内各设施信息的前提下开展踏勘工作。踏勘范围以自行监测企业内部为主。对照企业平面布置图，勘察地块上所有设施的分布情况，了解其内部构造、工艺流程及主要功能。观察各设施周边是否存在发生污染的可能性。

三、人员访谈

通过人员访谈，补充和确认待监测地块的信息，核查所搜集资料的有效性。访谈人员可包括企业负责人、熟悉企业生产活动的管理人员和职工、生态环境主管部门的官员、熟悉所在地情况的第三方等。

四、重点区域识别

根据各设施信息、污染物迁移途径等，识别企业内部存在土壤或地下水污染隐患的重点设施。

存在土壤或地下水污染隐患的重点设施一般包括但不仅限于：

(1) 涉及有毒有害物质的生产区或生产设施；

(2) 涉及有毒有害物质的原辅材料、产品、固体废物等的贮存或堆放区；

(3) 涉及有毒有害物质的原辅材料、产品、固体废物等的转运、传送或装卸区；

(4) 贮存或运输有毒有害物质的各类罐槽或管线；

(5) 三废(废气、废水、固体废物)处理处置或排放区。

重点设施数量较多的自行监测企业可根据重点设施在企业内分布情况，将重点设施分布较为密集的区域识别为重点区域，在企业平面布置图中标记。

五、监测点位布设

(一) 总体原则

自行监测点/监测井应布设在重点设施周边并尽量接近重点设施。重点设施数量较多的企业可根据重点区域内部重点设施的分布情况，统筹规划重点区域内部自行监测点/监测井的布设，布设位置应尽量接近重点区域内污染隐患较大的重点设施。监测点/监测井的布设应遵循不影响企业正常生产且不造成安全隐患与二次污染的原则。

企业周边土壤及地下水的监测点位布设，参照 HJ 819 的要求进行。

(二) 土壤/地下水本底值

应在企业外部区域或企业内远离各重点设施处布设至少 1 个土壤及地下水对照点。对照点应保证不受企业生产过程影响且可以代表企业所在区域的土壤及地下水本底值。

地下水对照点应设置在企业地下水的上游区域。

(三) 土壤监测点

1. 土壤一般监测

自行监测企业应设置土壤监测点，参照 HJ 25.1 中对于专业判断布点法的要求开展土壤一般监测工作，并遵循以下原则确定各监测点的数量、位置及深度：

(1) 监测点数量及位置

每个重点设施周边布设 1～2 个土壤监测点，每个重点区域布设 2～3 个土壤监测点，具体数量可根据设施大小或区域内设施数量等实际情况进行适当调整。

(2) 采样深度

土壤一般监测应以监测区域内表层土壤(0.2 m 处)为重点采样层，开展采样工作。在土壤气及地下水采样建井过程中钻探出的土壤样品，应作为地块初次采样时的土壤背景值进行分析测试并予以记录。

2. 土壤气监测

自行监测企业可针对关注污染物包括挥发性有机物的重点设施或其所在重点区域，设置土壤气监测井开展土壤气监测工作，并遵循以下原则确定各监测井的数量、位置及深度：

(1) 监测井数量及位置

每个关注污染物包括挥发性有机物的重点设施周边或重点区域应布设至少 1 个土壤气监测井，具体数量可根据设施大小或区域内设施数量等实际情况进行适当调整。

(2) 采样深度

土壤气探头的埋设深度应结合地层特性及污染物埋深(仅限于已受到污染的区域)确定，应设置在但不仅限于：

① 地面以下 1.5 m 处；

② 钻探过程发现该区域已存在污染，且现场挥发性有机物便携检测设备读数较高的位置；

③ 埋藏于地下的设施附近，如涉及有毒有害污染物的地下罐槽、管线等周边；

④ 地下水最高水位面上，高于毛细带不小于 1 m。

(四) 地下水监测井

自行监测企业应设置地下水监测井开展地下水监测工作，并遵循以下原则确定各监测井的数量、位置及深度：

1. 监测井数量

每个存在地下水污染隐患的重点设施周边或重点区域应布设至少 1 个地下水监测井，具体数量可根据设施大小、区域内设施数量及污染物扩散途径等实际情况进行适当调整。

2. 监测井位置

地下水监测井应布设在污染物迁移途径的下游方向。地下水的流向可能会随着季节、潮汐、河流和湖泊的水位波动等状况改变，此时应在污染物所有潜在迁移途径的下游方向布设监测井。在同一企业内部，监测井的位置可根据各重点设施及重点区域的分布情况统筹规划，处于同一污染物迁移途径上的相邻设施或区域可合并监测井。以下情况不适宜合并监测井：

(1) 处于同一污染物迁移途径上但相隔较远的重点设施或重点区域；

(2) 相邻但污染物迁移途径不同的重点设施或重点区域。

3. 采样深度

监测井在垂直方向的深度应根据污染物性质、含水层厚度以及地层情况确定。

（1）污染物性质

① 当关注污染物为低密度污染物时，监测井进水口应穿过潜水面以保证能够采集到含水层顶部水样；

② 当关注污染物为高密度污染物时，监测井进水口应设在隔水层之上，含水层的底部或者附近；

③ 如果低密度和高密度污染物同时存在，则设置监测井时应考虑在不同深度采样的需求。

（2）含水层厚度

① 厚度小于 6 m 的含水层，可不分层采样；

② 厚度大于 6 m 的含水层，原则上应分上中下三层进行采样。

（3）地层情况地下水监测以调查第一含水层（潜水）为主。但在重点设施识别过程中认为有可能对多个含水层产生污染的情况下，应对所有可能受到污染的含水层进行监测。有可能对多个含水层产生污染的情况包括但不仅限于：

① 第一含水层与下部含水层之间的隔水层厚度较薄或已被穿透；

② 有埋藏深度达到了下部含水层的地下罐槽、管线等设施；

③ 第一含水层与下部含水层之间的隔水层不连续。

4. 其他要求

地下水监测井的深度应充分考虑季节性的水位波动设置。地下水对照点监测井应与污染物监测井设置在同一含水层。

企业或邻近区域内现有的地下水监测井，如果符合本指南要求，可以作为地下水对照点或污染物监测井。

六、监测因子筛选

（一）监测因子筛选原则

（1）各行业常见污染物类型及对应的分析测试项目参见表 3.2－2 和表 3.2－3（需测试每个重点设施或重点区域涉及的所有关注污染物，不同设施或区域的分析测试项目可以不同）。

（2）表 3.2－2 未提及其所属行业的企业，应根据各重点设施或重点区域具体情况自行选择分析测试项目。

（3）对于以下分析测试项目，企业应在自行监测方案中说明选取或未选取的原因：企业认为重点设施或重点区域中不存在因而不需监测的行业常见污染物；表 3.2－2 未提及企业所属行业，由企业自行选择分析测试的关注污染物。

（4）不能说明原因或理由不充分的，应对全部分析测试项目进行测试。

表 3.2－2　污染物类别及对应分析测试项目

污染物类别	对应分析测试项目
A1 类-重金属 8 种	镉、铅、铬、铜、锌、镍、汞、砷
A2 类-重金属与元素 8 种	锰、钴、硒、钒、锑、铊、铍、钼
A3 类-无机物 2 种	氰化物、氟化物
B1 类-挥发性有机物 16 种	二氯乙烯、二氯甲烷、二氯乙烷、氯仿、三氯乙烷、四氯化碳、二氯丙烷、三氯乙烯、三氯乙烷、四氯乙烯、四氯乙烷、二溴氯甲烷、溴仿、三氯丙烷、六氯丁二烯、六氯乙烷
B2 类-挥发性有机物 9 种	苯、甲苯、氯苯、乙苯、二甲苯、苯乙烯、三甲苯、二氯苯、三氯苯
B3 类-半挥发性有机物 1 种	硝基苯
B4 类-半挥发性有机物 4 种	苯酚、硝基酚、二甲基酚、二氯酚
C1 类-多环芳烃类 15 种	苊烯、苊、芴、菲、蒽、荧蒽、芘、苯并[a]蒽、䓛、苯并[b]荧蒽、苯并[k]荧蒽、苯并[a]芘、茚并[1,2,3-c,d]芘、二苯并[a,h]蒽、苯并[g,h,i]苝
C2 类-农药和持久性有机物	滴滴涕、六六六、氯丹、灭蚁灵、六氯苯、七氯、三氯杀螨醇
C3 类-石油烃	C_{10}-C_{40}总量
C4 类-多氯联苯 12 种	2,3,3′,4,4′,5,5′-七氯联苯(PCB189)、2,3′,4,4′,5,5′-六氯联苯(PCB167)、2,3,3′,4,4′,5′-六氯联苯(PCB157)、2,3,3′,4,4′,5-六氯联苯(PCB156)、3,3′,4,4′,5,5′-六氯联苯(PCB169)、2′,3,4,4′,5-五氯联苯(PCB123)、2,3′,4,4′,5-五氯联苯(PCB118)、2,3,3′,4,4′-五氯联苯(PCB105)、2,3,4,4′,5-五氯联苯(PCB114)、3,3′,4,4′,5-五氯联苯(PCB126)、3,3′,4,4′-四氯联苯(PCB77)、3,4,4′,5-四氯联苯(PCB81)
C5 类-二噁英类	二噁英类(具有毒性当量组分)*
D1 类-土壤 pH	土壤 pH

注：* 不含共平面多氯联苯。

表 3.2-3 各行业常见污染物类别

大类	中类	常见污染物类别
07 石油和天然气开采业	071 石油开采	A1 类、B2 类、C1 类、C3 类
08 黑色金属矿采选业	081 铁矿采选	A1 类、A2 类、A3 类、D1 类
	082 锰矿、铬矿采选	
	089 其他黑色金属矿采选	
09 有色金属矿采选业	091 常用有色金属矿采选	A1 类、A2 类、A3 类、D1 类
	092 贵金属矿采选	
	093 稀有稀土金属矿采选	
17 纺织业	171 棉纺织及印染精加工	A1 类、B1 类、B2 类、B3 类、C5 类
	172 毛纺织及染整精加工	
	173 麻纺织及染整精加工	
	174 丝绢纺织及印染精加工	
	175 化纤织造及印染精加工	
	176 针织或钩针编织物及其制品制造	
19 皮革、毛皮、羽毛及其制品和制鞋业	191 皮革鞣制加工	A1 类、A2 类、D1 类
	193 毛皮鞣制及制品加工	
22 造纸和纸制品业	221 纸浆制造	A1 类、B1 类、C5 类
25 石油加工、炼焦和核燃料加工业	251 精炼石油产品制造	A1 类、A2 类、A3 类、B2 类、B4 类、C1 类、C3 类
	252 炼焦	

续表

大类	中类	常见污染物类别
26 化学原料和化学制品制造业	261 基础化学原料制造(无机、有机)	A1 类、A2 类、A3 类、C3 类(无机化学原料制造)
		A1 类、A2 类、A3 类、B1 类、B2 类、B3 类、B4 类、C1 类、C3 类(有机化学原料制造)
	263 农药制造	A1 类、A2 类、A3 类、B1 类、B2 类、B3 类、B4 类、C1 类、C2 类、C3 类
	264 涂料、油墨、颜料及类似产品制造	A1 类、A2 类、A3 类、B1 类、B2 类、B3 类、B4 类、C1 类、C3 类、C4 类
	265 合成材料制造	A1 类、A2 类、A3 类、B1 类、B2 类、B3 类、B4 类、C1 类、C3 类
	266 专用化学品制造	A1 类、A2 类、A3 类、B1 类、B2 类、B3 类、B4 类、C1 类、C3 类、C4 类
	267 炸药、火工及焰火产品制造	A1 类、A3 类、B1 类、B2 类、B3 类、B4 类、C1 类、C3 类
27 医药制造业	271 化学药品原料药制造	A1 类、A3 类、B1 类、B2 类、B3 类、B4 类、C1 类、C3 类
28 化学纤维制造业	281 纤维素纤维原料及纤维制造	A1 类-重金属 8 种、B1 类-挥发性有机物 16 种、C5 类-二噁英类、D1 类-土壤 pH
	282 合成纤维制造	A1 类、A2 类、A3 类、B1 类、C1 类
31 黑色金属冶炼和压延加工业	311 炼铁	A1 类、A2 类、C1 类、C3 类、C5 类、D1 类
	312 炼钢	
	315 铁合金冶炼	
32 有色金属冶炼和压延加工业	321 常用有色金属冶炼	A1 类、A2 类、A3 类、C1 类、C3 类、C5 类、D1 类
	322 贵金属冶炼	
	323 稀有稀土金属冶炼	
33 金属制品业	336 金属表面处理及热处理加工	A1 类、A2 类、D1 类
38 电气机械和器材制造业	384 电池制造	A1 类、A2 类、A3 类、D1 类
59 仓储业	599 其他仓储业	A1 类、B2 类、B3 类、B4 类、C3 类
77 生态保护和环境治理业	772 环境治理业(危废、医废处置)	A1 类、A2 类、C5 类
78 公共设施管理业	782 环境卫生管理(生活垃圾处置)	

（二）筛选结果

考虑到生态环境部针对建设用地土壤污染制定的风险管控标准中有 45 项基本测试项目(《土壤环境质量建设用地土壤污染风险管控标准》(试行)(GB36600—2018)中表 1 的基本项目，以下简称“45 项基本项”)，并且针对这“45 项基本项”做出要求如下“表 1 中所列项目为初步调查阶段建设用地土壤污染风险筛选的必测项目。”因此自行监测过程中，土壤监测优先选取“45 项基本项”中的因子，之后根据厂区内各工段所属行业的特征污染物增加相应监测因子。

根据前期资料收集和现场踏勘的结果，钢铁厂一般属于“黑色金属冶炼和压延加工业(31)”，包括“炼铁(311)、炼钢(312)、铁合金冶炼(315)”。但厂区内若存在焦化工段，焦化工段中的炼焦部分属于“炼焦(252)”，焦化工段中的化产回收部分属于“基础化学原料制造(有机)(261)”。因此，钢铁厂区各工段土壤地下水行业特征监测因子可参考上表 3.2－2 中行业特征污染物测定。同时，土壤气监测部分主要是针对挥发性有机污染物的土壤污染，从污染物筛查的保守角度考虑，土壤气监测指标参考表 3.2－1 中所有挥发半挥发以及多环芳烃类物质。

考虑到表 3.2－2 中“黑色金属冶炼和压延加工业(31)”的特征污染物存在“C5 类-二噁英类”组分，但由于钢铁行业二噁英主要在烧结工段和电炉炼钢工段中产生，因此针对“C5 类-二噁英类”组分，仅针对钢铁厂烧结工段、电炉炼钢工段的表层土壤开展监测。结合各工段和区域的布点情况，各监测点位的检测项目如下表所示。厂区外土壤与地下水对照点的监测因子与厂区内保持一致。

对于地下水监测，pH 值、耗氧量(COD_{Mn})、氨氮、硝酸盐、硫酸盐、氯化物、硫化物在内的七项水质因子一般作为“基本水质因子”被广泛关注，因此在地下水监测中，“基本水质因子”应作为必测项目。

七、环境质量评估

监测企业应根据指南要求开展自行监测并对监测结果进行分析，以下情况可说明所监测重点设施或重点区域已存在污染迹象：

(1) 关注污染物浓度超过相应标准中与其用地性质或所属区域相对应的浓度限值的(各监测对象限值标准按照表 3.2－4 执行)；

(2) 关注污染物的监测值与对照点中本底值相比有显著升高的；

(3) 某一时段内(2 年以上)同一关注污染物监测值变化总体呈显著上升趋势的。

表 3.2-4 各监测对象相应限值标准

监测对象	执行标准
土壤	土壤环境质量建设用地土壤污染风险管控标准(试行)(GB36600—2018)筛选值
地下水	地下水质量标准(GB/T 14848)

注:土壤气限值标准暂时参考美国环境保护署(US EPA)发布的“Resident Vapor Intrusion Screening Levels(VISL)”中“Target Sub-Slab and Near-Source Soil Gas Concentration”部分的筛选值,待我国土壤气相关限值标准发布后,以新发布的限值标准为准。

对于已存在污染迹象的监测结果,应排除以下情况:

(1) 采样或统计分析误差,此时应重新进行采样或分析;

(2) 土壤或地下水自然波动导致监测值呈上升趋势的(未超过限值标准);

(3) 土壤本底值过高或企业外部污染源产生的污染导致的污染物浓度超过限值标准。

对于存在污染迹象的重点设施周边或重点区域,应根据具体情况适当增加监测点位,提高监测频次。

八、后续维护

1. 监测井保护措施

为防止监测井物理破坏,防止地表水、污染物质进入,监测井应建有井台、井口保护管、锁盖等。井台构筑通常分为明显式和隐藏式井台,隐藏式井台与地面齐平,适用于路面等特殊位置。

(1) 采用明显式井台的,井管地上部分约 30～50 cm,超出地面的部分采用管套保护,保护管顶端安装可开合的盖子,并有上锁的位置。安装时,监测井井管位于保护管中央。井口保护管建议选择强度较大且不宜损坏材质,管长 1 m,直径比井管大 10 cm 左右,高出平台 50 cm,外部刷防锈漆。监测井井口用与井管同材质的丝堵或管帽封堵。

(2) 采用隐蔽式井台的,其高度原则上不超过自然地面 10 cm。为方便监测时能够打开井盖,建议在地面以下的部分设置直径比井管略大的井套套在井管外,井套外再用水泥固定并筑成土坡状。井套内与井管之间的环形空隙不填充任何物质,以便于井口开启和不妨碍道路通行。

2. 监测井归档资料

监测井归档资料包括监测井设计、原始记录、成果资料、竣工报告、建井验收书的纸介质和电子文档等，归档资料应在企业及当地生态环境主管部门备案。

3. 监测井维护和管理要求

应指派专人对监测井的设施进行经常性维护，设施一经损坏，需及时修复。地下水监测井每年测量井深一次，当监测井内淤积物淤没滤水管或井内水深小于1 m时，应及时清淤。

井口固定点标志和孔口保护帽等发生移位或损坏时，需及时修复。

第三节　关闭搬迁企业土壤污染状况调查

一、工业污染地块环境调查概述

（一）调查背景

污染地块是指按照国家技术规范确认超过有关土壤环境标准的疑似污染地块。从事过有色金属冶炼、石油加工、化工、焦化、电镀、制革等行业生产经营活动，以及从事过危险废物贮存、利用、处置活动的用地称之为疑似污染地块。

根据地块污染物的性质，可将污染地块分为无机污染地块和有机污染地块。无机污染地块的污染物主要是重金属（如汞、铬、镉、铜、镍、铅等）和类金属（如砷等）等无机污染物。有机污染地块的污染物主要包括有机农药、酚类物质、氰化物、石油类物质、多环芳烃、洗涤剂、有害生物等。污染地块是长期工业化的产物，它与危险物质的生产和处理、废物的倾倒/排放以及化学物质的泄漏与不正当使用等有密切关联。当前工业化生产的提速导致废物数量的不断增加已经引发了一系列的地块土壤污染问题。据文献报道，美国、加拿大以及欧洲等主要发达国家疑似受到或已确认受到污染的地块数目都有成千上万个之多。近年来，伴随着经济的高速发展，我国的环境问题日益突出，地块污染的范围、程度与数目均呈现上升趋势。污染地块对人体健康及环境的危害也引起了国内外的普遍关注，污染地块所造成的环境问题已逐渐演变成为世界各国迫切面临且需要解决的主要问题。

工业企业关闭搬迁地块中的污染物扩散到周边的空气、土壤和水环境中，不仅破坏了土壤的理化性质及生态系统的结构和功能，同时可能通过土壤粉尘、空气、地下水、食物链富集等不同途径被人体摄入，因此关闭搬迁企业污染地块对周边环境和人体健康构成较大风险。当前一些城市中，工业企业关闭搬迁地块尚未纳入相应的污染管理程序，或仅经简单处置就进行土地用途的变更，直接建成生活小区、学校或其他公共设施。近年来，由于城市中心区域工业企业关闭搬迁地块用于民用或商用房地产开发而引发的环境污染事件备受热议。因此，关闭搬迁企业地块的环境风险管理成为了世界各国共同关注的重大问题。

（二）调查目标

工业污染地块环境调查的总体目标是为了发现地块上是否存在污染，并确定污染物的种类、污染程度和范围，以及污染物的迁移路径和受体，为工业污染地块的风险评估和修复提供基础数据及信息。污染物的识别和定量确定是一个持续与反复的过程，可能需要多个阶段去获得有效的相关数据以确定“潜在的污染物-路径-受体”场景特征。为了有步骤有目的地完成各阶段调查，根据调查的不同阶段明确其相关的具体目标详见表 3.3－1。

表 3.3－1　地块不同调查阶段的具体目标

阶段		具体目标
第一阶段		1）获得地块及周围区域的过去和现在用途的信息 2）识别受体、污染的潜在来源和可能的迁移路径 3）获得地块的地质、地球化学、水文地质、水文地理方面的信息 4）建立一个初步的有关潜在污染的特性和程度的概念模型 5）为初始风险评估提供数据 6）为评估初步采样分析和主要调查的设计提供数据，且为可能的修复要求提供初步指示 7）提供与人体健康安全、现场调查过程中环境保护相关的信息 8）在进一步的调查之前确定需要涉及的监管机构
第二阶段	初步采样分析	1）检测污染、建立地块特征概念模型 2）获得有关潜在污染的来源、可能的迁移路径及任何相关功能的进一步信息 3）获得有关地块的地质、地球化学、水文地质、水文地理方面的进一步信息 4）提供进一步的信息去协助设计主要调查方案，包括健康和安全方面
	详细采样分析	1）获得有关污染的特性和程度、地块的地质、地球化学、水文地质和水文地理方面的数据 2）为更新概念模型和风险评估提供数据 3）为修复方案的选择和设计提供数据
第三阶段		1）提供一块特定污染区域或一条污染羽的更明确的描述 2）解决或澄清特定的技术问题(例如，证实潜在的修复方案的适用性和可行性)

（三）调查的基本原则

（1）针对性原则。根据污染地块的特征，开展有针对性的调查，为地块的环境管理提供依据。

(2) 规范性原则。采用程序化和系统化的方式规范地块环境调查的行为,保证调查过程的科学性和客观性。

(3) 可操作性原则。综合考虑调查方法、时间、经费等,使调查过程切实可行。

(四)调查的工作程序及内容

土壤污染状况调查工作主要以《建设用地土壤污染状况调查技术导则》(HJ 25.1—2019)、《建设用地土壤污染风险管控和修复监测技术导则》(HJ 25.2—2019)、《建设用地土壤污染风险评估技术导则》(HJ 25.3—2019)和《建设用地土壤环境调查评估技术指南》(原环境保护部,公告 2017 年第 72 号)的要求开展。

第一阶段土壤污染状况调查是以资料收集、现场踏勘和人员访谈为主的污染识别阶段,原则上不进行现场采样分析。

第二阶段土壤污染状况调查调查是以采样与分析为主的污染证实阶段。

第三阶段土壤污染状况调查以补充采样和测试为主,获得满足风险评估及土壤和地下水修复所需的参数。本阶段的调查工作可单独进行,也可在第二阶段调查过程中同时开展。

具体调查的工作程序如图 3.3－1 所示。

二、第一阶段土壤污染状况调查

第一阶段土壤污染状况调查是以资料收集、现场踏勘和人员访谈为主的污染识别阶段,原则上不进行现场采样分析。通过收集地块使用历史和现状及地块污染相关资料,对相关人员进行访谈,了解可能存在的污染种类、污染途径、污染区域,再经过现场踏勘进行污染识别,初步划定重点关注区域。若第一阶段调查确认地块内及周围区域当前和历史上均无可能的污染源,则认为地块的环境状况可以接受,调查活动可以结束;若第一阶段土壤污染状况调查表明地块内或周围区域存在可能的污染源,以及由于资料缺失等原因造成无法排除地块内外存在污染源时,需要进行第二阶段污染状况调查,确定污染物种类、浓度(程度)和空间分布。

第一阶段土壤污染状况调查包括了地块资料收集分析、现场踏勘、文献综述等。通过查阅资料、会谈、访问、现场踏勘,参考历史记录和其他信息来源,获得有关地块及周围区域的过去和现在用途的信息;结合相关文献分析和生产工艺分析,推测地块环境污染的潜在可能性,识别受体、污染的潜在来源和可能的迁移路径及其他相关功能;获得有关地块的地质、地球化学、水文地质等方面的信息;建立一个初步的有关潜在污染的特性和程度的概念模型,为评估初步采样分析和主要调查的设计提供数据。对于工艺复杂、面积较大,多个生产单元组成的联合生产地块,如钢铁生产。可将地块划分成具有不同污染潜力、污染物-路径-受体场景的多个区域，用于指导设计下一阶段的详细调查方案（表 3.3－2）。

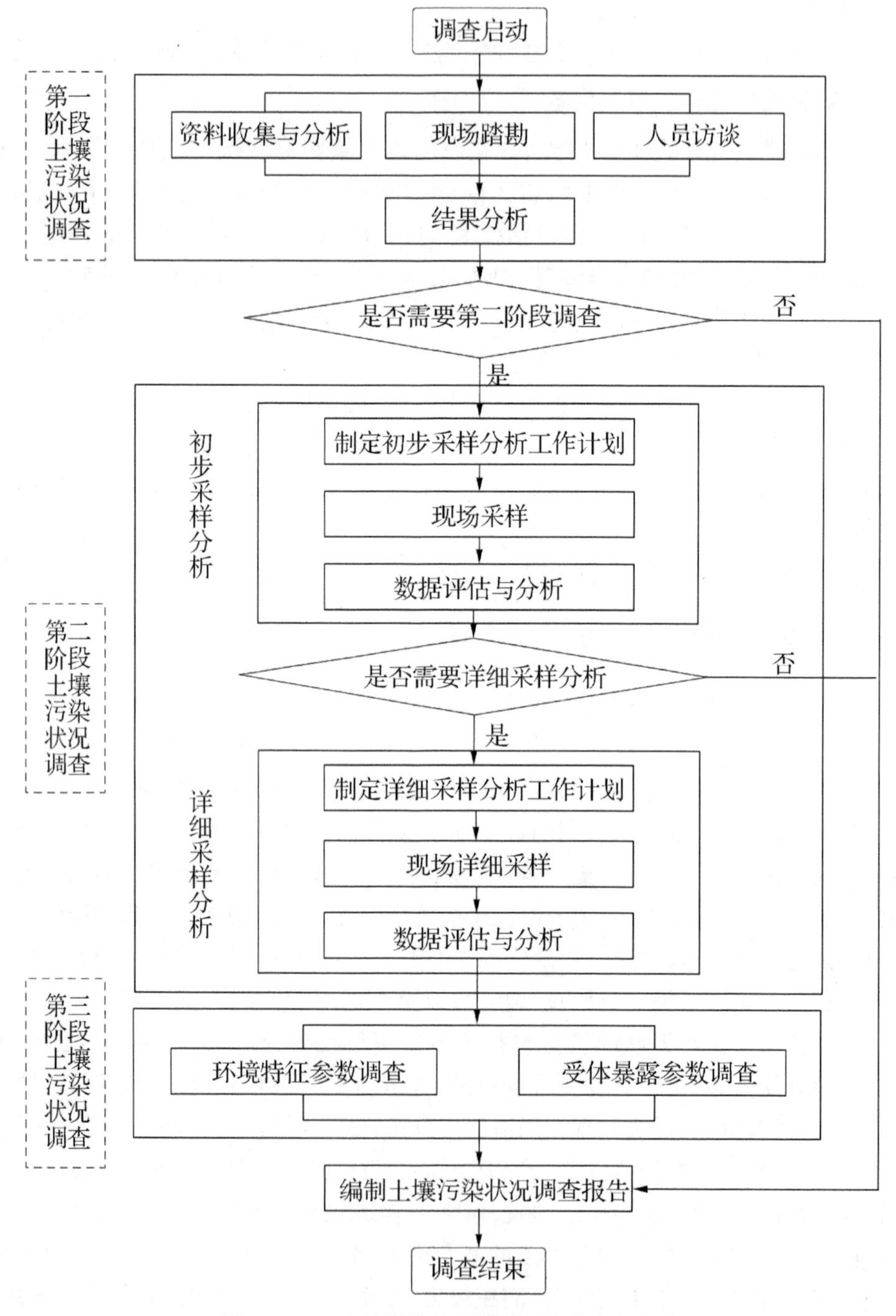

图 3.3－1　土壤污染状况调查工作内容与程序

表 3.3－2　第一阶段调查的基本程序及内容

<table>
<tr><th>程序</th><th>内容</th><th>具体要求</th></tr>
<tr><td>资料收集</td><td>地块相关资料收集；
资料分析</td><td rowspan="3">地块生产历史；
地块利用变迁资料；
地块生产工艺变更各阶段平面布置图；
地块自然环境，包括水文地质、气象资料；
地块污染事故记录；
生产工艺及其变化情况；
生产原料及其来源的相关信息；
生产开始至今排污堆废地点及处理情况；
地块地面修建改造；
地块相关记录文件；
有关政府文件，包括地块未来规划；
地块周围环境资料及社会信息；
建(构)筑物状况；
地下设施、储罐、电缆(线)布设图</td></tr>
<tr><td>现场踏勘</td><td>地块现状考察：
——地面上下设施、地面状况等；
——地块污染痕迹的踏勘；
——危险物质和石油产品的使用与存储的踏勘；
——建(构)筑物调查；
——周边相邻区域的调查；
有限制地临时采样和现场测试</td></tr>
<tr><td>人员访谈</td><td>访谈内容设计；
访谈方式确定；
访谈对象(群体)设计；
访谈记录；
访谈内容整理</td></tr>
<tr><td>生产工艺分析</td><td>原料、辅料、产品的分析；
可能造成污染的排放、泄漏分析</td><td>从生产工艺分析污染物种类；
从工艺流程和设施分析可能造成污染的环节</td></tr>
<tr><td>文献调研</td><td>如钢铁生产污染调查与分析等相关文献的分析与研究</td><td>分析应该关注的污染物结合生产工艺，了解各生产区域可能造成污染的途径</td></tr>
</table>

(一) 资料收集

调查人员应根据专业知识和经验识别资料中的错误和不合理的信息，如资料缺失影响判断地块污染状况时，应在报告中说明。

需要收集的地块资料主要包括：地块利用变迁资料、地块环境资料、地块相关记录、有关政府文件，以及地块所在区域的自然和社会信息。当调查地块与相邻地块存在相互污染的可能时，须调查相邻地块的相关记录和资料。具体需要收集的资料参考表 3.3－3、表 3.3－4。

表 3.3-3　需要收集的地块资料来源及途径

序号	资料类别	资料名称	应用(对应的信息)	来源
1	基本资料	环境影响评价报告书(表)、环境影响评价登记表	企业基本信息、主要产品、原辅材料、排放污染物名称、特征污染物、周边环境及敏感受体相关信息	企业、环保部门
2		工业企业清洁生产审核报告	地块利用历史、企业平面布置、主要产品及产量、原辅材料及使用量、周边敏感受体、特征污染物、企业清洁生产审核等相关信息	企业、清洁生产审核主管部门
3		安全评价报告	企业基本信息、主要产品、原辅材料、危险化学品等相关信息	企业、安监部门
4		排放污染物申报登记表	企业基本信息、主要产品、原辅材料、排放污、染物名称、特征污染物、周边环境及敏感受体相关信息	企业、环保部门
5		工程地质勘察报告	地块利用历史、企业平面布置、主要产品及产量、原辅材料及使用量、周边敏感受体、特征污染物、企业清洁生产审核等相关信息	企业
6		平面布置图	企业基本信息、主要产品、原辅材料、危险化学品等相关信息	企业
7	辅助资料	营业执照	企业名称、法定代表人、地址、营业时间、登记注册类型	企业
8		全国企业信用信息公示系统	企业名称、法定代表人、地址、营业时间、登记注册类型	网络查询
9		土地使用证或不动产权证书	地址、位置、占地面积及使用权属	企业
10		土地登记信息、土地使用权变更登记记录	地址、位置、占地面积及使用权属、地块利用历史	土地行政主管部门
11		区域土地利用规划	地块及周边用地类型、地块规划用途	国土资源、发展改革、规划等部门
12		危险化学品清单	危险化学品名称、产量或使用量、特征污染物	企业、安监部门
13		危险废物转移联单	固体废物、危险废物名称、危险废物产生量	企业、环保部门
14		环境统计报表	固体废物贮存量、危险废物产生量	企业、环保部门
15		竣工环境保护验收监测报告	企业基本信息、主要产品、原辅材料、排放污染物名称	企业、环保部门
16		环境污染事故记录	环境污染事故发生情况	企业、环保部门
17		责令改正违法行为决定书	企业环境违法行为	环保部门、网络查询
18		土壤及地下水监测记录	土壤和地下水监测数据和污染相关信息	企业
19		调查评估报告或相关记录	调查评估结果、土壤和地下水污染信息	企业

表 3.3－4 需要收集的地块资料清单

资料类型	资料内容包括但不限于下列文件或文字资料
地块利用变迁资料	用来辨识地块及其相邻地块的开发及活动状况的航片或卫星图片； 地块的土地使用和规划资料； 其他有助于评价地块污染的历史资料，如土地登记信息资料等。地块利用变迁过程中的地块内建筑、设施、工艺流程和生产污染等的变化情况
地块环境资料	生产过程中可能产生的污染物排放状况和排放去向； 地块内外来堆土、危险废弃物堆放等记录； 废物处理设施运行状况记录，如污染排放记录、排污登记和排污许可证； 地块内土壤和地下水污染记录，以及各类环境污染事故记录和相关资料； 地块内和周边的水文地质资料．地块与自然保护区和水源地保护区的位置关系等； 原企业有关环境管理的文件； 企业生产设施和污染防治设施清单及分布图； 厂区的环境监测数据、环境影响报告书(表)、环境审计报告、地勘报告等； 当地块与邻近地区存在相互污染的可能时，需调查邻近地区的相关记录和资料： 1）污染地块特征信息包括地块位置、地块面积、地块地形和周边生态环境、地表覆盖情况、地块所有者和地块边界、地块周边交通状况、服务设施位置、历史和规划的土地利用类型、邻近地块的特征、地块距饮用水取水口的距离、地块距地表水体敏感目标的距离； 2）土壤特征信息包括土壤类型、pH、孔隙度、私土矿物含量、有机质含量、含水量、粒径分布、土层深度、容重、土壤颗粒密度、土壤异质性等；水文地质相关信息包括地层结构特征、地下水补给、径流和排泄情况、含水层深度、地下水流向、水力传导系数、水力坡降等
地块相关记录资料	生产过程中使用的原材料、辅料、产品及中间体清单； 厂区的平面布置图； 各车间的工艺流程图及文字说明； 化学品储存和使用清单，包括数量、位置、排放和处置记录等，以及泄漏记录和废物管理记录； 地下管线图，以及地上和地下储罐清单； 各种管网分布图，如污水管网和物料输送管线分布图等； 土地使用权证明及变更记录、房屋拆除记录等信息； 环境监测数据、环境影响报告书或表、环境审计报告、排污申报资料、地勘报告等
有关政府文件	政府机关和权威机构所保存和发布的环境资料，包括： 地块所在区域的环境保护规划； 政府环境质量公告； 企业在政府部门相关环境备案和批复； 生态和水源保护区和规划等
地块所在区域自然和社会信息	地块所在地的自然地理信息，如地理位置图、地形、地貌、土壤、水文、地质、气象资料； 地块所在地的社会信息，如人口密度和分布，敏感目标分布。以及土地利用方式等； 区域所在地的经济现状和发展规划等； 相关的国家和地方的政策、法规与标准，以及当地地方性疾病统计信息等

调查人员应根据专业知识和经验识别资料中的错误和不合理的信息，如资料缺失影响判断地块污染状况时，应在报告中说明。并通过对工艺、原材料以及储存和使用设施等相关的文件审核，分析地块可能涉及的危险物质，以及这些危险物质使用、存储区域。资料收集应注意资料的有效性，避免取得错误或过时的资料。

（二）现场踏勘

现场踏勘的目的是识别和确定曾经的建筑物、深坑、地下储藏罐等的位置，确定地块危险物如电力电缆、不安全的建筑物和地表看得见的污染物的位置，并记录观察到的详细状况。在有污染的地方可以有限制地采集土壤样品。当现场勘查发现危险物质泄漏时。应迅速对泄漏情况及危害程度进行快速评估。并确定是否需要立即采取措施清除泄漏源。一旦确认需要进行紧急清除，应立即通知地块业主和当地环境保护主管部门。调查人员可通过对异常气味的辨识、异常痕迹的观察等方式判断地块污染的状况。

(1) 安全防护准备：在现场踏勘前，调查人员应根据地块的具体情况掌握相应的安全卫生防护知识，并装备必要的防护用品，必要时应在进入地块前进行专门的培训。进入现场的工作人员应遵守安全法规，按照一定的程序和要求进行调查工作，并在企业有关工作人员带领下进行地块调查。

(2) 踏勘的范围：以地块内为主，并应包括地块周边区域，在勘察地块时，除受环境或障碍物所影响，或其他无法克服的原因，应尽可能勘查地块的设施、建筑物、构筑物，如罐、槽、沟等，周围区域的范围应由现场调查人员根据污染可能迁移的距离来判断，同时观察是否有敏感目标存在，并在附以说明。

(3) 现场踏勘的主要内容：踏勘地块及相邻区域过去和现在可能造成土壤与地下水污染的物质的使用、生产、储存或处理及泄漏状况。方法可通过对异常气味的辨识、人员访谈、摄影和照相、快速检测等方式初步判断地块污染的状况。

地块踏勘的内容包括地块的现状与历史情况，相邻地块的现状与历史情况，周围区域的现状与历史情况，区域的地质、水文地质和地形的描述等。

① 地块现状与历史情况：可能造成土壤和地下水污染的物质的使用、生产、贮存，三废处理与排放以及泄漏状况，地块过去使用中留下的可能造成土壤和地下水污染的异常迹象，如罐、槽泄漏以及废物临时堆放污染痕迹。

② 相邻地块的现状与历史情况：相邻地块的使用现况与污染源，以及过去使用中留下的可能造成土壤和地下水污染的异常迹象，如罐、槽泄漏以及废物临时堆放污染痕迹。

③ 周围区域的现状与历史情况：对于周围区域目前或过去土地利用的类型，如居民区、农田、学校和工厂等，应尽可能观察和记录；周围区域的废弃和正在使用

的各类水井等；污水处理和排放系统；化学品和废弃物的储存和处置设施；地面上的沟、河、池；地表水体、雨水排放和径流以及道路和公用设施。

④ 地质、水文地质和地形的描述：地块及其周围区域的地质、水文地质与地形应观察、记录，并加以分析，以协助判断周围污染物是否会迁移到调查地块，以及地块内污染物是否会迁移到地下水和地块之外。

⑤ 现场踏勘的重点：重点踏勘对象一般应包括：有毒有害物质的使用、贮存、处理、处置和利用等；生产过程和设备，地下储槽与管线；恶臭、化学品味道和刺激性气味，污染和腐蚀的痕迹；地下排水管或渠、污水池或其他地表水体、废物堆放地、井等。同时应该观察和记录地块及周围是否有可能受污染物影响的居民区、学校、医院、饮用水源保护区以及其他公共场所等，并明确其与地块的位置关系。

（三）人员访谈

1. 访谈内容及对象

进行人员访谈的受访者应为地块现状或历史的知情人。应包括：地块管理机构和地方政府，环境保护行政主管部门，地块过去和现在各阶段的使用者，以及地块所在地或熟悉地块的第三方，如相邻地块的工作人员和附近的居民。访谈的内容应包括资料收集和现场踏勘所涉及的疑问，以及信息补充和已有资料的考证，由调查人员提前准备和设计。

表 3.3－5 列出了地块访谈对象及相关访谈内容，以供参考。

表 3.3－5　地块访谈对象及相关访谈内容

访谈对象	相关访谈内容
地块过去和现在的不同阶段使用者与经营者	了解有关地块的生产历史变迁、生产工艺变化、原材料变化、各类污染物排放和处理处置设施的使用情况
地块相邻地区居民和工作人员	了解地块及周边地区现状及历史土地利用情况、环境事故
当地环境保护行政主管部门的官员	了解地块过去和现在的环境污染状况、环境事故，及其对地块环境的影响
规划、土地等行政主管部门	了解地块使用的历史变迁以及未来利用规划等相关信息

2. 访谈方法

可采取当面交流的访谈和座谈会方式，也可以采用网络交流、电子或书面调查表等方式进行。

3. 内容整理

应对访谈内容进行整理，并对照已有资料，对其中可疑处和不完善处进行核实和补充。

（四）文献调研

通过调研国内外相关行业生产的环境监测、地块调查数据与资料，查阅相关研究的文献，了解原生产对环境造成的污染，以及污染物种类和污染程度及其他相关污染信息。为地块调查方案的制订提供重要的依据和参考。

三、第二阶段土壤污染状况调查

若第一阶段土壤污染状况调查表明地块内或周围区域存在可能的污染源，如化工厂、农药厂、冶炼厂、加油站、化学品储罐、固体废物处理等可能产生有毒有害物质的设施或活动；以及由于资料缺失等原因造成无法排除地块内外存在污染源时，进行第二阶段土壤污染状况调查，确定污染物种类、浓度（程度）和空间分布。

第二阶段土壤污染状况调查是以采样与分析为主的污染证实阶段。通常可包括初步采样分析和详细采样分析两步进行。初步采样分析是通过现场初步采样和实验室检测进行风险筛选。根据初步采样分析结果，如果污染物浓度均未超过GB36600等国家和地方相关标准或清洁对照点浓度（有土壤环境背景的无机物），并且经过不确定性分析确认不需要进一步调查后，第二阶段土壤污染状况调查工作可以结束；否则认为可能存在环境风险，须进行详细采样分析。标准中没有涉及的污染物，可根据专业知识和经验综合判断。详细采样分析是在初步采样分析的基础上，进一步补充采样和分析，确定土壤的污染程度和范围。

（一）工作程序和调查范围

第二阶段土壤污染状况调查通常可以分为初步采样分析和详细采样分析两步进行，每步均包括制定工作计划、现场采样、数据评估和结果分析等步骤。初步采样分析和详细采样分析均可根据实际情况分批次实施，逐步减少调查的不确定性。

1. 工作程序

(1) 初步采样分析

初步采样分析的目的是核查已有信息，评估第一阶段调查的质量保证和质量控制；判断污染物可能存在的分布，初步确定污染物种类、污染程度和空间分布，为制订详细采样分析方案提供信息，包括土壤类型、水文地质条件、现场和实验室检测数据等；制订主要调查的采样方案、安全防护计划、检测分析方案、质量保证和质量控制程序等。

① 核查已有信息

对已有的信息进行核查，包括第一阶段土壤污染状况调查中重要的环境信息，如土壤类型和地下水埋深；查阅污染物在土壤、地下水、地表水或地块周围环境的可能分布和迁移信息；查阅污染物排放和泄漏的信息。应核查上述信息的来源，以确保其真实性和适用性。

② 判断污染物的可能分布

根据地块的具体情况、地块内外的污染源分布、水文地质条件以及污染物的迁移和转化等因素，判断地块污染物在土壤和地下水中的可能分布，为制定采样方案提供依据。

③ 制订采样方案

采样方案一般包括：采样点的布设、样品数量、样品的采集方法、现场快速检测方法，样品收集、保存、运输和储存等要求。

④ 制订安全防护计划

根据有关的法律法规和工作现场的实际情况制订地块调查人员的健康和安全防护计划，建立应急计划和响应程序。

⑤ 制订检测方案

检测项目应根据保守性原则，按照第一阶段调查确定的地块内外潜在污染源和污染物，依据国家和地方相关标准中的基本项目要求，同时考虑污染物的迁移转化途径，判断样品的检测分析项目；对于不能确定的项目，可选取潜在典型污染样品进行筛选分析。一般工业地块可选择的检测项目有：重金属、挥发性有机物、半挥发性有机物、氰化物和石棉等。如土壤和地下水明显异常而常规检测项目无法识别时，可进一步结合色谱-质谱定性分析等手段对污染物进行分析，筛选判断非常规的特征污染物，必要时可采用生物毒性测试方法进行筛选判断。

通常地块调查应关注的污染物原则上应包括 GB36600 中表 1 规定的 45 项基本项目及地块可能涉及的特征因子，检测方法应根据国家相关技术标准确定。检测方法的定量限应至少不大于相关标准限值。

⑥ 质量保证和质量控制

现场质量保证和质量控制措施应包括：防止样品污染的工作程序，运输空白样分析，现场平行样分析，采样设备清洗空白样分析，采样介质对分析结果影响分析，以及样品保存方式和时间对分析结果的影响分析等。具体参见 HJ25.2。实验室分析的质量保证和质量控制的具体要求见 HJ/T 164 和 HJ/T 166，在此不再赘述。

（2）详细采样分析

在初步采样分析的基础上进行详细采样分析，通过加密采样和样品分析，进一步确认地块中特征污染物的污染途径、污染性质、污染范围、污染程度等信息，以及获得有关区域和地块的水文地质等方面的进一步信息。由详细采样分析获得的信息可用来评估地块中潜在的健康和环境风险，为修复方案的选择和设计提供数据。包括对初步采样分析工作计划和结果进行分析和评估、制订详细采样方案和检测方案等。

① 初步采样分析结果的分析和评估

分析初步采样获取的地块信息，主要包括土壤类型、水文地质条件、现场和实验室检测数据等；初步确定污染物种类、程度和空间分布；评估初步采样分析的质量保证和质量控制。

② 制订采样方案

根据初步采样分析的结果，结合地块重点区域分布和现场情况，制定采样方案。

③ 制订检测方案

根据初步调查结果，制定样品分析方案。样品分析项目以已确定的地块关注污染物为主。

④ 调整其他方案

详细采样工作计划中的其他内容可在初步采样分析计划基础上制定，并针对初步采样分析过程中发现的问题，对采样方案和工作程序等进行相应调整。

2. 确定调查采样范围

指地块初步调查所确定的污染地块的边界范围。调查采样介质为土壤、地下水、地表水、底泥、堆土及地块内残余废弃物。

土壤包括地表至地下 0.3 m 深的表层土壤、历史上造成的回填土和建筑房渣土、各层受污染原土、调查项目计划要求的地下深层土壤，地下水含水层处的土壤，至尚未受到污染或达到污染可接受范围的以上的土壤。

地下水主要为地块边界内的地下水或经地块地下径流到下游汇集区的浅层地下水。如有必要也可对深层地下水进行采样监测。

地表水是指地块边界内流经或汇集的地表水。若地块内没有地表水，则应对汇水区下游的地表水进行监测。对于有地下排水设施的地块，无须对地表水进行监测。同时应综合考虑区域地表水底泥情况进行检测。

地块残余废弃物主要包括地块内遗留的生产原料、工业废渣、废弃化学品及其污染物，残留在废弃设施、容器及管道内的固态、半固态及液态物质，建筑残垣，设施设备，以及其他与当地土壤特征有明显区别的固态物质。

(二) 采样前准备

1. 采样前的准备

现场采样应准备的材料和设备包括:定位仪器、现场探测设备、调查信息记录装备、监测井的建井材料、土壤和地下水取样设备、样品的保存装置和安全防护装备等。

2. 地块处理

采样前,可采用卷尺、GPS卫星定位仪、RTK测量仪、经纬仪和水准仪等工具在现场确定采样点的具体位置和地面标高。可采用金属探测器或探地雷达等设备探测地下障碍物,确保采样位置避开地下电缆、管线、沟、槽等地下障碍物。可采用水位仪测量已有水井地下水水位,可采用油水界面仪探测地下水非水相液体。

第二阶段调查前需对地块内的建筑物、废料、管道等进行侦查,消除潜在的危险及避免可能导致的污染扩散。主要涉及的处理工作有但不仅限于以下要求:

(1) 拆除和清除

有建筑物存在的地方,往往需要分阶段开展现场调查。首先调查易接近的采样位置。剩余的可以在建筑物被拆除以后再进入采样。如果建筑物是危房,则特别要注意阻止由建筑物给地块调查带来的风险。例如残垣和危楼等。

土壤污染重点监管单位拆除设施、设备或者建筑物、构筑物的,应当制定包括应急措施在内的土壤污染防治工作方案,报地方人民政府生态环境、工业和信息化主管部门备案并实施。实施拆除之前,应进行一次专业的排查以排除潜在的危险,必要时需要确定容器和管道的容积,并通过采样和测试来确定建筑结构是否存在污染,如是否存在石棉、放射性物质或生物有机体。在地块清理过程中要注意避免污染扩散,随意的拆除可能导致后续去污成本大大增加。

企业拆迁建议由有经验的和相关资质的专业环保修复公司与化工设施拆除单位联合进行,避免造成新的污染。应根据地块调查时掌握的地块情况,结合当地政府、环境主管部门以及企业对废物管理、土地使用和未来规划中的要求等,在考虑地块封闭关闭时所有方面的情况,如安全、包装、运输等后,制订地块清理计划,确保进行安全有效的清理和清除。制订地块清理计划必须包括以下内容:

① 地块清理的总体目标与关闭的内容;

② 相关的法律法规;

③ 未来土地使用;

④ 废物的种类、数量、状态以及与废物有关的成分;

⑤ 关闭时废物是否被移走或是保留;

⑥ 整体和临时的关闭时间表;

⑦ 实施关闭的成本、经费核算;

⑧ 关闭行动进展的步骤，包括检查、维护和监控（如地下水和渗出液的监测）；

⑨ 必要的健康和安全计划以及应急计划；

⑩ 废物处理处置的描述；

⑪ 封闭运行和维护；

⑫ 废物清理信息。

另外，如果地块周围有学校、幼儿园、医院和居民区等敏感目标，在制订地块清理计划时，还必须要针对敏感目标及其中的特殊人群制定必要的安全防护措施，如：

① 在项目地块周围保留缓冲地带或采取其他隔离方法，使居民免受危险物质事故或流程故障的严重影响，并避免噪声、气味、其他排放物给居民生活带来的影响；

② 对存放化学品、危险废物的仓库进行严格管理，避免危险物质的意外泄漏等事故；

③ 采用安全交通控制措施，通过路标和信号员警告来往人员和车辆存在危险状况，尽量减少行人与施工车辆同时使用道路的情况；

④ 与当地社区和主管当局进行合作，在学校和其他有儿童区域附近的道路，改进路标，提高能见度，增进道路整体安全程度。

（2）物料清理

① 在清理前，需要对地块内剩余物料进行分类，依据的鉴别标准为《危险化学品名录》（2015）、《危险化学品安全管理条例》、《废弃危险化学品污染环境防治办法》、《固体废物鉴别标准通则 GB34330 2017》和《国家危险废物名录》（2016）等。属于危险化学品范围的物料应按照相关要求进行回收、包装、运输、储存等管理。未包括在危险化学品范围内的物料也应按照相关法律法规及其化学品安全说明书中的要求进行清理、包装、运输及储存。此外，根据《废弃危险化学品污染环境防治办法》第二条规定，所有的废弃危险化学品均属于危险废物，列入国家危险废物名录。

② 按现场状况清理

物料按现场状况清理主要是对物料的回收及分装。对于回收的物料，首先应检查物料包装、标签等是否完整无破损。若包装损坏，造成物料被污染或物料泄漏、洒落，应立即将包装破损的物料作为危险废物进行分类。

（3）瓦砾和废料处理

在很多地块关闭很久以后，储罐、管道（地上和地下）以及空洞内仍可能残留有大量的危险化学品。地块内储罐、管线和排水沟的损坏或材料的重新布局都可能导致污染的扩散并产生二次污染风险。如果地块内存在疑似残留物或原材料，尤其是以液态形式存在，则在地块清理或采样开始前，应考虑材料的特性进行甄别并清理。

场地调查本身产生的弃土和废料，应在现场进行有效收集，禁止随意丢弃，并需明确合理可行的处置去向，确保安全。

(4) 采样准备

采样准备主要包括组织准备、技术准备和物质准备，即相关技术人员的技术文件的学习、采样区域的资料收集、采样器具的准备以及采样方法的学习等。《土壤环境监测技术规范》(HJ/T 166—2004)对采样准备有较为详细的介绍。

· 组织准备

由具有野外调查经验且掌握土壤采样技术规程的专业技术人员组成采样组，采样前应组织学习有关技术文件，了解相关监测技术规范。

· 资料准备

通过前期地块调研中收集的所有资料的分析整理，制订地块方案、检测方案，利用获得的信息丰富采样工作图的内容，指导现场调查。资料准备包括监测区域的交通图、土壤图、地质图、大比例尺地形图等资料，供制作采样工作图和标注采样点位用。收集的图件应包括地理位置、水文水系、土地利用现状、土地利用规划、地形地质地貌等。具体包括：

① 调查区域土壤类型、成土母质等土壤信息资料；

② 工程建设或生产过程对土壤造成影响的环保相关资料；

③ 造成土壤污染事故的主要污染物的毒性、稳定性以及如何消除等资料；

④ 土壤历史资料和相应的法律(法规)；

⑤ 调查区域工农业生产及排污、污灌、化肥农药施用情况资料；

⑥ 调查区域气候资料(温度、降水量和蒸发量)、水文资料；

⑦ 调查区域遥感与土壤利用及其演变过程方面的资料等。

· 采样器具准备

① 工具类包括铁锹、铁铲、圆状取土钻、螺旋取土钻、竹片以及适合特殊采样要求的工具等；

② 器材类包括 GPS、罗盘、照相机、胶卷、卷尺、铝盒、样品袋、样品箱等；

③ 文具类包括样品标签、采样记录表、铅笔、资料夹等；

④ 安全防护用品包括工作服、工作鞋、安全帽、药品箱等；

⑤ 采样用车辆。

样品采集器具分为通用器具和选用器具，表 3.3－6 和表 3.3－7 分别为通用器具和选用器具的参考清单和用途。

表 3.3-6 样品采集通用器具清单

物品名称	用途	数量
GPS、卷尺(或其他测量工具)	点位确定	每个采样小组至少 1 套(台)
数码照相机	现场情况记录	
样品箱(具冷藏功能)	样品保存	依样品个数而定
地质罗盘、土铲、样品标签、采样记录本、剖面记录本、比样标本盒、布袋、绳索、2H 铅笔、资料夹、土壤比色卡、容重圈、pH 试纸、石灰反应测试剂等	样品采集、测试	
样品流转单	样品交接	
工作服、工作鞋、常用(含蚊蛇咬伤)药品	防护	依采样人数确定
采样车辆	运输	

表 3.3-7 样品采集专用器具清单

物品名称	检测项目	采样工具与容器	数量
采样工具	无机类、重金属类	木铲、木片、竹片、剖面刀	每组至少 1 套(台)
	农药类	铁铲、木铲、取土钻	
	挥发性有机物	非扰动采样器	
	半挥发性有机物	不锈钢铲、铁铲、木铲	
样品容器	无机类	自封袋	根据样品数量确定
	农药类	250 mL 棕色磨口玻璃瓶或带密封垫的螺口玻璃瓶	
	挥发性有机物	40 mL 吹扫捕集专用瓶或 250 mL 带聚四氟乙烯衬垫棕色磨口玻璃瓶或带密封垫的螺口玻璃瓶	
	半挥发性有机物	250 mL 带聚四氟乙烯衬垫棕色磨口玻璃瓶或带密封垫的螺口玻璃瓶	

· 采样技术准备

选择合适的采样用钻机和专业操作人员。根据地块状况、土壤质地、采样深度,选择手工土钻、螺旋钻、冲击钻、Geoprobe 等。根据关注污染物和调查需要,选择衬片式、推管式、劈管式等钻头,以及零顶空、土壤采样器(检测 VOCs、SVOC)、环刀、泥刀、冲击凿等取样方法。具体采样准备可参考如下:

① 根据地块特点确定选择使用适合的位置进行土孔钻探,采样前需要进一步协调和明确设备进场时间、钻探人员安排、施工周期等。

② 与土地使用权人沟通并确认进场条件和时间，提出现场采样调查需协助配合的具体要求。例如现场的安全作业要求、场地地下管线分布信息、土地使用权人的现场安全负责人指派等。

③ 由采样调查单位、土地使用权人和钻探单位组织进场前安全培训，培训内容包括设备的安全使用、现场人员安全防护及应急预案等。

④ 根据土壤采样现场监测需要，准备 XRF、PID、pH 计、溶解氧仪、电导率仪等现场快速检测设备，检查设备运行状况，使用前进行校准。

⑤ 根据样品保存需要，准备冰柜、样品保温箱、样品瓶和蓝冰等以及各类样品所必需的保护剂，检查设备保温效果、样品瓶种类和数量、保护剂添加等情况。

⑥ 准备安全防护口罩、一次性防护手套、安全帽等人员防护用品。

⑦ 准备采样记录单、影像记录设备、防雨器具、现场通信工具等其他采样辅助物品。

· 新鲜样品的保存准备

为防止样品被氧化或变质，盛装样品的容器和防腐剂有不同的要求。土壤样品的收集容器一般为玻璃瓶和聚乙烯瓶或聚乙烯袋。首先要确保容器无损坏、封盖紧密、洁净未受污染侵入。使用的容器应不会造成样品的污染，不应吸收样品的组分，不应让挥发性组分损失。避免用含有待测组分或对测试有干扰的材料制成的容器盛装保存样品，测定有机污染物用的土壤样品要选用玻璃容器盛装、对于易分解或易挥发等不稳定组分的样品要采取低温保存的运输方法，准备冷藏箱和冰块，必要时需配备移动式车载冰箱。测试项目需采集新鲜样品的土样，采集后用可密封的聚乙烯或玻璃容器在 4 ℃以下避光保存，样品要充满容器。

必须注意防止含水样品冻结；防腐剂应在实验室用蒸馏水预先准备并于密封容器保存，远离污染源。

（三）采样布点

1. 土壤采样布点

（1）水平布点

常见污染地块土壤调查布点方法包括系统布点法、随机布点法、专业判断法和分区布点法等，应根据实际需要选择或综合利用以上方法。如果目标地块的污染物类型复杂，而且风险源企业分布不均匀，应优先采用系统布点法，对地块内部重点风险源进行重点监测。在此基础上，可采用分区布点法和专业判断法，对生产装置、污染物处理装置、污染物堆放地块等进行重点分析，并集中布置监测点，采样面积最好不大于 1 600 m^2（40 m×40 m 网格）。此外，在布点成本受限的条件下，为取得更好的监测效果，还应通过感官判断和现场快速测定等方法，尽可能选取有代表性的布置点，控制监测点布置密度。

采样点的个数可根据地块的面积和污染源的分布情况综合确定。根据《建设用地土壤环境调查评估技术指南》要求：

初步调查阶段，地块面积≤5 000 m^2，土壤采样点位数不少于 3 个；地块面积>5 000 m^2，土壤采样点位数不少于 6 个，并可根据实际情况酌情增加。

详细调查阶段，对于根据污染识别和初步调查筛选的涉嫌污染的区域，土壤采样点位数每 400 m^2 不少于 1 个，其他区域每 1 600 m^2 不少于 1 个。地下水采样点位数每 6 400 m^2 不少于 1 个。

有以下情形的，如污染历史复杂或信息缺失严重的，水文地质条件复杂的等，可根据实际情况加密布点。

(2) 垂直布点

表层土壤和下层土壤垂直方向层次的划分应综合考虑污染物迁移情况、构筑物及管线破损情况、土壤特征等因素确定。采样深度应扣除地表非土壤硬化层厚度。原则上应采集 0～0.5 m 表层土壤样品，0.5 m 以下下层土壤样品根据判断布点法采集，建议 0.5～6 m 土壤采样间隔不超过 2 m；不同性质土层至少采集一个土壤样品。同一性质土层厚度较大或出现明显污染痕迹时，根据实际情况在该层位增加采样点。

若对地块信息了解不足，难以合理判断采样深度，可按 0.5～2 m 等间距设置采样位置。一般情况下，应根据地块土壤污染状况调查阶段性结论及现场情况确定下层土壤的采样深度，最大深度应直至未受污染的深度为止。

以下为几种常见的布点方法及使用条件。

(1) 随机采样布点法

① 简单随机布点法

简单随机布点法是指在地块内没有明确的污染源，所有的采样点均采用随机设置的方法。适用于没有足够信息的地块，包括没有明确的污染源或污染分布，而且布点区域内的土壤类型和污染物浓度相差不大。土壤的简单随机采样中，任何独立部分的土壤被选择的机会是相等的。简单随机采样布点如图3.4－1所示。

② 分块(层)随机布点法

如果地块内含有不同土壤类型或地块中污染物浓度相差较大时可采用分块(层)随机布点的方法。可将区域分成几块，每块内污染物较均匀，块间的差异较明显。将每块作为一个监测单元，在每个监测单元内再随机布点，随机采样。在正确分块的前提下，分块布点的代表性比简单随机布点好；如果分块不正确，分块布点的效果可能会适得其反。随机采样布点如图 3.3－2 所示。

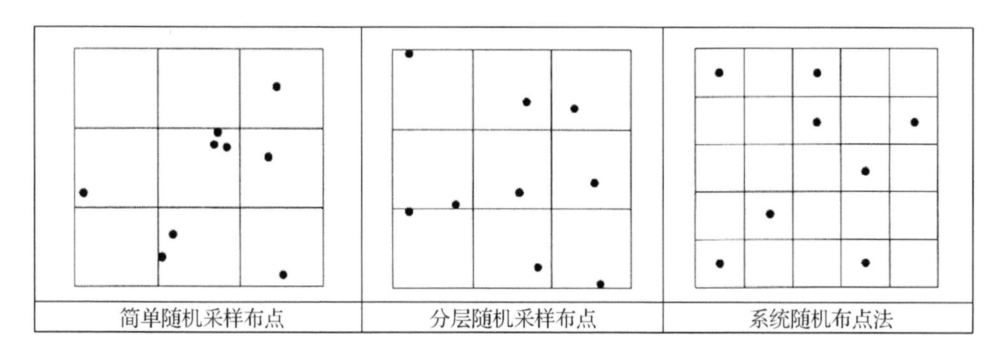

图 3.3-2　随机采样布点法示意图

③ 系统随机布点法

系统随机布点法是将监测区域分成面积相等的若干地块，从中随机（随机数的获得可以利用掷骰子、抽签、查随机数表的方法）抽取一定数量的地块，在每个地块内布设一个采样点。对于地块内土壤特征相近、土地使用功能相同的区域，可采用系统随机布点法进行监测点位的布设。采样之前应先设计取样的网格，研究区域应该与合适比例的网格重叠。系统随机采样布点法如图 3.3-2 所示。

（2）专业判断布点法

判断采样也称为目标采样，是在对地块历史等信息的了解和专业判断的基础上，通过采样证实某特定位置污染物的存在或污染的程度，提供与地块原生产活动相关的污染物的证据，为确定进一步的调查范围提供信息。该方法适合于地块调查的探索性阶段，通常被用来：提供存在与地块原生产活动相关的污染物的证据；查证在特定位置是否存在污染或污染的程度；为确定进一步的调查范围提供信息。适用于潜在污染明确的地块。

判断采样的采样点通常选择在已知的或怀疑的污染源或区域上，也可能位于移动的污染源的潜在迁移路径沿线（图 3.3-3）。潜在的污染源包括过去或现在使用的储罐（地上和地下）、污水管线、地下燃料供给管线、排水沟、危险物质储存库、回填坑、废料处置区域、受大气无组织排放影响严重的区域、跑冒滴漏严重的生产装置区以及危险物质可能发生泄漏的区域等。

（3）分区布点法

分区布点法是将研究区域分割成互不重叠的多个子区域，根据子区域的面积或污染特征再确定不同布点的方法。该方法比系统法节省费用，适用于地块内土地使用功能不同及污染特征有明显差异的区域。地块内土地使用功能的划分一般分为生产区、办公区、生活区。原则上生产区的划分应以构筑物或生产工艺为单元，包括各生产车间、原料及产品储库、废水处理及废渣储存场、场内物料流通道路、地下储存构筑物及管线等。办公区包括办公建筑、广场、道路、绿地等。生活区包括食堂、医院、宿舍及公用建筑等。

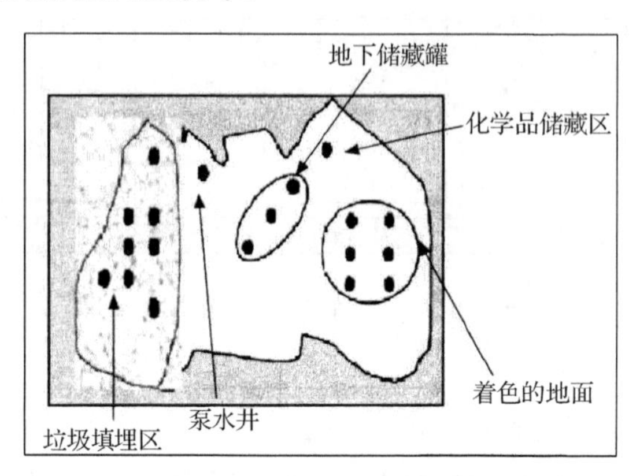

图 3.3－3　判断采样：采样基于场地背景信息示意图

子区域分区应考虑地质特征、储存设备的布局、地块历史、污染物的水平和垂直分布、子区域的将来规划用途。由于子区域被认为是地块中具有相同特征的区域，因此，实际采样中，经常会涉及判断采样和系统采样的一些联合，如图 3.3－4 所示。

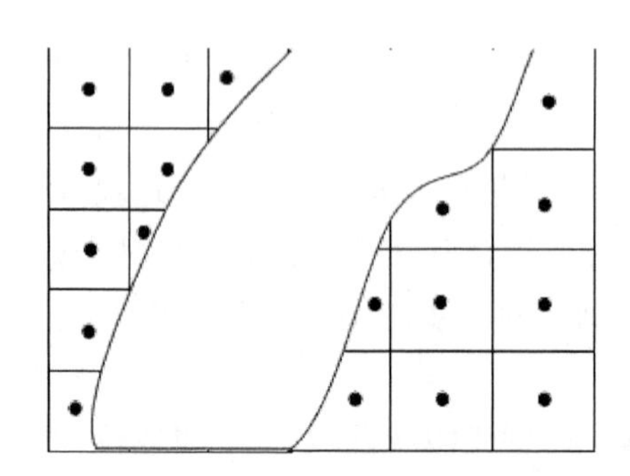

图 3.3－4　分区布点法示意图

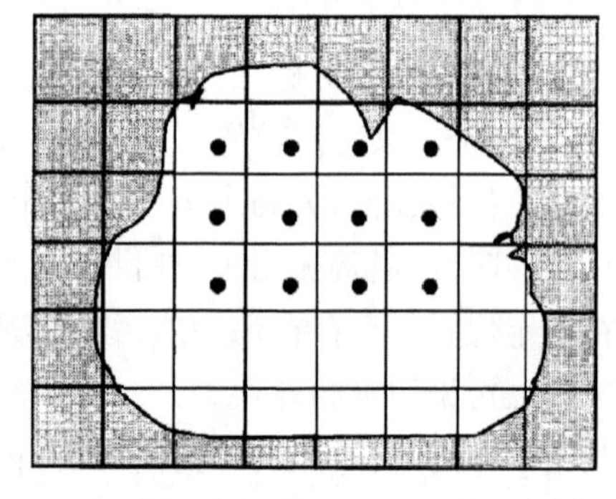

图 3.3－5　系统采样：点位位于规则的方格区间内

(4) 系统布点法

系统布点也被称为非目标或网格布点，是将检测区域分成面积相等的若干地块，每个地块内布设一个采样点，是一种基于统计的采样策略。系统布点法采样点位置选在覆盖整个地块区域的规则排列的网格内，其精度受网格间距大小影响，费用也较高。常见的系统布点法如图 3.3－5 所示。

系统布点法适用于地块信息缺乏、污染源没有识别的情况，如地块土壤污染特征不明确或地块原始状况严重破坏，包括地块内残留污染的验证、重污染区域探测、估计污染物的平均浓度等，以及在缺乏充分的地块历史信息情况下地块特征的建立。

系统采样常采用放射法、网格法等规则的布点方法进行采样点的布设，在保护目标附近或高浓度区域应加密布点。采样点可以设计在格子里、线条的横断面或网格节点上。

网格形状有方格网、三角网及人字形网，且网格形状的选择是基于污染物重点区的尺寸大小、几何形状以及整个场地的尺寸大小等因素决定。

常见布点布置形式图如图 3.3－6 所示。

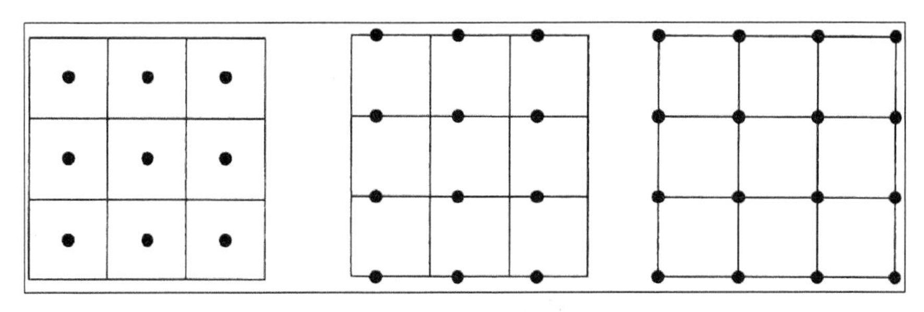

图 3.3－6　常见布点布置形式图

一般来说，当污染源已知或被疑似是在有限的特定区域时，采样点应该根据疑似的来源布设。在水文地质信息可利用的情况下经常会使用判断采样，在水文地质信息未知的情况下可能会采用系统网格采样形式。系统随机布点法、专业判断布点法、分去布点法和系统布点法的优点和缺点总结见表 3.3－8。

表 3.3－8　地块采样方法的优点和缺点

方法	优点	缺点	适用条件
系统随机布点法	采样成本较低；减少了采样点数	地块的所有区域具有相同的采样概率，不具有选择性，可能会错过高风险区	适用于污染分布均匀的地块
专业判断布点法	比较经济高效地关注关键区域；在现场筛选结果的基础上可以限定调查范围	需要完善的地块概念模型	适用于潜在污染明确的地块
分区布点法	节省费用	对专业要求较高且对地块情况比较了解	适用于污染分布不均匀，并获得污染分布情况的地块
系统布点法	在地块覆盖上具有统计可信赖性	网格可能覆盖地块上的低风险区域，导致采样成本很大	适用于各类地块情况，特别是污染分布不明确或污染分布范围大的情况

① 虽然判断专业判断布点法限制了利用得到的数据去做统计解释，但当能得

到有关地块的历史和活动的充分信息时，这种方法经常被使用。

② 能够体现统计特征的采样形式是系统布点和分区布点法，利用这些布点形式可以减少采样过程中的偏差。

③ 在某些情况下会采用系统随机布点法，但有时随机布点的采样点会聚集从而被限制使用。由于采样点数量的限制，随机采样形式难以探测重点区域和得出地块污染的整体空间分布。

④ 在实践中，对地块中有害物质的调查通常会涉及多种采样形式。

(5) 不同调查阶段通常采用的采样布点方法

· 初步采样分析

初步采样分析是对疑似污染的区域进行适量布点与采样分析，确定地块是否存在污染及污染物的种类。

初步采样调查常采用判断布点，拟确认地块是否已经受到污染。主要指潜在污染区域，如地块内的储罐、污水管线、危险物质储存库、跑冒滴漏严重的生产装置区、受大气无组织排放影响严重的区域等。当地块过去的生产活动及各类污染无法确定时，宜采用网格布点，网格布点可按详细采样阶段的简化布点来确定采样点数目。

· 详细采样分析

详细采样分析是在污染区域明确时，对污染区域进行重点布点与采样分析，确定地块的污染程度及污染物种类。具体涉及的采样布点原则参考如下：

① 当地块污染为局部污染时，且重点区区域(第一阶段及第二阶段确认采样所确认的污染地块)分布明确，采用判断布点法在污染重点区域及周边进行密集取样，布点范围应略大于判断的污染范围。

② 当确定的重点区域范围较大时，也可采用更小的网格单元，在重点区域内及周边采用网格加密的方法布点。在非重点区域，应随机布置少量采样点，以尽量减少判断失误。随机布点数目不应低于总布点数的5%。

③ 无法确定地块过去的生产活动及各类污染装置的位置，宜采用网格布点，网格布点可按详细采样阶段的简化布点来确定采样点数目。

④ 地块详细采样布点采用网格均匀布点或判断加密布点。网格布点主要用于污染分布广泛的地块，而判断布点主要用于局部污染的地块。

⑤ 深层采样点的布置应根据确认采样所揭示的污染物垂直分布规律来确定，但任何情况下，深层采样点数目不少于该区域采样点总数的10%。深层采样点的布置应符合污染确认采样阶段的相关要求。

不同调查阶段选择初步采样或详细采样形式的典型应用见表3.3-9。

土壤采样过程中应对各土壤点位识别位置统计见表3.3-10。

表 3.3-9 初步采样分析和详细采样分析的典型应用

调查阶段		已有信息的作用	主要目的	采样形式选择	基本原理
第一阶段		第一阶段风险评估表明污染物之间的联系有可能或不大可能存在	为详细工作的开展提供基础，或/和提供有限的额外信息，或发现和支持第一阶段风险评估得出的污染物之间的联系	详细采样或系统采样	如果有关于已知或怀疑的污染位置的信息可供利用，则使用目标采样；如果没有关于已知或怀疑的污染位置的信息可供利用或为了去支持前面的有关污染物之间的联系不大可能存在的观点③，则使用系统采样；选择合适的网格间距以便确定污染物、迁移路径和受体之间的特性
第二阶段	初步采样分析	第一阶段风险评估表明：污染物之间的联系可能存在；污染物之间的联系可能存在且探索调查得到确认结果；污染物之间的联系不大可能存在但是探索性调查没有得到确认结果	表征界定材料的面积/体积； 开始描述受影响的面积/体积； 获得有关场地气体/蒸汽的可信赖数据	系统采样和详细采样的结合	如果气体和蒸汽的来源没有很好地界定，可以利用系统采样去表征界定材料的面积和体积，选择合适的网格间距，以便： 确定来源、迁移路径和受体之间的特性； 支持第一阶段的发现； 利用目标采样去提供关于可能的迁移路径或关键受体领域的额外信息（如靠近或在建筑物、地表水体、敏感的生态系统内）
	详细采样分析	第一阶段调查的发现表明污染物之间的联系，但是需要额外的信息	增加界定材料的面积和体积等状况的信心；获得有关来源、迁移路径和受体的特定的额外信息；更好地表征受影响的面积和体积；获得有关气体和蒸汽的时间信息	详细采样	利用目标采样获得额外的信息； 按界定材料的面积和体积沿着边界（例如，在受影响的和未受影响的区域之间）确定； 从特定的污染区域，沿着迁移路径或与指定的受体联系起来去获得额外信息； 从已经存在的或额外的监测井获得额外信息
第三阶段		第二阶段的调查发现表明需要额外的气体和蒸汽数据；需要特定的信息去支持补救措施的选择和评估	获得有关气体和蒸汽的时间信息；获得特定的信息去支持修复	持续监测和详细采样	收集额外的信息： 从已经存在的或进一步的监测井； 场地的特定部分或包括特定的化学、物理和生物属性的区域

表 3.3-10　土壤点位识别位置参考表

疑似污染区域 / 布点位置	根据已有资料或前期调查确定存在污染的区域	曾发生泄漏或环境污染事故的区域	各类地下罐槽、管线、集水井、检查井等所在区域	固体废物堆放或填埋区域	原辅材料、产品、化学品、有毒有害物质以及危险废物等生产、贮存、装卸、使用和处置区域	生产车间及其辅助设施所在区域	其他存在明显污染痕迹或异味的区域
已知可能存在污染区域	√						
事故泄漏点		√					
事故发生地点		√					
地面裂缝			√	√	√	√	√
桩柱基础边缝		√	√	√	√	√	√
生产装置腐蚀痕迹处			√		√	√	√
有毒有害物质装卸点					√		
运输过程中可能发生跑冒滴漏的位置					√		
排水管线出口四周			√				
堆放区洼地				√			
地面未硬化区域		√	√	√	√	√	√
堆放区硬化地面裂缝位置				√			
土壤颜色异常点		√	√	√	√	√	√
其他异常情况(植被生长异常等)		√	√	√	√	√	√
现场快速检测辅助判断异常点		√	√	√	√	√	√

（6）对照监测点的布设

① 一般情况下，应在地块外部区域设置土壤对照监测点位。

② 对照监测点位可选取在地块外部区域的四个垂直轴向上，每个方向上等间距布设 3 个采样点，分别进行采样分析。如因地形地貌、土地利用方式、污染物扩散迁移特征等因素致使土壤特征有明显差别或采样条件受到限制时，监测点位可根据实际情况进行调整。

③ 对照监测点位应尽量选择在一定时间内未经外界扰动的裸露土壤，应采集表层土壤样品，采样深度尽可能与地块表层土壤采样深度相同。如有必要也应采集下层土壤样品。

对照监测点的合适取样位置应该是基于：

① 地块地质条件（金属的背景浓度与母岩类型相关）；

② 地块历史（应能表明采样位置没有受到扰动）；

③ 地貌（样品不应从沟渠等低洼处采集，应从凸起的地面处采集）。

因此，首先采样点的自然景观应符合土壤环境背景值研究的要求。采样点选在被采土壤类型特征明显的地方，地形相对平坦、稳定、植被良好的地点；坡脚、洼地等具有从属景观特征的地点不设采样点；城镇、住宅、道路、沟渠、粪坑、坟墓附近等处人为干扰大，失去土壤的代表性，不宜设采样点，采样点离铁路、公路至少 300 m 以上；采样点以剖面发育完整、层次较清楚、无侵入体为准，不在水土流失严重或表土被破坏处设采样点；选择不施或少施化肥、农药的地块作为采样点，以使样品点尽可能少受人为活动的影响；不在多种土类、多种母质母岩交错分布、面积较小的边缘地区布设采样点。

通常，也可以借鉴一些地方政府现有的主要自然土壤类型中一般污染物（一般是金属）的背景水平信息作参考。

2. 地下水采样布点

地下水采样点的布设应考虑地下水的流向、水力坡降、含水层渗透性、埋深和厚度等水文地质条件及污染源和污染物迁移转化等因素；地块内如有地下水，应在疑似污染严重的区域布点，同时考虑在地块内地下水径流的下游布点。如需要通过地下水的监测了解地块的污染特征，则在一定距离内的地下水径流下游汇水区内布点。

对于地下水流向及地下水位，可结合土壤污染状况调查阶段性结论间隔一定距离按三角形或四边形至少布置 3～4 个点位监测判断。

地下水监测点位应沿地下水流向布设，可在地下水流向上游、地下水可能污染较严重区域和地下水流向下游分别布设监测点位。确定地下水污染程度和污染范围时，应参照详细监测阶段土壤的监测点位，根据实际情况确定，并在污染较重区域加密布点。

对于地下水对照点，一般情况下应在调查地块附近选择清洁对照点。地下水采样点的布设应考虑地下水的流向、水力坡降、含水层渗透性、埋深和厚度等水文地质条件及污染源和污染物迁移转化等因素；对于地块内或临近区域内的现有地下水监测井，如果符合地下水环境监测技术规范，则可以作为地下水的取样点或对照点。

(五) 采样数量和采样深度

1. 确定采样数量的基本原则

在确定土壤采样点的布设数量时，应考虑以下因素：

(1) 可能的污染源及污染物；

(2) 可疑地点的数量和位置；

(3) 污染源及污染物进入环境的方式；

(4) 污染物的性质和在环境中的行为；

(5) 地块的地下水文特征；

(6) 地面扰动情况，如扰动范围、深度等。

原则上，采样点数目应足以判别可疑点是否被污染，建议在疑似污染地块上布置1～3个点。

不同采样位置之间的间距应该根据概念模型、调查阶段和风险评估的要求确定。初步采样分析一般需要的采样间隔密度比主要调查低。但是，在两种调查类型中，实际密度应该取决于决策(基于所获得的信息)所要求的置信度和稳健度。

2. 采样数量要求

《土壤环境监测技术规范》(HJ/T 166—2004)中列出几种确定样品数的方法：

(1) 由均方差和绝对偏差计算样品数。用下列公式可计算所需的样品数：

$$N = t^2 s^2 / D^2$$

式中，N 为样品数；t 为选定置信水平(土壤环境监测一般选定为95%)一定自由度下的 t 值；s^2 为均方差，可从先前的其他研究或者从极差 R[$s^2 = (R/4)^2$] 估计；D 为可接受的绝对偏差。

(2) 由变异系数和相对偏差计算样品数。

$$N = t^2 s^2 / D^2 \text{ 可变为 } N = t^2 CV^2 / m^2$$

式中，N 为样品数；t 为选定置信水平(土壤环境监测一般选定为95%)一定自由度下的 t 值；CV 为变异系数(%)，可从先前的其他研究资料中估计；m 为可接受的相对偏差(%)，土壤环境监测一般限定为20%～30%。

没有历史资料的地区、土壤变异程度不太大的地区，一般 CV 可用 10%～30% 粗略估计，有效磷和有效钾变异系数 CV 可取 50%。

土壤监测的布点数量要满足样本容量的基本要求，即上述由均方差和绝对偏差、变异系数和相对偏差计算的样品数是下限数值，实际工作中土壤布点数量还要根据调查目的、调查精度和调查区域环境状况等因素确定。

一般要求每个监测单元最少设 3 个点。

(3) 区域环境

区域土壤环境调查按调查的精度不同可从 2.5 km、5 km、10 km、20 km、40 km 中选择网距网格布点，区域内的网格结点数即为土壤采样点数量。

选择网格布布点，网格间距 L 按才计算：

$$L = (A/N)^{1/2}$$

式中，L 为网格间距；A 为采样单元面积；N 为采样点数。

(4) 根据实际情况可适当减小网格间距，适当调整网格的起始经纬度，避开过多网格落在道路或河流上，使样品更具代表性。

(5) 城市土壤监测点以网距 2 000 m 的网格布设为主，功能区布点为辅，每个网格设一个采样点。对于专项研究和调查的采样点可适当加密。

(6) 土壤污染事故采样点数量：① 如果是固体污染物抛洒污染型，等打扫后采集表层 5 cm 土样，采样点数不少于 3 个。② 如果是液体倾翻污染型，污染物向低洼处流动的同时向深度方向渗透并向两侧横向方向扩散，每个点分层采，事故发生点样品点较密，采样深度较深，离事故发生点相对远处样品点较疏，采样深度较浅。采样点不少于 5 个。③ 如果是爆炸污染型，以放射性同心圆方式布点，采样点不少于 5 个，爆炸中心采分层样，周围采表层土(0～20 cm)。

(7) 事故土壤监测要设定 2～3 个背景对照点。

另外，为了得到地块上有代表性的污染物数据，可能需要更多的采样数量(例如，在一个储罐坑中可能包含有几个储罐，那么每个储罐坑最少采集 5 个样品的指导数值就可能需要被增加)。

3. 采样深度

(1) 土壤采样深度

土壤样品分表层土和深层土。深层土的采样深度应考虑：① 可能的污染源及污染物；② 可疑地点的数量和位置；③ 污染源及污染物进入环境的方式；④ 污染物可能释放的深度(如地下管线和储槽埋深)；⑤ 污染物的性质和在环境中的行为；⑥ 地块的地下水文特征；⑦ 土壤质地和孔隙度；⑧ 地下水位和回填土厚度；⑨ 地面扰动情况，如扰动范围、深度等。

挥发性和部分半挥发性有机物的采样深度可利用现场探测设备辅助判断。采样深度还应根据污染物在土壤中的垂直迁移特性及地面扰动深度等确定。不同污染物在土壤中的垂直迁移特性不同,多数重金属在土壤中不易迁移,污染主要集中在表层土。由于表层土对居住或工作人群的健康的影响最为重要,因此各采样点应尽可能包括表层土。

① 采样深度确定

农田、林地的表层土通常指 0～20 cm 深的土壤。工业污染地块和农田、林地不同,地面多数有水泥硬化地面等覆盖层、回填土甚至地下有埋藏设施、管道,过去造成的污染也许就在覆盖层和回填土以下。一些老的企业生产区域内土地生产使用功能可能发生变化(如用于生产或是原料或产品堆放、废料填埋),或生产工艺变化,所以采样分析结果不一定是当时污染源的反应。采集哪个深度的样品应该根据现场具体情况,在合理的深度采集样品。通常应该从表层到分析结果显示没有污染的深度为止。具体参考如下:

表层土。首先判断是否有固化地面和人工填土,除去固化地面,人工填土和填充层取 1～2 个样,也可按固定深度间隔(通常为 0.5 m)取样;如果没有人工填土,根据关注污染物特性和污染源,在 0～0.5 m 深度之间取样。因此,表层采样点深度一般为 0～1.5 m。

天然土层。首先在靠近人工填土或填充层的边界(大概深入天然土层 0.25～0.5 m)取样;在任何岩性和土壤质地发生变化时取样,当岩性和土壤质地垂直变异较大时,应保证在不同质地土壤至少有一个样品。同质地土壤厚度在5 m以上时应增加采样点,采样点间距参考值为 3～5 m。

特征深度。地下水位线:在地下水位线附近至少采集一个土壤样品。含水层:含水层应增加土壤样品的采集,含水层底板应采集样品。隔水层:隔水层顶部(即含水层底板)应增加采集土壤样品,对于不需建井的钻孔,钻孔深度不应打穿相对隔水层。地下水位线:当钻孔需建观测井时,在地下水位线附近至少采集 1 个土壤样品。

② 建设生产扰动土壤剖面采样深度

《土壤环境监测技术规范》(HJ/T 166—2004)指出,采样总深度由实际情况而定,一般同剖面样的采样深度,提出了以下 3 种确定采样深度的方法供参考,如图 3.3-7 所示。

随机深度采样。适合土壤污染物水平方向变化不大的土壤监测单元,采样深度由下列公式计算:

$$深度=剖面土壤总深\times RN$$

式中，RN=0～1 的随机数。RN 由随机数骰子法产生，GB10111 推荐的随机数骰子是由均匀材料制成的正 20 面体，在 20 个面上，0～9 各数字都出现两次，使用时根据需产生的随机数的位数选取相应的骸子数，并规定好每种颜色的骰子各代表的位数。对于本规范用一个骰子，其出现的数字除以 10 即为 RN，当骰子出现的数为。时规定此时的 RN 为 1。

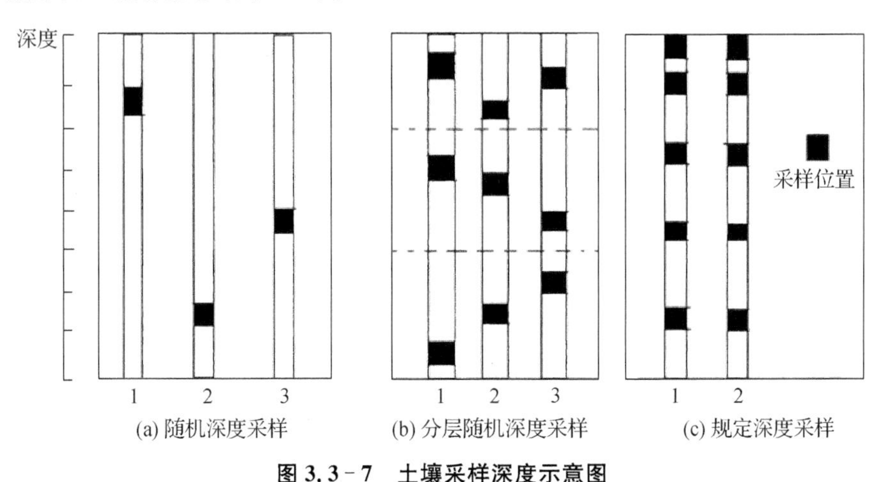

图 3.3－7 土壤采样深度示意图

分层随机深度采样。适合绝大多数的土壤采样，土壤纵向（深度）分成几层，每层采一个样品，每层的采样深度由下式计算：

$$深度=每层土壤深\times RN$$

式中，RN=0～1 的随机数。

规定深度采样。适合预采样（为初步了解土壤污染随深度的变化，制订土壤采样方案）和挥发性有机物的监测采样，表层多采，中下层等间距采样。

城区内大部分土壤被道路和建筑物覆盖，只有小部分土壤栽植草木。城市土壤由于其复杂性分两层采样，上层（0～30 cm）可能是回填土或受人为影响大的部分；下层（30～60 cm）为人为影响相对较小部分。

③ 土壤剖面采样

一般监测采集表层土，采样深度为 0～20 cm，特殊要求的监测（土壤背景、环评、污染事故等）必要时选择部分采样点采集剖面样品。人工挖掘的土壤剖面，采样深度一般为。0～1.2 m，分三层，每层采集混合样。剖面的规格一般为长 1.5 m、宽 0.8 m、深 1.2 m。挖掘土壤剖面要使观察面向阳，表土和底土分两侧放置。土壤采集时可按照土壤自然发生层次或人为划分自下而上进行采集。

一般每个剖面采集 A、B、C 三层土样。地下水位较高时，剖面挖至地下水出露时为止；山地丘陵土层较薄时，剖面挖至风化层底。

对 B 层发育不完整（不发育）的山地土壤，只采 A、C 两层。

干旱地区剖面发育不完善的土壤，在表层 5～20 cm 深、心土层 50 cm 深、底土层 100 cm 深左右采样。

对 A 层特别深厚，沉积层不甚发育，1 m 深内见不到母质的土类剖面，按 A 层 5～20 cm 深、A/B 层 60～90 cm 深、B 层 100～200 cm 深采集土壤。草甸土和潮土一般在 A 层 5～20 cm 深、C1 层（或 B 层）50 cm 深、C2 层 100～120 cm 深处采样。

采样次序自下而上，先采剖面的底层样品，再采中层样品，最后采上层样品。测量重金属的样品尽量用竹片或竹刀去除与金属采样器接触的部分土壤，再用其取样。

剖面每层样品采集 1 kg 左右，装入样品袋，样品袋一般采用自封袋（供无机化合物测定）或将样品置于棕色玻璃瓶内（供有机化合物测定）。采样的同时，由专人填写样品标签、采样记录；标签一式两份，一份放入袋中，一份系在袋口，标签上标注采样时间、地点、样品编号、监测项目、采样深度和经纬度。采样结束，需逐项检查采样记录、样袋标签和土壤样品，如有缺项和错误，及时补齐更正。将底土和表土按原层回填到采样坑中，方可离开现场，并在采样示意图上标出采样地点，避免下次在相同处采集剖面样。

2006 年环境保护部会同国土资源部正式启动的《全国土壤现状调查及污染防治专项》中规定，表层土采集农田一般为 0～20 cm 深、果园为 0～20 cm 深、草原土壤为 0～15 cm 深。然后将各分点样品等质量混匀后用四分法弃取，保留相当于3 kg 风干土壤的土样。土体层次根据实际发育情况而定，一般按土壤发生层次采样，每个层次取典型部位。一般取 A、B、C 三层，最深可挖至 1.2 m 左右。或表层在 0～20 cm 深，中层在 20～50 cm 深，底层在 100～120 cm 深。在土层较薄的土壤剖面上，土壤样品不少于两个。在污染监测点位，一般自下而上采集不同深度土壤（如 0～20 cm、20～40 cm、40～60 cm 等，分层情况可根据点位污染特点确定）。

④ 几个导则的规定

不同的导则、规范和标准中对采样的深度都做了较为详细的规定或介绍。

北京市《地块环境评价导则》(DB11/T 656—2009)：

无特殊情况时，污染确认采样宜为深层采样。当第一层含水层为非承压类型，土壤钻孔或地下水监测井深度应至含水层底板顶部。

当第一层含水层为承压水或层间水时，结合是否设置地下水监测井来确定土壤钻孔深度或建井深度。在建井情况，土壤采样深度应不超过第一层隔水层（含水层顶板）；建井情况下，应达到第一层含水层底板或当第一层含水层厚度大于5 m 时，建井深度应至少为地下水水面以下 5 m。

有地下储存设施时，应在储存设施以下至浅水层底板，最少选取 2～3 个不同的深度进行取样。

当土层特性垂直变异较大时，应保证在不同性质土层至少有一个土壤样品。

当第一层含水层为非承压类型，采样点的具体设置如下：表层。可根据土层性质变化及是否存在回填土等情况确定表层采样点的深度，表层采样点深度一般为 0～1.5 m。表层与含水层之间。表层与含水层之间应至少保证一个采样点. 当表层与隔水层的厚度在 5 m 以上，可考虑增加采样点，采样点间距大于 3 m，但小于 5 m。各采样点的具体位置可根据便携式现场测试仪器、土壤污染目视判断(如异常气味和颜色等)来确定。地下水位线。至少在地下水位线附近设置一个土壤采样点。含水层。当地下水可能受污染时，应增加含水层采样点。隔水层(含水层底板)。隔水层顶部(即含水层底板)应设置一个土壤采样点。

当第一层含水层为承压水或层间水时，采样点的具体设置如下：表层。可根据土层性质变化及是否存在回填土等情况确定表层采样点的深度，表层采样点深度一般为 0～1.5 m。表层与上隔水层之间。表层与上隔水层之间应至少保证一个采样点。当表层与隔水层的厚度在 5 m 以上，可考虑增加采样点，采样点间距大于 3 m，但小于 5 m。各采样点的具体位置可根据便携式现场测试仪器、土壤污染目视判断(如异常气味和颜色等)来确定。隔水层。在隔水层顶部设置一个采样点。对于不需建井的钻孔，钻孔深度不应打穿相对隔水层(不透水层)。地下水位线。当钻孔需建观测井时，则至少在地下水位线附近设置一个土壤采样点。含水层及含水层底板。在地下水可能受污染的情况下，应增加含水层内及含水层底板采样点。

地下水监测一般以最易受污染的第一层含水层作为监测对象。当第二层含水层作为主要保护对象，且可能会受到污染时，应设置地下水监测井组，同时监测第一层和第二层地下水。

《新西兰环境部污染地块管理导则 5：地块调查和土壤分析》：

在采样分析计划中，采样深度应该是基于地块的已知状况和关注污染物的可能分布而设计。如果对一种特定土壤中的指定污染物可能的垂直迁移特性不了解，那么就需要采集不同深度的土壤样品。应该在两个或两个以上的深度处采集土壤样品以建立土壤在垂直方向上的受污染程度。记录每个样品采集点的采样深度和土壤剖面并作为数据解释的一部分。土壤样品可以从整个土壤剖面不同深度处采集，从地表(0～15 cm)向下，以一定的间隔(如每隔 1 m)，在地层出现任何变化处、预计或观察到有污染物存在的深度处采集。土壤样品一般不应该跨越不同的地层采集(如跨越自然地面和充填地层的边界)。

表层样品被定义为在深度不超过 15 cm 处采集的样品，且通常是在 0～7.5 cm 深处采集。如果与下层污染土壤混合，会增加自身污染浓度被稀释的可能性。表层土壤样品的深度取决于数据质量目标，且 0～7.5 cm 深经常被用于代表人类直接接触暴露途径，而 0～15 cm 深则经常被用于代表家庭生产暴露途径，因为后者涵盖了极其重要的耕作层区域。

当采样是为了测定挥发物时，由于挥发物极易从土壤的表层遗失，因此通常不采集表层土壤，除非是调查的地块刚刚发生化学品泄漏。

新西兰环境部《新西兰石油烃污染地块评估和管理导则—单元 3：地块评估》：

为了确定钻孔过程或测试坑内的土壤中的石油烃的分布深度，应该以设定的间隔（如 0.3～0.5 m），在任何岩性发生变化的地方，通过视觉、嗅觉或现场筛选技术（如手持有机蒸气分析仪）观察到的任何受到影响的深度处采集样品。样品应该被采集至达到地下水水位或现场筛选技术显示没有石油烃存在的深度为止。在现场筛选方法显示有污染的采样点下至少应该采集一个样品以确认垂直方向的污染程度。

日本《土壤污染对策法实施规则》：

规定土壤的采集从地表到地下水依次为地表至地表下 5 cm 深土壤样、5～50 cm深土壤样及深层土壤样（从 0.5 m 深以下到地下水位止，每间隔 1 m 深采 1 个样品）。美国相关标准指引要求每隔 2 英尺（约 0.6 m 深）采一个土样。

英国环境协会技术报告《污染土地合适土壤采样策略发展的辅助模型程序》：

介绍了土壤剖面中不同深度处采样的典型原因，见表 3.3-11。需要注意的是一般不可能一开始就能预计出所有合理的采样深度。评估者应该基于现场调查的发现，在合理的深度处采集样品。

英国标准协会《潜在污染地块调查—操作规范》(2001)：

在制订采样方案时，确定采样点之后需要考虑采样深度。土壤采样方案应包括以下内容：

a. 直接从表层采样。表层应根据与特定地块有关的概念模型和风险评估来定义。在表层和 0.5 m 深度之间，表层采样可能有所不同，而且可能需要在一个以上的深度采样。会受雨水径流干扰并携带到邻近水体中或表现为直接暴露危害的物质应在最上面的 0.1 m 深处采样。在关系健康危害的地方，如国家公园，应在 0.1 m深和 0.5 m 深处取样，也可在其间深度采样。

b. 从人工填土和填充层中的固定深度间隔（通常为 0.5 m 深处）取样。

c. 为在人工填土和填充层中的固定深度间隔采集样品准备以反映在外观上、地层中或物质上（如受关注的物质）可识别的变化。

表 3.3-11 在不同深度处采样的原因

深度变化	原因
0～0.5 m*	为了评估 通过摄取和皮肤接触而导致的人类和动物的吸入量 由于风夹带而导致吸入的潜力(污染土壤和灰尘)以及沉积到邻近土地上的潜力 地表水径流(例如,由于山洪暴发) 通过浅根植物摄入(例如,作物、装饰用的和野生种类) 从表层淋滤到地下水
>0.5 m(在自然或人造地面处)	为了评估 由于"反常的"挖掘或因为其他目的如游泳池、池塘、房子扩展等,通过摄取、吸入或皮肤接触而引起的摄取量 通过深根的灌木和树木而引起的摄入 由于穴居动物的活动而导致的摄入 由于建筑物、服务设施的建设和维修而导致的摄入 为了确定栖息水或地下水的位置 为了确定人造地的厚度 为了找出在人造地面中气体或蒸气水平迁移的可能路径 为了建立表面土壤中任何水溶性成分浸出的程度 为了探测位于深处的污染物 为了获得背景土壤剖面的信息 为了找出"天然的"侧向迁移路径

* 注意在某些应用中,可能需要表征顶部 0～0.2 m 深度范围的土壤特征。

d. 人工填土或填充层下方天然土层的样品。收集的样品首先应靠近于人工填土或填充层的边界(大概深入天然土层 0.25～0.5 m)。如果概念模型或现场调查表明需要继续进入地块天然土层下面采样,如在许多透水层,必须深入采样以表征及确定污染物迁移。在天然土层中通常以 1.0 m 深度间隔取样,但这取决于概念模型、风险评价的需要和现场观察情况。

e. 应考虑在含水层上方的毛细地层,微溶化合物多聚集在这个区域。

采样深度应考虑到建议开发的类型。例如,公共设施和条形地基通常安装在 1.5 m 深处,主污水管应安装在更深的地方。

(2) 地下水采样深度

一般情况下采样深度应在监测井水面下 0.5 m 以下。对于低密度非水溶性有机物污染,监测点位应设置在含水层顶部;对于高密度非水溶性有机物污染,监测点位应设置在含水层底部和不透水层顶部。

(六) 检测因子及筛选值

(1) 检测因子的选取

各点位检测因子应包括 GB36600 中的基本因子和疑似污染地块内的特征因

子及其在环境中转化或降解产物。

(2) 筛选值的选取

目前,《土壤环境质量建设用地土壤污染风险管控标准(GB 36600—2018)》为国家通用的建设用地筛选值。北京、浙江、珠三角、上海等地也陆续出台了地方性的筛选值。在选择筛选值时,应优先执行地块所在地方的筛选值,如没有地方标准,则应参考 GB36600—2018 的筛选值。如果污染物的筛选值在这 2 个层级的标准中查询不到,则可以通过风险评估模型计算获得筛选值。

(七) 样品采集技术和方法

1. 常见的采样技术

(1) 物探技术

物探技术是利用地下物质特性(如密度和电阻率)来表征地面条件变化的间接调查方法,它能经济地定位区域中的异常、构建三维模型、帮助识别地下不规则物体和隐藏的特征,包括:① 垃圾填埋场边缘;② 地下或地下水变化的情况;③ 人工填埋场的存在和范围;④ 掩埋的物体或市政设施;⑤ 地基的位置。

采样前,可采用卷尺、GPS 卫星定位仪、经纬仪和水准仪等工具在现场确定采样点的具体位置和地面标高,并在图中标出。可采用金属探测器或探地雷达等设备探测地下障碍物,确保采样位置避开地下电缆、管线、沟、槽等地下障碍物。采用水位仪测量地下水水位,采用油水界面仪探测地下水非水相液体。

表 3.3 - 12 给出了不同物理探测调查技术的主要优点和不足。

表 3.3 - 12　物理探测调查方法

方法	应用和优点	缺点
电导率测量 利用随时间变化的电磁场(EM)诱导电流,会产生一个二次场。其强度与地面导电性成正比	可用于解释地下水水质变化和存在的地下金属物体快速勘察方法; 地面扰动迹象的定性处理; 可作为地下 3 m 内的金属探测器; 将地形电导率准确估计至 100 mS/m	对高于 100 mS/m 的地形电导率—可能只是相对测量; 会受到人工“噪声”的影响,会受到人工“噪声”的影响,如地下和架空电缆、管道或围栏; 定量模拟需要用不同几何采集重复测量
电阻率测量 沿着电极线性阵列测量表面电阻率。以产生图像轮廓二位横截面	易于使用; 电阻层的分辨率好; 可用于区分饱和土和非饱和土,而且其解释能提供填上的概况和深度	在高电阻地层会遇到瞬变电阻的问题; 很难或不可能在硬化覆盖的地面使用; 随着深度增加分析粗化

续表

方法	应用和优点	缺点
探地雷达 用天线测量脉冲到地下的电磁辐射反射微波频率	快速采集数据； 接近地表的高解析度目标，包括塑料管材、金属物体、空洞和地雷； 对检测埋藏储罐有用； 可检查碳氢化合物	在传导性地层信号穿透差； 只适合相对平坦的土地； 需要专门的程序和解释以正确地描述地层； 可能遭受通过钢筋混凝土和来自邻近设施的信号干扰
磁性分析 使用1个或更多传感器测量地球的总磁场强度； 同时使用2个或更多传感器获得梯度数据	含铁目标的快速识别方法； 较好的横向分辨率促进高采样率；使用梯度电极时浅黑色目标分辨率好	会受到人工“噪声”的影响，如地下及架空电缆、管道或围栏； 会受磁场时空变化和非电离辐射的影响； 较深的含铁目标群的分辨率差，如深度大于3 m的桶； 专业的说明需要模拟深度和体积
微重力 测量垂直变化所产生的重力变化值以及地下横向密度的变化	可以在人工“噪音”妨碍使用电磁和地震勘探的地方进行勘探	产生数据慢； 在建筑物多的区域由于局部异常可能需要明显的地形矫正
地震波折射 纵波(P)和横波(S)的测量，已沿着声学边界临界折射并传播到地表，用地震检波器阵列检测地震信号； 由钢板上锤产生冲击波	可用于估计不同密度岩性单位的厚度和深度； 适用于确定地下水位深度或垂直边界。如旧回填采石场的边界； 可用于浅层地质勘探	要求随着深度增加地震速度； 产生数据慢； 要求在嘈杂的人工环境中谨慎使用如行车或钻机作业时； 经验丰富的操作者需要收集数据； 横向分辨率差
红外线摄像 测定不同的反射能量	可以突出受污染场地和垃圾填埋气体造成的植物贫瘠； 可用远程遥控模型飞机进行	会受自然的影响，如水涝或干旱，并受影响植物的生长的季节影响； 当镜头角度会受到飞机的俯仰和滚动的影响及外观阴影的影响时，结果需要非常小心谨慎的解释； 飞机的高度难以判断并会改变结果； 应征求当地空中交通管理者检查是否有飞行限制
红外线热像 测量地层中的温差，其可能是由于垃圾填埋场的放热反应或在富煤矸石弃置场中地下的热度	可利用直升机完成或在局部用起重机吊起； 沿着拟建道路检查一些场地直升机调查是有用的	当地面没被积雪或严霜覆盖时，应在平静的天气情况下的黎明进行； 应征求当地空中交通管理者检查是否有飞行限制

（2）钻探取样

根据地块状况、土壤质地、采样深度，选择手工土钻、螺旋钻、冲击钻、Geo-probe等钻探工具。根据关注污染物和调查需要，选择衬片式、推管式、劈管式等钻头，和零顶空、土壤采样器（检测 VOC、SVOC）、环刀、泥刀、冲击凿等取样工具。钻探分手工操作和机械操作两类。

① 手工钻探

土壤采样中两种常用的手工钻探工具分别是土壤采样器和土壤螺旋钻。这些工具是标准的农业土壤采样器，现已被用于土壤污染物质和废弃物采样。

使用人工螺旋钻（带螺纹钻头的螺纹钻和钩形钻头的管钻）取出的土样不是芯样，不适合土层观察、水力传导率等参数以及土壤中挥发性有机物污染的测定。手动螺旋钻是一种靠人工或机械打入土壤的取样装置，一般出土直径为 6～15 cm。采样深度取决于土壤类型，可以轻松深入地下 2～3 m，有时候可能更深。土壤样品可以从螺旋钻头或其安装的分体式取样器处采集。在设定钻进深度的情况下，螺旋钻可以用于确定采样位置，在采出土后的孔中还可以安装监测井。螺旋钻取样的缺点是样本量有限、深度限制以及潜在的不同深度的交叉污染。此外，在从螺旋钻头处采样的过程中易挥发物会不同程度地流失。

土壤管式采样器是一端锋利的不锈钢或黄铜管，另一端带有长的 T 形把手，管子内径大约 1 英寸。管式采样器是靠锤击或静压贯入土壤直接取样，取出土壤为芯样，对土壤的扰动小，可保持土壤原有的构造、容积密度、含水量等物理特性。常用管状采样器采集“无扰动”土壤样品，管状采样器被推进土壤 20～30 cm 的深度，将土样从采样探头移除. 存放在样品容器中。

② 机械钻探取样

机械钻探取样用于采集土壤深层样品。机械钻探包括实心螺旋钻、中空螺旋钻、套管钻等。机械钻孔取样是钻土成孔后，到设定采样的深度，再使用采样器取土壤样。机械采土钻由马达带动，使钻体进入一定深度的土壤，然后将土柱提上，平放观察，按需要切割采样。土柱直径可以用不同直径的钻体控制，如 5 cm、10 cm 或更粗。机械钻效率高，可节省人力，但不及手工钻灵活、轻便。

利用不同类型的钻机进行钻孔，可以采集不同深度的土壤原状样品，还可安装土壤气体和地下水监测装置。探孔直径一般为 15～20 cm 并且可以向下延伸很多米。钻机的类型取决于探孔的深度和地质条件。钻孔取样的一个缺点就是可能会形成污染物迁移的优先通路，因此为了使这种影响最小化就必须使用合适的探孔技术。应按规定的程序钻孔以避免引人污染物，在钻孔过程中尽量少加水。如果采样是为了分析有机化合物，那么为了避免对待测物造成干扰，在钻机和套管上就要使用非烃类润滑油。如果采集的样品是用于分析有机污染物，那么就不能使用空气螺旋钻机，因为空气影响样品采集的完整性。

③ 取样器

取样器包括劈管取样器、薄管取样器、活塞取样器等。劈管取样器靠锤击压人土壤，适用于不同类型的土壤。薄管取样器一般用在赫土、粉土和细砂土壤，操作时一般不用锤击，只有在非常硬的土壤才使用。活塞取样器靠锤击压入土壤，取出土壤后利用活塞挤出样品。

采集不需原状土的土样时，可用开口式土钻(劈管取样器)。采集不破坏土壤结构或形状的原状土样时，可用套筒式土钻。

管状采样器。无缝环状钢管，直径为 6～12 英寸，可用于采集深度为 6～8 英寸的土样。通过推进或用木头、橡皮锤等外力，迫使管子进入土壤。可用来采集含挥发性污染物的土壤样品，用聚四氟乙烯进行封塑和包装，然后再包裹上气体密封剂，如石蜡或更好的惰性密封剂。这些管子在室外、海运及实验室分析时进行净化。

利用消毒的塑料空心钻。可以从更深的土壤中采样，而后迅速带到实验室。也可切断带有尖端的塑料注射器，插入土壤新鲜切割部分的中心，移取其中小的土壤样品，并装入一个已消毒的塑料袋中。

采样用的管子都应该使用消毒剂进行清理，利用切管机和消毒的小刀进行切割。

环刀。研究土壤一般物理性质，如土壤容重、孔隙率和持水特性等，可使用环刀。环刀为两端开口的圆筒，下口有刃，圆筒的高度和直径均为 5 cm 左右。

铲子或铁铲采样。铲子或铁铲经常被用在土壤采样过程中，但并不是一种合适的采样器，易导致污染物分析结果误差，也难以采集到确切深度的土壤样品。

(3) 槽沟采样

槽探一般靠人工或机械挖掘采样槽，然后用采样铲或采样刀进行采样。槽探的断面呈长条形，根据场地类型和采样数量设置一定的断面宽度。槽探取样可通过锤击敞口取土器取样和人工刻切块状土取样。

槽沟大约 3 英尺宽，并挖掘到需要的采样深度进行采样。采样步骤是从表面往下探，表面首先被清理，从第一层取第一个样，通过铁铲或泥铲进行修剪，保证移除多余的其他材料。然后对第二层进行采样，进而进行修剪。一直这样进行到整个深度的采样完成为止。掘槽出来的材料不可随意丢弃，避免造成污染。

测试坑取土可以用手工方式挖掘，也可以用反铲挖掘机。长方形坑的典型尺寸约为 3 m 长、1 m 宽和 3～4 m 深。测试坑的尺寸取决于坑的稳定性、地层、勺斗的尺寸及反铲挖掘机的控制范围。土壤样品从挖掘机勺斗的中心处采集。注意避免交叉污染。测试坑挖掘可能会有危险，因为测试坑可能会引发滑坡或造成危险气体释放。对于深度超过 1.5m 的测试坑不应该让人进入。如果想要进入测试坑就要先评估该测试坑的稳定性及危险性气体存在的可能性。测试坑能够直接观察到较浅的地层，也可以向下挖深去观察更深处的地层和可见污染的程度。

测试坑的缺点是对地面的扰动大，正是因为这个原因，该方法不适合原状土壤取样或安装地下水和土壤气体监测井。在挖掘测试坑时，挖掘出的弃土应该按挖掘的顺序堆放在测试坑旁；当复原测试坑时，挖掘出的弃土必须按挖掘顺序回填，从测试坑底部挖出的弃土先被回填到底部，以此类推。

深层土壤调查采样技术比较统计见表 3.3－13。

表 3.3－13　深层土壤调查采集技术比较

方法	应用和优点	缺点
探坑和壕沟 根据调查的要求，手工挖掘形成(至 1.2 m)或使用轮式或履带式挖掘机； 根据挖掘的深度选择一个适当宽度的铲斗，将挖掘量减到最小	考虑地面情况的详细检查(在三维空间)； 容易获得分散样品和大块样品； 快速、便宜； 可以收集无扰动样品； 适用于广泛的土地条件； 可用于综合污染和岩土工程技术调查； 挖掘和挖掘出的物质可拍照；可用一个标志给探坑做参考和标尺	调查深度受限(通常 4.5 m) 媒介暴露在空气中并有污染物变化的风险及挥发性化合物的损耗； 不适合水下的采样； 比钻孔/探测孔对场地的破坏或危害的可能性更大； 需要小心以确保周边地区不会受挖掘破坏的影响，并需恢复原样； 相比钻孔，处理会产生更多的废物； 污染物逸散到空气/水中的可能性更大； 可能需要为回填引进清洁材料到场地中(以确保清洁的表层)
缆冲击钻孔	能比探坑或采样土钻达到更深的采样深度； 允许永久采样/监测井的安装； 可以穿透大多数土壤类型； 对于健康和安全的不利影响可能性小，同样在地上环境比探坑中小(但要注意，对地下水有潜在的风险)； 允许采集无扰动样品； 可以采集污染综合样品、岩土工程及气/水采样以及安装地下水和地下气体监测管道	比探坑和采样土钻更费时费钱； 比探坑较难进行外观检查； 钻孔中的废物需要处理； 进行独立采会受限制； 比探坑的样本量小； 会造成样品的扰动从而使得污染物损失； 除非合理的判断，否则含水层底层及含水层内各层地下水流会有潜在的污染； 静水中的采样会受到交叉污染，因此不具有地下水的代表性

续表

方法	应用和优点	缺点
驱动管采样器：由一个空心金属管组成(可能会有塑料套筒)。用液压或气动锤打入地里	可以恢复完整土壤剖面的无扰动样；一旦孔形成了就可以安装各种测量仪器；对于健康和安全的不利影响可能性小，同样在地上环境的影响比探坑和钻孔小；不仅可用于浅层采样，也可在下至 10 m 深度使用合适尺寸的仪器；比电缆冲击钻快得多；便携，可以在交通不便的地方使用；能够从地面收集的地下水样不受扰动；能够用驱动点槽井筛安装监测井	难以调查含水层；样品量相对小，依赖于该驱动管的直径；无法穿透障碍物，如砖头；在某些地层会污染孔壁；非钻性颗粒物质中的样品回收率低；在一些地层会压缩，如泥炭；孔无套管时，会产生迁移路径
手工取土钻：有多种设计以供不同土壤类型、情况和采样要求。首选形式采取岩心样品	可以监测土壤剖面，并且在预设的深度采样；易于在砂质土壤中使用。即没有石头类障碍物的地方；便携并能在较难进人的地方有用	如果出现如石头类的障碍物，只能达到有限的深度；易用程度非常依赖于土壤类型；从钻上掉落的物质会造成交叉污染，可以使用塑料内衬来预防；获得的样品量较小
电力驱动螺旋钻：用实心杆钻旋转钻探	可以比手工取土钻实现更深的深度；比手工取土钻速度更快；如果取出钻后仍有孔可用于安装浅层气体监测井	如果出现障碍(由于阻塞)，对操作者会有很大的人身伤害风险；必须要避免样品的交叉污染，以及燃油/废气引起的污染；只有当钻头撤走以及如果钻孔依然敞开时才能采样
空心杆螺旋钻：用带空心轴的连续螺旋，抽出中间钻并塞住使得在杆中取样	形成了一个完全的套管钻孔，避免电缆冲击钻孔技术所引起的交叉污染的潜在问题；可通过空心杆采集土样从而准确地估计深度；可用于安装水和地下气体监测井；比电缆冲击钻更快	相比电缆冲击钻孔，空心杆螺旋钻难以进行地层的外观检查；除非使用大型装备，否则空心杆螺旋钻比电缆冲击钻孔更难适用于更深的钻孔
静力触探(静态或动态)	允许收集土壤、地下水和地下气体样品；可能的一些现场测试(pH，氧化还原、温度和地球物理测试)；不带来地表破坏；不扰动地下水；可配合井下监控设备提供现场检查，如对有机化合物遥控激光诱导荧光仪	价格昂贵；最大功效仪器的调动费用高；使用探头会造成某些地层孔壁的污在一些地层会压缩，如泥炭；非黏性颗粒物质中的样品恢复差

续表

方法	应用和优点	缺点
环境锥	划定污染羽的低成本方法，其在清洁土壤和目标污染之间有个明显差别； 推进水质采样锥以确保从独立层采样； 可配合常规的 CPTs 使用以定位高渗透区等	不适用于广泛分布、扩散性的、固体的污染物检测； 需要介入采样以确定场地相关性
钉孔： 击打一个细径的棒形成一个孔，然后拿开以进行监测	廉价并可用于测试地面气体和蒸汽； 监测近地面气体浓度的快速方法； 便于获得样品； 能够评估即时危害	有限的穿透深度（并不总能穿透垃圾填埋场的覆盖）； 消极结果不能说明采样点缺少气体或蒸汽，同时也需要钻孔调查

(4) 土壤采样过程中针对采样技术的选择主要考虑的因素

① 环境方面的考虑

在选择采样技术时，应防止污染物迁移，避免导致更大的渗透。同时考虑刮风、运输等因素造成的表层迁移。一般来说，采样要求越深风险越大。所有深层采样点都应用清洁的低渗透性材料回填（如膨润土浆）。应避免形成无密封孔的技术，而且监测井或监测系统应该有密封成单个含水层的反应区。

凡通过低渗透地层（含水层）的应采取特殊保护。在这种情况下有必要使用双渗透技术（先形成一个较大的钻孔然后从一个较小的孔灌入膨润土密封）以防止污染迁移通道形成。

形成探坑时，较好的做法是从其他挖出物质中分离出最初的表层土。应尽可能在被挖走的深度恢复挖出的物质。随后应替换上表面物质以覆盖。为了防止地块表层污染，需要把挖出的物质放在牢固的薄板上防止接触。回填完成后薄板应进行无害化处理。

恢复探坑中挖出的物质料需按层放置物质并用机械锤牢牢夯实。其目的主要是尽量压缩物质以最大限度地降低恢复沉降。剩余的物质应堆满探坑，以使地表平整。在通行区域，探坑的恢复可能会引起问题，应考虑使用替代技术以确保该区域可以接受没有沉降的负荷。

应确保周边区域在恢复后不受剩余已污染地挖掘的影响。表面物质应放置在探坑中用来覆盖，必要时应在回填完成时引人清洁的材料进行足够的表面覆盖。

如果遇到水，受污染的地下水或其他液体（如油）会被带到表面。在这种情况下，需要特别保护以防在调查和随后的回填期间受污染水的扩散。由于涉及受污染水的扩散及由此造成的土壤样品质量变差，不建议在遇到水后继续挖掘。

若不透水覆盖层已被渗透（如混凝土稳固的基座），则可能需要用低渗透盖层恢复以防雨水渗入形成污染迁移的源。

若有剩余的挖掘物料或回填后的剩余物，应小心处理，如运送到合适的处置场。

潜在污染地块的检测可能会对周边环境造成风险。这项工作应进行规划以防止污染物质通过工作服、样品、机械及车轮扩散。

② 采样时的交叉污染

采集的样品应具有代表性的。在采样过程中包含了外来物质的样品是没有被污染的，而且仪器和采样容器也没有被污染，同时由于吸附或挥发作用也不会造成污染物损失。

当取地块表层以下的样品时，样品应不被更浅处掉落的物质（土壤或水）影响。因此，凡用于探坑的坑基应在使用机械锤前清理碎片，以在底部获得良好的样品。使用钻孔和驱动采样器采样的孔底应先清理碎片。使用管式采样器很难清理，则可能需要丢弃采样管中上部的物质。

润滑的外壳和内衬有污染仪器和样品的可能性，并应避免为了协助钻井向钻孔中加水。只能用水清洁主管道并记录体积。地块工作规范应包括在采样点之间清洁仪器以及在污染严重的地方更频繁地清洁。在有机物污染严重的地方，通常使用高压喷射或蒸汽清洗设备来清洁仪器。清洁过程中的洗涤物应收集，然后用一个合适的设施在场外处理。

同样关键的是，采样系统及所使用的材料应不污染样品或造成现有污染物损失。如由于错误地使用软管、塑胶材料以及在采样仪器或设施中使用不合适的金属都会污染样品。如果维修不善，或因缺乏清洁或补给燃料时而导致在操作设备时废气、润滑油或燃料污染样品。应该用不锈钢手工刮刀将样品放入样品容器中。在取样之前，采样工具应清洁干净.避免交叉污染。

2. 采样技术的选择

目前有很多不同的土壤采样技术可以选择（表 3.3－14），实际使用哪种方法取决于多种因素。在实地调查中要经常同时使用多种方法，但无论使用哪种方法，土壤样品采集必须有序进行以保持样品的完整性。

选择采样技术时需要考虑的因素包括：① 调查目标；② 数据质量目标；③ 目标分析物；④ 采样深度；⑤ 地块上的物理限制（障碍物的高度和通道、地貌）；⑥ 地面状况（地面覆盖、土壤类型、稳定性、地下水深度）；⑦ 干扰程度；⑧ 复原要求；⑨ 成本；⑩ 跟采样技术相关的健康、安全和环境影响。

表 3.3－14　常见钻探方法优缺点及适用性比较

钻探方法	优点	缺点	适合土层				
			黏性土	粉土	砂土	碎石、卵砾石	岩石
探坑法	(1) 可从三维的角度来描述地层条件。 (2) 易于取得较多样品。 (3) 速度快且造价低。 (4) 可采集未经扰动的样品。 (5) 适用于多种地面条件。 (6) 可以观察到土壤的新鲜面,便于拍照、记录颜色和岩性等基本信息	(1) 人工挖掘深度一般不宜超过 1.2 m,除非有足够安全的支护措施,采用轮式/履带式的挖掘机最大深度约为 4.5 m。 (2) 污染物存在和运移的媒介暴露于空气中,会造成污染物变质及挥发性物质的挥发。 (3) 不适合在地下水位以下取样。 (4) 对地块的破坏程度较大,挖掘出来的污染土壤易造成二次污染。 (5) 与钻孔勘探方法相比,产生弃土较多。 (6) 污染物更易于传播到空气或水体当中,需要回填清洁材料	++	++	++	++	—
手工钻探法	(1) 可用于地层校验和采集设计深度的土壤样品。 (2) 适用于松散的人工堆积层和第四纪沉积的粉土、粘性土地层,即不含大块碎石等障碍物的地层。 (3) 适用机械难以进入地块	(1) 采用人工操作,最大钻进深度一般不超过 5 m,受地层的坚硬程度和人为因素影响较大,当有碎石等障碍物存在时,很难继续钻进。(2) 由于会有杂物掉进钻探孔中,可能导致土壤样品交叉污染。 (3) 只能获得体积较小的土壤样品	++	++	—	—	—

续表

钻探方法	优点	缺点	适合土层				
			黏性土	粉土	砂土	碎石、卵砾石	岩石
冲击钻探	(1) 钻探深度可达 30 m。 (2) 对人员健康安全和地面环境影响较小。 (3) 钻进过程无需添加水或泥浆等冲洗介质，可以采集未经扰动的样品。可用于含挥发性有机物土壤样品的采集。 (4) 可采集到多类型样品，包括污染物分析试样、土工试验样品、地下水试样，还可用于地下水采样井建设	(1) 不如探坑法获得地层的感性认识直观。 (2) 需要处置从钻孔中钻探出来的多余样品	++	++	++	+	—
螺旋钻探	(1) 钻探深度可达 40 m。 (2) 采样井建设可以在钻杆空心部分完成，避免钻孔坍塌。 (3) 不需要泥浆护壁，避免泥浆对土壤样品的污染。 (4) 适用于挥发性有机物土壤样品的采集	(1) 不可用于坚硬岩层、卵石层和流砂地层。 (2) 钻进深度受钻具和岩层的共同影响	++	+	+	—	—
直推式钻进	(1) 适用于均质地层，典型采样深度为 6～7.5 m。 (2) 钻进过程无需添加水或泥浆等冲洗介质。 (3) 可采集原状土芯，适用于挥发性有机物土壤样品采集	(1) 对操作人员技术要求较高。 (2) 不可用于坚硬岩层、卵石层和流砂地层。 (3) 典型钻孔直径为 3.5～7.5 cm，对于建设采样井的钻孔需进行扩孔	++	++	++	—	—

对不同类型的地面选择合适的调查方法(表 3.3-15),不同调查方法的物理条件列于表 3.3-16。

表 3.3-15 对不同类型的地面选择合适的调查方法

适宜的调查方法	土壤类型			
	硬石岩	粒状	黏性	填埋/人工造地
钻孔	否(除非是旋转取芯)	是	是	是
探坑	否	是[a]	是	是[a]
驱动采样器	否	是[b]	是	是[c]
手工取土钻	否	是[a]	是	不确定
物探	是	是	是	不确定
锥检测	否	是[d]	是	是[c]

a. 受地面稳定性影响;
b. 受颗粒尺寸和凝聚度影响;
c. 受物理障碍如砖和混凝土的影响;
d. 除非在非常密集的砂和砾石。

表 3.3-16 不同调查方法的物理条件

物理条件	调查方法						
	挖掘机	手工挖坑	手工钻	驱动采样		钻孔	
				人工操作	车载	电缆冲击	旋转式
必需的覆盖区	20 m²	3.0 m²	1.0 m²	2.0 m²	20.0 m²	30.0 m²	30.0 m²
容易表面渗透[a]	是	否	否	适度	是	适度	是
水泥混凝土土壤	是	是	是	是	是	是	是
紧密聚合物	是	适度的	适度的	是	是	是	是
深度限制	4.5 m[b]	1.2 m[c]	1.0~5.0 m	3 m	7 m	无	无
受高度限制	是	否	否	否	3 m	是	是
表面扰动	大	小	中等	中等	适度	适度偏大	适度偏大
宽度限制	是	1.0 m	1.0 m	1.5 m	是	是	是

a. 可用不同的技术打破场地中的硬覆盖。应根据硬覆盖及调查目的和需要打破的区域的性质来选择技术。

(1) 可使用空气钻但这要求有具备丰富经验的操作人员及压缩空气源,并不宜穿透厚混凝土(超过 250 mm)。

(2) 在某些情况下,场地调查的设备也可同时进行钻破。

① 电缆冲击设备可以凿透水泥混凝土(小于 100 mm 厚)和柏油路;

② 液压破碎机的挖掘机可破碎更厚的水泥(增加至 500 mm)。

(3) 专用取芯钻可用来在薄水泥上钻一个尺寸合适的孔。这可用于钻孔和调查探测法,但不适用于挖掘机。这种方法的优点是形成一个工整的洞,可以很容易地恢复到原来的表面。

b. 更大型的机器更深。

c. 有支撑更深。

（八）现场检测

可采用便携式有机物快速测定仪、重金属快速测定仪、生物毒性测试等现场快速筛选技术手段进行定性或定量分析，可采用直接贯入设备现场连续测试地层和污染物垂向分布情况，也可采用土壤气体现场检测手段和地球物理手段初步判断地块污染物及其分布，指导样品采集及监测点位布设。采用便携式设备现场测定地下水水温、pH 值、电导率、浊度和氧化还原电位等。

在现场土壤采集过程中，根据该地块污染情况，常用到 PID、XRF 等快筛设备对现场样品进行快筛，具体的操作要求如下：

（1）现场快速检测土壤中 VOCs 时，用采样铲在 VOCs 取样相同位置采集土壤置于聚乙烯自封袋中，自封袋中土壤样品体积应占 1/2～2/3 自封袋体积，取样后，自封袋应置于背光处，避免阳光直晒，取样后在 30 分钟内完成快速检测。检测时，将土样尽量揉碎，放置 10 min 后摇晃或振荡自封袋约 30 s，静置 2 min 后将 PID 探头放入自封袋顶空 1/2 处，紧闭自封袋，记录最高读数。

（2）现场使用前需对仪器进行校正并进行记录，校正合格后方可使用。

（九）样品采集

1. 土壤样品采集

土壤样品分表层土壤和下层土壤。下层土壤的采样深度应考虑污染物可能释放和迁移的深度（如地下管线和储槽埋深）、污染物性质、土壤的质地和孔隙度、地下水位和回填土等因素。可利用现场探测设备辅助判断采样深度。

采集的样品应尽可能代表该点的特点（物质含量和采样深度），保证采样过程中土壤不被污染，受到的扰动小，并根据潜在污染物的类型选择不同的采样工具和方法。通常获得一个有代表性的样品可能需要采集重复样品，由此获得的样品比单独一个样品更能代表采样点，特别是在所测定物质是深度可变的情况下。当使用钻孔或管式取样器采集样品时，确保样品是真正来自所记录的深度，并且不含有其他深度的物质。采集含挥发性污染物的样品时，应尽量减少对样品的扰动，严禁对样品进行均质化处理。

含重金属样品可以参考《土壤环境监测技术规范》（HJ/T 166—2004）中的采样方法。采集（半）挥发性化合物样品时，应尽量减少样品的扰动，减少采样过程中的有机物的损失，具体的操作要求可参照“HJ1019—2019”文件要求开展。严禁对样品进行均质化处理，并采取相应的科学封装措施。进行污染调查时为满足绝大部分分析工作的需要，应采集 1～2 kg 的样品。凡是粗粒状物质的样品，如碎石，可能需要更大的样品，也可能需要更多不同大小的样品。

应采取预防措施防止样品在采样期间发生任何变化和交叉污染。土壤表层样品是在无法保持土壤结构的情况下从地面上获得的，即采集的“松散的”土壤颗粒，而且彼此之间发生过移动，一般是扰动样。

由于土壤结构的破坏很可能会影响到后面的检测（如微生物检测、某些物理测试及 VOCs 的检测），故应采集无扰动样。无扰动样品是用特殊采样设备或技术为保持土壤结构而获取的样品，即不改变土壤颗粒和空隙的采样前原始分布。采集无扰动样品应使用取芯工具、圆桶（U100）或 Kubiena 罐。采样设备应推进到土壤中并带着样品完全取出，这样采集的样品才处于原有物理状态下。

如果样品不要求保持原有的土壤结构可进行扰动采样。表 3.3－17 列出了 3 种扰动样品的采集方法。

表 3.3－17　扰动样品的采集方法

样品类型	用途	采样工具
从单个点采集的样品（扰动或无扰动样品）	适用于地质学或包括扰动样品的污染物调查中确定特定元素或化合物分布和浓度； 一般通过钻孔或管式采样器获得	可使用各种不同的采样技术； 无扰动样品只能用这种方法获得； 凡要求无扰动采样的，应使用专用设备采集样品，同时维持原有的地面结构
将小增量点样品混合在一起形成的代表性样品（扰动样品）	适用于地质学或可采扰动样品的污染物调查中确定特定元素或化合物分布和浓度	用挖掘机很容易采集样品。从挖掘斗内的某位置形成样品（如一个 9 点样品）； 不适用于无扰动采样
从大面积区域（如田野）采集的小增点样品形成的混合样品（扰动样品）	这个方法适用于评估整体质量或农业区域的土地性质	为了提高采样速度和样品的重复性，通常使用手工钻采集样品； 不适合无扰动采样； 不推荐用于污染土地调查

另外，钻孔结束后应立即封孔，封井设计应按照如下要求执行：

（1）从井底至地面下 50 cm，采用直径为 20～40 mm 的优质无污染膨润土球封堵；

（2）从膨润土封层向上至地面，注入混凝土浆封固、压实，保持湿度和温度，养护不少于 7 d。

封孔完成后，分别静止 24 h 后和静置 7 d 后，进行检查复测，若发现塌陷、下降，应立即补填，直至复核封井设计要求。

混凝土养护期间应检查地面是否存在明显裂缝，并进一步明确是否需要整改。

2. 地下水水样采集

地下水采样一般应建地下水监测井。监测井的建设过程分为设计、钻孔、过滤管和井管的选择和安装、滤料的选择和装填，以及封闭和固定等。监测井的建设可参照 HJ/T 164 中的有关要求。所用的设备和材料应清洗除污，建设结束后需及时进行洗井。

监测井建设记录和地下水采样记录的要求参照 HJ/T 164。样品保存、容器和采样体积的要求参照 HJ/T 164 附录 A。

以下表 3.3－18 和表 3.3－19 为现场采样典型洗井设备及采样设备分析。

（十一）样品的保存和运输

1. 样品保存

土壤样品采集后，应根据污染物理化性质等，选用合适的容器保存。为防止样品被氧化或变质，对盛装样品的容器和防腐剂有不同的要求。土壤样品的收集容器一般为玻璃瓶和聚乙烯瓶或聚乙烯袋。首先要确保容器无损坏、封盖紧密、洁净未受污染侵入。避免用含有待测组分或对测试有干扰的材料制成的容器盛装保存样品，测定有机污染物用的土壤样品要选用玻璃容器保存。对于易分解或易挥发等不稳定组分的样品要采取低温保存的运输方法，并尽快送到实验室分析测试。若测试项目需要新鲜样品的土样，采集后用可密封的聚乙烯或玻璃容器在 4 ℃以下避光保存，样品要充满容器。

无机分析的土壤样品，使用玻璃瓶或聚乙烯瓶/袋，于常温、通风的条件下保存。

有机分析的土壤样品，应置于棕色玻璃瓶中，装满、盖严，用四氟乙烯胶带密封，在 4 ℃以下保存。有机分析样品应尽快送至实验室进行分析。

挥发性有机物污染的土壤样品和恶臭污染土壤的样品，应采用密封性的采样瓶封装，含易分解有机物的待测样品可通过甲醇液封的方式保存于采样瓶中，应置于 4 ℃以下的低温环境（如冰箱）中保存、运送、移交到分析室。

土壤及其他固体样品的保存和处理一般都有一定条件。如果在采样前没有鉴别出所有的潜在污染物，在储存和运送到实验室之间的期间土壤应在 4 ℃以下冷藏，以便更好地保留样品组分和性质。新鲜样品的保存条件和保存时间可参考表 3.3－20。

表 3.3－18　典型洗井设备及其适用性

名称	配置	洗井类型	适用场址	优点	缺点	所需辅助
贝勒管	贝勒管、采样绳	攫取式	适用于井径大于贝勒管直径的地下水采样井	① 成本低廉 ② 设备轻便，操作简单 ③ 不受采样深度影响	① 劳动强度大，尤其在深井及大口径井 ② 不能完全清洗出建井时产生的土粒及粉土 ③ 水中泥沙较多时，易漏水而导致洗井强度增大	无
潜水泵	采样泵、变频控制器、电缆、水管、钢绳	离心式	适用于各种地块的成井洗井，同时，井径≥5 cm，井深不超过 90 m	① 流量大，流速可调 ② 采样深度可达 80 m	① 叶轮及垫片极易磨损 ② 电机发热会影响水质，增加设备的故障率 ③ 现场不方便维修	需外接电源
地表式离心泵	控制器、变频控制器、地表式离心泵、电缆、水管	吸引提升式	适用于成井洗井，且需采样井出水量较高，适用井径由抽水管决定	流量大，流速可调	① 叶轮、垫片等易磨损 ② 洗井结束后不能立即采样 ③ 较易把井抽干	需外接电源

续表

名称	配置	洗井类型	适用场址	优点	缺点	所需辅助
气提泵	气管、水管	空气置换式	一般井深不超过 7.5 m,若超过井深超过 7.5 m,可加配空压机	① 价格低廉 ② 流量可调 ③ 便于清洗及维修	① 只能洗到一半水位的井,效率较低会产生大量气泡 ② 不能完全清洗出建井时产生的土粒及粉土 ③ 洗井结束后不能立即采样 ④ 流量及效率会随着深度增加而减小	需外接电源
低流量气囊泵	控制器、流通槽、气囊泵、泄降仪、进气出水双管	气囊挤压式	适用于井筛较短及井口径较小的采样井,同时,井径≥2 cm,井深不超过 65 m	① 对水体搅动较小不带出沉底泥沙,洗出的废水较少 ② 便于现场清洗及维修	① 只适用于采样前洗井 ② 深井或大口径井洗井比较慢	需外接电源或气源
蠕动泵	驱动器,泵头和软管	挤压式	适用于井筛较短的采样井,井径≥2 cm,井深不超过 10 m	① 不渗漏(气密性好)吸附性低、耐温性好 ② 不易老化、不溶胀、抗腐蚀、析出物低等 ③ 可调节出水流量 ④ 对水体搅动较小不带出沉底泥沙,洗出的废水较少	① 压力局限:用柔性管,会使承受压力受到限制 ② 泵在运作时会产生一个脉冲流	需外接电源

表 3.3－19　地下水采样设备及其适用性

名称	配置	采样类型	工作原理	适用场址	优点	缺点	所需辅助
贝勒管	贝勒管、采样绳	攫取式	贝勒管放入井中后，利用逆止阀的开闭取水，并将水提出水面	适用于各类污染地块，要求井径≥2 cm	① 价格低廉 ② 设备轻便，操作简单 ③ 不受采样深度影响	① 耗费人力 ② 易受现场环境及工作人员操作手法影响而导致曝气（影响挥发性有机物）或增加井管内水样浊度（部分重金属及阴阳离子） ③ 洗井废水量较大	无
低流量气囊泵	控制器、流通槽、气囊泵、泄降仪、进气出水双管	气囊挤压式	通过空压机给气囊泵供气，挤压气囊，将泵中的水排出井外	适用于各种污染地块，要求井径≥2 cm，采样深度≤65 m	① 无叶轮，搅动小，样品浊度低 ② 流速可调 ③ 不会曝气，有利于VOCs采样 ④ 重复性好，不会由于工作人员操作手法不同而影响数据的真实性 ⑤ 便于现场拆洗及维修，防止交叉污染	① 价格较高 ② 对滤水管较长及大口径采样井，采样前洗井时间可能较长 ③ 需要气源做为动力	需外接电源或气源
低流量潜水泵	采样泵、变频控制器、电缆水管、钢绳	式、离心式	利用叶轮高速旋转产生的离心力，负压抽水	不适用于VOCs采样，要求井径≥5 cm，采样深度≤90 m	① 流速可调，流量大 ② 扬程高 ③ 部分可调低流速的电动潜水泵，在控制流速时可 用于VOCs采样	① 叶轮及垫片极易磨损 ② 离心式采样泵应避免用于VOCs样品采样 ③ 电机发热会影响水质也会增加设备的故障率 ④ 高流量会导致浊度增加，并影响样品数据 ⑤ 现场不方便清洗和维修	需外接电源

续表

名称	配置	采样类型	工作原理	适用场址	优点	缺点	所需辅助
气提泵	气管、水管	空气置换式	利用气体反吹，将样品取出井外	不适用于采集VOCs及对溶氧敏感的样品，采样深度≤7.5 m，深井可加配空压机	价格低廉	① 流量及效率会随着深度增加而减小，并且会产生大量气泡 ② 由于与气体接触，且反吹会产生大量气泡，因此不适用于采集VOCs及对DO敏感的样品	需外接电源
惯性泵	惯性采样泵、取样管	惯性提升式	泵放入水中后，水自然流入泵中，然后上下惯性拉动，利用底阀开闭将水提升，不断重复	不适用于采集VOCs样品，适用于任何口径的采样井，采样深度≤30 m	① 价格低廉 ② 结构简单，方便拆装、清洗及维修 ③ 重量轻，可以选择手动操作，适合交通不便的地点采样	① 流量和效率会随井深的增加而减小 ② 快速上下拉动，会造成浊度增加，可能影响样品数据 ③ 由于搅动，曝气比较严重，因此不适用于VOCs采样 ④ 手动操作，劳动强度大	无

表 3.3－20　新鲜样品的保存条件和保存时间

测试项目	容器材质	温度(℃)	可保存时间(d)	备注
金属(汞和六价铬除外)	聚乙烯、玻璃	＜4	180	/
汞	玻璃	＜4	28	/
砷	聚乙烯、玻璃	＜4	180	/
六价铬	聚乙烯、玻璃	＜4	1	/
氰化物	聚乙烯、玻璃	＜4	2	/
挥发性有机物	玻璃(棕色)	＜4	7	采样瓶装满装实并密封
半挥发性有机物	玻璃(棕色)	＜4	10	采样瓶装满装实并密封
难挥发性有机物	玻璃(棕色)	＜4	14	/

必须注意防止含水样品冻结，否则可能导致样品脱气、压裂或分离阶段略有混溶。防腐剂应在实验室用蒸馏水预先准备并于密封容器保存，远离污染源。如果样品容器不是预先保存在实验室，水性防腐剂可以用小滴管瓶带到现场，便于现场保存和使用。

必须注意防止含水样品冻结，否则可能导致样品脱气、压裂或分离阶段略有混溶。防腐剂应在实验室用蒸馏水预先准备并于密封容器保存，远离污染源。如果样品容器不是预先保存在实验室，水性防腐剂可以用小滴管瓶带到现场，便于现场保存和使用。

在采样现场，土壤样品必须逐件与样品登记表、样品标签和采样记录进行核对，核对无误后分类装箱。在样品运输过程中严防样品损失、混淆和沾污样品。送至目的地后，送样人员应与接样者当面清点核实样品，并在样品交接单上签字确认。样品交接单由双方各存一份备查。

2. 样品容器

采集一个区域的潜在污染样品时，样品容器的材质不能影响到样品。使用的容器应不会造成样品的污染，不应吸收样品的组分，不应让挥发性组分损失。土壤常规工作中常使用的容器是有盖的塑料“桶”(聚乙烯或聚丙烯材质)，能装1～2 kg 固体样品。盛装有机化合物时，为防止有机化合物挥发或被吸收，应采用宽口玻璃容器、带螺旋盖的铝制或带紧口盖的锡制容器罐，同时用 U100 密封管密封。

为保证样品没有挥发性组分的损失，采样前应咨询对样品进行分析的实验室，选择合适的采样容器。表 3.3－21 中描述了采样容器的适用性。

表 3.3－21　采样容器的适用性

容器材质	存在的污染					分析要求					
	酸	碱	油/柏油	溶剂	气体	无机物	油/柏油	溶剂和有机物	挥发性化合物	优点	缺点
塑料袋	++	++	－	－	+	+[a]	－	－	－	便宜	去除多余的空气/易损坏
塑料桶	++	++	－	－	－	++[b]	－	－	－	便宜	－
广口玻璃瓶[cd]（螺丝帽）	++	－	++	++	－	++	++	－	－	惰性	易碎
铝罐（螺丝帽）	－	－	++	++	－	++	++	+	+	－	铝污染、受酸碱影响
含氟聚合物容器，如 PTFE	++	++	++	++	++	+	++	++	++	惰性	费用较高
带推合盖的罐子	－	－	++	++	－	++	++	+	+	－	生锈，受酸影响
U100，SPT 管，驱动探针管（适当密封）	++	++	++	++	++	++	++	++	++	标准设备	储存样品的费用高。从容器中获得样品难

++非常合适；+可能合适；－不合适；建议应与分析实验室讨论以确保使用合适的样品容器；

a. 不宜用于受污染的土地调查；

b. 不宜用于可能需要对有机污染物进行分析的受污染的土地调查；

c. 在 vocs 存在时获得最佳性能，可以要求使用无扰动样品溶剂如甲醇；

d. 可能适合使用 PTFE 隔板。

3. 样品记录

（1）现场记录

土壤采样时应进行现场记录，主要内容包括：样品名称和编号、气象条件、采样时间、采样位置、采样深度、样品质地、样品的颜色和气味、现场检测结果以及采样人员等。

采样时应对采样过程进行书面记录，如采样总体进程、工作计划或现场抽样计划、健康及安全计划、所有变化的条件、健康和安全事件和其他所有值得注意的观察资料，主要包括：地质条件；气象条件；采样位置编码；样品名称和编号规则；采样时间；采样深度；样品的颜色、气味、质地等；现场检测结果；采样人员，等等。

通过地标和测量的永久性距离确定采样地点，详细准确地记录所有的采样地点、地下水监测孔位置，并标明在工作草图上。记录每个样本采集地点海拔、高程以及每一个钻孔、探坑或螺旋钻孔的地面条件，所有的深度必须以地面为参照。用不同符号区别不同采样方式，如手钻(HA)、钻孔(BH)、地下水监测井(GW)取样。拍照记录测试坑，并在照片中标注实际测试坑数量。重复的样本(如果样品是重复样本)及一式三份样本(如果样品是一个样本一式三份)，应该有明确的现场记录，并由采样人员保存，送实验室分析的样品不必标记。

(2) 样品标志

每个样本收集时应由实验室人员使用防水材料、不褪色墨水或预备的标签进行单独标记。如果实验室提供了预备的标签、用于具体分析的预备保存样本瓶，样品收集时应在标签上添加其他相关信息。样品标签的目的主要是让每个样品有独特且明确的标志。为准确标记样品，一旦获得样品应立即标注明确而唯一的标记。常使用的标记方法有：① 系上标签或不干胶标签；② 直接写在样品容器上，容器盖子上也应有标注；③ 在容器中放一个标签(不污染样品的情况下)。

不干胶标签需稳固地贴在样品容器上而不是贴在样品盖或帽上，样品帽上的标一记应用不褪色墨水而非标签，以免脱落。应避免使用普通贴纸或任何会意外地从样品上掉落的标签，所用标签应该可以抵抗外部影响(雨淋、弄脏等)以及更多的处理(磨损、处理、接触化学品等)。标签应包含所有的相关信息。一些商用不干胶和记号笔含有有机溶剂，应注意避免对测定样品的影响。样品从采样现场到实验室进行测定时，应核对采样的相关记录。

每个样本的标签应包括：① 采样点名称；② 采样点代码或编号；③ 采样者姓名；④ 收集日期及时间(开始计算保存时间)；⑤ 采样深度；⑥ 使用的防腐剂(或没有任何防腐剂)；⑦ 分析要求。

单一样本可能不够做多重分析，因为不同的分析可能需要不同的防腐剂或不同的样本容器。

(3) 样品流转交接

样品送到实验室分析之前应有样品交接单，内容包括：① 采样日期；② 现场位置；③ 样品类型；④ 分析要求；⑤ 所需的化学分析；⑥ 最大的保护要求和保温时间；⑦ 提供样本的人/组织；⑧ 接收样本的人/组织；⑨ 获得样品的日期(交接时间)；⑩ 废弃物种类。

当样本送交实验室时，交出和接受样品的双方签字。逐项列明进入实验室后所进行的活动，包括冷藏保存地点和条件、预处理人员和方法、净化程序、分析方法、分析人员和分析时间等。

(十三) 数据评估和结果分析

(1) 实验室检测分析　委托有资质的实验室进行样品检测分析。

(2) 数据评估 整理调查信息和检测结果,评估检测数据的质量,分析数据的有效性和充分性,确定是否需要补充采样分析等。

(3) 结果分析 根据土壤和地下水检测结果进行统计分析,确定地块关注污染物种类、浓度水平和空间分布。

(十四) 第二阶段调查报告的编制

地块评价第二阶段即地块详细调查阶段报告应至少包括:① 地块污染识别,包括地块基本信息、主要污染物种类和来源及可能污染的重点区域;② 现场采样与实验室分析,包括采样计划、采样与分析方法、质量控制;③ 地块污染风险筛选及地块环境污染评价的结论和建议。

按实际调查程序,调查报告可分为第一阶段和第二阶段。

(1) 土壤污染状况调查第一阶段报告

报告应包括以下部分:① 前言;② 概述;③ 地块概况;④ 资料分析;⑤ 现场踏勘和人员访谈;⑥ 结果和分析;⑦ 附件。

(2) 土壤污染状况调查第二阶段报告

报告应包括以下部分:① 前言;② 概述;③ 地块概况;④ 工作计划;⑤ 现场采样和实验室分析;⑥ 结果和评价;⑦ 结论与建议;⑧ 附件。

四、第三阶段土壤污染状况调查

(一) 补充调查内容

第三阶段土壤污染状况调查以补充采样和测试为主,获得满足风险评估及土壤和地下水修复所需的参数。本阶段的调查工作可单独进行,也可在第二阶段调查过程中同时开展。

在初步采样分析的基础上制定详细采样分析工作计划。详细采样分析工作计划主要包括:评估初步采样分析工作计划和结果,制定采样方案,以及制定样品分析方案等。详细调查过程中监测的技术要求按照 HJ25.2 中的规定执行。

正式采样测试后,发现布设的样点没有满足总体设计需要,则要进行增设采样点补充采样,包括地块特征参数、受体暴露参数的调查,详细调查分析结果显示的不确定信息的确认调查等。

(1) 增设采样点补充采样

如果主要调查成果得到的信息不够充分,需要信息补充和确认,就需要进行补充调查。例如,为了提高修复成本的准确性,可能需要进一步采样去描述污染区域,或为了证实地下水的流向,可能需要一条污染羽或更多的监测井。设计补充调查是为了得到特定的信息，通常使用目标采样方式。

当考虑修复费用时，必须收集更详细的数据。因为每种修复方法（挖掘、覆盖、生物处理、热处理等）都有其各自的数据要求，通过补充调查获得这些额外数据。当处理污染土壤或其他材料时，也需要进行比风险评估更相关的调查，经济成本是主要考虑因素。例如，材料之间的差别需要不同的处理水平和处理方法。

（2）地块特征参数

地块特征参数包括：不同代表位置和土层或选定土层的土壤样品的理化性质分析数据，如土壤pH值、容重、有机碳含量、含水率和质地等；地块（所在地）气候、水文、地质特征信息和数据，如地表年平均风速和水力传导系数等。根据风险评估和地块修复实际需要，选取适当的参数进行调查。

（3）受体暴露参数

受体暴露参数包括：地块及周边地区土地利用方式、敏感人群结构（年龄、体重情况等）及建筑物等相关信息，通过各种介质暴露的时间、频率、周期、速率等。

（4）地下水持续监测

对地下水和土壤气体井的持续监测有时也被认为是补充调查，以确认风险水平达到要求，常用于监测结果表明为确保达到要求的风险水平需要长期监测时。实施验证采样以检验修复效果时，可能包含一些位于特定修复区域的采样和补充调查。

（二）调查方法

信息补充和确认，常采用有目标的现场补充采样调查分析。

对地块特征参数和受体暴露参数的调查可采用资料查询、现场实测和实验室分析测试等方法。

（三）结论及报告编制

该阶段所获得结论可以以数据报告形式直接提供地块风险评估、风险管控和修复使用。第一阶段和第二阶段地块环境调查应编制调查报告，第三阶段不做要求。

五、质量控制与质量保证

（一）现场样品质量控制

（1）在土壤样品的采集、保存、运输、交接等过程应建立完整的管理程序。为避免采样设备及外部环境条件等因素影响样品，应注重现场采样过程中的质量保证和质量控制。

(2) 应防止采样过程中的交叉污染。钻机采样过程中,在两个钻孔之间的钻探设备应进行清洁,同一钻机不同深度采样时应对钻探设备、取样装置进行清洗,与土壤接触的其他采样工具重复利用时也应清洗。

(3) 采集现场质量控制样是现场采样和实验室质量控制的重要手段。质量控制样一般包括平行样、空白样、运输样和清洗空白样,控制样品的分析数据可从采样到样品运输、储存和数据分析等不同阶段分析质量效果。

(4) 在采样过程中,同种采样介质,应该采集至少一个现场重复样和一个设备清洗样。现场重复样是从相同的源收集并单独封装分别进行分析的两个单独样品;设备清洗样是采样前用于清洗采样设备并与分析无关的样品,以确保设备不污染样品。

(5) 采集土壤样品用于挥发性有机物指标分析时,建议每天收集一个运输空白样,即从实验室带到采样现场后,又从采样现场带回实验室的与分析无关的样品,以便了解运输途中是否受到污染和样品是否损失。

(6) 采样过程中采样人员不应有影响采样质量的行为,如使用化妆品,在采样时、样品分装时及样品密封现场吸烟等。汽车应停放在监测点(井)下风向 50 m 以外处。

(7) 每批水样,应选择部分监测项目加采现场平行样和现场空白样,与样品一起送实验室分析。

(8) 每次测试结束后,除必要的留存样品外,样品容器应及时清洗。

(9) 各监测站应配置水质采样准备间,地下水水样容器和污染源水样容器应分架存放,不得混用。地下水水样容器应按监测井号和测定项目,分类编号、固定专用。

(10) 同一监测点(井)应有两人以上进行采样,注意采样安全,采样过程要相互监护,防止中毒及掉入井中等意外事故的发生。

(二) 样品副本、空白样品、空白样本

(1) 空白重复样品使用的质量保证和质量控制措施

现场质量保证和质量控制应涵盖:① 样品区和采样频率;② 样品采集步骤;③ 样品处理步骤;④ 测定的成分;⑤ 用于测定成分的分析方法。

两个最常用在现场采样的数据质量指标为误差和精确度。误差是指一个数据的系统偏差(错误)。精确度是数据随机变化的度量标准。

(2) 用于估计抽样偏差的空白样品

各种空白样品可用于评估误差的来源如下:① 外来杂质被引人样品中的可能性;② 目标采样区是否真正不同于周围地区;③ 样品基质是否影响取样和分析

过程。

现将现场评估中经常使用的空白样品概述如下：

① 全程序空白

与样品基质类似的空白样品，是从一个容器转移到另一个容器或暴露在采样点的采样环境的样品。它们测定在整个取样和分析过程中(样品采集、运输、储存在实验室)偶然或意外的样品污染。

② 仪器空白(或清洗空白)

被用来冲洗取样设备的空白样品(通常是在适当的容器收集的高纯度蒸馏水)。这些空白样收集于仪器消毒之后，以测定样品之间潜在作为无效消毒程序结果的交叉污染。

③ 运送空白(或运输空白)

从实验室带到了取样现场以及未开封又返回实验室的空白测试样品，它们被用来衡量容器和防腐剂在运输、现场处理和储存过程中的交叉污染。

(3) 背景样品(或基质空白或现场管理空白)

类似于测试样品基质(土壤、地表水、沉积物等)的介质样品。在一个在本底水平可出现分析物的采样点，背景样品采自于接近采样作业的时间。背景样本代表了关注分析物的本底浓度。背景样本用以证明目标现场是否被污染或污染浓度是否升高。

背景样品可以取自两种不同的采样点：局部采样点和区域采样点。

局部采样点一般相邻或非常接近测试样本的采样点，遵循以下原则：

① 局部采样点必须在采样点的上风区或上游区。

② 有可能时，首先应在局部采样点采集样本，以避免采样区的污染。

③ 在定位采样点和采样区域之间的运输应最大限度地减少人为、设备和(或)车辆的污染。

区域采样点指在同一范围，如城市或地区作为采样点时。在无法找到合适的局部采样点时可选择区域采样点。

(4) 空白样品的数量和频率

建议最好采取上述一系列的空白样本类型。统计空白样品的数量和次数在很大程度上取决于在现场评估规划阶段的数据质量目标(DQOs)的确定。

分析的成本取决于已收集的总量中空白样品分析的数量。如果这些成本高就有可能最大限度地减少需要分析的空白样本数目。例如，如果野外空白没有显示出污染的迹象，那么运送空白可以考虑丢弃或者根据需要存储。同样，如果主样本显示分析物的水平低于检测限或低于显著水平，那么就没有必要再分析所有类型的空白。这种方法特别适用于相关的地下水样品。

建议每天或每10个样本需采集：① 一个野外空白；② 一个仪器空白；③ 一个运送空白；④ 一个平行样。

虽然评估样品潜在的交叉污染需要收集一系列的空白样本，但可能只需要分析一部分空白样品能较好地说明是否可能发生的交叉污染也可能为后续分析明确误差问题。

(5) 重复抽样估计精度

重复样本是在相同空间和相同时间收集的尽可能接近的独立样本。重复是来自同一源的两个独立样本，储存在独立的容器中并独立分析。实验室应该没有两个样本之间关联的迹象。这些副本用于判断采样技术的一致性和实验室分析的精确性。

第四节 关停搬迁企业土壤污染风险评估

健康风险评估是狭义环境风险评估的重点，是通过有害因子对人体不良影响发生概率的估算，评价暴露于该有害因子的个体健康受到影响的风险，通常以风险度作评价指标，将环境污染程度与人体健康联系起来，定量描述污染对人体产生健康危害的风险。

关停搬迁企业土壤污染风险评估工作，是后期污染地块开发建设的前置条件，建设用地的健康风险评估工作是指在前期关停搬迁企业土壤污染状况调查工作成果的基础上，通过分析地块土壤和地下水中污染物对人群的主要暴露途径，评估污染物对人体健康的致癌风险或危害水平。

健康风险评价的过程涉及多种暴露途径，需用到多种场地参数、暴露情景参数、污染物毒性参数等，在通过较为复杂的运算，得出健康风险评估的结论；为简化上述复杂工作流程，国际上已开发研究出多种健康风险评估模型，如Csoil、RBCA、CLEA、RISA等，上述模型在不同国家、地区都得到了广泛的应用，目前国际上应用最多的主要为RBCA模型和CLEA模型。

RBCA模型是由美国材料与试验协会(American Society for Testing and Materials，ASTM)基于"风险矫正行动"(Rick-based Corrective Aciton, RBCA)标准开发的土壤与地下水健康风险评价模型，该模型可实现污染场地的健康风险评价，并可用于指定基于风险的土壤筛选值和修复目标值，在美国各州、部分欧洲国家和台湾地区采用。

CLEA(Contaminated Land Exposure Assessment)模型由英国环境署和环境、食品与农村事务部(Department for Environment, Food and Rural Affairs, DEFRA)与苏格兰环境保护局联合开发;是英国应用于污染场地评价及获取土壤指导限值的官方推荐模型。

我国健康风险评估工作起步较晚,目前国内广泛应用的模型工具主要包括"污染场地健康与环境风险评估软件"(Health and environmental risk assessment software)(HERA)和"污染场地风险评估电子表格"(http://www.niescq.top/)。

2012年,由中国科学院南京土壤研究所陈梦舫研究员团队自主研发了HERA软件,目前该软件已在全国各个省市、高等院校、科研院所、环保企业近千个污染场地调查评估与治理项目中得到应用。HERA软件模型可用于计算污染物土壤及地下水筛选值/风险控制值、健康风险值/危害商、暴露途径贡献率、过程因子、介质浓度。2020年,中国科学院南京土壤研究所联合南京凯业环境科技有限公司对该软件进行了全面再开发,在原基础上推出了基于互联网的污染场地土壤与地下水风险评估软件(HERA^{++})。开发升级后的HERA^{++}软件中增加了国家与地方土壤污染风险筛选值、管制值及水质标准,更新了污染暴露参数、土壤性质参数、污染物理化毒性参数等;能够满足用户自定义颗粒物扩散和蒸气挥发因子的需求,可提高挥发性有机污染物室内外迁移模拟的精度;实现了分类模拟土壤和地下水污染潜在风险,推导多深度修复目标同步运算;新增了污染数据导入和统计分析功能,能够实现污染物风险批量计算和超标统计;此外,开发升级后的HERA^{++}软件可与Windows平台和Office兼容,能实现数据的在线存储、更新和交互。

"污染场地风险评估电子表格"(http://www.niescq.top/)由中国科学院土壤环境与污染修复重点实验室(南京土壤研究所)尧一俊与环境保护部南京环境科学研究所陈樯共同设计开发。该软件可计算不同污染场地的风险控制值和筛选值,适用于污染场地人体健康风险评估和污染场地筛选值的查询和土壤和地下水风险控制值的确定,但不适用于放射性物质、致病性生物污染以及农用地土壤污染的风险评估。软件最初依据《污染场地风险评估技术导则》(HJ25.3—2014)、基于中国标准参数和数学模型建立,后期随着《土壤环境质量建设用地土壤污染风险管控标准(试行)》(GB36600—2018)的发布和实施,对《污染场地风险评估技术导则》(HJ25.3—2014)中的原有推荐参数不断进行更新修正;目前,软件中污染物毒性参数和理化参数参照美国环保局综合风险信息系统(USEPA Integrated Risk Information System)、临时性同行审定毒性数据(The Provisional Peer Reviewed Toxicity Values)、德州风险削减项目(Texas Risk Reduction Program)和区域筛选值(Regional Screening Levles)的最新发布数据变化,相对于原 HJ25.3—2014,对于污染物的毒性参数进行了数据更新,毒性数据以风险最小作为最优先;暴露参数推荐值按照《土壤环境建设用地土壤污染风险管控标准》(GB36600—2018)中筛选值的计算参数进行了调整。

上述软件的开发均基于我国现行的导则标准涉及,为我国土壤污染风险评估从业者提供了工作便利。土壤污染风险评估工作主要以《建设用地土壤污染风险评估技术导则》(HJ 25.3—2019)的要求开展,具体工作内容包括危害识别、暴露评估、毒性评估、风险表征和风险控制值与风险控制范围的计算。

一、危害识别

危害识别是指收集所评价地区的污染物检测数据,掌握该场景中污染物种类,判定其为致癌物质或非致癌物质,评选出目标污染物;致癌物质的判定依据国际权威性数据库,通常选用国际癌症研究署(IARC)数据库和 USEPA 综合风险信息系统(Integrated Risk Information System, IRIS)化学物质致癌分类。

我国土壤污染风险评估工作中,需在"危害识别"阶段完成:① 收集土壤污染状况调查阶段获得的相关资料和数据;② 掌握地块土壤和地下水中关注污染物的浓度分布;③ 明确规划土地利用方式;④ 分析可能的敏感受体(如儿童、成人、地下水体)等。

危害识别阶段,应结合地块土壤污染状况调查及污染识别工作结果,获得以下信息:

① 通过搜集企业环境影响评价、环保验收、应急预案等资料,获得较为详尽的地块相关资料及历史信息;

② 通过收集地块土壤污染状况调查报告,必要时根据实际工作需要可开展补充调查工作,从而获得较为详尽的地块土壤和地下水等样品中污染物的浓度数据;根据前文第二章论述,钢铁冶炼行业主要污染物类型包括:重金属类、苯系物及多环芳烃类、石油烃类、氰化物、氟化物、硫化物和二噁英;

③ 通过收集地块的水文地质勘查资料,获得土壤的理化性质分析数据,为后续暴露评估和风险表征工作提供数据支撑;

④ 地块所在地气候、水文、地质特征信息和数据,为后续暴露评估和风险表征工作提供数据支撑;

⑤ 通过收集地块未来规划文件及现场踏勘、人员访谈,结合前期地块土壤污染状况调查的结论,获得地块及周边地块土地利用方式、敏感人群及建筑物等相关信息;以明确健康风险敏感受体。

二、暴露评估

暴露评估是在危害识别的基础上，分析地块内关注污染物迁移和危害敏感受体的可能性，确定地块土壤和地下水污染物的主要暴露途径和暴露评估模型，确定评估模型参数取值，计算敏感人群对土壤和地下水中污染物的暴露量。

（一）暴露情景与敏感受体

暴露场景是确定人体健康风险的重要因素，不同的危险废物处理场景，受体的暴露途径不同。我国《建设用地土壤污染风险评估技术导则》(HJ 25.3—2019)中规定了2类典型用地方式下的暴露情景，即以住宅用地为代表的第一类用地和以工业用地为代表的第二类用地暴露情景。不同暴露情景下的用地方式见表3.4.-1。由该表不难发现，我国根据最终敏感受体的类型不同，将风险评估的暴露情景划分为了两类，一类是成人和儿童同时长期暴露的情景，另一类则是成人长期暴露的情景；而对于可能存在的短期大量暴露的情景(如:建设用地施工期工人暴露情景)，导则中并未作出明确规定。

第一类用地情景下，儿童和成人均可能会长时间暴露于地块污染而产生健康危害，因此，该情境下敏感受体为成人和儿童；其中，对于致癌效应，考虑人群的终生暴露危害，应根据儿童期和成人期的暴露来评估污染物的终生致癌风险；对于非致癌效应，儿童体重较轻、暴露量相对较高，通常根据儿童期暴露来评估污染物的非致癌危害效应。第二类用地方式下，成人暴露期长、暴露频率高，则该情境下主要敏感受体为成人，通常根据成人期的暴露来评估污染物的致癌风险和非致癌效应。

表3.4-1 暴露情景与敏感受体对应表

暴露情景	用地方式说明	敏感受体
第一类用地	GB50137规定的城市建设用地中的居住用地(R)、公共管理与公共服务用地中国的中小学用地(A33)、医疗卫生用地(A5)和社会福利设施用地(A6)，以及公园绿地(G1)中的社区公园或儿童公园用地	成人、儿童
第二类用地	GB 50137规定的城市建设用地中的工业用地(M)、物流仓储用地(W)、商业服务业设施用地(B)、道路与交通设施用地(S)、公用设施用地(U)、公共管理与公共服务用地(A)(A33、A5、A6除外)，以及绿地与广场用地(G)(G1中的社区公园或儿童公园用地除外)	成人

（二）暴露途径

据USEPA分析，人体摄入污染物暴露途径主要包括：呼吸吸入气体或颗粒物途径、皮肤接触土壤或水体途径、经口服摄入土壤或食物途径、饮用水途径。

对于第一类用地和第二类用地，HJ 25.3—2019 则规定了 9 种主要暴露途径，将 USEPA 中的“呼吸吸入气体或颗粒物途径”细化成了“吸入土壤颗粒物、吸入室外空气中来自表层土壤的气态污染物、吸入室外空气中来自下层土壤的气态污染物、吸入室内空气中来自下层土壤的气态污染物、吸入室外空气中来自地下水的气态污染物、吸入室内空气中来自地下水的气态污染物”共 6 种途径，其余的经口摄入土壤、皮肤接触土壤、和饮用地下水途径与 USEPA 相同。

通常情况下，我国绝大部分地区不直接饮用地下水，即饮用地下水途径通常在我国土壤污染风险评估工作中不予考虑。

实际操作过程中，在确定暴露情景和敏感受体后，需建立相应的概念模型，如图 3.4－1 所示。

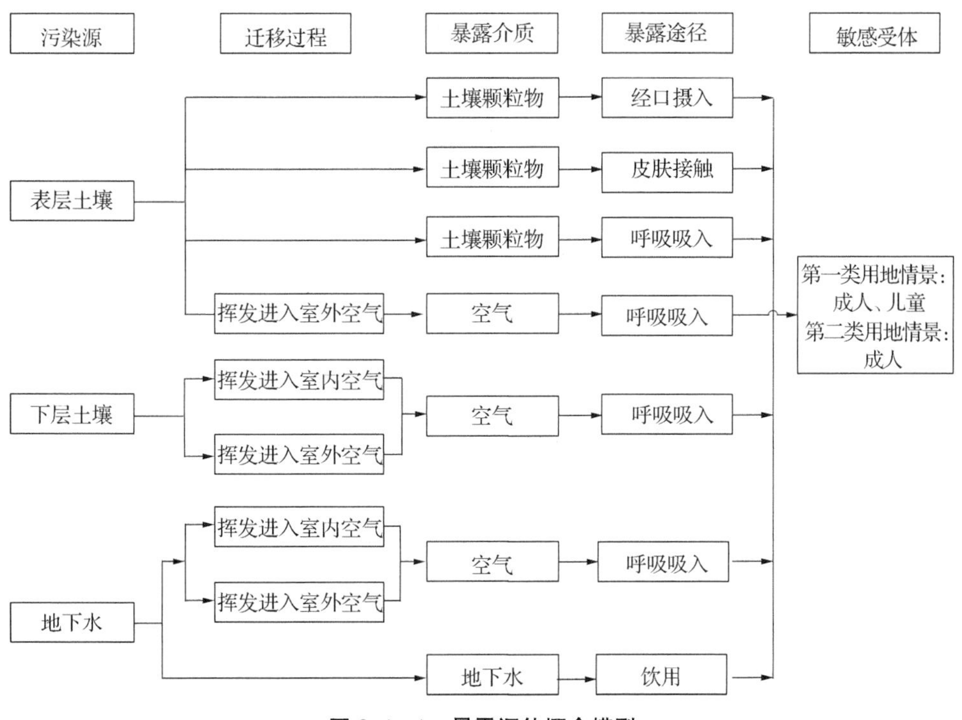

图 3.4－1　暴露评估概念模型

(三) 土壤和地下水暴露量计算

1. 第一类用地土壤和地下水暴露量计算

(1) 经口摄入土壤途径

第一类用地方式下，人群可因经口摄入土壤而暴露于污染土壤。对于单一污染物的致癌和非致癌效应,计算该途径对应土壤暴露量的模型见公式(3-1)和公式(3-2)。

致癌效应暴露量:

$$OISER_{ca} = \frac{\left(\frac{OSIR_c \times ED_c \times EF_c}{BW_c} + \frac{OSIR_a \times ED_a \times EF_a}{BW_a}\right) \times ABS_o}{AT_{ca}} \times 10^{-6} \quad (3-1)$$

$OISER_{ca}$,经口摄入土壤暴露量(致癌效应),kg 土壤·kg^{-1}体重·d^{-1};

$OSIR_c$,儿童每日摄入土壤量,mg/d;

$OSIR_a$,成人每日摄入土壤量,mg/d;

ED_c,儿童暴露期,a;

ED_a,成人暴露期,a;

EF_a,成人暴露频率,d/a;

BW_c,儿童体重,kg;

BW_a,成人体重,kg;

ABS_o,经口摄入吸收效率因子,无量纲;

AT_{ca},致癌效应平均时间,d。

非致癌效应暴露量:

$$OISER_{nc} = \frac{OSIR_c \times ED_c \times EF_c \times ABS_o}{BW_c \times AT_{nc}} \times 10^{-6} \quad (3-2)$$

$OISER_{nc}$,经口摄入土壤暴露量(非致癌效应),kg 土壤·kg^{-1}体重·d^{-1};

AT_{nc},非致癌效应平均时间,d。

(2) 皮肤接触土壤途径

第一类用地方式下,人群可因皮肤接触土壤而暴露于污染土壤。对于单一污染物的致癌和非致癌效应,计算该途径对应土壤暴露量的推荐模型见公式(3-3)、公式(3-4)、公式(3-5)和公式(3-6)。

致癌效应暴露量:

$$DCSER_{ca} = \frac{SAE_c \times SSAR_c \times EF_c \times ED_c \times E_v \times ABS_d}{BW_c \times AT_{ca}} \times 10^{-6} + \frac{SAE_a \times SSAR_a \times EF_a \times ED_a \times E_v \times ABS_d}{BW_a \times AT_{ca}} \times 10^{-6} \quad (3-3)$$

$DCSER_{ca}$,皮肤接触途径的土壤暴露量(致癌效应),kg 土壤·kg^{-1}体重·d^{-1};

SAE_c,儿童暴露皮肤表面积,cm^2;

SAE_a,成人暴露皮肤表面积,cm^2;

$SSAR_c$,儿童皮肤表面土壤黏附系数,mg/cm^2;

$SSAR_a$,成人皮肤表面土壤黏附系数,mg/cm^2;

ABS_d,皮肤接触吸收效率因子,无量纲;

E_v,每日皮肤接触事件频率,次/d;

$$SAE_c = 239 \times H_c^{0.417} \times BW_c^{0.517} \times SER_c \tag{3-4}$$

$$SAE_a = 239 \times H_a^{0.417} \times BW_a^{0.517} \times SER_a \tag{3-5}$$

H_c,儿童平均身高,cm;

H_a,成人平均身高,cm;

SER_c,儿童暴露皮肤所占面积比,无量纲;

SER_a,成人暴露皮肤所占面积比,无量纲;

非致癌效应暴露量:

$$DCSER_{nc} = \frac{SEA_c \times SSAR_c \times EF_c \times ED_c \times E_v \times ABS_d}{BW_c \times AT_{nc}} \times 10^{-6} \tag{3-6}$$

$DCSER_{nc}$,皮肤接触的土壤暴露量(非致癌效应),kg 土壤·kg^{-1}体重·d^{-1}。

(3) 吸入土壤颗粒物途径

第一类用地方式下,人群可因吸入空气中来自土壤的颗粒物而暴露于污染土壤。对于单一污染物的致癌和非致癌效应,计算该途径对应土壤暴露量的推荐模型见公式(3-7)和公式(3-8)。

致癌效应暴露量:

$$PISER_{ca} = \frac{PM_{10} \times DAIR_c \times ED_c \times PIAF \times (fspo \times EPO_c + fspi \times EFI_c)}{BW_c \times AT_{ca}} \times 10^{-6} + \frac{PM_{10} \times DAIR_a \times ED_a \times PIAF \times (fspo \times EFO_a + fspi \times EFI_a)}{BW_a \times AT_{ca}} \times 10^{-6} \tag{3-7}$$

$PISER_{ca}$,吸入土壤颗粒物的土壤暴露量(致癌效应),kg 土壤·kg^{-1}体重·d^{-1};

PM_{10},空气中可吸入浮颗粒物含量,mg/m^3;

$DAIR_a$,成人每日空气呼吸量,m^3/d;

$DAIR_c$,儿童每日空气呼吸量,m^3/d;

$PIAF$,吸入土壤颗粒物在体内滞留比例,无量纲;

f_{spi},室内空气中来自土壤的颗粒物所占比例,无量纲;

f_{spo},室外空气中来自土壤的颗粒物所占比例,无量纲;

EFI_a,成人的室内暴露频率,d/a;

EFI_c,儿童的室内暴露频率,d/a;

EFO_a,成人的室外暴露频率,d/a;

EFO_c,儿童的室外暴露频率,d/a;

非致癌效应暴露量：

$$PISER_{nc}=\frac{PM_{10}\times DAIR_{c}\times ED_{c}\times PIAF\times(fspo\times EFO_{c}\times fspi\times EFI_{c})}{BW_{c}\times AT_{nc}}\times 10^{-6}$$

(3-8)

$PISER_{nc}$，吸入土壤颗粒物的土壤暴露量(非致癌效应)，kg 土壤 · kg^{-1}体重 · d^{-1}。

(4) 吸入室外空气中来自表层土壤的气态污染物途径

第一类用地方式下，人群可因吸入室外空气中来自表层土壤的气态污染物而暴露于污染土壤。对于单一污染物的致癌和非致癌效应，计算该途径对应土壤暴露量的推荐模型见公式(3-9)和公式(3-10)。

致癌效应暴露量：

$$IOVER_{ca1}=VF_{suroa}\times\left(\frac{DAIR_{c}\times EFO_{c}\times ED_{c}}{BW_{c}\times AT_{ca}}+\frac{DAIR_{a}\times EFO_{a}\times ED_{a}}{BW_{a}\times AT_{ca}}\right)$$

(3-9)

$IOVER_{ca1}$，吸入室外空气中来自表层土壤的气态污染物对应的土壤暴露量(致癌效应)，kg 土壤 · kg^{-1}体重 · d^{-1}；VF_{suroa}，表层土壤中污染物扩散进入室外空气的挥发因子，kg/m^{3}；

非致癌效应暴露量：

$$IOVER_{nc1}=VF_{suroa}\times\frac{DAIR_{c}\times EFO_{c}\times ED_{c}}{BW_{c}\times AT_{nc}}\tag{3-10}$$

$IOVER_{nc1}$，吸入室外空气中来自表层土壤的气态污染物对应的土壤暴露量(非致癌效应)，kg 土壤 · kg^{-1}体重 · d^{-1}。

(5) 吸入室外空气中来自下层土壤的气态污染物途径

第一类用地方式下，人群可因吸入室外空气中来自下层土壤的气态污染物而暴露于污染土壤。对于单一污染物的致癌和非致癌效应，计算该途径对应土壤暴露量的推荐模型见公式(3-11)和公式(3-12)。

致癌效应暴露量：

$$IOVER_{ca2}=VF_{suboa}\times\left(\frac{DAIR_{c}\times EFO_{c}\times ED_{c}}{BW_{c}\times AT_{ca}}+\frac{DAIR_{a}\times EFO_{a}\times ED_{a}}{BW_{a}\times AT_{ca}}\right)$$

(3-11)

$IOVER_{ca2}$，吸入室外空气中来自下层土壤的气态污染物对应的土壤暴露量(致癌效应)，kg 土壤 · kg^{-1}体重 · d^{-1}；

VF_{suboa}，下层土壤中污染物扩散进入室外空气的挥发因子，kg/m^{3}；

$$IOVER_{nc2}=VF_{suboa}\times\frac{DAIR_{c}\times EFO_{c}\times ED_{c}}{BW_{c}\times AT_{nc}}\tag{3-12}$$

$IOVER_{nc2}$，吸入室外空气中来自下层土壤的气态污染物对应的土壤暴露量（非致癌效应），kg 土壤·kg^{-1}体重·d^{-1}。

(6) 吸入室外空气中来自地下水的气态污染物途径

第一类用地方式下，人群可因吸入室外空气中来自地下水的气态污染物而暴露于受污染地下水。对于单一污染物的致癌和非致癌效应，计算该途径对应地下水暴露量的推荐模型见公式(3-13)和公式(3-14)。

致癌效应暴露量：

$$IOVER_{ca3} = VF_{gwoa} \times \left(\frac{DAIR_c \times EFO_c \times ED_c}{BW_c \times AT_{ca}} + \frac{DAIR_a \times EFO_a \times ED_a}{BW_a \times AT_{ca}}\right) \tag{3-13}$$

$IOVER_{ca3}$，吸入室外空气中来自地下水的气态污染物对应的地下水暴露量（致癌效应），L 地下水·kg^{-1}体重·d^{-1}；

非致癌效应暴露量：

$$IOVER_{nc3} = VF_{gwoa} \times \frac{DAIR_c \times EFO_c \times ED_c}{BW_c \times AT_{nc}} \tag{3-14}$$

$IOVER_{nc3}$，吸入室外空气中来自地下水的气态污染物对应的地下水暴露量（非致癌效应），L 地下水·kg^{-1}体重·d^{-1}。

(7) 吸入室内空气中来自下层土壤的气态污染物途径

第一类用地方式下，人群可因吸入室内空气中来自下层土壤的气态污染物而暴露于污染土壤。对于污染物的致癌和非致癌效应，计算该途径对应土壤暴露量的推荐模型见公式(3-15)和公式(3-16)。

致癌效应暴露量：

$$IIVER_{ca1} = VF_{subia} \times \left(\frac{DAIR_c \times EFO_c \times ED_c}{BW_c \times AT_{ca}} + \frac{DAIR_a \times EFO_a \times ED_a}{BW_a \times AT_{ca}}\right) \tag{3-15}$$

$IIVER_{ca1}$，吸入室内空气中来自下层土壤的气态污染物对应的土壤暴露量（致癌效应），kg 土壤·kg^{-1}体重·d^{-1}；

VF_{subia}，下层土壤中污染物扩散进入室内空气的挥发因子，kg·m^{-3}；

非致癌效应暴露量：

$$IIVER_{nc1} = VF_{subia} \times \frac{DAIR_c \times EFI_c \times ED_c}{BW_c \times AT_{nc}} \tag{3-16}$$

$IIVER_{nc1}$，吸入室内空气中来自下层土壤的气态污染物对应的土壤暴露量（非致癌效应），kg 土壤·kg^{-1}体重·d^{-1}。

(8) 吸入室内空气中来自地下水的气态污染物途径

第一类用地方式下，人群吸入室内空气中来自地下水的气态污染物而暴露于受污染地下水。对于污染物的致癌和非致癌效应，计算该途径对应地下水暴露量的推荐模型见公式(3－17)和公式(3－18)。

致癌效应暴露量：

$$IIVER_{ca2}=VF_{gwia}\times\left(\frac{DAIR_c\times EFI_c\times ED_c}{BW_c\times AT_{ca}}+\frac{DAIR_a\times EFI_a\times ED_a}{BW_a\times AT_{ca}}\right)\tag{3-17}$$

$IIVER_{ca2}$，吸入室内空气中来自地下水的气态污染物对应的地下水暴露量(致癌效应)，L地下水·kg^{-1}体重·d^{-1}；

$VFgwia$，地下水中污染物扩散进入室内空气的挥发因子，L·m^{-3}。

非致癌效应暴露量：

$$IIVER_{nc2}=VF_{gwia}\times\frac{DAIR_c\times EFI_c\times ED_c}{BW_c\times AT_{nc}}\tag{3-18}$$

$IIVER_{nc2}$，吸入室内空气中来自地下水的气态污染物对应的地下水暴露量(非致癌效应)，L地下水·kg^{-1}体重·d^{-1}。

(9) 饮用地下水途径

第一类用地方式下，人群可因饮用地下水而暴露于地块地下水污染物。对于单一污染物的致癌和非致癌效应，计算该途径对应地下水暴露量的推荐计算模型见公式(3－19)和公式(3－20)。

致癌效应暴露量：

$$CGWER_{ca}=\frac{GWCR_c\times EF_c\times ED_c}{BW_c\times AT_{ca}}+\frac{GWCR_a\times EF_a\times ED_a}{BW_a\times AT_{ca}}\tag{3-19}$$

$CGWER_{ca}$，饮用受影响地下水对应的地下水的暴露量(致癌效应)，L地下水 kg^{-1}体重 d^{-1}；

$GWCR_c$，儿童每日饮水量，L地下水/d；

$GWCR_a$，成人每日饮水量，L地下水/d；

非致癌效应暴露量：

$$CGWER_{nc}=\frac{GWCR_c\times EF_c\times ED_c}{BW_c\times AT_{nc}}\tag{3-20}$$

$CGWER_{nc}$，饮用受影响地下水对应的地下水的暴露量(非致癌效应)，L地下水·kg^{-1}体重·d^{-1}；

2. 第一类用地土壤和地下水暴露量计算

(1) 经口摄入土壤途径

第二类用地方式下，人群可因经口摄入土壤而暴露于污染土壤。对于污染物的致癌和非致癌效应，计算该途径对应土壤暴露量的推荐模型见公式(3－21)和公式(3－22)。

致癌效应暴露量：

$$OISER_{ca}=\frac{OISER_{a}\times ED_{a}\times EF_{a}\times ABS_{o}}{BW_{a}\times AT_{ca}}\times 10^{-6} \tag{3-21}$$

非致癌效应暴露量：

$$OISER_{nc}=\frac{OISER_{a}\times ED_{a}\times EF_{a}\times ABS_{o}}{BW_{a}\times AT_{nc}}\times 10^{-6} \tag{3-22}$$

(2) 皮肤接触土壤途径

第二类用地方式下，人群可因皮肤直接接触而暴露于污染土壤。对于污染物的致癌和非致癌效应，计算该途径对应土壤暴露量的推荐模型见公式(3－23)和公式(3－24)。

致癌效应暴露量：

$$DCSER_{ca}=\frac{SAE_{a}\times SSAR_{a}\times EF_{a}\times ED_{a}\times E_{v}\times ABS_{d}}{BW_{a}\times AT_{ca}}\times 10^{-6} \tag{3-23}$$

非致癌效应暴露量：

$$DCSER_{nc}=\frac{SAE_{a}\times SSAR_{a}\times EF_{a}\times ED_{a}\times E_{v}\times ABS_{d}}{BW_{a}\times AT_{nc}}\times 10^{-6} \tag{3-24}$$

(3) 吸入土壤颗粒物途径

第二类用地方式下，人群可因吸入空气中来自土壤的颗粒物而暴露于污染土壤。对于污染物的致癌和非致癌效应，计算该途径对应土壤暴露量的推荐模型见公式(3－25)和公式(3－26)。

致癌效应暴露量：

$$PISER_{ca}=\frac{PM_{10}\times DAIR_{a}\times ED_{a}\times PIAF\times (fspo\times EFO_{a}+fspi\times EFI_{a})}{BW_{a}\times AT_{ca}}\times 10^{-6} \tag{3-25}$$

非致癌效应暴露量：

$$PISER_{nc}=\frac{PM_{10}\times DAIR_{a}\times ED_{a}\times PIAF\times (fspo\times EFO_{a}+fspi\times EFI_{a})}{BW_{a}\times AT_{nc}}\times 10^{-6} \tag{3-26}$$

(4) 吸入室外空气中来自表层土壤的气态污染物途径

第二类用地方式下，人群可因吸入室外空气中来自表层土壤的气态污染物而暴露于污染土壤。对于污染物的致癌和非致癌效应，计算该途径对应土壤暴露量的推荐模型见公式(3－27)和公式(3－28)。

致癌效应暴露量：

$$IOVER_{ca1} = VF_{suroa} \times \frac{DAIR_a \times EFO_a \times ED_a}{BW_a \times AT_{ca}} \tag{3-27}$$

非致癌效应暴露量：

$$IOVER_{nc1} = VF_{suroa} \times \frac{DAIR_a \times EFO_a \times ED_a}{BW_a \times AT_{nc}} \tag{3-28}$$

(5) 吸入室外空气中来自下层土壤的气态污染物途径

第二类用地方式下，人群可因吸入室外空气中来自下层土壤的气态污染物而暴露于污染土壤。对于污染物的致癌和非致癌效应，计算该途径对应土壤暴露量的推荐模型见公式(3-29)和公式(3-30)。

致癌效应暴露量：

$$IOVER_{ca2} = VF_{suboa} \times \frac{DAIR_a \times EFO_a \times ED_a}{BW_a \times AT_{ca}} \tag{3-29}$$

非致癌效应暴露量：

$$IOVER_{nc2} = VF_{suboa} \times \frac{DAIR_a \times EFO_a \times ED_a}{BW_a \times AT_{nc}} \tag{3-30}$$

(6) 吸入室外空气中来自地下水的气态污染物途径

第二类用地方式下，人群可因吸入室外空气中来自地下水的气态污染物而暴露于污染地下水。对于污染物的致癌和非致癌效应，计算该途径对应地下水暴露量的推荐模型见公式(3-31)和公式(3-32)。

致癌效应暴露量：

$$IOVER_{ca3} = VF_{gwoa} \times \frac{DAIR_a \times EFO_a \times ED_a}{BW_a \times AT_{ca}} \tag{3-31}$$

非致癌效应暴露量：

$$IOVER_{nc3} = VF_{gwoa} \times \frac{DAIR_a \times EFO_a \times ED_a}{BW_a \times AT_{nc}} \tag{3-32}$$

(7) 吸入室内空气中来自下层土壤的气态污染物途径

第二类用地方式下，人群可因吸入室内空气中来自下层土壤的气态污染物而暴露于污染土壤。对于污染物的致癌和非致癌效应，计算该途径对应土壤暴露量的推荐模型见公式(3-33)和公式(3-34)。

致癌效应暴露量：

$$IIVER_{ca1} = VF_{subia} \times \frac{DAIR_a \times EFI_a \times ED_a}{BW_a \times AT_{ca}} \tag{3-33}$$

非致癌效应暴露量：

$$IIVER_{nc1} = VF_{subia} \times \frac{DAIR_a \times EFI_a \times ED_a}{BW_a \times AT_{nc}} \tag{3-34}$$

(8) 吸入室内空气中来自地下水的气态污染物途径

第二类用地方式下，人群可因吸入室内空气中来自地下水的气态污染物而暴露于污染地下水。对于污染物的致癌和非致癌效应，计算该途径对应地下水暴露量的推荐模型见公式(3-35)和公式(3-36)。

致癌效应暴露量：

$$IIVER_{ca2} = VF_{gwia} \times \frac{DAIR_a \times EFI_a \times ED_a}{BW_a \times AT_{ca}} \tag{3-35}$$

非致癌效应暴露量：

$$IIVER_{nc2} = VF_{gwia} \times \frac{DAIR_a \times EFI_a \times ED_a}{BW_a \times AT_{nc}} \tag{3-36}$$

(9) 饮用地下水途径

第二类用地方式下，人群可因饮用地下水而暴露于地下水污染物。对于单一污染物的致癌和非致癌效应，计算该途径对应地下水暴露量的推荐模型见公式(3-37)和公式(3-38)。

致癌效应暴露量：

$$CGWER_{ca} = \frac{GWCR_a \times EF_a \times ED_a}{BW_a \times AT_{ca}} \tag{3-37}$$

非致癌效应暴露量：

$$CGWER_{nc} = \frac{GWCR_a \times EF_a \times ED_a}{BW_a \times AT_{nc}} \tag{3-38}$$

三、毒性评估

毒性评估指在危害识别的基础上，分析关注污染物对人体健康的危害效应，包括致癌效应和非致癌效应，确定与关注污染物相关的参数，包括参考剂量、参考浓度、致癌斜率因子和呼吸吸入单位致癌因子等。

1. 分析污染物毒性效应

分析污染物经不同途径对人体健康的危害效应，包括致癌效应、非致癌效应、污染物对人体健康的危害机理和剂量-效应关系等。

剂量-效应评价是指对所评价的污染物的暴露水平与人类产生不良健康反应建立定量联系。对于非致癌物质，通常认为存在阈值现象，低于该值不会产生不良反应；对于致癌物质则认为无阈值现象，任意剂量的暴露均可能产生负面健康效应。目标污染物阈值的获得通常采用动物实验、流行病统计、临床学等数据通过数学模型外推获得，从而确定适合人类的剂量-效应关系，确定污染物阈值。这一过程主要依据国际权威数据库，选取目标污染物的毒性参数值。

2. 确定污染物相关参数

(1) 致癌效应毒性参数

致癌效应毒性参数包括呼吸吸入单位致癌因子(IUR)、呼吸吸入致癌斜率因子(SFi)、经口摄入致癌斜率因子(SFo)和皮肤接触致癌斜率因子(SFd)。呼吸吸入致癌斜率因子(SFi)根据呼吸吸入单位致癌因子(IUR)外推获得(公式 3-39);皮肤接触致癌斜率系数(SFd)根据经口摄入致癌斜率系数(SFo)外推获得(公式3-40)。

$$SF_i = \frac{IUR \times BW_a}{DAIR_a} \tag{3-39}$$

$$RfD_i = \frac{RfC \times DAIR_a}{BW_a} \tag{3-40}$$

SF_i,呼吸吸入致癌斜率因子,(mg 污染物 kg^{-1}体重 $d^{-1})^{-1}$;

RfD_i,呼吸吸入参考剂量,mg 污染物 kg^{-1}体重 d^{-1};

IUR,呼吸吸入单位致癌因子,m^3/mg;

RfC,呼吸吸入参考浓度,mg/m^3。

(2) 非致癌效应毒性参数

非致癌效应毒性参数包括呼吸吸入参考浓度(RfC)、呼吸吸入参考剂量(RfDi)、经口摄入参考剂量(RfDo)和皮肤接触参考剂量(RfDd)。呼吸吸入参考剂量(RfDi)根据呼吸吸入参考浓度(RfC)外推得到(公式 3-41)。皮肤接触参考剂量(RfDd)根据经口摄入参考剂量(RfDo)外推获得(公式 3-42)。

$$SF_d = \frac{SF_0}{ABS_{gi}} \tag{3-41}$$

$$RfD_d = RfD_0 \times ABS_{gi} \tag{3-42}$$

SF_d,皮肤接触致癌斜率因子,(mg 污染物·kg^{-1}体重·$d^{-1})^{-1}$;

SF_o,经口摄入致癌斜率因子,(mg 污染物·kg^{-1}体重·$d^{-1})^{-1}$;

RfD_o,经口摄入参考剂量,mg 污染物·kg^{-1}体重·d^{-1};

RfD_d,皮肤接触参考剂量,mg 污染物·kg^{-1}体重·d^{-1};

ABS_{gi},消化道吸收效率因子,无量纲。

(3) 污染物的理化性质参数

风险评估所需的污染物理化性质参数包括无量纲亨利常数(H′)、空气中扩散系数(Da)、水中扩散系数(Dw)、土壤-有机碳分配系数(Koc)、水中溶解度(S)。

(4) 污染物其他相关参数

其他相关参数包括消化道吸收因子(ABSgi)、皮肤吸收因子(ABSd)和经口摄入吸收因子(ABSo)。

我国目前没有针对人体健康评价构建出完整的污染物毒性数据库,目前污染土壤风险评估工作中污染物的毒性参数主要来源于“美国环保局综合风险信息系统(USEPA Integrated Risk Information System)”、美国环保局“临时性同行审定毒性数据(The Provisional Peer Reviewed Toxicity Values)”;美国环保局“区域筛选值(Regional Screening Levels)总表”污染物毒性数据。

污染物的理化性质参数,国际上通常参考美国环保局“化学品性质参数估算工具包(Estimation Program Interface Suite)”数据、美国环保局“废水处理模型(the wastewater treatment model)”数据、美国环保局“区域筛选值(Regional Screening Levels)总表”污染物毒性数据等几大数据库,目前,我国《建设用地土壤污染风险评估技术导则》(HJ 25.3—2019)中推荐参数均来自上述数据库。

四、风险表征

(一) 风险计算

应根据每个采样点样品中关注污染物的检测数据,通过计算污染物的致癌风险和危害商进行风险表征。如某一地块内关注污染物的检测数据呈正态分布,可根据检测数据的平均值、平均值置信区间上限值或最大值计算致癌风险和危害商。目前,我国污染土壤健康风险评估工作中认可度较高的风险表征方式为采用最大值计算致癌风险和危害商的方式。

(1) 致癌风险

对于致癌性污染物,通常认为没有阈值效应,致癌风险表示暴露于某种致癌性物质而导致人一生中超过正常水平的癌症发病率,通常以一定数量人口出现癌症患者的个数表示。致癌风险由风险值 CR 表示,定义为长期的日平均暴露剂量与致癌斜率因子的乘积,不同风险级别对风险值 CR 的限值见表 3.4-2,我国《建设用地土壤污染风险评估技术导则》(HJ 25.3—2019)中以瑞典、荷兰和美国阿拉斯加规定的 10^{-6} 作为致癌风险限值。

表 3.4-2　不同级别致癌风险限值

风险级别	风险限值	风险级别	风险限值
国际辐射防护委员会	10^{-5}	美国加州减排级别	10^{-4}
瑞典	10^{-6}	美国加州风险公开级别	10^{-5}
荷兰	10^{-6}	美国阿拉斯加	10^{-6}

单一污染物经单一暴露途径产生的致癌风险计算公式如式 3-43～式 3-47;考虑受体总致癌风险时,将该场景下所有致癌污染物经各途径产生的致癌风险进

行加和，计算公式见 3－48。

$$CR_{ois} = OISER_{ca} \times C_{sur} \times SF_o \qquad (3-43)$$

$$CR_{dcs} = DCSER_{ca} \times C_{sur} \times SF_d \qquad (3-44)$$

$$CR_{iov1} = IOVER_{ca1} \times C_{sur} \times SF_i \qquad (3-45)$$

$$CR_{iov2} = IOVER_{ca2} \times C_{sub} \times SF_i \qquad (3-46)$$

$$CR_{iiv1} = IIVER_{ca1} \times C_{sub} \times SF_i \qquad (3-47)$$

$$CR_n = CR_{ois} + CR_{dcs} + CR_{pis} + CR_{iov1} + CR_{iov2} + CR_{iiv1} \qquad (3-48)$$

C_{sur}，表层土壤中污染物浓度，mg/kg；

C_{sub}，下层土壤中污染物浓度，mg/kg；

CR_{ois}，经口摄入土壤途径的致癌风险，无量纲；

CR_{dcs}，皮肤接触土壤途径的致癌风险，无量纲；

CR_{pis}，吸入土壤颗粒物途径的致癌风险，无量纲；

CR_{iov1}，吸入室外空气中来自表层土壤的气态污染物途径的致癌风险，无量纲；

CR_{iov2}，吸入室外空气中来自下层土壤的气态污染物途径的致癌风险，无量纲；

CR_{iiv1}，吸入室内空气中来自下层土壤的气态污染物途径的致癌风险，无量纲；

CR_n，土壤中单一污染物(第 n 种)经所有暴露途径的总致癌风险，无量纲。

(2) 非致癌风险

通常认为，非致癌风险具有反映剂量阈值，超出阈值会产生不利于健康的影响。非致癌风险采用危害商(HQ)来表示，HQ 定义为由于受体暴露于非致癌污染物产生的长期日平均摄入剂量与参考剂量的比值，当危害商 HQ 小于或等于 1 时，认为非致癌风险处于可接受水平，当危害商 HQ 大于 1 时，认为非致癌风险不可接受。

单一污染物经单一非致癌风险危害商计算如公式 3－49～式 3－54，考虑受体总非致癌风险 HI 时，将该场景下所有非致癌污染物经各途径产生的非致癌风险进行加和(公式 3－55)。

$$HQ_{ois} = \frac{OISER_{nc} \times C_{sur}}{RfD_o \times SAF} \qquad (3-49)$$

$$HQ_{dcs} = \frac{DCSER_{nc} \times C_{sur}}{RfD_d \times SAF} \qquad (3-50)$$

$$HQ_{pis} \frac{PISER_{nc} \times C_{sur}}{RfD_i \times SAF} \qquad (3-51)$$

$$HQ_{iov1} = \frac{IOVER_{nc1} \times C_{sur}}{RfD_i \times SAF} \qquad (3-52)$$

$$HQ_{iov2} = \frac{IOVER_{nc2} \times C_{sub}}{RfD_i \times SAF} \qquad (3-53)$$

$$HQ_{iiv1}=\frac{IIVER_{nc1}\times C_{sub}}{RfD_i\times SAF} \quad (3-54)$$

$$HI_n=HQ_{ois}+HQ_{dcs}+HQ_{pis}+HQ_{iov1}+HQ_{iov2}+HQ_{iiv1} \quad (3-55)$$

SAF,暴露于土壤的参考剂量分配系数,无量纲;

HQ_{ois},经口摄入土壤途径的危害商,无量纲;

HQ_{dcs},皮肤接触土壤途径的危害商,无量纲;

HQ_{pis},吸入土壤颗粒物途径的危害商,无量纲;

HQ_{iov1},吸入室外空气中来自表层土壤的气态污染物途径的危害商,无量纲;

HQ_{iov2},吸入室外空气中来自下层土壤的气态污染物途径的危害商,无量纲;

HQ_{iiv1},吸入室内空气中来自下层土壤的气态污染物途径的危害商,无量纲;

HI_n,土壤中单一污染物(第 n 种)经所有暴露途径的危害指数,无量纲。

(二) 不确定性分析

不确定性分析是对风险评估结果的可靠度做出评价的过程,因此,健康风险评估的不确定性分析对于风险决策过程非常重要。决策者不仅需要关注风险值大小,还应关注风险评估的可靠性。健康风险评估过程中,每个步骤都可能存在不确定性。

数据收集阶段,样品采集、存储、运输、处理、检测等过程中,由于仪器设备、实验操作方法和人工操作熟练程度等多种原因,会产生一定不确定性。毒性评估阶段,污染物毒性机理、非致癌污染物阈值、致癌污染物是否有阈值、剂量-反应模型、模型参数的选取等问题都存在不确定性。污染物迁移扩散分析阶段,污染物扩散模型的选取、模型中参数的选取和设置、气象和地形等数据的统计均存在一定不确定性。暴露评估阶段,暴露人群的分布、不同人群结构和特征的分析总结、暴露途径的确定、暴露模型的选择、模型参数的选取和模型本身的不确定性等方面都存在不确定性。风险表征阶段,不确定性来自风险计算方法的选择,如不同污染物的致癌风险是否具有可加性等。

常用的不确定性分析的方法主要有敏感性分析法、蒙特卡罗法、贝叶斯法等,应根据不确定性的来源、类型和性质选择合适的方法。敏感性分析法是指从众多不确定性因素中找出对健康风险评价结果有重要影响的敏感性因素,并评价其对评价结果的影响程度和敏感性程度的不确定性分析方法。

我国《建设用地土壤污染风险评估技术导则》(HJ 25.3—2019)中对不确定性分析提出三方面要求:

1. 不确定性来源分析

造成地块风险评估结果不确定性的主要来源包括暴露情景假设、评估模型的适用性、模型参数取值等多个方面。

2. 暴露风险贡献率分析

单一污染物经不同暴露途径的致癌风险和危害商贡献率分析推荐模型，分别见公式 3-56 和公式 3-57。根据上述公式计算获得的百分比越大，表示特定暴露途径对于总风险的贡献率越高。

$$PCR_i = \frac{CR_i}{CR_n} \times 100\% \tag{3-56}$$

$$PHQ_i = \frac{HQ_i}{HI_n} \times 100\% \tag{3-57}$$

式中，CR_i，单一污染物经第 i 种暴露途径的致癌风险，无量纲；

PCR_i，单一污染物经第 i 种暴露途径致癌风险贡献率，无量纲；

HQ_i，单一污染物经第 i 种暴露途径的危害商，无量纲；

PHQ_i，单一污染物经第 i 种暴露途径非致癌风险贡献率，无量纲。

3. 模型参数敏感性分析

(1) 敏感参数确定原则　选定需要进行敏感性分析的参数(P)一般应是对风险计算结果影响较大的参数，如人群相关参数(体重、暴露期、暴露频率等)、与暴露途径相关的参数(每日摄入土壤量、皮肤表面土壤黏附系数、每日吸入空气体积、室内空间体积与蒸气入渗面积比等)。单一暴露途径风险贡献率超过 20%时，应进行人群和与该途径相关参数的敏感性分析。

(2) 敏感性分析方法　模型参数的敏感性可用敏感性比值来表示，即模型参数值的变化(从 P1 变化到 P2)与致癌风险或危害商(从 X1 变化到 X2)发生变化的比值。计算敏感性比值的推荐模型见公式 3-58。敏感性比值越大，表示该参数对风险的影响也越大。进行模型参数敏感性分析，应综合考虑参数的实际取值范围确定参数值的变化范围。

$$SR = \frac{\dfrac{X_2 - X_1}{X_1}}{\dfrac{P_2 - P_1}{P_1}} \times 100\% \tag{3-58}$$

式中，SR，模型参数敏感性比例，无量纲；

$P1$，模型参数 P 变化前的数值；

$P2$，模型参数 P 变化后的数值；

$X1$，按 $P1$ 计算的致癌风险或危害商，无量纲；

$X2$，按 $P2$ 计算的致癌风险或危害商，无量纲。

五、风险控制值

根据 HJ 25.3—2019 规定的工作程序，在前期风险表征的基础上，判断计算得到的风险值是否超过可接受风险水平，如地块风险评估结果未超过可接受风险水平，则结束风险评估工作；如地块风险评估结果超过可接受风险水平，则计算土壤、地下水中关注污染物的风险控制值；如调查结果表明，土壤中关注污染物可迁移进入地下水，则计算保护地下水的土壤风险控制值；根据计算结果，提出关注污染物的土壤和地下水风险控制值。

根据《建设用地土壤污染风险评估技术导则》(HJ 25.3—2019)中规定的用地方式、暴露情景和可接受风险水平，采用该标准规定的风险评估方法和土壤污染状况调查获得相关数据，计算获得的土壤中污染物的含量限值和地下水中污染物的浓度限值即为土壤和地下水风险控制值。计算方法如下：

1. 基于致癌效应的土壤风险控制值

$$RCVS_{ois} = \frac{ACR}{OISER_{ca} \times SF_o} \tag{3-59}$$

$$RCVS_{dcs} = \frac{ACR}{DCSER_{ca} \times SF_d} \tag{3-60}$$

$$RCVS_{pis} = \frac{ACR}{piser_{ca} \times SF_i} \tag{3-61}$$

$$RCVS_{iov1} = \frac{ACR}{IOVER_{ca1} \times SF_i} \tag{3-62}$$

$$RCVS_{iov2} = \frac{ACR}{IOVER_{ca2} \times SF_i} \tag{3-63}$$

$$RCVS_{iiv} = \frac{ACR}{IIVER_{ca1} \times SF_i} \tag{3-64}$$

$$RCVS_n = \frac{ACR}{OISER_{ca} \times SF_0 + DCSER_{ca} \times SF_d + (PISER_{ca} + IOVER_{ca1} + IVOER_{ca2} + IIVER_{ca1}) \times SF_i} \tag{3-65}$$

ACR，可接受致癌风险，无量纲，取值为 10^{-6}；

$RCVS_{ois}$，基于经口摄入途径致癌效应的土壤风险控制值，mg/kg；

$RCVS_{dcs}$，基于皮肤接触途径致癌效应的土壤风险控制值，mg/kg；

$RCVS_{pis}$，基于吸入土壤颗粒物途径致癌效应的土壤风险控制值，mg/kg；

$RCVS_{iov1}$，基于吸入室外空气中来自表层土壤的气态污染物途径致癌效应的土壤风险控制值，mg/kg；

$RCVS_{iov2}$，基于吸入室外空气中来自下层土壤的气态污染物途径致癌效应的土壤风险控制值，mg/kg；

$RCVS_{iiv}$，基于吸入室内空气中来自下层土壤的气态污染物途径致癌效应的土壤风险控制值，mg/kg；

$RCVS_n$，单一污染物(第 n 种)基于 6 种土壤暴露途径综合致癌效应的土壤风险控制值，mg/kg。

2. 基于非致癌风险的土壤风险控制值

$$HCV_{ois} = \frac{RfD_o \times SAF \times AHQ}{OISER_{nc}} \tag{3-66}$$

$$HCVS_{dcs} = \frac{RfD_d \times SAF \times AHQ}{DCSER_{nc}} \tag{3-67}$$

$$HCVS_{pis} = \frac{RfD_i \times SAF \times AHQ}{PISER_{nc}} \tag{3-68}$$

$$HCVS_{iov1} = \frac{RfD_i \times SAF \times AHQ}{IOVER_{nc1}} \tag{3-69}$$

$$HCVS_{iov2} = \frac{RfD_i \times SAF \times AHQ}{IOVER_{nc2}} \tag{3-70}$$

$$HCVS_{iiv} = \frac{RfD_i \times SAF \times AHQ}{IIVER_{nc1}} \tag{3-71}$$

$$HCVS_n = \frac{AHQ \times SAF}{\frac{OISER_{nc}}{RfD_o} + \frac{DCSER_{nc}}{RfD_d} + \frac{PISER_{nc} + IOVER_{nc1} + IOVER_{nc2} + IIVER_{nc1}}{RfD_i}} \tag{3-72}$$

AHQ，可接受危害商，无量纲，取值为 1；

$HCVS_{ois}$，基于经口摄入土壤途径非致癌效应的土壤风险控制值，mg/kg；

$HCVS_{dcs}$，基于皮肤接触土壤途径非致癌效应的土壤风险控制值，mg/kg；

$HCVS_{pis}$，基于吸入土壤颗粒物途径非致癌效应的土壤风险控制值，mg/kg；

$HCVS_{iov1}$，基于吸入室外空气中来自表层土壤的气态污染物途径非致癌效应的土壤风险控制值，mg/kg；

$HCVS_{iov2}$，基于吸入室外空气中来自下层土壤的气态污染物途径非致癌效应的土壤风险控制值，mg/kg；

$HCVS_{iiv}$，基于吸入室内空气中来自下层土壤的气态污染物途径非致癌效应的土壤风险控制值，mg/kg；

$HCVS_n$，单一污染物(第 n 种)基于 6 种土壤暴露途径综合非致癌效应的土壤风险控制值，mg/kg。

3. 保护地下水的土壤风险控制值

$$CVS_{pgw} = \frac{MCL_{gw}}{LF_{sgw}} \tag{3-73}$$

$$LF_{sgw} = MIN\left(\frac{I \times W}{K_{SW}(I \times W + U_{gw} \times \delta_{gw})}, \frac{d_{sub} \times \rho_b}{I \times \tau}\right) \tag{3-74}$$

CVS_{pgw}，保护地下水的土壤风险控制值，mg/kg；

MCL_{gw}，地下水中污染物的最大浓度限值，mg/L，取值参照 GB/T 14848；

LF_{sgw}，土壤中污染物进入地下水的淋溶因子，kg/L。

4. 基于致癌风险的地下水风险控制值

$$RCVG_{iov}=\frac{ACR}{IOVER_{ca3}\times SF_i} \tag{3-75}$$

$$RCVG_{iiv}=\frac{ACR}{IIVER_{ca2}\times SF_i} \tag{3-76}$$

$$RCVG_{cgw}=\frac{ACR}{CGWER_{ca}\times SF_o} \tag{3-77}$$

$$RCVG_n=\frac{ACR}{(IOVER_{ca3}+IIVER_{ca2})\times SF_i+CGWER_{ca}\times SF_o} \tag{3-78}$$

$RCVG_{iov}$，基于吸入室外空气中来自地下水的气态污染物途径致癌效应的地下水风险控制值，mg/L；

$RCVG_{iiv}$，基于吸入室内空气中来自地下水的气态污染物途径致癌效应的地下水风险控制值，mg/L；

$RCVG_{cgw}$，基于饮用地下水途径致癌效应的地下水风险控制值，mg/L；

$RCVG_n$，单一污染物(第 n 种)基于 3 种地下水暴露途径综合致癌效应的地下水风险控制值，mg/L。

5. 基于非致癌风险的地下水风险控制值

$$HCVG_{iov}=\frac{RfD_i\times WAF\times AHQ}{IOVER_{nc3}} \tag{3-79}$$

$$HCVG_{iiv}=\frac{RfD_i\times WAF\times AHQ}{IIVER_{nc2}} \tag{3-80}$$

$$HCVG_{cgw}=\frac{RfD_o\times WAF\times AHQ}{CGWER_{nc}} \tag{3-81}$$

$$HCVG_n=\frac{AHQ\times WAF}{\frac{IOVER_{nc3}+IIVER_{nc2}}{RfD_i}+\frac{CGWER_{nc}}{RfD_o}} \tag{3-82}$$

$HCVG_{iov}$，基于吸入室外空气中来自地下水的气态污染物途径非致癌效应的地下水风险控制值，mg/L；

$HCVG_{iiv}$，基于吸入室内空气中来自地下水的气态污染物途径非致癌效应的地下水风险控制值，mg/L；

$HCVG_{cgw}$，基于饮用地下水途径非致癌效应的地下水风险控制值，mg/L；

$HCVG_n$，单一污染物(第 n 种)基于 3 种地下水暴露途径综合非致癌效应的地下水风险控制值，mg/L。

第四章　污染修复

本章节主要通过钢铁冶炼行业生产过程中主要涉及的污染类型(重金属污染、苯系物及多环芳烃类污染、多氯联苯类污染、石油烃污染、氰化物污染、氟化物污染和二噁英污染)针对性的介绍上述污染物的特点、迁移转化规律和对应的修复方法。

第一节　重金属污染修复

一、重金属污染

重金属原意是指密度大于4.5 g/cm^{3}的金属,包括金、银、铜、铁、汞、铅、镉等,重金属在人体中累积达到一定程度,会造成慢性中毒。但就环境污染方面所说的重金属主要是指汞(水银)、镉、铅、铬以及类金属砷等生物毒性显著的重元素。重金属非常难以被生物降解,相反却能在食物链的生物放大作用下,成千百倍地富集,最后进入人体。重金属在人体内能和蛋白质及酶等发生强烈的相互作用,使它们失去活性,也可能在人体的某些器官中累积,造成慢性中毒。

重金属污染是指由重金属或其化合物造成的环境污染。主要由采矿、废气排放、污水灌溉和使用重金属超标制品等人为因素所致。因人类活动导致环境中的重金属含量增加,超出正常范围,直接危害人体健康,并导致环境质量恶化。

二、重金属污染的特点

(1) 不能为生物分解,只有形态变化,可在土壤中富集。这样,生物从环境中摄取的重金属经过食物链的生物放大作用,在较高级生物体内成千万倍地富集起来,最后通过食物进入人体,引起慢性中毒。例如,水俣病就是由所食鱼中含有氯化甲基汞引起的；而“痛痛病”则由镉污染引起的。

(2) 在生物体内的某些重金属又可被微生物转化为毒性更大的有机化合物，如汞的甲基化作用就是其中典型例子。

(3) 重金属的价态不同，其活性与毒性不同。重金属污染物的毒害不仅与其摄入机体内的数量有关，而且与其存在形态有密切关系，不同形态的同种重金属化合物其毒性可以有很大差异。如烷基汞的毒性明显大于二价汞离子的无机盐；砷的化合物中三氧化二砷(As_2O_3，砒霜)毒性最大；钡盐中的硫酸钡($BaSO_4$)因其溶解度小而无毒性；$BaCO_3$ 虽难溶于水，但能溶于胃酸，所以和氯化钡($BaCl_2$)一样有毒。

(4) 达到毒性效应的浓度范围很低，微量重金属即可产生毒性效应，一般重金属产生毒性的范围为 1～10 mg/L，毒性较强的金属如汞、镉等产生毒性的质量浓度范围为 0.01～0.001 mg/L。

(5) 因重金属某些化合物的生产与应用的广泛，在局部地区可能出现高浓度污染。

(6) 重金属的物理化学行为具有可逆性，能随环境的变化而转化。因此沉淀还可以再溶解，吸附的还可以再解吸，氧化的还可以再还原。

(7) 亲硫重金属元素(汞、镉、铅、锌、硒、铜、砷等)与人体组织某些酶的巯基(—SH)有特别大的亲和力，能抑制酶的活性。亲铁元素(铁、镍)可在人体的肾、脾、肝内累积，抑制精氨酶的活性；六价铬可能是蛋白质和核酸的沉淀剂，可抑制细胞内谷胱甘肽还原酶，导致高铁血红蛋白，可能致癌；过量的钒和锰(亲岩元素)则能损害神经系统的机能。

三、重金属的迁移转化

重金属的迁移转化是指重金属在自然环境中空间位置的移动和存在形态的转化，以及由此引起的分散和富集重金属在土壤中的迁移转化行为十分复杂，其影响因素包括两方面，一是重金属的性质，包括重金属的物理特性、化学特性、生物特性；二是环境因素，即土壤条件。

1. 重金属的性质

物理特性方面包括：金属和金属化合物的挥发性、金属的吸附与解析特性、不同形态的金属的溶解性等。化学特性方面包括：金属的水解性质、氧化还原性质、不同形态重金属的沉淀作用、重金属离子在土壤中的缔结与离解、络合物及螯合物的形成和竞争、烷基化与去烷基化作用、离子交换作用等。生物特性方面包括：重金属在食物链中的累积过程、生物半衰期、微生物的氧化还原作用、生物甲基化与去甲基化作用等。

2. 环境因素

环境因素方面包括：土壤类型、土壤利用方式（水田、旱地、果园、林地、草场等），土壤的物理化学性状（质地、有机质含量、土壤的酸碱度、氧化还原条件、吸附作用、络合作用等）等。进入土壤中的重金属的化学行为将受到以上复杂的物理和化学反应以及生物过程的影响。虽然不同重金属之间某些化学行为相似，但它们并不完全一致。当它们进入土壤后，最初的可动性将在很大程度上依赖重金属的形态，也就是说依赖于金属的来源（钢铁冶炼行业的颗粒排放物一般含有金属氧化物），形态的不同，会直接影响重金属在土壤中的迁移、转化及植物效应。另外不同的土壤条件，也能引起土壤中重金属元素存在形态的差异，从而影响重金属的转化和作物对重金属的吸收。下面将总结重金属在土壤中的化学行为的主要规律。

(1) 土壤氧化还原条件与重金属的迁移转化

土壤是一个氧化还原体系，土壤的水分状况、土壤中有机质和硫的含量都处于动态变化之中。一般说来，土壤中的氧化还原体系包括无机体系和有机体系两类。无机体系中重要的有氧体系、铁体系、硫体系和氢体系以及锰体系等，由起主导作用的决定电位体系控制。其中 O_2-H_2O 体系和硫体系在土壤氧化还原反应中作用明显，对重金属元素形态变化起重要作用。

O_2—H_2O 体系：

$$2H_2O \leftrightarrow O_2 + 4H^+ + 4e^-$$

$$25\ ℃时，E_h = 1.23 + 0.015\lg p_{O_2} - 0.059\ pH。$$

土壤中的氧主要来自大气，降水和灌溉也可带进部分溶解氧。在水田中，稻根分泌的氧以及某些藻类光合作用放出的氧气也是氧来源之一。

硫体系：

$$SO_4^{2-} + 10H^+ + 8e = H_2S + 4H_2O$$

土壤中的硫以无机和有机两种形态存在，其含量约为 0.05%。在氧化条件下以硫酸盐的形式存在；在还原条件下以硫化氢或金属硫化物形式存在。

H_2体系：

$$H_2 \leftrightarrow 2H^+ + 2e^-$$

$$25\ ℃时，E_h = 0.059\ pH。$$

在旱地土壤中氢气是很少的，但在淹水状态下强烈还原状态的土层中，往往有 H_2 的积累。

O_2—H_2O 体系和 H_2 体系是组成土壤氧化—还原体系的两个极端体系，土壤中其他的氧化还原体系介于两者之间。因此，这两个体系构成了土壤氧化—还原电位的上限和下限。

按性质金属元素大致可分为难溶性(氧化固定)元素和还原难溶性(还原固定)元素,例如,铁、锰属于前者;镉、铜、锌、铬则属于后者。

在水中:

$$\downarrow 沉淀\left\{\frac{V^{3+}\overset{氧化}{\Leftrightarrow}V^{5+}}{Cu^{+}\overset{还原}{\Leftrightarrow}Cu^{2+}}\right\}迁移$$

$$迁移\left\{\frac{Fe^{2+}\overset{氧化}{\Leftrightarrow}Fe^{3+}}{Mn^{2+}\overset{还原}{\Leftrightarrow}Mn^{4+}}\right\}沉淀\downarrow$$

氧化还原作用不仅会使重金属元素发生价态变化,而且还会使重金属元素的形态发生变化。例如,在氧化还原电位低时(+100 mV 左右)砷酸铁可还原成亚铁形态,电位进一步降低,砷可还原为亚砷酸盐,增强了砷的移动性;相反,土壤中铁、铝组分的增加,又可能使水溶性砷转化为不溶态砷。

(2) 土壤酸碱度与重金属迁移转化

土壤的 pH 值与重金属的溶解度有密切关系。一般规律为:低 pH 值时吸附量较小,pH 值为 5~7 时吸附作用突然增强,pH 值继续升高时,重金属的化学沉淀开始占优势。即在碱性条件下,进入土壤的重金属多呈难溶态的氢氧化物,也可能以碳酸盐和磷酸盐的形态存在。它们的溶解度都比较小,因此土壤溶液中重金属的离子浓度也较低。例如,铜、镉、锌、铅等重金属氢氧化物的溶解度直接受土壤 pH 值控制。

金属氢氧化物的溶解度 s 直接受到土壤 pH 值控制,其平衡反应式及溶度积(K_{sp})如下:

$$Cu(OH)_2 \leftrightarrow Cu^{2+} + 2OH^- \qquad K_{sp}=1.6\times10^{-19}$$

据此推求重金属离子浓度与 pH 值的关系:

$$[Cu^{2+}][OH^-]^2=1.6\times10^{-19} \tag{4-1}$$

$$[Cu^{2+}]=1.6\times10^{-19}/[OH^-]^2 \tag{4-2}$$

$$[H^+][OH^-]=1\times10^{-14}$$

$$[OH^-]=1\times10^{-14}/[H^+]$$

$$K_{sp}=1.6\times10^{-19}[OH^-]=1\times10^{-14}/[H^+]$$

代入式(4-2):$[Cu^{2+}]=K_{sp}/[OH^-]^2=K_{sp}/\left[\frac{1\times10^{-14}}{H^+}\right]^2$

两边取对数并展开:

$$\lg[Cu^{2+}]=\lg K_{sp}-2\lg\frac{1\times10^{-14}}{H^+}=\lg(1.6\times10^{-19})-2\lg(1\times10^{-14})-$$

$2pH\left(pH=\lg\frac{1}{H^+}\right)=9.2-2pH$

$$\lg[Cu^{2+}]=9.2-2pH$$

根据溶度积便能从理论上推求重金属离子浓度与 pH 值的关系。随着 pH 值增大，重金属离子的浓度则下降。但对于两性化合物氢氧化铜和氢氧化锌来说，pH 值高到一定程度时，它们又会溶解。

(3) 土壤胶体的吸附作用与重金属迁移转化

土壤中含有丰富的无机和有机胶体，对进入土壤中的重金属元素具有明显的吸附作用。这种吸附作用使重金属离子由液相转入固相，在很大程度上决定着土壤重金属的分布与富集。

土壤胶体的吸附作用可分为非专性吸附与专性吸附两种。

非专性吸附(极性吸附)的发生与土壤胶体微粒所带电荷有关，所带电荷的符号和数量决定着重金属离子的吸附种类和吸附交换容量。重金属离子从液相转入固相，是离子吸附过程，原来胶体上吸附的离子转入液相中是离子的解吸过程，吸附与解吸的结果表现为离子相互转换，即离子交换作用。在一定条件下，这种交换作用处于动态平衡之中。

专性吸附(选择吸附)是指重金属离子进入水合氧化物的金属原子的配位壳中，与—OH 和—OH_2配位基重新配位，并通过共价键或配位键结合在固体表面。专性吸附即可发生在带电表面上，亦可发生在中性表面上，甚至可发生在吸附离子带同号电荷的表面上。被专性吸附的重金属离子是非交换态的(例如，铁锰氧化物结合态)，通常不被中性盐(例如，氢氧化钠、醋酸钙或醋酸铵)所置换，只能被亲和力更强或性质相似的元素解吸或部分解吸，亦可在较低 pH 值条件下解吸。

土壤胶体能吸附重金属的数量，主要取决于土壤胶体的代换能力和重金属离子在土壤溶液中的浓度与酸碱度。其中重金属离子的专性吸附与土壤溶液的 pH 值有密切的关系，通常情况下，一般随 pH 值的上升而增加。

(4) 土壤中重金属的络合、螯合作用

重金属元素在土壤中除了吸附作用以外，还存在着络合、螯合作用。一般认为，当重金属离子浓度高时，以吸附交换作用为主；当重金属离子浓度低时，则以络合、螯合作用为主。

土壤中存在多种无机和有机配位体，它们能与重金属生成稳定的络合物或螯合物，对重金属在土壤中的迁移有很大的影响。

在无机配位体中，羟基和氯离子的络合作用是影响一些重金属难溶盐类溶解度的重要因素。

羟基对重金属的络合作用实际上是重金属离子的水解反应，重金属在较低的pH值条件下可以水解。汞、镉、铅、锌等离子的水解作用表明，羟基与重金属的络合作用可大大提高重金属氢氧化物的溶解度，从而影响重金属的迁移能力。

氯络合重金属离子的形式只会出现在含盐土壤中氯离子浓度较高时，一般土壤中氯离子浓度很低时，则不会形成重金属离子的氯络合物。氯离子的络合作用对重金属迁移的影响主要表现为，可使胶体对重金属的吸附作用减弱，从而大大提高难溶重金属化合物的溶解度，增加其迁移性能，其中汞的吸附减弱尤为突出。

在有机配位体中，土壤中腐殖质具有很强的螯合能力，具有与金属离子牢固螯合的配位体，如氨基、亚氨基、酮基、羟基及硫醚等基团。土壤中重金属螯合物的稳定性受金属离子性质的影响。在金属离子与螯合基以离子键结合时，中心离子的离势越大，越有利于配位化合物的形成。顺序为：

$$Pb>Cu>Ni>Co>Zn>Mg>Ba>Ca>Ng>Cd$$

重金属的迁移性受螯合物的溶解度影响。例如，胡敏酸与除碱金属以外的金属形成的螯合物一般为难溶性螯合物，而富里酸则正好相反。由于Al、Fe、Ti、U、V等金属与腐殖质形成的螯合物易溶于弱酸性、中性和弱碱性土壤溶液中，因而这些金属也常以螯合物的形式迁移。

(5) 土壤微生物对重金属化学行为的影响

土壤中微生物的种类多、数量大、分布广，它在重金属的归宿中起着重要作用。有些微生物还通过生物转化作用或生理代谢活动使金属由高毒状态变为低毒状态。例如镉与微生物体或它们的代谢产物络合能固定镉，并影响它们的生物有效性。关于微生物对土壤重金属离子的化学行为的影响主要有以下3个方面。

① 微生物对重金属的生物吸附和富集

土壤微生物本身及其代谢产物都能吸附和转化重金属。微生物可通过带电荷的细胞表面吸附重金属离子，或通过摄取必要的营养元素主动吸收重金属离子，将重金属离子富集在细胞表面或内部。微生物表面结构对重金属的吸附有重要作用，微生物细胞壁和黏液层能直接吸收或吸附重金属。微生物表面即带正电荷，又带负电荷，但大多数微生物所带的是阴离子基团，有利于对重金属的吸附。

微生物对重金属积累和吸附作用主要有以下几种方式：金属磷酸盐、金属硫化物沉淀；细菌胞外多聚体；金属硫蛋白、植物螯合肽和其他金属结合蛋白；铁载体；真菌来源物质对金属的去除；衍生、诱导或分泌的微生物产物与金属去除。

细菌细胞吸附重金属离子的组分主要是肽聚糖、脂多糖、磷壁酸和胞外多糖，它们是细菌细胞壁的组分。革兰氏阴性细菌富集重金属离子的位点主要是指多糖分子中的核心低聚糖和氮乙酰葡萄糖残基上的磷酸基及2-酮-3-脱氧辛酸残基上的羧基。革兰氏阳性细菌的吸附位点是细胞壁肽聚糖、磷壁酸上的羧基和糖醛酸上的磷酸基。微生物对重金属的生物积累和转化机理主要表现在胞外络合作用、胞外沉淀作用以及胞内积累3种形式。

② 微生物对重金属的氧化—还原过程的影响

微生物可通过直接的氧化作用或还原作用,改变重金属的价态,金属价态的改变会影响到金属的溶解性、移动性以及生态毒性。微生物能氧化土壤中多种重金属元素,某些自养细菌如硫—铁杆菌类(Thiobacillus ferrobacillus)能氧化 As^{3+}、Cu^{2+}、Mo^{4+} 和 Fe^{2+} 等,假单孢杆菌(Pseudomonas)能使 As^{3+}、Fe^{2+} 和 Mn^{2+} 等发生氧化,微生物的氧化作用能使这些重金属元素的活性降低。硫还原细菌可通过两种途径将硫酸盐还原成硫化物,一是在呼吸过程中硫酸盐作为电子受体被还原;二是在同化过程中利用硫酸盐合成氨基酸,如胱氨酸和蛋氨酸,再通过脱硫作用使 S^{2-} 分泌于体外。S^{2-} 可以和重金属 Cd^{2+} 形成沉淀,这一过程在重金属污染治理方面有重要的意义。可溶的汞(Hg^{2+})在环境中可以被好氧细菌还原为可挥发的 Hg,并释放到空气中,可使用汞还原菌促使汞(Hg^{2+})还原和挥发,以达到对汞污染土壤生物修复的目的。

就 Cr 元素而言,Cr^{6+} 毒性和水溶性都很强,Cr^{3+} 毒性和水溶性都低,在土壤中移动性差。所以通过还原作用可以使 Cr 的生态毒性及在土壤中的移动性降低,达到污染治理的目的。青霉菌能还原 Cr^{6+} 为 Cr^{3+},其还原是非诱导性的,但在 Hg^{2+}、Cu^{2+}、Co^{2+}、Cd^{2+} 和 Ni^{2+} 离子的存在下,对 Cr^{6+} 还原有明显的抑制作用。在土壤中分布有多种可以使铬酸盐和重铬酸盐还原的细菌,如产碱菌属(Alcaligenes)、芽孢杆菌属、棒杆菌属(Corynebacterium)、肠杆菌属、假单胞菌属和微球菌属(Micrococus)等,这些菌能将高毒性的 Cr^{6+} 还原为低毒性的 Cr^{3+}。

③ 微生物对重金属的溶解过程的影响

微生物对重金属的溶解主要是通过各种代谢活动直接或间接地进行。土壤微生物的代谢作用能产生多种低分子量的有机酸,如甲酸、乙酸、丙酸和丁酸等,如真菌可以通过分泌氨基酸、有机酸以及其他代谢产物溶解重金属及含重金属的矿物。花岗岩风化壳剖面都有微生物的存在,可将风化壳中的微生物分离和培养,加速重金属元素从风化壳中的释放。又如在营养充分的条件下,微生物可以促进 Cd 的溶解,从土壤中溶解出来的 Cd 主要是和低分子量的有机酸结合在一起。通过不同碳源条件下微生物对重金属的溶解比较实验表明,以土壤有机质或土壤有机质加麦秆及易被微生物利用的葡萄糖作为碳源时,经过一段时间后,不灭菌处理的淋溶液中重金属离子的浓度显著高于灭菌处理。说明微生物通过其代谢活动可促使土壤中重金属的溶解。

因此，土壤中的重金属通过微生物的代谢作用、氧化还原作用及对重金属的溶解作用，改变其在土壤中的存在形态，有利于重金属的植物吸收，有利于重金属在土壤中的生物吸附固定以及重金属毒性降低。

四、重金属污染的修复技术

（一）重金属污染的土壤修复技术

钢铁冶炼行业造成的土壤重金属污染具有隐蔽性、长期性和不可逆性的特点。土壤中有害重金属积累到一定程度，不仅会导致土壤退化，农作物产量和品质下降，而且还可以通过径流、淋失作用污染地表水和地下水，恶化水文环境，并可能直接毒害植物或通过食物链途径危害人体健康。虽然用于土壤修复的技术很多，但是并不是所有的技术都适用于钢铁冶炼行业重金属污染的土壤。用于治理钢铁冶炼行业重金属污染土壤的修复技术主要有：

(1) 工程措施。工程措施主要包括客土、换土和深耕翻土等措施。

(2) 物理化学修复技术。物理化学修复主要包括：电动修复、电热修复、土壤淋洗和玻璃化技术。

(3) 化学修复技术。化学修复主要包括：化学固化、化学改良剂修复、表面活性清洗剂修复法和重金属拮抗剂等。

(4) 生物修复技术。生物修复技术主要包括：植物修复技术、微生物修复技术、农业生态修复和动物治理等。

(5) 组合修复技术。组合修复技术主要包括：清洗剂—微生物修复、电压—植物修复和螯合剂—植物修复等。

随着生物技术和基因工程技术的发展，未来钢铁冶炼行业重金属污染土壤修复将会在植物修复和组合修复技术方面有所发展。将主要表现在以下几个方面：

(1) 寻找更多的野生超积累植物，建立超积累植物基因库，便于研究植物吸收重金属的机理，包括植物中金属的存在形式研究、植物积累或超积累金属的机理研究、土壤学和土壤化学因子对增加金属的植物可利用性的控制机理研究等；

(2) 耐重金属或超积累植物及其根际微生物（包括蚯蚓等动物）共存体系的研究，前景看好的研究领域包括与超积累植物根际共存的微生物群落的生态学特征和生理学特征研究，根际分泌物在微生物群落的进化选择过程中的作用与地位，根圈内以微生物为媒介的腐殖化作用对表层土壤中重金属的生物可利用性的影响等；

(3) 分子生物学和基因工程技术的应用，国内外这方面的工作还刚刚开始，研究工作主要是使超积累植物个体长大、生物量增高、生长速率加快和生长周期缩短的基因传导到该类植物中并得到相应的表达，使其不仅能克服自身的生物学缺陷，而且能保持原有的超积累特性，从而适合于栽培环境下的机械化作业，提高植物修复重金属污染土壤的效率；

(4) 组合修复技术，将电化学、土壤淋洗法和植物提取法等综合应用到土壤修复中，可以弥补单一技术的缺陷；

(5) 由于植物修复的周期性较长，对于一般的重金属污染农业用地来说，利用超积累植物修复就显得力不从心，因此，继续研究以农业化学措施(如施用改良剂等)和进行耐重金属和低吸收重金属作物品种的筛选研究就显得非常重要，同时，应用基因工程和分子生物学技术对低吸收品种进行转基因培养研究等将仍然是当前土壤重金属污染控制治理研究的重点发展趋势。

1. 植物修复技术

(1) 植物修复技术的含义及特点

重金属污染土壤的植物修复是一种利用自然生长植物或者遗传工程培育的植物修复金属污染土壤环境的技术总称，也可以说是以植物忍耐和超量积累某种或某些污染物的理论为基础，利用植物及其共存微生物体系清除环境中的污染物的一门环境污染治理技术，它是一门新兴的应用技术。

广义的植物修复技术包括利用植物固定或修复重金属污染土壤、利用植物净化水体和空气、利用植物清除放射性核素和利用植物及其根际微生物共存体系净化环境中有机污染物等方面。

狭义的植物修复技术主要指利用植物清洁污染土壤中的重金属。植物修复技术通过植物系统及其根际微生物群落移去、挥发或稳定土壤环境污染物，已成为一种修复金属污染土地的经济、有效的方法。植物修复的成本仅为常规技术的一小部分，正因其技术和经济上优于常规的方法技术，植物修复技术在当今世界迅速传播，并得到广泛应用和发展。

植物修复技术主要有下面几个优点：

① 植物修复技术最显著的优点是价格便宜，与常规的填埋法、物理化学法等相比具有明显的优势；

② 植物修复属于原位处理技术，具有保护表土、减少侵蚀和水土流失等功效，对环境影响最小，是目前最清洁的污染处理技术；

③ 对植物进行集中处理可以减少二次污染，对一些重金属含量较高的植物可以通过植物冶炼技术回收利用植物吸收的重金属；

④ 植物修复重金属污染物的过程也是土壤有机质含量和土壤肥力增加的过程，被植物修复过的干净土壤适合于多种农作物的生长；

⑤ 植物修复过程操作简单，效果持久，如植物稳定化技术可以使地表长期稳定，有利于生态环境的改善和野生生物的繁衍；

⑥ 植物修复技术能处理的重金属种类相对较多，是一种“广谱”的处理技术，与其他一些处理技术相比，植物修复总体上是目前所有处理法中最好的。Pb、Ni、Zn、Cd 等金属污染土壤的超累积植物修复已显示出显著的生态、经济和社会效益，具有广阔的应用前景。因此，植物修复将成为一种被广泛应用、环境效益良好和经济有效的修复被有毒金属及其他元素或物质污染的土壤的方法。植物修复为污染处理技术开辟了一个新领域。

(2) 植物修复重金属污染土壤的作用机理及方式

· 植物修复重金属污染土壤机理

机理主要包括以下几个方面：

① 植物固定作用　植物通过某种生化过程使污染基质中金属的流动性降低，生物可利用性下降，从而减轻有毒金属对植物的毒性，在这一过程中土壤重金属含量并不减少，只是形态发生变化，如一些植物可以降低 Pb 的生物可利用性，缓解 Pb 对环境中生物的毒害作用；

② 植物吸收和挥发　植物在吸收营养的过程中，由于某些重金属元素与营养元素具有相似的化学结构会被植物“误认”吸收到植物体内，如 Cd 与 Ca、Zn 相似，As 与 P 相似，Se 与 S 相似等，进入植物体内的金属污染物到达表皮层后，或被植物代谢掉或成为植物的成分之一，或通过气孔挥发到大气中；

③ 植物根系活动　植物根系对重金属的吸收主要与重金属的形态有关，根系活动能活化土壤中的重金属，提高其生物有效性，如 Cd、Pb、Cu、Zn、As 五种元素交互作用能促进 Cd、Pb、Cu 的活化，增加植物对它们的吸收，植物根系在生长过程中可以产生诸如简单酚类及其他有机酸等分泌物，如植物光合产物的 28%～59% 转移到了地下部分，其中有 4%～7%通过分泌作用进入土壤，这些物质可以降低土壤的 pH 值，提高金属离子的生物可利用量；

④ 根际微生物的作用　植物根系与真菌形成的菌根能增加植物对微量元素特别是 Cu、Zn 的吸收，菌根菌可以通过增加 Cu 的交换态来增加其生物有效性，表明植物根系能影响根际中重金属形态的变化，菌根可通过调节根际中重金属形态来调节土壤重金属的生物有效性。有毒金属在植物体内富集要经历植物吸收、转移和生理耐受过程。植物所吸收的金属必须溶解在土壤溶液中，金属进入土壤溶液的方式有：a. 植物在根际分泌金属螯合分子，通过这些分子的螯合溶解与土壤结合的金属元素，此外，EDTA 人工合成有机物也能显著活化土壤中 Zn、Cu、Cd 的活性和迁移性；b. 根能通过具体的与金属还原酶相关的离子膜还原与土壤结合的

金属离子;c. 植物通过根系分泌有机酸使土壤溶液 pH 值下降;溶解与土壤结合的金属离子,降低金属对植物的毒性,促进植物对重金属的吸收。

· 修复方式及其特征

植物对重金属污染的修复有 3 种方式:植物固定、植物挥发和植物提取,植物通过这 3 种方式去除土壤环境中的金属离子。

① 植物稳定(phytostabilization)

植物稳定是利用耐重金属植物降低土壤中有毒金属的移动性,从而减少金属被淋滤到地下水或通过空气扩散进一步污染环境的可能性。

稳定化植物一般具有两个特征:

a. 能在高含量重金属污染土壤上生长,如耐铅的羊芳,耐铅、锌、铜、镍的细弱剪股颖等;

b. 根系及其分泌物能够吸附、沉淀或还原重金属,利用固化植物稳定重金属污染土壤最有应用前景的是铅和铬,一般来说,土壤中铅的生物有效性较高,但铅的磷酸盐矿物则比较难溶,很难为生物所利用,植物根系分泌物中含有很多螯合和沉淀重金属的有机物质可以促进铅磷酸盐的形成。

植物稳定化的作用机理表现为以下几种形式:

a. 物理稳定　包含游离污染物的土壤能和植物根系紧密结合,即根通过吸附作用,在根部积累大量污染物质,把污染物质和土壤固定在原地,防止污染物风蚀、水蚀和淋失等,减少二次污染;

b. 螯合稳定　植物根系可以改变土壤的水流量,而根分泌物与根际中某些游离污染物如重金属等螯合,促进植物对污染物的螯合作用,形成稳定的螯合体,从而防止污染物在土壤中的迁移和扩散,或经空气进入其他生态系统;

c. 改变污染物的氧化还原电位　植物可使污染物发生氧化还原反应,改变其化合价或者将污染物变成不可溶的物质,如 X-衍射吸收光谱研究发现,印度芥菜(B. Juncea)的根能使有毒的生物有效的 Cr^{6+} 还原为低毒的、无生物有效性的 Cr^{3+}、植物根部释放的分泌物能促使污水中的铅以磷酸铅的形式沉淀下来等,从而使污染物质的毒性降低甚至完全消失[11];

d. 缔合作用　有机和无机污染物在具有生命活性的土壤环境中(这是由于植物的生命活动),以不同程度地进行着诸如根系分泌物对重金属的固定作用、腐殖质对金属离子的螯合作用、在含铁氢氧化物或铁氧化物的包膜上形成金属沉淀或金属螯合物等一类的化学和生物的缔合作用,从而降低了污染物的可利用性,减少了污染物质被淋滤到地下水或通过空气扩散进一步污染环境的可能性。如一些植物可降低土壤中 Pb 的生物有效性,缓解 Pb 对环境中生物的毒害作用。

② 植物挥发

植物挥发是利用植物的吸收、积累和挥发而减少土壤中一些挥发性污染物，即植物将污染物吸收到体内后将其转化为可挥发的物质，从植物的上部挥发到大气中，以减轻土壤的污染。

植物挥发作用的优点是污染物可以被转化为毒性较低的形态，如元素汞和二甲基硒；向大气释放的污染物或代谢物可能会遇到更有效的降解过程而进一步降解，如光降解作用。

植物挥发作用的缺点是污染物或有害代谢物可能累积在植物体内，随后可能被转移到其他器官中（如果实）；污染物或有害代谢物可能被释放到大气中。现已发现的可以用于植物挥发的植物有杨树（含氯溶剂）、紫云英（TCE）、黑刺槐（TCE）、印度芥（硒）、芥属杂草（汞）。

植物挥发通过植物及其根际微生物的作用，将环境中挥发性污染物直接挥发到大气中去，不需收获和处理含污染物的植物体，不失为一种有潜力的植物修复技术，但这种方法将只限于挥发性重金属的修复，适用范围较小，而且将汞、硒等挥发性重金属转移到大气中有没有二次环境污染风险仍有待于进一步研究，因此它的应用有一定的限制。

③ 植物提取

植物提取是目前研究最多并且是最有发展前景的方法。这一概念由 Chaney 和 Baker 等最早提出来，是指利用重金属超积累植物从土壤中吸取一种或几种重金属，并将其转移、贮存到地上部分，随后收割地上部分并集中处理，连续种植这种植物，即可使土壤中重金属含量降低到可接受水平。植物提取比传统的工程方法更经济，其成本可能不到各种物理化学处理技术的十分之一，并且通过回收植物中的金属还可进一步降低植物修复的成本，如提取有经济价值的镍和铜等，被称为植物采矿。

重金属污染的植物修复过程主要是利用重金属超积累植物来实现的，所谓重金属超积累植物是指对重金属的吸收量超过一般植物 100 倍以上的植物。超积累植物积累的铬、钴、镍、铜、铅含量一般在 0.1%以上，积累的锰、锌含量一般在 1%以上。

重金属超积累植物的重要特征是：

a. 植物地上部重金属含量大于根部该种重金属含量，通常用位移系数（translocation factor，即植物地上部某种元素含量/植物根部该种元素含量）来表征某种重金属元素或化合物从植物根部到植物地上部的转移能力，对某种重金属或化合物位移系数越大的植物越有利于植物提取修复；

b. 植物体内某一金属元素浓度大于一定的临界值；

c. 该类植物在重金属污染的土壤上能良好成长，一般不会发生毒害现象，并且地上部富集系数(bioaccumulation factor，即植物体内某种元素含量/土壤中该种元素浓度)大于1。当然，理想的超积累植物还应具有生长速率快、生长周期短、地上部生物量大、能同时富集两种或两种以上重金属的特点。如对农艺调控(如施N、P、K肥)反应积极，更具有推广开发的价值。

2. 微生物修复技术

(1) 概述

各种有毒有害的污染物不仅广泛存在于地表水中，而且广泛存在于土壤、地下水和海洋中。利用微生物以及其他生物，降低土壤、地下水或海洋中的危险性污染物的毒性或将其降解转化为无害物质的工程技术方法称为生物修复，其中利用微生物进行的环境修复称为微生物修复。

应用最早的微生物修复是污泥耕作，即将炼油废物施入土壤，并添加营养，以促进降解碳氢化合物的微生物的生长。这之后，采用生物处理技术来处理有毒有害污染物污染的土壤就逐渐引起人们的重视。

近年来，由于微生物在被污染土壤环境去毒方面具有独特作用，它已被用于进行土壤微生物改造或土壤生物改良，提高微生物降解活性就地净化污染土壤。微生物修复土壤的基本原理是：大多数环境中都存在着天然微生物降解有害污染物的过程，只是由于环境条件的限制，微生物自然净化速度很慢，因此需要提供氧气，添加氮、磷营养盐，接种经驯化培养的高效微生物等方法来强化这一过程。基本措施有环境条件的修饰、接种合适的微生物。

与传统的污染土壤修复技术相比，土壤微生物修复技术的主要优点是：

① 处理形式多样，操作相对简单，有时可进行原位处理；

② 微生物降解较为安全，二次污染问题较小；

③ 可处理多种不同种类的污染物，无论污染面积的大小均可适用，并可同时处理受污染的土壤和地下水；

④ 对环境扰动较小，不破坏植物生长所需要的土壤环境；

⑤ 与物理、化学方法相比，微生物修复的费用较低，约为热处理费用的1/4～1/3。微生物处理费用取决于土壤体积和处理时间。

但是，微生物修复技术还要受下面几个方面的限制：

① 专一性较强，特定的微生物只降解某种或者某些特定类型的化学物质，污染物的化学结构稍有变化，同一种微生物的酶就可能不起作用；

② 微生物活性受温度、氧气、水分、pH值等环境因素的影响较大；

③ 有一定的浓度限制，当污染物浓度太低且不足以维持降解细菌的群落时，

微生物修复不能很好地发挥作用；

④ 当污染物溶解性较低或者与土壤腐殖质、黏粒矿物结合得较紧时，微生物难以发挥作用，污染物不能被微生物降解。

利用微生物修复受钢铁冶炼行业污染的土壤，主要是依靠微生物降低土壤中重金属的毒性，或者通过微生物促进植物对重金属的吸收等其他修复过程。铁冶炼行业污染土壤的微生物修复技术包括两方面的技术：生物吸附和生物氧化还原。前者是重金属被活的或死的生物体所吸附的过程；后者是利用微生物改变重金属离子的氧化还原状态来降低环境和水体中重金属水平。与有机污染微生物修复相比，关于重金属污染的微生物修复方面的研究和应用较少，直到最近几年才引起人们的重视。

(2) 影响微生物修复功能的环境因素

① 温度

温度是一个十分重要的因素。位于土壤表层和水表层的化合物的降解速率受温度的影响较大，一般说来，在没有其他环境因子影响的情况下，气温上升则降解速度加快，气温下降则降解速度减慢。

② pH 值

在合适的 pH 值下微生物的活性增高，在极端酸性或碱性条件下微生物活性降低，因而在利用微生物对酸性或碱性环境进行修复时，一定要调节污染环境的 pH 值。

③ 水分

微生物进行代谢活动时需要有足够的水分。微生物的呼吸方式不同对水分的需求也不一样。在海洋、淡水和含水层中，微生物不会因缺水而受到限制，但在土壤中的水分有时会成为限制因素。研究表明，含油污泥的生物降解的最适宜的水分为土壤持水量的 30%～90%。

④ 营养

一般说来，C、N、P 是微生物生长的必需元素，因此在微生物的修复过程中，要维持一定量的 C、N、P 的比率，对有些污染单一品种，必须投加营养盐以维持正常的微生物生长。实践证明，当投加营养盐使 C∶N∶P 为 100∶10∶1 时，处理效果为最佳。

⑤ 生长因子

当生物修复系统中以营养缺陷性细菌为主时，生长因子就会成为限制因素，解决办法是在系统中培养真菌、藻类、原生动物，因为此类生物可以分泌和排泄生长因子。

⑥ 电子受体

微生物氧化还原反应的最终电子受体包括溶解氧、有机物分解的中间产物和无机酸根（如硫酸根、硝酸根和碳酸根等）。土壤中污染物氧化分解的最终电子受体的种类和浓度极大地影响微生物作用的速度和程度。研究表明，好氧条件有利于大多数有机物和重金属污染物的微生物降解和转化。

⑦ 共代谢基质

共代谢是指某些难降解的有机化合物，通过微生物的作用能被改变化学结构，但并不能被用作碳源和能源，微生物必须从其他底物获取大部或全部的碳源和能源。能进行共代谢的微生物包括：无色杆菌、节杆菌、黑曲酶、固氮菌、芽孢杆菌、短杆菌、黄色杆菌、红色微球菌、青霉菌、弧菌、黄色假单孢菌等。

（3） 微生物对重金属污染土壤的修复机理

微生物对重金属污染土壤生物修复作用主要通过微生物对重金属的溶解、转化、生物积累作用、络合作用和菌根真菌对重金属的生物有效性的影响来实现。

① 微生物对重金属的溶解

微生物对重金属的溶解主要是通过各种代谢活动直接或间接地进行的。土壤微生物的代谢作用能产生多种低分子量的有机酸，如甲酸、乙酸、丙酸和丁酸等。真菌可以通过分泌氨基酸、有机酸以及其他代谢产物溶解重金属及含重金属的矿物。在酸性条件下，微生物能有效地将 Al、Fe、Mg、Ca、Cu、U 等溶解。如从洗煤废渣中筛选出一种具有固氮作用的梭菌（Clostridium sp），在厌氧条件下能通过酶促反应直接溶解氧化铁、氧化锰，通过分泌有机酸（丁酸、乙酸、乳酸）使环境 pH 值降低，从而溶解铬、铜、铅和锌的氧化物。

② 微生物对重金属的生物转化

基于生物化学的原则，一些微生物可对重金属进行生物转化，其主要作用机理是微生物能够通过氧化、还原、甲基化和脱甲基化作用转化重金属，改变其毒性，从而形成某些微生物对重金属的解毒机制。自养细菌如硫-铁杆菌类（Thiobacillusfer robacillus）能氧化 As^{3+}、Cu^{+}、Mo^{+}、Fe^{2+} 等；假单孢杆菌（pseudomonas）能使 As^{3+}、Fe^{2+}、Mn^{2+} 等发生氧化；微生物的氧化作用能使这些重金属元素的活性降低；微生物可以通过对阴离子的氧化，释放与之结合的重金属离子，如氧化铁-硫杆菌（Thiobacillus）能氧化硫铁矿硫锌矿中的负二价硫，使元素 Fe、Zn、Co、Au 等以离子的形式释放出来[13]。

③ 微生物对重金属的生物积累

微生物对重金属的生物积累机理主要表现在胞外络合作用、胞外沉淀作用以及胞内积累 3 种作用方式。由于微生物对重金属具有很强的亲和吸附性能，有毒金属离子可以沉积在细胞的不同部位或结合到胞外基质上，或被轻度螯合在可溶性或不溶性生物多聚物上。一些微生物如动胶菌、蓝细菌、硫酸还原菌以及某些藻类，能够产生胞外聚合物如多糖、糖蛋白等具有大量的阴离子基团，与重金属离子形成络合物。柠檬酸细菌具有一种抗铬的酸性磷酸酯酶，分解有机的 2-磷酸甘油，产生 HPO_4^{2-} 与 Cd^{2+} 形成 $CdHPO_4$ 沉淀。从空气中分离耐重金属的真菌，82 种分离菌株中，有 52 种（链孢属、曲霉属、枝孢属、青霉属、红酵母属、葡萄穗霉属等）耐性浓度为 10 mM 的重金属。

重金属进入细胞后，可通过“区域化作用”分布在细胞内的不同部位，体内可合成金属硫蛋白（MT），MT 可通过 Cys 残基上的硫基与金属离子结合形成无毒或低毒络合物。微生物的重金属抗性与 MT 积累成正相关，这使细菌质粒可能有抗重金属的基因，如丁香假单胞菌和大肠杆菌含抗 Cu 的基因，芽孢杆菌和葡萄球菌含抗 Cd 和 Zn 的基因，产碱菌含抗 Cd，Ni 及 Co 的基因，革兰氏阳性和革兰氏阴性菌中含抗砷和锑的基因。

④ 微生物对重金属的氧化还原

微生物也可通过改变重金属的氧化还原状态，使重金属化合价发生变化，同时，重金属的稳定性也相应地随之变化。微生物可以氧化土壤中多种重金属元素，某些自养细菌如硫-铁杆菌类（Thiobacillusfer robacillus）能氧化 As（Ⅲ）、Cu（Ⅰ）、Mo（Ⅳ）、Fe（Ⅱ）等。微生物的氧化作用能使这些重金属元素的活性降低，微生物能还原土壤中多种重金属元素，微生物可以通过对阴离子的氧化，释放与之结合的重金属离子。

微生物还可以通过氧化作用分解含砷矿物。其机制如下：① 高温硫杆菌去除矿物分解过程中产生的硫保护层；② 分泌配体溶解活化硫；③ 分泌有机代谢物促进热氧化硫化杆菌的生长。某些细菌产生的特殊酶能还原重金属，且对 Cd、Co、Ni、Mn、Zn、Pb 和 Cu 等有亲和力，如 Citrobactersp 产生的酶能使 Cd 形成难溶性磷酸盐。

⑤ 微生物对重金属的络合作用

金属价态改变后，金属的络合能力也发生变化，一些微生物的分泌物与金属离子发生络合作用，这是微生物具有降低重金属毒性的一种机理。

利用从玉米根际分离出的细菌和真菌对 Cd^{2+}、Zn^{2+}、Cu^{2+}、Fe^{3+} 与某些简单的有机配体如柠檬酸、原儿茶酚的络合物的生物降解实验可得到不同的降解动力学参数。

重金属-有机络合物被微生物降解以后，重金属则以氢氧化物或生物吸附的形式沉淀。几种重金属-柠檬酸络合物的降解速度顺序依次为 $Zn^{2+} > Fe^{3+} > Cu^{2+}$，镉由于毒性较大，与有机配体形成的络合物不被微生物降解。当 pH 值为 7.0 时，重金属柠檬酸的化学稳定常数的顺序依次为 $Cu^{2+} > Fe^{2+} > Cd^{2+} > Zn^{2+}$，但其生物

稳定性依次为 $Cd^{2+} > Fe^{3+} > Cu^{2+} > Zn^{2+}$。

因此，重金属离子与低分子量有机物形成的复合物的生物稳定性主要取决于有机配体和微生物种类，以及重金属对微生物的毒性，而与重金属-有机复合体的化学稳定性关系不大。

⑥ 菌根真菌对重金属的生物有效性的影响

菌根真菌与植物根系共生可促进植物对养分的吸收和植物生长。菌根真菌也能借助有机酸的分泌活化某些重金属离子。菌根真菌还能以其他形式如离子交换、分泌有机配体、激素等间接作用影响植物对重金属的吸收。

(4) 微生物修复技术分类

目前，污染土壤的微生物修复技术主要有两类：原位微生物修复技术和异位微生物修复技术。

原位微生物修复不需将土壤挖走，其优点是费用较低，但较难严格控制。原位微生物处理通常是向污染区域投放氮、磷营养物质和供氧，促进土壤中依靠有机物作为碳源的微生物的生长繁殖，或接种经驯化培养的高效微生物等，利用其代谢作用达到消耗某些有机污染物的目的。

异位微生物修复技术是将受污染的土壤、沉积物移动到另外的位置，采用生物和工程手段进行处理，使污染物降解恢复污染土壤原有的功能。主要工艺包括生物反应器和处理床技术。

① 原位微生物修复

a. 投菌法　此法是直接向受到污染的土壤中投入外源污染物降解菌，同时投加微生物生长所需的营养物质，通过微生物对污染物的降解和代谢达到去除污染物的目的。原位微生物修复技术中由于氧是传输的关键，所以此法成功与否主要取决于土壤的渗透性能。

b. 生物培养法　定期向土壤投加 H_2O_2 和营养，以满足污染环境中已经存在的降解菌的需要，以便使土壤微生物通过代谢将污染物彻底矿化成 CO_2 和 H_2O。

c. 生物通气法　这是一种强迫氧化的生物降解方法。在污染的土壤上打至少两口井，安装鼓风机和抽真空机，将空气强排入土壤中，然后抽出，土壤中的挥发性有机毒物也随之去除。在通入空气时，加入一定量的氨气，可以为土壤中的降解菌提供氮素营养，促进其降解活力的提高。另外还有一种生物通气法，即将空气加压后注射到污染地下水的下部，气流加速地下水和土壤中有机物的挥发和降解，有人称之为生物注射法。生物通气法生物修复系统的主要制约因素是土壤结构，不适的土壤结构会使氧气和营养物在到达污染区域之前就已被消耗，因此它要求土壤具有多孔结构。土壤通气-堆肥法是先对污染土壤进行生物通气，去除易挥发的有机污染物，然后再进行堆肥式处理，去除难挥发的有机污染物。

② 异位微生物修复

a. 生物反应器技术　生物反应器是将污染土壤从污染点挖出来放到一个特殊的反应器中处理，土壤通常加水处理，生物修复的条件在反应器中得到加强，整个处理过程中反应条件得到严格控制，处理效果十分理想。处理结束后，材料通过一个水分离系统，水得到循环。

b. 处理床技术　目前主要有堆肥化技术和生物农耕技术。堆肥化技术是将污染土壤与有机废物、粪便等结合起来，依靠堆肥过程中的微生物作用来降解土壤中难降解的有机污染物，是一种与土地处理技术相似的生物处理方法。生物农耕技术常常把污染土壤铺成厚约 0.5 m 的覆盖层，加入外来专性微生物或利用特异土著微生物，定期翻动以改善供氧条件，并适时补充水分和无机营养物质。

与传统的物理化学修复方法相比，微生物修复工程简单，处理费用相对较低，且能较彻底地将有机污染物降解为最终产物；但同时也存在一些缺点，如处理时间较长，对重金属的处理效果不好等。但异位微生物修复技术一般适合污染物含量极高、面积较小的地块，成本也相对较高[15]。

3. 化学修复技术

污染土壤的化学修复是利用加入土壤中的化学修复剂与土壤中的污染物发生一定的化学反应，使污染物被降解和毒性被去除或降低的修复技术。注入地面表层以下的化学物质可以是氧化剂、还原剂、沉淀剂或解吸剂、增溶剂。通常情况下，化学修复只有在生物修复、速度和广度上不能满足污染土壤修复的要求时才选用。相对于其他污染土壤修复技术来讲，化学修复技术发展较早，也相对成熟。

目前，适用于钢铁冶炼行业污染土壤的化学修复技术主要包括以下几方面的技术类型：原位化学淋洗技术、异位化学淋洗技术、化学氧化还原修复技术等。

(1)　原位化学淋洗修复技术

① 概述

一般来说，化学淋洗修复技术是指借助能促进土壤环境中污染物溶解或迁移作用的化学、生物化学溶剂，在重力作用下或通过水力压头推动清洗液，将其注入被污染土层中，然后再把包含有污染物的液体从土层中抽提出来，进行分离和污水处理的技术。

原位化学淋洗修复技术要在原地搭建修复设施，包括清洗液投加系统、土壤下层淋出液收集系统和淋出液处理系统。同时，由于污染物在与化学清洗剂相互作用过程中，通过解吸、螯合、溶解或络合等物理化学过程而形成了可迁移态化合物，因此有必要把污染区域封闭起来，通常采用隔离墙等物理屏障。

为了节省工程费用，该技术还应包括淋出液再生系统、化学清洗液投加系统。要根据污染物在土壤中所处的深浅位置来设计，采用漫灌、挖掘或沟渠和喷淋等方式向土壤投加清洗液，使其在重力或外力的作用下穿过污染土壤并与污染物相互作用。既可以采用挖空土壤后再填充多孔介质（粗沙砾）的浸渗沟和浸渗床方式把淋洗液分散到污染区去，也可以采用压力驱动的分散系统加快清洗液的分散。除了要考虑地形因素外，还要人为构筑地理梯度，以保证流体的顺利渗入。

含有污染物的淋出液可以利用梯度井或抽提井等方式收集。对来自污染土壤的淋出液的处理，石油和它的轻蒸馏产物可采用空气浮选法，如果浓度足够高，对羟基类化合物可以在添加额外的碳源后，采用生物手段处理。重金属污染土壤的淋出液处理则利用化学沉淀或离子交换手段进行。如果系统包括淋出液再生设备，纯化的清洗液就可以再次注入清洗液投加系统而得以循环利用。

化学淋洗修复技术具有方法简便、成本低、处理量大、见效快等优点，适用于大面积、重度污染土壤的治理。特别适用于轻质土和沙质土，并且适合治理的污染物范围很广，包括重金属、具有低辛烷水分配系数的有机化合物、羟基类化合物、低分子量乙醇和羧基酸类比较适合采用这项技术。

② 影响化学淋洗修复的主要因素

a. 土壤类型

不同类型的土壤对重金属的结合力大小不同，一般地黏土比砂土对重金属离子有更强的结合力，使得结合在土壤颗粒上的重金属难于解吸下来，从而影响重金属的淋洗效率。

b. 重金属的种类及含量

不同的重金属与土壤矿物质的结合力大小不同，从而影响它们的可淋出性，一般认为 Cr 是土壤中最难于被淋洗出来的重金属。

c. 重金属在土壤中存在形态

重金属元素常常以不同的形态存在于土壤中，各种不同形态的重金属具有不同的迁移能力和可解吸性。一般地可交换态、碳酸盐结合态重金属容易被淋洗剂从土壤中淋洗出来，而铁锰氧化物结合态和残留态重金属不易被淋洗出来。

d. 土壤中有机质含量

土壤中的有机物质特别是腐殖质对土壤中的重金属有比较强的螯合作用，这种螯合作用的强弱和重金属螯合物在淋洗剂中的可溶性对土壤中重金属的可淋出性有比较大的影响。

e. 土壤阳离子交换容量

土壤阳离子交换容量指的是带负电荷的土壤胶体，借静电引力而对溶液中的阳离子所吸附的数量。一般土壤阳离子交换容量越大，土壤胶体对重金属阳离子吸附能力也就越大，从而增加重金属从土壤胶体上解吸下来的难度。所以阳离子交换容量大的土壤不适合用化学淋洗技术修复。

f. 淋洗液的浓度

不同淋洗剂对不同土壤中不同的重金属的淋洗有不同的最合适浓度，在此浓度下能取得高的重金属去除效率和低的淋洗剂消耗量，这个最合适浓度需要通过实验手段取得。

g. 所选淋洗剂的种类

淋洗剂应该是高效的、廉价的、二次风险小的，常用的淋洗剂有水和化学溶液。单独用水可以去除某些水溶性很高的污染物，如有机污染物和六价铬。化学溶液作用机理包括调节土壤 pH 值、络合重金属污染物、从土壤吸附表面置换有毒离子以及改变土壤表面和污染物表面性质从而促进溶解等方面。溶液通常包括稀的酸、碱、螯合剂、还原剂、络合剂以及表面活化剂等。

h. pH 值

淋洗液的 pH 值影响到螯合剂和重金属的螯合平衡以及重金属在土壤颗粒上的吸附状态，从而对重金属的萃出有一定的影响。一般低的 pH 值由于具有高的酸度，使得重金属更容易被解吸下来。

i. 淋洗时间

当到达一定的淋洗时间后，继续的淋洗对淋洗效果的提高可能是无效或者效果不明显的，所以每一次淋洗都有一个最佳的淋洗时间。在最佳淋洗时间以内，随着淋洗时间的加长，淋洗效率明显的提高。

(2) 异位化学淋洗修复技术

① 概述

异位化学淋洗技术始于 20 世纪 80 年代，与原位化学淋洗修复技术不同，异位化学淋洗修复要把污染土壤挖掘出来放在容器中，用溶于水的化学试剂来清洗、去除污染物，再处理含有污染物的废水或废液，然后，洁净的土壤可以回填或运到其他地点。通常情况下，根据处理土壤的物理状况，先将其分成不同的部分(石块、沙砾、沙、细沙以及黏粒)，分开后，再基于二次利用的用途和最终处理需求，清洁到不同的程度。如果大部分污染物被吸附于某一土壤粒级，并且这一粒级只占全部土壤体积的一小部分，那么可以只处理这部分土壤。

土壤清洗操作的核心是通过水力学方式机械地悬浮或搅动土壤颗粒，土壤颗粒尺寸的最低下限是 9.5 mm，大于这个尺寸的石砾和粒子才会很容易由土壤清洗方式将污染物从土壤中洗去。适合操作异位土壤淋洗技术的装备应该是可运输的，可随时随地搭建、拆卸、改装，一般采用单元操作系统，包括矿石筛、离心装置、摩擦反应器、过滤压榨机、剧烈环绕分离器、流化床清洗设备和悬浮生物泥浆反应器等。由于其具有灵活方便的特点，更有利于技术推广。

土壤异位清洗技术适用于各种类型污染物的治理，如重金属、放射性元素，以及许多有机物，包括石油烃、易挥发有机物、pcbs 以及多环芳烃等。在实验室可行性研究的基础上，土壤清洗剂可以依照特定的污染物类型进行选择，大大提高了修复工作的效率。然而，土壤异位清洗技术更适合用于污染物集中于大粒级土壤上的情况，沙砾、沙和细沙以及相似土壤组成中的污染物更容易处理，含有 25%～30%黏粒的土壤不建议采用这项技术。

② 异位化学淋洗的步骤

土壤淋洗技术大都起源于矿物加工工业。在矿物加工工业中，人们可以从低品位的杂矿中分离有价值的矿石，最新的加工方法可以从含量低于 0.5%的原材料中提取金属。典型的土壤淋洗系统包括如下步骤：

a. 用水将土壤分散并制成浆状；

b. 用高压水龙头冲洗土壤；

c. 用过筛或沉降的方法将不同粒径的颗粒分离；

d. 利用密度、表面化学或磁敏感性等方面的差异进一步将污染物浓缩在更小的体积内；

e. 利用过滤或絮凝的方法使土壤颗粒脱水。

实践中，人们将污染土壤挖掘起来，在土地处理厂中进行清洗。淋洗土壤用的土地处理厂有两类，即固定式土地处理厂和移动式土地处理厂。

固定式土壤淋洗厂厂址固定，有利于控制处理过程中污染物的排放。处理不同类型的污染土壤的程序有所不同，固定式土壤淋洗厂的处理程序比较复杂。

移动式土壤处理厂的优点是设备小，可以随地移动，但由于移动性大，较难控制处理过程中产生的二次污染（如对地下水的渗透污染和对大气的污染）。

(3) 原位化学氧化还原技术

① 原位化学氧化修复技术

该技术是指将化学氧化剂注入土壤渗透层或地下水中，以氧化其中的污染物质，使污染物降解成为低浓度、低移动性产物。在污染区的不同深度钻井，然后通过泵将氧化剂注入土壤。进入土壤的氧化剂可以从另一个井抽提出来，含有氧化剂的废液可以重复使用。常用的氧化剂是 K_2MnO_4、H_2O_2 和臭氧（O_3），溶解氧有时也可以作为氧化剂。在田间最常用的是 Fenton 试剂，是一种加入铁催化剂的 H_2O_2 氧化剂。加入的催化剂可以提高氧化能力，加快氧化反应速率。进入土壤的氧化剂的分散是氧化技术的关键环节，传统的分散方法包括竖直井、水平井、过滤装置和处理栅栏等，土壤深层混合和液压破坏等方法也能够对氧化剂进行分散。

该技术可用于修复严重污染的场地或污染源区域，但对于污染物浓度较低的轻度污染区域，该技术并不经济。该技术所需的工程周期一般在几天至几个月不等，具体由待处理污染区域的面积、氧化剂的输送速率、修复目标值及地下含水层的特性等因素而定。土壤砷常以＋5 价或＋3 价存在，在氧化条件下，以砷酸盐占优势。从氧化条件转变为还原条件时，亚砷酸逐渐增多，对作物的毒性增强。因此促进氧化过程的发展，可以促使 As^{3+} 向毒性和溶解度更小的 As^{5+} 转化，从而减少砷害。

② 原位化学还原修复技术

化学还原法是一种原位修复方法。其原理是利用铁屑、硫酸亚铁或其他一些容易得到的化学还原剂(也可以辅以一定的黏合剂)将六价铬还原为三价铬，形成难溶的化合物，从而降低铬在环境中的迁移性和生物可利用性，从而减轻铬污染的危害。还原剂可以直接加入土壤，或者采用可渗透氧化还原反应墙的形式。目前开展的研究中一般使用填充还原剂的小柱来模拟可渗透氧化还原反应墙，然后将含有六价铬的溶液流经此柱，考察六价铬的还原情况及产物的形式。

当六价铬主要集中在土壤颗粒表面时，直接向土壤中加入还原剂能迅速有效地起作用，但当六价铬存在于土壤颗粒内部时，则难以与还原剂接触并发生还原反应，因此，当这部分六价铬从土壤中浸出时，就需要额外的超量还原剂来还原它。在这个过程中，还原剂有可能被冲走，也可能被其他物质氧化。另外，向土壤中投加的还原剂有可能造成二次污染。因此，土壤颗粒内部的六价铬的去除是化学还原法的难点。

4. 物理化学修复技术

在美、英等发达国家，钢铁冶炼行业污染土壤的物理化学修复作为一大类污染土壤修复技术，近年来得到了前所未有的重视，与此同时也得到了多方位的发展。本节结合中国实际介绍国外在这方面的进展，主要包括固定-稳定化修复和电动力学修复、物理分离修复等技术。

(1) 固化-稳定化土壤修复技术

① 概述

固化-稳定化技术是指防止或者降低污染土壤释放有害化学物质过程的一组修复技术，通常用于重金属和放射性物质污染土壤的无害化处理。固化-稳定化技术既可以将污染土壤挖掘出来，在地面混合后，投放到适当形状的模具中或放置到空地，进行稳定化处理，也可以在污染土地原位稳定处理。相比较而言，现场原位稳定处理比较经济，并且能够处理深达 30 m 的污染物。

固化-稳定化技术包含了两个概念。其中，固化是指利用水泥一类的物质与土壤相混合将污染物包被起来，使之呈颗粒状或大块状存在，进而使污染物处于相对稳定的状态。封装可以是对污染土壤进行压缩，也可以是由容器来进行封装。固化不涉及固化物或固化的污染物之间的化学反应。将低渗透性的物质包在污染土壤的表面，以减少污染物暴露于淋溶作用的表面、限制污染物迁移的技术称为包囊作用，也属于固化技术范畴。在细颗粒废物表面的包囊作用称为微包囊作用，而大块废物表面的包囊作用称为大包囊作用。

稳定化是利用磷酸盐、硫化物和碳酸盐等作为污染物稳定化处理的反应剂，将有害化学物质转化成毒性较低或迁移性较低的物质。稳定化不一定改变污染物及其污染土壤的物理化学性质。常用的办法包括采用活性炭、树脂、黏土、腐殖酸和灰烬材料来吸附污染物，用表面活性剂加强结合，用沥青包容，与水泥混凝土融合，或者在 1 200 ℃高温通过高温融合将其转化为玻璃形态的物质等。在实践上，商业的固化技术包括了某种程度的稳定化作用，而稳定化技术也包括了某种程度的固化作用，两者有时候是不容易区分的。

固化-稳定化技术采用的黏结剂主要是水泥、石灰、热塑塑料等，也包括一些专用的添加剂。水泥可以和其他黏结剂飞灰、溶解性硅酸盐、亲有机的黏粒、活性炭等共同使用。基于黏结剂的不同，可将固化-稳定化技术分为水泥和混合水泥固化-稳定化技术、石灰固化-稳定化技术、玻璃化固化-稳定化技术 3 类。

稳定和固定化技术通常用于重金属离子和放射性质的稳定化和固定化处理。一般步骤包括：中和过量酸、破坏金属络合物、控制金属的氧化还原状态、转化为不稳定的状态及采用固化剂形成稳定的固体物质。

在稳定化之前，有些金属离子需要进行预处理，如电镀废水中的金属氰化物需要被破坏掉，将六价铬的离子 Cr(VI)还原为三价的形式，然后转化为氢氧化物形式，对于有毒有机污染物，也可以采用类似的步骤进行稳定化处理。在具体实施中，可以将污染物和土壤挖掘出来，在地面上进行稳定化处理，也可以在污染区域原位就地进行稳定化和固定化处理。现场原位处理经济合算，可以处理深度达到 34 m 的土壤污染物，所需要的添加剂通过高压方式注入，并进行机械搅拌充分混合。对经过稳定化或者固定化处理的污染物质，需要进行各种必要的测试确保安全无二次污染，主要测试内容包括密度、渗透性、强度、压缩性、侵蚀特性和氧化还原反应特性等。

固化-稳定化技术具有以下一些特点：

a. 需要污染土壤与固化-稳定化等进行原位或异位混合，与其他固定技术相比，无需破坏无机物质，但可能改变有机物质的性质；

b. 稳定化可能与封装等固定化技术联合应用，并可能增加污染物的总体积；

c. 固化-稳定化处理后的污染土壤应当有利于后续处理；

d. 现场应用需要安装下面全部或部分设施：原位修复所需的螺旋钻井和混合设备、集尘系统、挥发性污染物控制系统及大型储存池。

固化-稳定化处理技术对污染土壤进行修复，具有以下几个方面的优点：

a. 可以处理多种复杂金属废物；

b. 费用低廉；

c. 加工设备容易转移；

d. 所形成的固体毒性降低，稳定性增强；

e. 凝结在固体中的微生物很难生长，不致破坏结块结构。

② 用于固化-稳定化技术中的添加剂

这种修复技术的特点是土壤结构不受扰动，适合大面积的操作，如果添加的稳定剂能廉价获得，修复成本也很经济。用于固定-稳定的添加剂，种类很多，可供适当选取。

a. 磷酸盐添加剂

磷酸盐一类化合物可以吸附重金属（Cd、Cu、Ni、Pb 和 Zn 等），也可以与重金属共沉淀，也可以两者同时发生，是一种理想的固定剂。

大量研究表明，磷化合物（包括水溶性磷和非水溶性磷），对土壤中重金属有固定作用，从而降低了重金属的生物有效性。但是值得注意的是，由于不同磷化合物的性质各异和重金属的不同种类，作用将会截然不同，有的磷化合物能起到很好的固定作用，有的则相反，可能起到对重金属的活化作用。

b. 其他固定和稳定添加剂

沸石：沸石既能降低土壤中重金属的毒性，又能减少植物对重金属的吸收，合成沸石由于具有很高的离子交换含量，施用后在降低土壤中金属活性和在土壤-植物系统中的转移方面，效果更为显著。

粉煤灰：粉煤灰的成分有很大的差异，但是大部分含有铁-铝硅酸矿物，Al、Si、Fe、Ca、K 和 Na 是其中的主要成分，粉煤灰的作用是增加土壤的碱性和盐分，中和酸性，从而对土壤的重金属起到稳定作用，特别对于强酸性土壤，施用后的土壤可以进行作物栽培和绿化用地，不过，粉煤灰的施用可以引起土壤中可溶性盐的增加，直接影响到土壤的理化性质，值得关注。

碱性材料：石灰是广泛采用的碱性材料，施用后能提高土壤的 pH 值，特别是富含白云石（碳酸镁）的石灰，效果更为显著。施用后能对土壤中的重金属起到沉淀作用，但是值得注意的是，施用后可能活化有毒的阴离子，例如，砷酸盐和铬酸盐。此外使用熟石灰的效果，会随着时间的推移逐渐降低，石灰对于降低土壤重金属活性，不如结构沸石。

矿渣：铝土矿渣（红泥）对土壤中重金属的固定效果非常明显，Lombi 通过油菜、小麦、豌豆和莴苣的盆栽试验表明，当红泥的施用量为 2%时，不但增加了植物的产量，而且降低了植物组织中的重金属含量。

固定和稳定剂还包括铁和锰的一类化合物，总之用于土壤中重金属的固定和稳定剂的添加剂有很多种类可供选择。

③ 原位固化-稳定化土壤修复技术

原位固化-稳定化土壤修复技术是指运用物理或化学的方法将土壤中的有害污染物固定起来，阻止其在环境中迁移、扩散等过程的修复技术。常用于处理重金属和放射性物质污染的土壤，但其修复后场地的后续利用可能使固化材料老化或失效，从而影响其固化能力，且触水或结冰、解冻过程会降低污染物的固定化效果。该技术所需的实施时间一般为 3～6 个月，具体应视修复目标值、待处理土壤体积、污染物浓度分布情况及地下土壤特性等因素而定。

原位固化-稳定化技术是少数几个能够原位修复金属污染的技术之一，由于有机物不稳定易于反应，原位固化稳定化技术一般不适用于有机污染物污染土壤的修复。固化稳定化技术一度用于异位修复，近年来才开始用于原位修复。图 4.1－1简要描述了原位固化稳定化的工艺流程。

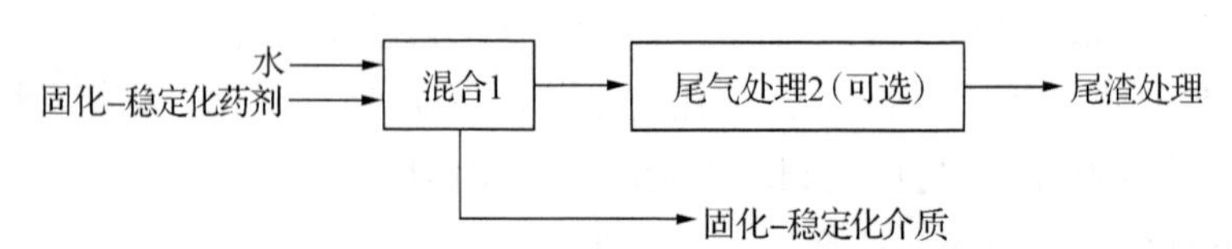

图 4.1－1　原位固化-稳定化修复工艺流程图

该项技术通常用水泥和石灰作为固化剂，会引起固化后的凝结物或沉积物的 pH 值升高，这有利于防止污染物质淋失或泄漏进入地下水，因为在碱性环境下，重金属通常会形成氢氧化物，从而降低其溶解性。有研究表明，经石灰固化处理后的沉积物中 80%的金属离子都呈现稳定状态。不过，沉积物的化学成分变得很复杂。少量的金属在 pH 值较高情况下，会形成络合物从而提高其溶解性。另外，水底沉积物多半处于还原状态（由于 BOD 含量较高的沉积物多半是未氧化的物质），且含有大量的含硫化合物。在这样的环境下，金属大部分呈硫化物状态，其溶解性比氢氧化物还要低一些。汞的氢氧化物很不稳定，但其硫化物却异常的稳定，因此，尽管其氢氧化物很不稳定，仍然可以添加水泥等黏结剂，以增强这类沉积物的稳定性。

目前，已经研制出了一些新型的固化-稳定化技术。这些技术主要有：① 压力灌浆，利用高压管道将黏结剂注射进入待处理土壤孔隙中；② 螺旋搅拌土壤混合，即利用螺旋土钻将黏结剂混合进入土壤，随着钻头的转动，黏结剂通过土钻底部的小孔进入待处理的土壤中与之混合。但这一技术主要限制于待处理土壤的地下深度在 45 m 以内。

④ 异位固化-稳定化土壤修复技术

该技术是指在地面上利用大型混合搅拌装置将污染土壤与黏结剂混合形成凝固体而达到物理封锁（如降低孔隙率等）或发生化学反应形成固体沉淀物（如形成氢氧化物或硫化物沉淀等），从而达到降低污染物活性的目的。其所针对的土壤污染物质主要为无机物（包括放射性物质），一般不适于处理有机物和农药污染，不能保证污染物的长期稳定性，且处理过程会显著增加产物体积。图 4.1－2 为异位固化稳定化工艺流程简图。

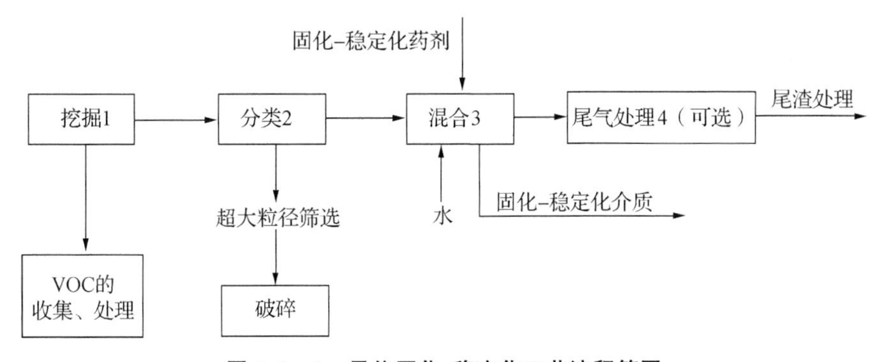

图 4.1－2　异位固化-稳定化工艺流程简图

在异位固化-稳定化过程中，许多物质都可以作为黏结剂，如硅酸盐水泥、火山灰、硅酸酯和沥青以及各种多聚物等。硅酸盐水泥以及相关的铝硅酸盐（如高炉炉渣、飞灰和火山灰等）是最常使用的黏结剂。利用黏土拌和机、转筒混合机和泥浆混合器等将污染土壤、水泥和水混合在一起。有时可能会根据需要，适当地加入一些添加剂以增强具体污染物质的稳定性、防止随时间推移而发生的某些负面效应。

实践表明，异位固化-稳定化技术的实际应用和效果受到许多因素的影响。这些限制因素主要有：

a. 一些工艺可能会导致污染土壤或固废体积显著增大（甚至为原始体积的两倍）；

b. 对于成分复杂的污染土壤或固体废物还没发现很有效的黏结剂；

c. 有机物质的存在可能会影响黏结剂作用的发挥；

d. 最终处理时的环境条件可能会影响污染物的长期稳定性；

e. 石块或碎片比例太高会影响黏结剂的注入和土壤的混合，处理之前必须除去直径大于 60 mm 的石块或碎片。

(2) 电动力学修复技术

① 概述

向土壤施加直流电场，在电解、电迁移、扩散、电渗透、电泳等的共同作用下，使土壤溶液中的离子向电极区富集从而被去除的技术，称为电动力学修复技术。

电动力学技术可以处理的污染物包括：重金属、放射性核素、有毒阴离子（硝酸盐、硫酸盐）、稠的、废水相的液体、氰化物、石油烃（柴油、汽油、煤油、润滑油）、炸药、有机-离子混合污染物、卤化烃、非卤化污染物、多核芳香烃。最适合电动力学的技术处理的污染物是金属污染物。

电动力学修复技术作为一种颇具潜力的技术受到了国外研究者的广泛关注。早在 1947 年，电动力学技术就开始应用于黏土脱水。该技术应用于土壤修复的研究始于 20 世纪 80 年代，在 90 年代发展迅速。利用电动力学技术去除土壤中重金属污染，已在实验室研究和某些中试规模的应用中取得了成功。到目前为止，已有美国、加拿大、德国、荷兰、日本等国家相继开展该技术的研究与应用。国内也开始了利用电动技术对重金属污染土壤修复的研究。

② 技术原理

电动力学修复技术的基本原理是将电极插入受污染的土壤区域，在施加直流电后，形成直流电场。由于土壤颗粒表面具有双电层、孔隙水中离子或颗粒带有电荷，引起土壤孔隙水及水中的离子和颗粒物质沿电场方向进行定向运动。主要包括 3 个作用机理：电渗析、电迁移和电泳。

电动力学第一种机理是电渗析，是指土壤孔隙表面带负电荷与孔隙水中的离子形成扩散双电层引起孔隙水沿电场从阴极向阳极方向流动。孔隙水流动速度与双电层厚度（土壤孔隙表面的 Zeta 电位）或者说与水流所携带的动电电流成正比，而与水流中电解质的浓度关系不大。土壤颗粒表面的双电层厚度一般约为 10 nm 左右。不同类型的土壤带有的电荷及形成的双电层厚度是不同的：沙土＜细沙土＜高岭土＜蒙脱土。

电渗析流与外加电压梯度成正比。在电压梯度为 1 V/cm 时，电渗析流量可高达 $10^{-4}\ cm^3/(cm^2 \cdot s)$。电渗析流用以下方程描述：

$$Q=k_e \times i_e \times A$$

式中，Q 为体积流量；k_e 为电渗析导率系数；i_e 为电压梯度；A 为截面积。系数 k_e 一般范围为 $1\times10^{-9} \sim 10\times10^{-9}\ m^2/(V \cdot s)$。

电渗析在土壤孔隙中产生的水流比较均匀，流动方向容易控制。图 4.1－3 形象地比较了土壤孔隙水的电渗析流动与水力流动。对于结合紧密的黏土土壤，电渗析产生的水流渗透率是水力学渗透率的几个数量级，而且动力消耗低。电渗析流的速度一般约为 2.5 cm/d。通过电渗析方法，密实土壤中的污染物可以被抽取出来以便进行适当的处理。但是，电渗析流也容易引起土壤夯实或裂缝，不易稳定地长期操作。

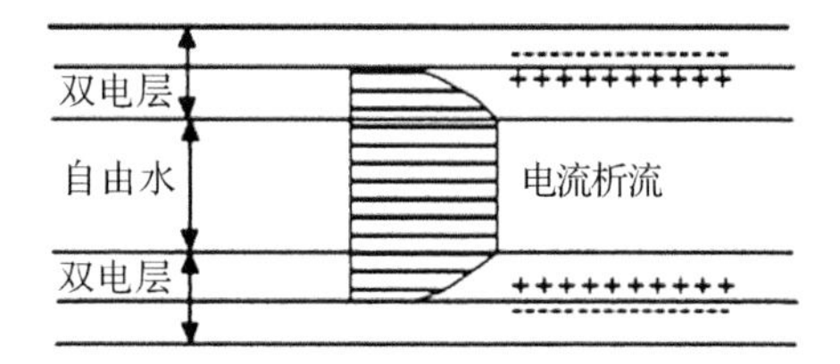

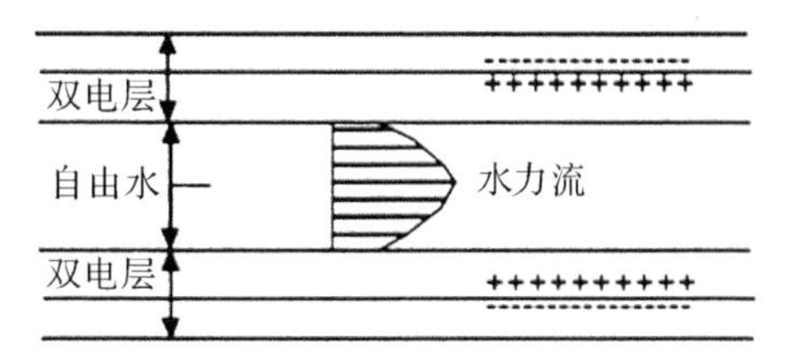

图 4.1－3　土壤毛细孔隙内电渗析流型和水力流型比较

电动力学第二种机理是电迁移，是指离子和离子型络合物在外加直流电场的作用下向相反电极的移动。在直流电场中，正离子向阳极迁移，负离子向阴极迁移。电迁移速度取决于土壤孔隙水流密度、颗粒大小、离子移动性、污染物浓度和总离子浓度。电迁移过程的效率更多地取决于孔隙水的电传导性和在土壤中传导的途径的长度，对土壤对液体通透性的依赖性较小。离子在单位电场梯度(也就是 1 V/cm)中的迁移速度称为离子淌度，淌度与离子的浓度有关，在无限稀的溶液中，淌度在 $1\times10^{-8}\sim10\times10^{-8}\,m^2/V\cdot cm$ 之间；在土壤中，由于孔隙的作用，迁移的路径长而曲折，实际淌度大约在 $3\times10^{-9}\sim1\times10^{-8}\,m^2/V\cdot cm$ 之间。

电动力学第三种机理是电泳，是指带电粒子或胶体在电场作用下的移动，结合在可移动粒子上的污染物也随之而移动。土壤中胶体粒子包括细小土壤颗粒、腐殖质和微生物细胞等。

在电动力学技术运行中，电极表面发生的化学反应主要是水的电解。阳极发生氧化反应产生氢气和氢氧根离子，阴极发生还原反应产生氢离子和氧气。

阴极反应：$2H_2O-4e^-\longrightarrow O_2+4H^+\qquad E_0=-1.23\ V$

阳极反应：$2H_2O+2e^-\longrightarrow H_2+2OH^-\qquad E_0=-0.83\ V$

随着修复过程的进行，阳极将产生大量的 H^+，并导致阳极液的 pH 降低，形成一个酸区。在电场力的作用下，H^+ 向阴极迁移，促使酸区也向阴极方向迁移。H^+ 迁移的过程中，解吸土壤吸附的重金属离子，并且溶解土壤中重金属氧化物、氢氧化物和碳酸盐等沉淀物，重金属污染物转化为离子态，在电场力的作用下，也向阴极迁移。同时，阴极产生的大量 OH^-，导致阴极 pH 值升高形成一碱区，和酸区一样，碱区向阳极方向迁移。OH^- 在迁移过程中，与土壤中的金属阳离子发生沉淀反应,从而影响重金属污染物的去除效率。因为 H^+ 迁移速度是 OH^- 迁移速度的 1.8 倍,所以酸区的移动速度大于碱区的移动速度;在靠近阴极的土壤区,H^+ 和 OH^- 相遇中和,并产生一个 pH 值的突跃,导致污染物的溶解性降低,所以在阴极附近的土壤的重金属浓度值有一个突跃。由于土壤表面一般带负电荷,所以土壤的 ζ 电位通常为负,这使得土壤溶液电渗流方向一般是向阴极迁移,有利于带正电荷的污染物去除;但受到酸性带的影响,土壤将进一步酸化,引起电位降低,甚至改变 ζ 电位符号,导致电渗流逆流,最终去除带正电荷的污染物需要更高电压和消耗更多的能耗。

电动力学以上各种过程和反应综合于图 4.1-4 中。实际操作系统可能包括阴极、阳极、电源、收集井(一般在阳极一侧)、注入井以及循环液罐等。

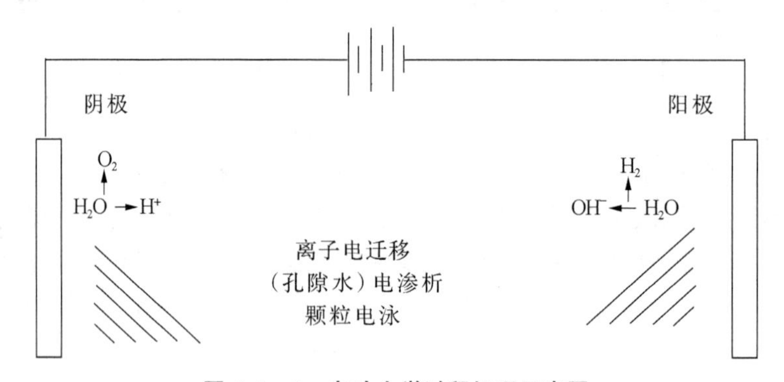

图 4.1-4 电动力学过程机理示意图

③ 技术优势与限制因素

· 技术优势

电动力学修复技术在土壤中金属修复方面有很大优势,其优点可以归纳为:

a. 与挖掘、土壤冲洗等异位技术相比,电动力学技术对现有景观、建筑和结构等的影响最小;

b. 与酸浸提技术不同,电动力学技术改变土壤中原有成分的 pH 值使金属离子活化,这样土壤本身的结构不会遭到破坏,而且该过程不受土壤低渗透性的影响;

c. 与化学稳定化不同,电动力学技术中金属离子从根本上完全被驱除,而不是通过向土壤中引入新的物质与金属离子结合产生沉淀物实行的;

d. 对于不能原位修复的现场,可以采用异位修复的方法;

e. 可能对饱和层和不饱和层都有效;

f. 水力传导性较低特别是黏土含量高的土壤适用性较强;

g. 对有机和无机污染物都有效。

· 限制因素

电动力学技术在应用上也存在一些限制因素：

a. 污染物的溶解性和污染物从土壤胶体表面的脱附性能对技术的成功应用有重要影响；

b. 需要电导性的孔隙流体来活化污染物；

c. 埋藏的地基、碎石、大块金属氧化物、大石块等会降低处理效率；

d. 金属电极电解过程中发生溶解，产生腐蚀性物质，因此电极需采用惰性物质如石墨、铂等；

e. 土壤含水量低于10％的场合，处理效果大大降低；

f. 非饱和层水的引入会将污染物冲洗出电场影响区域，埋藏的金属或绝缘物质会引起土壤中电流的变化；

g. 当目标污染物的浓度相对于背景值(非污染物浓度)较低时，处理效率降低。

④ 影响因素和运行条件

· 修复过程的 pH 值

pH 值直接影响土壤溶液中的离子的吸附与解吸、沉淀与溶解等，而且酸度对电渗流速度有明显影响，因此电动力学修复技术的关键在于 pH 值的控制。由于电极反应在阴、阳极分别产生大量的 OH^- 和 H^+，使电极附近的 pH 值分别上升和下降。产生的 OH^- 和 H^+，如果不加以限制，将在电场作用下通过电迁移、电渗和扩散等方式向另一端电极移动，直到两者相遇且中和，在相遇的地点产生 pH 值突变。如果 pH 值的突变发生在待处理土壤内部，则向阴极迁移的重金属离子会在土壤中沉淀下来，严重影响其去除效率，这一现象称为聚焦效应(focusing effect)。多数实验研究都发现这种聚焦现象，如 Pb^{2+}、Zn^{2+}、Cd^{2+} 和 Cu^{2+} 等。因此，如何控制土壤内的 pH 值，制止 OH^- 向土柱内的移动成为电动力学修复技术的研究重点。最基本的一种控制方法为中和阴极电解产生的 OH^-，其中经常使用的方法是利用纯净水不断冲洗阴极产生的 OH^-。如在用电动力学修复受 Zn 污染的土壤时，由于在 pH 值聚焦(pH 值跳跃)的地方，60％甚至更多的以沉淀形式存在，所以去除效率低于 2％～10％，在不断用纯净水更换阴极的碱溶液以后的去除率可以达 98％左右。采用循环体系将阴极的电解液与阳极的电解液中和来改变电极产生的酸碱对土柱 pH 值的影响，也可显著改善修复效果。

· 土壤性质

土壤性质是影响重金属污染物的迁移速度和去除效率的主要因素。电动力学修复技术能够适用于从黏土到细沙土的多种类型，土壤性质基本不影响该技术的使用，但影响其修复效果。重金属污染物与土壤组分相互之间的复杂作用随着土壤颗粒表面及孔隙液的化学性质而发生变化，其中具有高水分、高饱和度、低反应活性特点的土壤较适合污染物的迁移；而蒙脱土和蛭石因具有高的酸碱缓冲能力，所以溶解和脱附污染物需要较多的酸、碱和增强试剂；石灰性土壤中重金属的沉淀和强的 pH 值缓冲特性会降低重金属的电动力学修复效率。

·元素的化学性质

元素的化学性质是影响电动力学修复效果的重要因素。诸如 Cr、As 和 Hg 等元素会发生氧化还原反应，产生不同形式的沉淀物，从而增加电动力学修复难度，这时需加入更多的化学药剂和消耗更多的电能，因而可以考虑添加氧化剂、还原剂和络合剂。Hg 在自然土壤中以 HgS、Hg^{+} 和 Hg_2Cl_2 等形式存在，它们的溶解度极低，电动力学技术对汞污染土壤的修复极其困难。

·元素的存在形态

土壤中的重金属形态(可交换态、碳酸盐和氢氧化物、铁锰化合态、有机结合态和残留态)影响着电动力学修复效果。电动力学修复效率与重金属的存在形态有关，除了 Zn 以外，Cr、Ni 和 Cu 的残留态含量在实验前后几乎没有变化。土壤中以水溶态和可交换态存在的重金属较易被电动力学修复，而以有机结合态和残留态存在的重金属较难去除。酸性条件可促进重金属从不溶态转化为可溶态，可以施加一些化学试剂来提高重金属的溶解度。

通过大量的电动力学试验，发现了 3 个导致电流降低的极化现象，即：活化极化、电阻极化和浓差极化现象。

a. 活化极化(activation polarization)：电极上的水电解产生气泡(氢气和氧气)会覆盖在电极表面，这些气泡是良好的绝缘体，从而使电极的导电性下降，电流降低。

b. 电阻极化(resistance polarization)：在电动力学修复过程中会在阴极上形成一层白色膜，其成分是不溶盐类和杂质。这层白膜吸附在电极上会使电极的导电性下降，电流降低。

c. 浓差极化(concentration polarization)：这是由于电动力学修复过程中 H^{+} 向阴极迁移，OH^{-} 向阳极迁移的速率缓慢引起的(其速率总小于离子在电极上放电的速率)。从而使得电极附近的离子浓度小于溶液中的其他部分。如果酸碱没有被及时中和，就会使电流降低。

目前，提高电动力学修复的效率常采用的方法是：当电渗析流很慢时用冲洗液(或直接用自来水)冲刷电极、在电极上外包离子交换膜来俘获污染物质、在土壤与阴极间设阳离子交换膜以防止重金属离子提前形成难溶沉淀不易被去除、弄清楚受污染土壤的缓冲能力，并通过改换冲洗液以控制土壤的 pH 值在一定的范围内。

电压和电流是电动力学修复过程操作的主要参数，提高电流强度能加快污染物的迁移速度，同时能耗也迅速升高。一般使用的电流强度范围为 10～100 mA/cm^2，电压梯度约为 0.5 V/cm。对特定的污染物和土壤，需要根据土壤特性、电极构型和处理时间等因素通过具体实验确定。电极材料对修复效果有影响。但在实际应用中，既要考虑修复效果，又要考虑成本。选用电极应考虑以下因素，包括导电性能好、易生产且费用低以及耐腐蚀且不引起新的污染。电极最合适的材料是石墨、铂、金和银，而现场应可采用便宜可靠的不锈钢和钛等金属材料，甚至还可用石墨电极，镀膜钛电极在实际中也有一些应用。有时为了特殊需要也采用还原性电极（如铁电极）作为阳极，电极的形状、大小、排列以及极距都会影响电动力学修复效果。

(3) 物理分离修复技术

① 概述

物理分离技术是指借助物理手段将重金属颗粒从土壤胶体上分离开来的异位修复技术，通常该技术可作为初步分选，以减少待处理土壤的体积，优化后续处理过程，但其本身一般不能充分达到土壤修复的要求，且要求污染物具有较高的浓度并存在于具有不同物理特性的相介质中。

物理分离技术主要用在污染土壤中无机污染物的修复处理上，从土壤、沉积物、废渣中富集重金属，清洁土壤、恢复土壤正常功能。首先，分散于土壤环境中的重金属颗粒可以根据它们的颗粒直径、密度或其他物理特性得以分离。其次，以单质态或盐离子态存在的重金属可能被某一粒径范围的土壤颗粒或胶体所吸附，一般来讲，它们都易于被土壤黏粒和粉粒所吸附。物理分离技术能够将沙和沙砾从黏粒和粉粒中分离出来，将待处理土壤的体积缩小，使土壤中存在的污染物浓度浓集到一个高的水平，然后再采用高温修复技术或化学淋洗技术修复污染土壤。

物理分离修复技术有许多优点，比如设备简单，费用低廉，分离方式没有高度的选择性，采用高梯度的磁场时，可以恢复较宽范围的污染介质等，但是在具体分离过程中，其技术的有效性，要考虑各种内在和外在因素的影响。例如：物理分离技术要求污染物具有较高的浓度并且存在于具有不同物理特征的相介质中；筛分干污染物时会产生粉尘；固体基质中的细粒径部分和废液中的污染物需要进行再处理。

物理分离技术在应用过程中还有许多局限性，比如用粒径分离时易塞住或损坏筛子；用水动力学分离和重力分离时，当土壤中有较大比例的黏粒、粉粒和腐殖质存在时很难操作;用泡沫浮选法分离时,颗粒必须以较低浓度存在;用磁分离时处理费用比较高等。这些局限性决定了物理分离修复技术只能在小范围内应用,不能被广泛地推广。

② 物理分离修复方法

· 粒径分离法

粒径分离法是针对不同土壤颗粒粒级,可通过特定网格大小的线编织筛进行分离过程,如图 4.1-5 所示。为了防止大颗粒将筛子的筛孔塞住,筛子通常要有一定的倾斜角度,让大颗粒滑下。或者筛子是静止的,采取某种运动方式(如振动、摆动或回旋),将堵塞筛孔大的颗粒除去。粒径分离过程中所需的主要设备有筛子、过滤器和矿石筛(湿或干)。常用的分离方式有以下 3 种:摩擦-洗涤、干筛分和湿筛分。

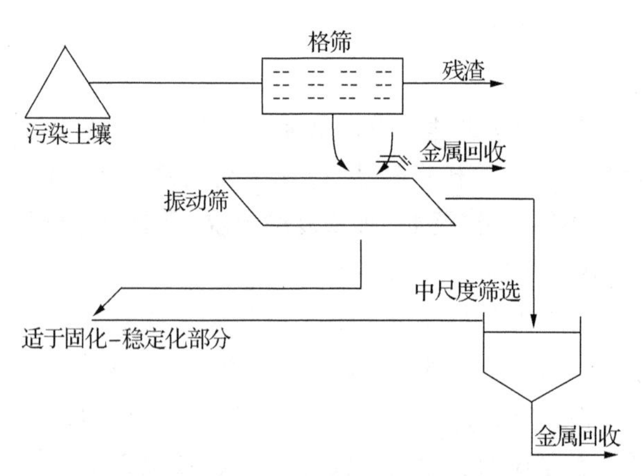

图 4.1-5　污染土壤的物理分离修复过程

a. 摩擦-洗涤器通常作为颗粒或密度方式分离前的土壤前处理。它能够打碎土壤团聚体结构,将氧化物或其他胶膜从土壤胶体上洗下来。土壤洗涤不仅要靠颗粒与颗粒之间的摩擦和碰撞,也要靠设备(如桨板和推进器)和颗粒间的摩擦。摩擦洗涤器通过内置的两个方向相反、呈倾斜角、直径较大的推进器集中混合和洗涤土壤。有时还要配置挡板以引导土壤的行进方向。同时,要根据预计达到的土壤处理量设计相应的单室或多室处理设备。

b. 干筛分是将石砾、树枝或其他较大的物质从干的土壤中筛分出去的过程。干筛分方式通常能处理大或中等的土壤颗粒,但是,在实际应用时,对于小于 0.06～0.09 m粒级的天然土壤(常常含有水分),情况变得很困难,容易发生阻塞现象。如果要采用较细的筛子,土壤就要在过筛前事先干燥,否则,就要采用湿筛分方式。

c. 湿筛分方式通常遇到两个问题，一个是在修复过程中会产生一定数量的污水，需要进一步的排放前处理，另一个问题是湿筛分过程使土壤变湿，使接下来的化学处理难以进行。因此，在实施湿筛分技术前必须充分权衡利弊。通常来说，湿筛分技术要遵循以下原则：当土壤中有大量颗粒状重金属，推荐采用湿筛分方式。这时，湿筛分技术不仅能够使土壤无害化，而且土壤还不需要进一步的处理。同时，使用少量的化学试剂就可以使修复过程中产生污水中的重金属颗粒的体积降低到一定预期水平；如果接下来的化学处理需要水，如采用土壤清洗或淋洗技术，那么也推荐使用湿筛分技术；如果处理得到的重金属可以循环再利用或废液不需要很多的化学处理试剂，也适合采用湿筛分办法。

· 水动力学分离法

水动力学分离技术是基于颗粒在流体中的移动速度将其分成两部分或多部分的分离技术。颗粒在流体中的移动速度取决于颗粒大小、密度和形状，可以通过强化流体在与颗粒运动方向相反的方向 TFG 上的运动，提高分离效率。如果落下的颗粒低于有效筛分的粒径要求(通常是 200 μm)，此时采用水动力分离法。如筛分一样，水动力学分离也依赖于颗粒大小，但是与筛分方式不同的是，水动力学分离还与颗粒密度有关。水动力学分离过程所需要的主要设备有淘析器、机械粒度分离机和水力旋风器。湿粒度分级机(水力分级机)比空气分级机更常用一些。分级机适用于较宽范围内颗粒的分离。过去用大的淘选机从废物堆积场中分离直径几 mm 的汽车蓄电池铅，其他分级机如螺旋分级机和沉淀筒也被用来从泥浆中分离细小颗粒。水力旋风分离器能够非常有效地分离细小颗粒，已经用来去除沙砾和脱水等。尽管水力旋风分离器也能够分离较粗的颗粒，但最常用于 5～150 μm 粒级的分离。水力旋风分离器是体积较小、价格便宜的设备。为了提高处理能力，通常要并联使用多个水力旋风分离器。

· 密度(或重力)分离法

密度(或重力)分离技术是不同密度的颗粒在重力和其他一种或多种与重力方向相反的作用力的同时作用下富集起来分离的技术，该技术与颗粒密度、大小和形状有关。一般情况下，重力分离对粗糙颗粒比较有效。密度分离(或重力分离)过程所需要的主要设备有振荡床和螺旋浓缩器。重力分离技术对于粒径在 10～50 μm 范围的颗粒仍然有效，用相对较小的设备可能达到更高的处理能力。在重力富集器中，振动筛能够分离出 150 μm～5 cm 的粗糙颗粒，这个范围也可以放宽到 75 μm～5 cm。对于颗粒密度差异较大的未分级(粒径范围较宽)的土壤，或者颗粒密度差异不大但事先经过分级(粒径范围较窄)的土壤，设备处理性能都会相应提高。

·脱水分离法

除了干筛分方式，物理分离技术大多要用到水，以利于固体颗粒的运输和分离。脱水是为了满足水的循环再利用的需要，另外，水中还含有一定量的可溶或残留态重金属，因而脱水步骤是很有必要的。通常采用的脱水方法有过滤、压滤、离心和沉淀等，当这些方式联合使用，能够获得更好的脱水效果。

·泡沫浮选分离法

泡沫浮选分离技术是指根据不同矿物有不同表面特性的原理，通过向含有矿物的泥浆中添加合适的化学试剂，人为地强化矿物的表面特性而达到分离的技术。泡沫浮选分离过程所需要的主要设备有空气浮选室或塔。该技术最早发明于20世纪初，目的在于对选矿业中认为处理起来不够经济、准备废弃的低等矿进行再利用。气体从底部喷射进入含有泥浆的池体，特定类型矿物选择性地黏附在气泡上并随着气泡上升到顶部，形成泡沫，这样就可以收集到这种矿物。成功的浮选要选择表面多少具有一些憎水性的矿物，这样矿物才能趋近空气气泡。同时，如果在容器顶部气泡仍然能够继续黏附矿物颗粒，所形成泡沫就相当稳定。加入浮选剂就可以满足这些要求。

·磁分离法

磁分离技术是指基于各种矿物磁性上的区别，尤其是针对将铁从非铁材料中分离出来的技术。磁分离过程所需的主要设备有电磁装置和磁过滤器。该技术通常是将传送带或转筒运送过来的移动颗粒流连续不断地通过强磁场，最终达到分离目的[22]。

(二) 重金属污染的地下水修复技术

地下水污染修复技术，按照地下水中污染物处理位置来划分，包括原位(In-situ)修复技术和异位(Ex-situ)修复技术。原位修复是将污染物质在其所在位置进行处理，无须将被污染的介质进行转移，这样就使得处理工程简化了很多，费用也相应降低；异位修复是要将被污染的介质进行转运，然后对其进行处理，处理完毕后再将其回填到原处，这种方法增加了对被污染介质的采掘与运送工程而带来的费用。异位修复技术由于将被污染介质抽出，所以修复过程是可以进行控制的，治理效率较高。相比之下，原位修复技术因被污染的介质在原位上很难辅以人工措施，其修复过程较难控制。但是，近年来，人们意识到异位修复技术的地下水抽提或回灌，对修复区干扰较大，因此该技术的使用比例已呈下降趋势，据相关数据统计，异位修复技术的使用比例已从1990年的90%下降到了2002年的40%，而原位修复技术在近年来的理论研究与实际应用中逐步成熟，其使用比例呈逐年递增趋势，已由1986年的零使用率迅速上升至2002年的24%。目前，对于地下水重金属污染的修复主要集中在电动力学修复和渗透反应墙两种原位修复技术的研究与应用。同时，对于地下水抽出-处理（P&T）这种原位修复技术应用也较为广泛。

1. 原位修复技术

(1) 渗透性反应墙技术

可渗透反应墙（permeable reactive barrier，简称 PRB）是污染地下水的一种原位被动修复技术，由透水性良好的活性反应介质组成，一般安装于污染羽状体的下游，垂直于地下水中污染羽运移方向。当污染地下水流经反应墙体时，重金属类污染物或被吸附，或被富集，或被氧化还原，或被沉淀，使其由一种赋存方式（如吸附、配合、螯合等），化学形态（如价态、水合离子等）转移或转化为另一种作用方式与形态，具有运行成本低、操作维护简单、修复效果稳定等优点，广泛用于地下水中有机与无机污染物的修复。本节主要针对地下水中重金属的 PRB 修复过程展开讨论。

· 修复机理及介质的选择

根据 PRB 活性反应介质的作用机理不同，可将重金属 PRB 修复技术划分为 4 种类型：吸附 PRB、生物 PRB、化学沉淀 PRB、氧化还原 PRB。

① 吸附 PRB

墙体中使用的介质为吸附剂本身或经表面修饰后的吸附剂。常用的重金属吸附介质包括沸石、颗粒活性炭、铁的氢氧化物、铝硅酸盐等。吸附反应墙主要缺点是吸附介质的容量是有限的，一旦介质吸附容量饱和，污染物就会穿透 PRB，必须及时更换墙体材料，并面临带有重金属类污染物吸附剂处置问题。使用这类反应墙时，必须确保有清除和更换这种吸附介质的有效方法，否则将大大提高其运行成本。近年来，针对吸附 PRB 存在的种种问题，国内外有关学者也积极开展有关新型、廉价、再生性能好的超分子吸附材料研发及传统吸附剂的表面修饰方面研究，如水滑石（hydrotalcite，HT）、改性膨润土等。HT 能够快速大量吸附地下水中铬酸盐，随后可经阴离子交换作用解吸出 Cr(Ⅵ)实现吸附剂的活性位点再生与循环利用，具有很大应用潜力。

② 生物 PRB

污染地下水的生物修复主要包括污染非饱和带的生物修复与含水层的生物修复。污染非饱和带的修复包括微生物修复、植物修复、植物-微生物联合修复，但由于非饱和带地下水没有较稳定的水流方向，PRB 的作用是阻隔污染物的大面积扩散，真正意义上的生物 PRB 修复体系并未建立。非饱和带的上部为土壤-植物系统，是一个强有力的“过滤体系”，可通过一系列物理、化学、生物过程，对土-水介质中的污染物进行吸附交换、沉淀、生物吸持等净化作用。

含水层中重金属污染地下水的生物 PRB 修复过程依赖于具强适应能力微生物的酶促反应使污染物被吸持或转化，分别表现为生物吸附与生物吸收。后者与微生物新陈代谢密切相关，须由新陈代谢活跃的细胞完成。微生物富集重金属是指其从周围环境中蓄积污染物的浓度超过环境中浓度的过程。修复作用机理主要有：a. 有些微生物将有毒性金属转化为毒性较小的低价态金属，如 Cr(Ⅵ)转化为 Cr(Ⅲ)，U(Ⅵ)转化为 U(Ⅳ)；b. 一些微生物可将金属以碳酸盐、氢氧化物、磷酸盐等形式沉淀。目前在重金属生物激发活化(biostimulation)与生物强化(bioaugmentation)及其机理方面已经取得了一些有益的研究进展。

此外，微生物固定也是生物 PRB 应用中需要解决的关键问题，常用的微生物固定化方法主要包括载体结合法、交联法与包埋法。今后应在开发固定化生物载体、提高固定化微生物活性、固定化机理和应用等方面加强研究。

③ 化学沉淀 PRB

化学沉淀作用是重金属稳定化处理的一种重要方法，主要是根据溶度积原理，将地下水中水溶态与可交换态重金属转化为铁锰氧化物结合态、残渣态等迁移性较差的形态。该修复体系对地下水 pH 有一定限制，一般条件下，适用于偏碱性地下水环境中。酸性条件下，重金属将再次经溶解过程进入地下水环境。溶解与沉淀转化对此类 PRB 控制与修复重金属污染地下水具有非常重要的意义。为表征不同重金属与其他离子作用时的溶解沉淀作用过程，通常采用饱和指数确定水与难溶电解质处于何种状态，以符号“SI”表示，如在下列反应式中：

$$aA + bB = cC + dD$$

按质量作用定律，当反应达到平衡时有：

$$\frac{[C]^c \cdot [D]^d}{[A]^a \cdot [B]^b} = K$$

式中，左边为活度积，以 K_{ap} 表示。当达到溶解平衡时，$K_{ap} = K$，则 SI 的数学表达式为：

$$\mathrm{SI} = \frac{Kap}{K}$$

$$\mathrm{SI} = \log \frac{Kap}{K}$$

当 SI>1 时，反应向左进行；如 SI<1，反应向右进行。

重金属在地下水中溶解-沉淀反应还会受到盐效应、同离子效应、酸度、分步沉淀、沉淀转化等多种过程与因素影响，其中酸度是影响溶解-沉淀过程的直接因素。因此，应用化学沉淀原理修复重金属类污染物时，应动态监测地下水中 pH 值的变化情况，一旦反应体系 pH 值明显降低时，需加入适应的碱性物质进行调节。

④ 氧化还原 PRB

氧化还原反应是多种常用地下水修复技术的原理，氧化过程多针对有机污染物。对于重金属来说，还原 PRB 是近年来国内外学者广泛关注的热点内容之一，也是污染场地修复最常用的手段，如零价铁、Fe(Ⅱ)矿物及双金属等。金属铁与无机离子发生氧化还原反应，将重金属以单质或不可溶的化合物析出，进而达到毒性高的重金属稳定化去除。当前，研究较多的活性介质主要为零价铁，对 Pb(Ⅱ)、As(Ⅲ)、Cr(Ⅵ)、Cd(Ⅱ)等均有理想的修复效果[21]。其中采用胶态 Fe^0-PRB 修复 Cr(Ⅵ)、U(Ⅵ)、Se(Ⅴ)机理如下所示。

$$Fe^0 + CrO_4^{2-} + 8H^+ \rightarrow 3Fe^{3+} + Cr^{3+} + 4H_2O$$

$$(1-x)Fe^{3+} + (x)Cr^{3+} + 2H_2O \rightarrow Fe_{(1-x)}Cr_{(x)}OOH_{(s)} + 3H^+$$

$$Fe^0 + UO_2{}^{2+} \rightarrow Fe^{2+} + UO_{2\,(s)}$$

$$Fe^0 + HSeO_4^{2-} + 7H^+ \rightarrow 3Fe^{2+} + Se^0_{(s)} + 4H_2O$$

与此同时，反应过程中产生的沉淀物质本身的理化吸附、离子交换及絮凝与网捕作用也降解溶解态重金属在地下水中的迁移性。在零价铁修复实践中，pH、Eh、DO 对重金属离子去除效果的影响较为显著。

· PRB 的安装

① PRB 的结构类型

根据结构形式 PRB 主要分为两类：连续墙式 PRB 和隔水漏斗-导水门式 PRB，其结构类型示意图如图 4.1-6 所示。

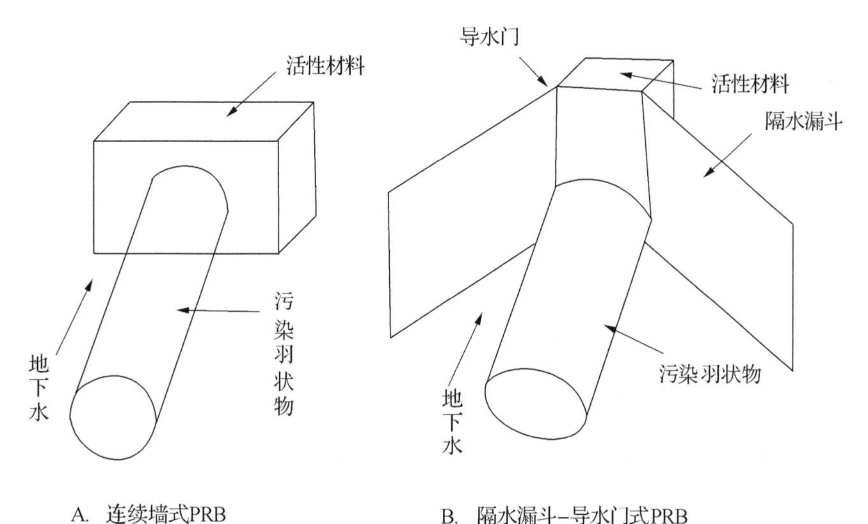

图 4.1-6　PRB 结构类型示意图

a. 连续墙式 PRB

当地下水污染羽状体规模较小且埋深较浅时，将渗透反应墙垂直安置于羽状体的迁移途径，使其横切整个污染羽状体的宽度和深度，并确保墙体能嵌进隔水层和弱透水层中，以防止被污染地下水通过工程墙底部运移，确保能完全捕获地下水污染带。

b. 隔水漏斗-导水门式 PRB

此种 PRB 系统适用于潜水埋藏浅的大型地下水污染羽状体，由隔水漏斗（不透水的墙）、导水门和渗透反应墙 3 部分组成。隔水漏斗引导地下水流进入导水门，然后通过渗透反应墙实现地下水的修复，此种方法存在干扰天然地下水流场的缺点。

② 安装方法

在拟建墙体区域挖掘适宜宽度和深度的地沟，并用反应材料回填，回填的墙体上覆盖土壤。根据 PRB 结构类型的不同，其安装方法也略有差异。相比于连续墙式 PRB，隔水漏斗-导水门式 PRB 还需额外建筑隔水漏斗。目前，PRB 的安装方法主要分为浅层安装法和深层安装法两类。

浅层安装方法适用的深度一般不超过 10 m。如果挖掘的宽度有限，可以使用连续挖沟机同时进行挖掘和回填。其他的挖掘方法有板桩、地沟箱、螺旋钻孔等。板桩用于在挖掘和回填中维持地沟的尺寸，在回填完成后拆除。地沟箱类似于板桩，也用于维持地沟的完整性。螺旋钻孔方法是用中空的螺旋钻旋转一个连续的钻孔到需要的深度，随着螺旋钻的退出，反应材料通过中空的钻杆安放。这种处理带由两列或更多列的钻孔或井组成。

深层安装方法适用的深度都大于 10 m，且挖掘费用昂贵。因为水没有足够的黏性来悬浮运送反应材料，因此许多深层安装方法需要用生物泥浆运送反应材料，通常是采用瓜尔豆胶，并在混合物中添加酶，可以使瓜尔豆胶在几天内降解，留下空隙，形成高渗透性的结构。安装前要对当地地下水的化学性质进行测试，确定其可以与反应材料和生物泥浆的混合物相适合，以保证生物泥浆能在合适的时间内得到降解，以形成高渗透性结构。

深层安装方法中创新方法较多，如深层土壤混合、喷注、垂直水力压裂等。深层土壤混合是随着螺旋钻在土壤中缓慢推进，将生物泥浆和反应材料的混合物抽入与土壤混合。在松散的沉积层中，能放置反应材料至地表下 46 m 处。喷注是将喷注工具推进到需要的深度，然后随着工具的收回，通过管口高压注射反应材料和生物泥浆，连续喷注一系列的钻孔形成可渗透反应墙。垂直水力压裂是将专用工具放入钻孔中来定向垂直裂缝，以开始压裂过程。利用低速高压水流，将材料注入土壤层，形成裂缝。可渗透反应墙也是一系列并排邻近的钻孔水力压裂形成的。在墙体安装过程中会遇到许多问题,包括在使用板桩、喷注和垂直水力压裂等技术时,对土壤的压实影响;泥浆墙的材料进入反应材料中;生物泥浆墙中使用的生物泥浆降解缓慢等。这些都会影响可渗透反应墙的水力性能,进而降低反应墙的修复效率。

PRB 修复系统功能明确,但是有时也会向地下水中回排一些污染物。PRB 的运行会被继续监测,而且未来运行情况的预测会随着对反应物理和化学过程了解的深入而有所改进。PRB 在两种情形下会释放污染物:a. PRB 的移除和反应材料的处置;b. 土壤孔隙中永久性封闭剂的注入。第二种情形下往往需要相应的处置系统来阻止地下水的流动。

PRB 修复体系具有操作简单灵活,运行成本低廉,修复效果明显等诸多优点,现已成为地下水污染原位修复的主要应用技术。但与此同时,该项技术也存在着填充材料单一,适用范围较小,使用年限较短等一系列不足之处,而且其相应的反应机理也有待做更深一步的研究;望各国学者在研究该项技术的同时广开思路、积极创新,设计、开发出更具创新性和适用性的 PRB 修复技术用于地下水的污染修复。

(2) 电动力学修复

电动力学修复(electrokinetic remediation)技术,是 20 世纪 80 年代末兴起的一门修复污染土壤和地下水的技术,是从饱和土壤层、不饱和土壤层、污泥、沉积物中分离提取污染物的过程,具有简单、快捷、低耗、无二次污染等特点,是一种绿色的修复方法,可以高效除去地下水中的重金属离子。目前已有美国、英国、德国、澳大利亚、日本和韩国等国家相继开展了电动修复方面的基础和应用性研究。国内外研究表明,该项技术对于浅层孔隙水重金属污染的修复效果非常明显,目前已证实其在处理常见重金属如 Pb、Cr、Cd、Cu、Hg、Zn 及放射性核素等污染方面具有较好的有效性。

· 原理

该技术基本原理是利用电动效应(电渗析、电迁移和电泳)将污染物从地下水中去除的原位修复技术。

电动力学修复(electrokinetic remediation)技术由于其高效、无二次污染、节能、原位的修复特点,被称为"绿色修复技术"。其基本原理是将电极插入受污染土壤或地下水区域,通过施加微弱电流形成电场,利用电场产生的各种电动力学效应(包括电渗析、电迁移和电泳等)驱动土壤污染物沿电场方向定向迁移,从而将污染物富集至电极区然后进行集中处理或分离。污染物迁移量和迁移速度受污染物浓度、土壤粒径和含水量、污染物离子的迁移性和电流强度的影响,此外,还与土壤孔隙水的界面化学性质和导水率有关。在电动修复过程中会发生电极反应：

$$阳极：2H_2O-4e^- \longrightarrow O_2+4H^+ \quad E_0=-1.23\ V$$

$$阴极：2H_2O+2e^- \longrightarrow H_2+2OH^- \quad E_0=-0.83\ V$$

水的电解作用会导致电极附近 pH 值发生改变，其中阳极产生的 H^+ 使得阳极区呈现酸性（pH 值可能降至 2 左右），阴极产生的 OH^- 使得阴极区呈现碱性（pH 值可能升至 12 左右），同时带正电的 H^+ 向阴极运动，带负电的 OH^- 向阳极运动，分别形成了酸性迁移带和碱性迁移带。整个电动修复过程主要包括 3 类电动效应：

① 电渗析：这是由于土壤孔隙表面带有负电荷，与孔隙水中的离子形成双电层，在外加电场作用下，引起孔隙水从阳极向阴极流动。随孔隙水迁移的污染物质富集在阴极附近，可以被抽出进行处理。

② 电迁移：是带电离子或配位体在外加电场作用下向电极迁移（正离子向阴极迁移，负离子向阳极迁移）的过程。

③ 电泳：是带电粒子或胶体在外加电场作用下的迁移，土壤中的胶体粒子包括细小土壤颗粒、腐殖质及微生物细胞等，吸附在这些颗粒上的污染物质随之迁移，从而可以除去这类污染物质。

· 适用条件、工艺及效果（主要方法及其组合技术）

① 直接电动原位去除重金属：

电动用于污染土壤及地下水的修复首先由美国的 Acar 提出，并进行了直接的电动原位去除重金属的研究，通过将电极直接插入土壤中利用电渗析和电迁移作用去除土壤及地下水中的污染物质。Acar 在对 Pb 的去除实验中发现，Ca 和 Pb 在阳极附近被部分去除，并在它处发生沉积：阴极附近 Ca 的沉积阻塞土壤空隙进而阻止了 Pb 和其他物质的进一步迁移。Acar 同时认为电迁移是物质传输的主要动力。

直接电动原位去除重金属在阳、阴两极上生成的 H^+ 和 OH^- 使得阳极的 pH 值降至 2 以下，阴极 pH 值则升至 12 以上，H^+ 和 OH^- 向阴极和阳极的迁移扩散对整个土壤及地下水体系的化学过程造成了影响。氢离子的存在有利于物质从土壤表面的解吸附和土壤中盐类物质的溶解，并降低土壤电渗透系数和电位，使得电渗流减弱；氢氧根离子迁移过程中会导致金属离子的提前沉淀进而降低去除效率；一些两性金属的阳离子也可能在碱性环境下变为酸根阴离子而改变迁移方向；沉淀的形成堵塞土壤空隙同时使得电压下降，能耗增加。

② 改进的电动方法去除重金属：

a 阴阳极施加缓冲液的 pH 值控制法

控制 pH 值一种方法就是往电极区中加入缓冲液，其中通过加酸调节阴极的

pH 值尤为重要。在酸的选择中,醋酸由于具有良好的生物降解性、环境安全性和金属醋酸盐的可溶性,同时醋酸根离子在向阳极运动的过程中能够形成中性的醋酸而有利于电渗作用,因而常被用作调节阴极 pH 值的缓冲液。

b. 离子交换膜控制土壤体系 pH 值法

离子交换膜的选择透过性可以防止阴极产生的 OH^- 进入土壤及地下水介质中,可将高 pH 值区限制在阴极附近,从而可避免金属氢氧化物沉淀的形成。

c. 施加络合剂(螯合剂)加强迁移法

阴极加酸的 pH 值控制法有可能导致土壤酸化,对于碳酸盐含量高的土壤并不十分有效,尤其是在当土壤及地下水体系中含有铁氧化物的时候会导致土壤具有高的酸/碱缓冲能力和阳离子交换容量(土壤的吸附性),单用电动方法难以达到很好的去除效果。为此需要寻求新的解决途径。柠檬酸、EDTA 等特异性螯合剂可与重金属形成稳态且在较宽 pH 值范围内可溶的配位化合物,通过增强土壤及地下水中金属的迁移性可以达到高效去除的目的。

d. 阴、阳极液混合中和法

电动处理过程中,阳极产生的氢离子进入土壤会使电渗流减弱,阴极产生的氢氧根离子能够使金属发生沉淀,为此采用将阴极碱液中和阳极酸液的方法来弥补该项不足。

e. 极性切换控制法

通过切换电极极性使得生成的 H^+ 中和碱性区金属沉淀而使金属重新溶解,当金属重新溶解后再一次切换电极极性至原状态,继续将重金属迁移至特定的位置。

③ 电动修复重金属污染土壤及地下水技术方法

电动修复技术的种类很多,可以根据处置对象的不同而采取不同类别的电动修复技术。近年来,针对实际的土壤及地下水重金属污染事件,主要的电动修复技术包括有 Electro-KleanTM 电动分离技术和电化学离子交换技术(EIX)等。

a. Electro-KleanTM 电动分离技术

Electro-KleanTM 电动分离技术主要用以去除土壤及地下水中的重金属。放射性元素等无机污染物可通过原位和异位两种方式进行。使用时在土壤及地下水中施加直流电场和酸性清洗液,金属离子迁移至阴极区并随即得到分离和后续处理。Electro-KleanTM 电动分离技术的修复效率与清洗液组成及土壤及地下水缓冲能力有关。但在处理酸碱缓冲能力较强的污染土壤及地下水时,成本和修复周期也随之升高、加长。

b. 电化学离子交换技术(EIX)

该技术结合了传统电修复技术和离子交换技术,操作时向土壤中插入一系列包裹有多孔外套的电极，并在其周围通入电解液以抽提自土壤及地下水中迁移而来的污染物。该技术适于从土壤及地下水中抽提重金属离子、卤化物以及部分有机污染物。夹带污染物的电解液不断被泵上地面与回收液混合，发生离子交换后可再次通入地下以循环利用。但该技术的不足在于需要专用的离子交换设备，在应用时受到一定限制。此外，当污染物含量较低时，修复成本也相应升高。

· 电动修复技术的优势与存在的问题

① 技术优势

与其他修复技术相比，电动力学技术在金属污染修复方面具有的独特优势主要有以下几方面。

a. 在低渗透性、较低的氧化还原电位、较高的阳离子交换容量和高黏性的土壤及地下水的修复上有较高的去除效率。

b. 电动修复是使金属离子通过移动去除，而不是通过向土壤及地下水中引入新的物质与金属离子结合产生沉淀物来实现修复，故不会引入新的污染物质。

c. 对现有景观、建筑和结构的影响较小。

d. 可去除污染物的范围较广且成本相对较低。

② 存在的问题

a. 酸性带迁移

电动力学修复过程中，阳极上水的电解反应使得阳极附近 H^+ 浓度增加，pH 值下降，从而形成了酸性带。在外加电场的作用下，酸性带通过电渗析流、扩散流和水平对流从阳极向阴极迁移。随着酸性带的迁移，土壤的 pH 值下降，虽然有利于重金属离子溶解，但如果 pH 值过低会使土壤的 zeta 电位变化到零电位，甚至改变符号。这样会导致电渗析流减弱或变向，为了修复过程的有效、正常进行，必须增大电压以保持一定的电渗析流，进而加大了能耗和修复成本。

b. 土壤 pH 值控制

电动力学过程中阴极上的电解反应使得阴极附近 OH^- 浓度增加，pH 值上升，从而形成了碱性带。在外加电场的作用下，碱性带也通过电渗析流向阳极迁移。在碱性环境中，重金属离子易形成不溶沉淀物。重金属沉淀吸附到土壤颗粒上不随电渗析流迁移，为了修复过程的进行，有必要向土壤中加入酸。加酸的不利之处是会引起土壤酸化，目前无法确定土壤恢复酸碱平衡所需时间，此外，加酸也会影响土壤的 zeta 电位，导致电渗析流的减弱或变向。

c. 极化问题

通过大量的电动力学实验，发现了 3 个导致电流降低的极化现象：活化极化、电阻极化和浓差极化现象。

活化极化(activation polarization):电极上水的电解产生气泡(氢气和氧气)会覆盖在电极表面,这些气泡是良好的绝缘体,从而使电极的导电性下降,电流降低。

电阻极化(resistance polarization):在电动力学过程中会在阴极上形成一层白色膜,其成分是不溶盐类或杂质。这层白膜吸附在电极上会使电极的导电性下降,电流降低。

浓差极化(concentration polarization):这是由于电动力学过程中 H^+ 向阴极迁移,OH^- 向阳极迁移的速率缓慢引起的(其速率总小于离子在电极上放电的速率),从而使得电极附近的离子浓度小于溶液中的其他部分。如果酸碱没有被及时中和,就会使电流降低。

2. 异位修复技术

地下水抽出-处理(P&T)技术是最早出现的地下水污染修复技术,也是地下水异位修复的代表性技术。自 20 世纪 80 年代开展地下水污染修复至今,地下水污染治理仍以 P&T 技术为主。该技术对重金属造成的地下水污染具有很好的修复效果。

(1) 原理

P&T 技术系统包括水力隔离和净化处理两个基本部分构成,其运行的基本原理是布置一个或多个抽水井,以足以使污染水体被全部抽出的流量进行抽水,并满足流到截获带之外,接着利用净化系统对通过水泵抽取提升至地上的地下水进行处理,达标后再进行回灌或者用于其他用途。

(2) 适用条件及优缺点

P&T 技术适用范围广,对于污染范围大、污染晕埋藏深的污染场地也适用。经过优化后的抽出-处理技术,既可以有效地清除污染物和控制污染羽扩散,达到水力控制的要求,又可以节约很大部分的资金和时间。对非水溶性的污染物质,由于毛细张力而滞留的非水相溶液几乎不太可能通过泵抽的办法清除处理,因此处理该类物质使用 P&T 技术效果极差,几乎没有任何效果。

使用 P&T 技术时对泵放置的位置要求较高,处理不好可能造成污染的进一步恶化,使原来未受污染的水体受到污染。泵的位置过高,污染物不能完全被抽取出来;位置过低,可能使底层未污染的水也被抽出来,增加了处理的量,同时泵出速率对污染物的治理也有很大的影响。此外,P&T 技术运行成本较高,开挖处理工程费用昂贵,而且涉及地下水的抽提或回灌,对修复区干扰大。且如果不封闭污染源,当停止抽水时,拖尾和反弹现象严重;需要持续的能量供给,以确保地下水的抽出和水处理系统的运行,同时还要求对系统进行定期的维护与监测。

第二节　苯系物及多环芳烃类污染修复

一、苯系物及多环芳烃污染

苯系物(BTEX)是苯、甲苯、乙苯及二甲苯的三种异构体的总称。苯系物主要存在于石油等油产品中,苯系物是常用的化工原料,被广泛应用于塑料和合成纤维、农药、涂料等制造业。BTEX在生产、储存、运输和产品使用过程中,不断释放到环境内。

苯系物是常温状态易挥发的芳香族化合物,可通过皮肤、黏膜呼吸道进入人体对人体造成危害。长期在低浓度苯系物环境中可能会引起神经、细胞遗传学损害等问题,会影响骨髓造血功能,导致白细胞减少。还可能造成自主神经功能紊乱导致心律失常。长期接触混苯,可能造成血压升高,接触时间越长,高血压和白细胞减少越多。高浓度苯系物有极强的三致性。苯具有血液毒性和遗传毒性,是确定了的人类致癌物;国际癌症研究机构已将乙苯列为可疑致癌物,其对肝、肾可能造成实质性损害,甚至可诱导肿瘤;研究者通过动物实验证实了甲苯和二甲苯不仅对中枢神经有毒性,还对胚胎有毒性。

多环芳烃(Polycyclic Aromatic Hydrocarbons)简称PAHs是指分子中含有两个或两个以上苯环的碳氢化合物,可分为芳香稠环型及芳香非稠环型。熔点和沸点较高,具有疏水性、蒸气压小,辛醇-水分配系数高的特性。

多环芳烃类污染物分布很广,基本上在各种环境介质中都发现了PAHs。因废气、废水的排放及废物倾倒,多环芳烃对水、大气及土壤产生直接污染。吸附在烟气微粒上的多环芳烃随气流传向周围及更远处,又随降尘、降雨及降雪进入水体及土壤,而土壤及地面中的多环芳烃通过扬尘可再次进入大气,通过呼吸及食物链进入动物体产生毒害。

二、苯系物及多环芳烃的特点

1. 化学致癌性

化学致癌是指化学物质引起正常细胞发生转化并发展成肿瘤的过程。化学致癌物可分为直接致癌物和间接致癌物,苯系物及多环芳烃属于后者。

苯系物及多环芳烃对人体造成危害的主要部分是呼吸道和皮肤。人们长期处于苯系物及多环芳烃污染的环境当中，可引起急性或慢性伤害。如苯、甲苯、苯并[a]芘等，长期接触这类物质可能诱发皮肤癌、阴囊癌、肺癌等。英国曾发现烟囱清扫工人多患阴囊癌；刘淑琴等报道从事煤焦油和沥青作业的工人多患皮肤癌。

苯系物及多环芳烃也是导致肺癌发病率上升的重要原因，有调查结果表明苯并[a]芘浓度每 100 m^3 增加 0.1 μg 时，肺癌死亡率上升 5%。同时苯系物及多环芳烃也能导致鼻咽癌和胃癌。

2. *光致毒效应*

由于苯系物及多环芳烃的毒性很大，对中枢神经、血液作用很强，尤其是带烷基侧链的 PAHs，对黏膜的刺激性及麻醉性极强，所以过去对苯系物及多环芳烃的研究主要集中在生物体内的代谢活动性产物对生物体的毒作用及致癌活性上。但是越来越多的研究表明，苯系物及多环芳烃的真正危险在于它们暴露于太阳光中紫外光辐射时的光致毒效应[26]。科学家将 BTEX 和 PAHs 的光致毒效应定义为紫外光的照射对苯系物及多环芳烃毒性所具有的显著的影响。

有实验表明，同时暴露于苯系物及多环芳烃和紫外照射下会加速具有损伤细胞组成能力的自由基形成，破坏细胞膜损伤 DNA，从而引起人体细胞遗传信息发生突变。在好氧条件下，PAHs 的光致毒作用将使 PAHs 光化学氧化形成内过氧化物，进行一系列反应后形成醌。

Katz 等发现由于苯并[a]芘产生的苯并[a]芘醌是一种直接致突变物，它将引起人体基因的突变，同时也会引起人类红细胞溶血及大肠杆菌的死亡。另外，也有实验证明在某些城市饮用水中存在苯、甲苯、二甲苯、苯并[a]芘、荧蒽、苯并(b)荧蒽、菲、芘、茚并芘等污染物都具有致突变作用。

三、苯系物及多环芳烃的迁移转化

(一) 苯系物的迁移转化

BTEX 在进入环境后由多种作用机制共同控制着 BTEX 在环境中的迁移转化，BTEX 的迁移转化包括挥发、吸附-解吸、淋溶和降解等过程。作为 BTEX 在环境中最为重要的化学行为之一的吸附和解吸作用，其直接影响 BTEX 在环境中的降解、挥发等环境化学行为及其生物毒性效应。BTEX 在环境中迁移和转化的研究，国内外早已经开始，并得出了一些重要的结论。

1. *挥发*

挥发是挥发性有机污染物在环境中迁移的重要过程之一，BTEX 是典型的有毒有害的挥发性有机污染物。有文献表明，BTEX 由于其挥发性在模拟河流及湖泊中的半衰期分别为 1 h 及 3.5 d；在土壤中，BTEX 可从较干燥的土壤表层经挥发作用进入到大气中去。李炳华等通过柱实验发现，苯溶液的挥发速度在最初的大约 2 d 时间内最大，此后挥发速度逐渐变慢，到 26 d 左右的时候，苯溶液的浓度仅有大约 10 μg/L。不同环境条件下，BTEX 的挥发速率不同，而且各种 BTEX 之间相比挥发速率也不一样。不同的土壤类型和土壤中不同的初始含水率也会影响污染物在土壤中的挥发过程。比如黏土，其具有较高的孔隙度和具有较小的孔径更容易吸附，比沙土挥发性小。有文献表明，童玲等对 BTEX 在砂土、壤土和水 3 种下垫面上的挥发行为进行了研究。结果表明，BTEX 在 3 种下垫面中挥发速率依次为：苯＞甲苯＞BTEX＞二甲苯＞乙苯，BTEX 的挥发速率常数与蒸汽压的关系呈线性正相关，而且 BTEX 在静水面、砂土和壤土中的挥发速度大小依次是：静水面＞砂土＞壤土，说明 BTEX 在壤土中的挥发最慢。挥发性有机污染物在土壤中的挥发过程不仅受其本身理化性质的影响，而且与土壤中各化合物的含量、土壤质地、含水率、有机质的含量以及温度、风速等环境因素有关。

2. 吸附-解吸

BTEX 在水中的溶解度很小，辛醇-水分配系数高，主要是吸附在土壤上。土壤是一个非均质、多相、分散和多孔的系统，由固相、液相和气相三相组成。

由于其表面特殊的电性可以不同程度吸附周围的有机污染物质，使这些物质在土壤内部和周围产生差异性分布。土壤表面上吸附离子的量越多，说明该土壤的吸附能力越强。一般吸附量是指单位质量土壤所吸附的污染物量，可以用公式表示：

$$q = x/m$$

式中：q——吸附量；x——被吸附的污染物的量；m——土壤的量。吸附量 q 单位为 mol/g、mol/100 g、mg/g 等。

吸附是一个动态平衡过程，在达到平衡时，被吸附的物质在土壤表面和溶液中浓度会按照一定规律分布。吸附模型包括：

(1) Henry 模型(线性模型)

$$q=K_{\mathrm{d}}C$$

式中：q——平衡时土壤所吸附的溶质的量，mg/kg；C——平衡时液相溶质的质量浓度，mg/L；K_{d}——分配系数，或称线性吸附系数，L/kg。

(2) Freundlich 等温吸附模型(非线性吸附等温式)

$$q=K_{\mathrm{d}}C^{m}$$

式中：q——平衡时土壤所吸附的溶质的量，mg/kg；C——平衡时液相溶质的质量浓度，mg/L；K_{d}——分配系数，或称线性吸附系数，L/kg。

(3) Langmuir 模型(一元吸附模型)

$$q=q_{\mathrm{m}}[C/(C+K)]$$

式中：q——平衡时土壤所吸附的溶质的量，mg/kg；q_m——平衡时土壤溶质的最大吸附量，mg/kg；K——吸附系数；C——平衡时液相溶质的质量浓度，mg/L。

（4）Temkin 模型（对数模型）

$$q=b+K\lg C$$

式中：b——表面作用常数；K——吸附系数；C——平衡时液相溶质的质量浓度，mg/L。

有机污染物在土壤和地下水系统中的迁移转化途径主要有土壤溶质运移、土壤颗粒吸附以及土壤中微生物对其的降解等，吸附作用对土壤和地下水中有机污染物迁移转化和环境归趋有重要影响。Kim 等研究表明，经过一段时间降解，土壤中 BTEX 的残留量明显大于溶液中，吸附明显抑制了微生物的降解作用。有机污染物在土壤中的迁移转化和环境归趋的预测依赖于良好的吸附模型。明晰吸附过程的作用机制有助于制定适当的土壤修复方案。土壤对有机污染物的吸附作用受土壤理化性质、污染物性质、外界环境等诸多因素影响。最新的研究表明，土壤中矿物质组分对吸附的影响是次要因素，主要因素是土壤中有机质含量，通过影响污染物在土壤和水体中的分配，可促进土壤对其的吸附。张景环、曾溅辉研究了北京不同土壤对甲苯吸附能力。表明土壤对甲苯吸附量随土壤有机质含量的升高而升高，在有机质含量接近时，吸附量还受到土壤颗粒大小的影响，颗粒越大越不易于吸附。Sheng 等通过对黏土的改性，增加了原土中有机质含量，从而对有机污染物的吸附容量大大增加。温度对 BTEX 在土壤中的吸附-解吸也有明显的作用，一般来说，吸附是一个放热过程，随着温度的升高，土壤对化合物的吸附作用就会减弱，从而吸附量就会减少。Brent 等研究了温度对吸附的影响，说明甲苯在土壤中的吸附量随着温度的升高而降低，可以通过热水和蒸汽清洗来去除土壤中吸附的有机物。但是，童玲、郑西来等研究了淄博市土壤中 BTEX 的吸附影响因素。结果显示，温度的升高，土壤中吸附量反而会增大。可能是由于当温度的升高导致了苯系物的溶解度的降低，使吸附量增加。也就是说温度升高抑制吸附的效应比温度升高溶解度减少导致吸附量增加产生的效应要小；溶液 pH 值和含盐量变化对苯系物吸附无显著影响。

3. 淋溶

淋溶是指一种由于雨水天然下渗或人工灌溉，上方土层中的有机污染物质溶解并随水在土壤中沿着土壤垂直剖面向下入渗、蒸发等运动过程，是污染物在水-土壤内部吸附-解吸行为。

BTEX 在土壤中淋溶方式有 2 种：① BTEX 在重力作用下会随着水进入土壤中平行于入渗方向纵向传递或者是横向传递，此方式速度慢且量小；② BTEX 会随着水从土壤的间隙或者是植物的根系部位等大孔径的地方淋溶至土壤下层，这种方式只有在漫灌或者是下雨的时候会出现。目前BTEX在土壤中的淋溶行为都会伴随着吸附-解吸行为，尽管土壤具有强烈的吸附能力，但是淋溶作用也会使BTEX随着水渗透土壤进入到深层，导致地下水被污染。胡黎明等利用BTEX模拟轻非水相污染物质，采用土工离心试验技术，得到了BTEX的时空分布特征和长期迁移规律。结果表明，BTEX从泄漏点通过非饱和土层向下运移，随着迁移时间越长苯的质量分数越低，并且地下水的流动对BTEX迁移有一定影响。Kim等研究了苯的迁移在不同有机质含量的沙土中进行不同流速的影响试验，苯的不可逆吸附是随着水流速增加而减小。普遍认为，土壤特性如有机质含量、孔隙度和矿物表面积对老化的石油烃的生物利用度和淋溶性能有显著影响。但是，Huesemann等人通过9种土壤或吸附剂在玻璃柱中做的淋溶试验，渗出液的数据很好地拟合了一维非水相液体的溶解流动模型。结果表明，BTEX在高浓度被污染的土壤中的淋溶能力并没有受老化土壤的性质的影响，而是受这些烃的溶解平衡支配的。

4. 降解

BTEX在土壤环境中的降解方式主要有两种：非生物降解和生物降解。非生物降解是物质通过化学或物理过程的降解，包括化学催化降解、光解和热脱附的方法，此外还可以通过挥发作用进入大气。微生物降解是指微生物的分解作用，包含微生物的有氧呼吸和微生物的无氧呼吸。生物降解具有安全、无明显的二次污染等优点。微生物降解是BTEX在土壤中的最重要的生物降解方式。BTEX主要的降解菌有：嗜麦芽糖寡养单胞菌（Stenotrophomonas maltophilia），斑生假单胞菌（Pseudomonas maculicola），多刺假单胞菌（Pseudomonas spinosa），真菌的曲得属（Asperillus sp.），细菌假但胞菌属（Pseudomonas sp.）。研究表明，微生物降解是从土壤中去除BTEX的最佳方式。微生物降解主要是利用微生物将BTEX转化为稳定的无污染无害的无机物、水和CO_2。从而达到去除土壤中BTEX的目的。

（二）土壤中多环芳烃的来源及迁移、转化和累积

由于PAHs是一类半挥发性有机物，随着分子量的增加，其挥发性逐渐降低，其存在形态逐渐由气态转为颗粒态。低分子量的PAHs易挥发至大气环境中，而高分子量的PAHs则主要分布于土壤颗粒上。土壤是一个PAHs库，据调研发现，国内外不同地区土壤中都含有不同种类和数量的PAHs，在工业区和沥青路面交通干线两侧土壤的污染程度尤其严重。土壤中PAHs主要来自大气沉降、污水灌溉、工业渗漏和污泥等废弃物的农用。一般土壤，90%以上的PAHs来自大气沉降。德国PAHs的年沉降速率为2～4 mg/(m^2 · a)。英国PAHs的年沉降率约为0.8 mg/(m^2 · a)。大气飘尘使英国南部土壤耕层PAHs总量在过去的100～150年增加了4～5倍。大气沉降进入土壤的PAHs的含量及种类与季节关系较密切:在冬天,温带地区大气由于家庭取暖的增加,热、光降解的减弱,以及逆温带来的空气混合程度的降低,使得大气中 PAHs 含量增加,从而造成 PAHs 沉降量变大,其他季节都低于冬季。污水灌溉和废弃物的土地利用是土壤 PAHs 的另一重要来源。根据宋玉芳等的研究结果,长期污灌可造成土壤中 PAHs 的普遍积累,PAHs 的最高值主要集中在渠首。

当进入土壤的 PAHs 超过它们的降解能力时,PAHs 产生显著积累;存在持续污染源时,PAHs 更会在土壤中大量积聚。同时土壤表面的 PAHs 污染还可能迁移,进而污染下层土壤和地下水。土壤中的 PAHs 容易被土壤中的矿物质和有机物复合体的团粒结构混合物吸附,吸附能力与 PAHs 的性质、矿物质含量、含水率和土壤所含其他溶剂有关。同时 PAHs 可以在矿物质的引发下产生转化,在土壤中发生化学反应。不同 PAHs 在土壤中的积累也不同,低分子的 PAHs 在土壤中的检出量较高,但积累量不大;高分子 PAHs 尽管在水中的检出量较少,但在污染较为严重的地区,土壤中高分子 PAHs 的含量较高。这是由于低分子 PAHs 在植物根系和土壤微生物的作用下,容易降解;而高分子 PAHs 难降解,在环境中的持久性强造成的。

何耀武等研究表明,荧蒽与菲两种化合物的土壤吸附等温线在所测试的浓度范围内为直线型;不同土壤的有机质-水分配系数对数值基本相同,进一步反映了 PAHs 在土壤中的吸附量主要取决于土壤的有机质含量。研究者们还发现土壤中 PAHs 的半衰期变化很大,根据不同的 PAHs 分子结构,它们的半衰期可以从 2 个月到 2 年和从 8 年到 28 年不等。土壤中的 PAHs 可以由植物根系吸收而进入植物体,进而在植物体内发生迁移、部分代谢和积累,并通过食物链危及人们的健康。

(三) 地下水中多环芳烃的迁移转化

目前,地下水有机物污染已成为国际上防治与保护地下水污染的热点问题之一。近年来,国内外对多环芳烃(PAHs)在地下水中的迁移、转化与归宿方面进行了大量的研究工作,取得了许多有价值的成果。研究表明,进入地下环境中的 PAHs 等有机污染物,在含水层介质中进行对流迁移、水动力弥散与被固相介质吸附产生的迁移滞迟,发生化学反应转化成其他物质或被生物降解等。这些行为过程在 PAHs 的迁移转化过程中常相伴而生,共同影响着 PAHs 的最终归宿。目前,有机污染物在含水层介质中的对流和弥散/扩散过程与机制已有成熟的理论及成功应用,但是吸附行为和生物降解行为仍然不清楚。

1. PAHs 在含水层中的吸附过程

吸附作用对于含水层中污染物的迁移、转化及归宿至关重要。影响固相介质对污染物的平衡吸附及吸附解吸过程的因素主要包括含水层介质组成、介质微观结构、介质含水量、污染物浓度、污染物的理化性质、固相介质的有机碳含量(f_{oc})以及共存污染物。有机污染物在含水层介质中的吸附作用分为2种,一种是等温平衡吸附,另一种是非平衡吸附。

(1) 等温平衡吸附

常见的等温平衡吸附模型有线性、Freundlich 和 Langmuir 模型。线性模型常表示吸附作用与固相介质的 f_{oc} 关系的大小,用来描述吸附剂对溶质的部分吸收。Freundlich 模型常用来描述固相介质为非均质表面的吸附。Langmuir 模型常用作描述具有一定吸附能量及有限吸附位点的固相介质均质表面的吸附。

① 单一 PAHs 吸附

单一 PAHs 在一些固相介质上的吸附特性是当前研究的热点。Kleineidam 等研究了菲在不同 f_{oc} 矿物中的吸附特性,发现吸附等温线均为非线性的,可以用 Freundlich 模型描述,且单位介质吸附量与其 f_{oc} 紧密相关。孙大志等研究发现,菲在4种不同的含水层沙土中的吸附可 Freundlich 模型描述,且单位介质的吸附量与砂土的 f_{oc}、粒径、离子强度、pH 值等有关。Liu 等研究了菲和芘在中国东部4种不同的表层土壤中的吸附行为,发现吸附等温线都是非线性的,可以用 Freundlich 模型描述,单位介质的吸附量不仅与 f_{oc} 和溶质的疏水性有关,而且与溶质的分子结构和土壤的其他性质也有关。Wen 等研究了不同土壤有机质(SOM)对菲的吸附特性的影响,发现菲的吸附等温线可用 Freundlich 模型很好地拟合,且 SOM(特别是胡敏素)化学组成、结构与极性的不同是造成菲的非线性吸附的原因。此外,Karapanagioti 等研究菲被不同 f_{oc} 含水层固相介质吸附时,发现吸附等温线既有非线性的,也有呈线性的,且 f_{oc} 发生1个数量级改变,吸附能力将产生2个数量级的变化。

② 共存 PAHs 吸附

2种及2种以上 PAHs 共存情况下,PAHs 与固相介质之间相互作用的复合污染问题研究相对很少。White 等研究了2种不同 f_{oc} 的土壤对菲和芘的吸附特性,发现菲的吸附等温线为非线性,可用 Freundlich 模型描述,且芘抑制菲的吸附并增强菲的吸附等温线的线性程度。Wang 等研究了芘在土壤或沉积物中的吸附情况,发现芘的吸附等温线均呈非线性,且在吸附芘的实验体系中加入菲,芘的吸附等温线的非线性程度也减弱。现实中的环境污染绝大多数是复合污染问题,共存污染物之间存在着复杂的交互作用,因此在实际研究与应用中仅考虑单一污染物是最大的缺陷之一,有必要在已有的单一污染物研究成果基础上研究复合污染问题。

(2) 非平衡吸附

相对于平衡吸附,PAHs 在固相介质上的吸附解吸的非平衡吸附过程研究较少。一些研究者经常将有机污染物吸附在固相介质上的过程当作一个可以可逆的非线性吸附动力学模型来描述的快速非平衡吸附过程，这样吸附机制和动力学过程就常被简化。Pignatello 等研究发现，吸附等温线普遍呈非线性，并可能跨越不同浓度数量级，即使完全去除了矿物成分后也并不影响其吸附等温线的非线性；2 种以上溶质共存时，溶质间表现为竞争吸附，如溶质的结构相似竞争现象更强；吸附动力学过程复杂，目前还难以预测，有限弥散的作用可能较大。戴树桂提出了 SOM 的双态模型，指出起浓缩位点作用的孔隙的存在，可逆吸附、滞后现象、竞争吸附、慢吸附现象皆与孔隙的性质紧密相关。An 等研究了萘和菲在黄土中的吸附动力学过程，发现一级吸附动力学模型能很好地描述溶质在黄土及经过表面活性剂改良的黄土中的吸附过程。PAHs 在固相介质中的吸附和解吸均存在快和慢过程，慢解吸过程与有机质含量、黏粒、初始浓度和吸附时间等有关，且吸附速率被解吸作用限制。既然固相有机质含量与吸附的关系密切，那么对于不同的吸附体系，其吸附动力学模型应该各不相同，有必要在特定的吸附体系中找出不同有机溶质的吸附机制。

(3) 膜吸附模型的进展与应用

① 吸附模型的进展

线性、Freundlich 和 Langmuir 模型基本上可以描述不同固相介质对有机物的吸附规律，但是在实际研究过程中，研究者发现，在有些情况下用单个吸附模型描述吸附现象时都不能取得满意的效果，于是将某几个模型结合起来使用。Xing 等提出了由线性和 Langmuir 模型结合的双模式模型(DMM)。Weber 等提出将线性和 Freundlich 模型相结合的活性分布模型(DRM)。部分有机溶质在固相介质中的吸附规律可用 DMM 和 DRM 很好地描述。孟丽红等研究了苯并[a]芘在黄河水体颗粒物上的吸附特征，发现苯并[a]芘的吸附等温线均呈非线性，可用 DMM 或 DRM 描述。陈静等研究了 16 种 PAHs 在砂质土壤中的吸附行为，发现两阶段吸附模型可较好地反映 PAHs 在土壤中的吸附动力学过程，快吸附阶段符合线性吸附，慢吸附阶段可用乘幂方程拟合。

② 吸附模型的应用

在污染物对流弥散迁移模型(ADE)中考虑吸附作用时，表达吸附阻滞作用的阻滞因子意义重大。假设溶质达到平衡吸附所需的时间远短于溶质在地下水中的迁移时间，那么固相吸附量的解可由吸附等温式求出。借助于不同的等温吸附模型，即可得同时考虑了对流-弥散-吸附作用的污染物迁移方程。许多研究结果表明，介质对污染物的吸附常是非线性的，则阻滞因子和相应的迁移模型要复杂些。尽管不少研究表明，某些介质对 PAHs 的吸附等温线是非线性的，但是将非线性阻滞因子引入 ADE 中来描述 PAHs 在该类介质中迁移的研究报告还相对较少。另外，在研究过程中，当直接的吸附数据信息缺乏时，常会根据固相介质的特点及溶质的物理化学特性(如辛醇水分配系数、水溶解度和水生生物富集因子),估算它们的吸附规律,并应用于迁移模型模拟。对于吸附机制,尽管大多数研究表明,介质的吸附能力与其 f_{oc} 正相关,但是一些研究者也发现,介质对有机物的吸附量并未表现出与 f_{oc} 的直接相关,当固相介质结构较复杂时,建立在有机碳基础上的量化分析则失效。因此,在实际研究含水层介质对 PAHs 的吸附时,仅凭经验公式估算是不够的。

2. PAHs 在含水层中的生物降解过程

影响 PAHs 在含水层中的迁移、转化规律及最终归宿的重要因素之一就是 PAHs 的生物降解过程。已有研究表明,萘、菲和蒽等 2 环、3 环芳烃,其生物降解是先经过包括单加氧酶作用在内的若干步骤生成双酚化合物,再在双加氧酶作用下逐一开环形成侧链,而后按直链化合物方式转化,最终分解为 CO_2 和水,图 4.2－1 为 2、3 环芳烃生物降解的一般途径。而 4 环和 4 环以上的 PAHs 的生物降解途径至今仍是研究的热点之一。

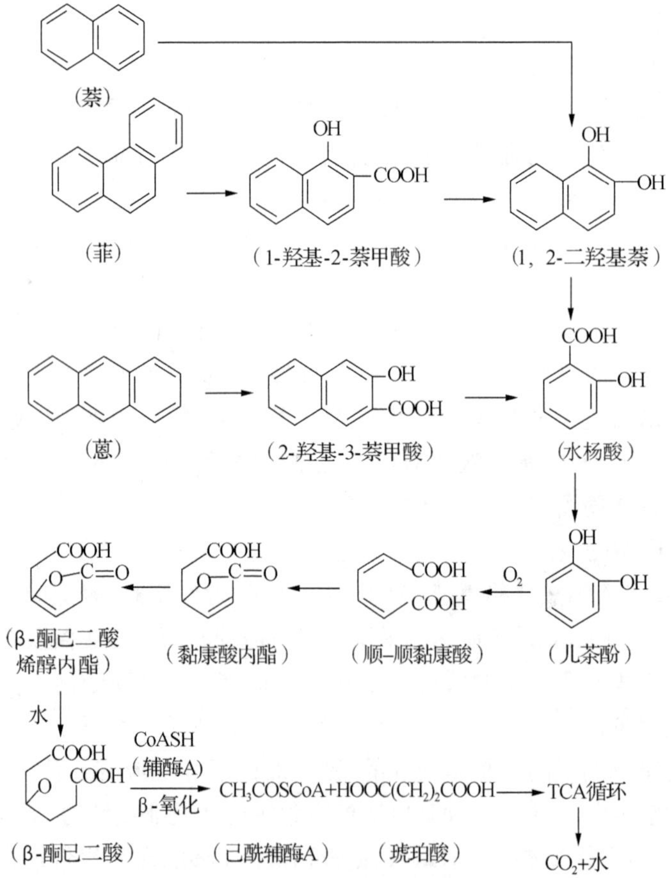

图 4.2－1　2、3 环芳烃生物降解的一般途径

关于 PAHs 在含水层中的生物降解方面的研究报道相对很少。一些研究者常将有机污染物在地下环境中的生物降解过程看成是一个可用一级生物降解模型来描述的非平衡过程。如 AHN 等采用三箱动力学分配模型研究 PAHs 在含有泥浆的污染土壤或含水沉积物中的传质过程和颗粒内扩散过程时，认为 PAHs 在水相中的生物降解符合准一级生物降解模型。这样生物降解机制与动力学过程会被简单化。谭文捷等论述了 PAHs 的生物降解机制、影响生物降解的因素以及生物修复方法，认为生物降解途径目前还不很清楚，动力学过程相当复杂。WICK 等研究发现，仅在真菌菌丝体存在时，与土壤交联在一起的菲才发生生物降解，说明真菌激活了生物降解细菌，使其更易于接近污染物。KIM 等研究发现，由本土土壤微生物引起的还原环境使 SOM 发生类似于成岩过程的腐殖化，腐殖化后的 SOM 和释放出的水溶性有机质均能使芘的吸附能力和吸附的非线性程度增强。可见，PAHs 在地下环境中的生物降解过程很复杂，不同的反应体系动力学模型是各不相同的，因此研究不同有机溶质在特定反应体系中的反应机制很必要。目前，将生物降解动力学模型与 ADE 结合研究 PAHs 在含水层中的迁移转化的报道还相对极少，也应关注。

四、苯系物及多环芳烃类污染的修复技术

（一）苯系物污染土壤的修复技术

土壤中的有机污染物由于其难降解、毒性大等特性，其污染土壤修复技术已成为当今污染土壤修复技术领域的研究热点。经过多年的研究和实践，国内外已形成的有机污染土壤修复方式主要有物理修复、化学修复、微生物修复和植物修复。

1. 物理修复技术

通过溶剂洗脱、热脱附、气相抽提等物理（化学）过程可以将苯系物从土壤中去除，从而达到修复污染土壤的目的。

土壤淋洗技术是用水或含有某些可促进土壤环境中污染物溶解或迁移的化合物（或冲洗助剂）的水溶液注入到被污染的土壤，然后再将这些含有污染物的水溶液从土壤中抽提出来并进一步处理的过程。利用有机污染物的土壤-水分配系数较大的特性，常用表面活性剂作为污染土壤清洗剂。然而，由于化学表面活性剂难降解且易造成二次污染，生物表面活性剂则由于其清洗土壤有机物效果好及易生物降解的特性而备受关注。

热脱附法是指通过加热将土壤中污染物变成气体从土壤表面或孔隙中去除的方法。目前热处理包括水蒸气蒸馏法、高频电流加热法、微波增强的热净化法等。其中微波增强的热净化作用是最近兴起的一种热解吸法，此法在清除挥发和半挥

发性成分及极性化合物特别有效。

土壤气相抽提(SVE)也被称作土壤真空抽取或土壤通风。SVE 技术通常采用真空泵与小口径垂直井或侧渠相连来降低土壤中的蒸汽压,以加速污染物的挥发并使之随气流带出土壤,从而达到净化目的。这项技术尤其适用于渗透性土壤中,在 VOCs 进入到地下水之前将其去除。疏松沙质的土壤十分有利于 SVE 系统运行过程中的空气流通,以及气、土相之间良好的界面交换。SVE 系统运行成本低廉、操作简便,在许多 VOCs 污染土壤的修复中得到了成功应用。

2. 化学修复技术

化学修复是将使土壤中的有机污染物分解或转化为其他无毒或低毒性物质而得以去除的方法,主要包括化学氧化/还原、光催化氧化、电化学修复、微波分解技术等。

化学氧化还原虽然可以降低土壤污染物的毒性或含量,但是可能形成毒性更大的副产物。例如:加入还原剂(如零价铁)使土壤中的有机化合物进行脱氯反应,其产物由于不能完全矿化而仍需进一步处理。

光催化氧化技术是一项新兴的深度氧化处理技术。Higarashi 等使用 TiO_2 作为催化剂并利用太阳能对土壤中的杀虫剂敌草隆进行光催化降解,结果表明,该方法是行之有效的。

电化学修复是指使用低直流电流穿过污染的土壤,通过电化学分解和电动力学迁移的复合作用使污染物从土壤中去除的过程。该技术与表面活性剂的配合使用可有效去除土壤中不混溶性、非极性有机污染物。

3. 植物修复技术

植物修复技术是指利用植物的生长吸收、转化、转移污染物而修复土壤,该技术是一种经济、有效、非破坏型的修复技术,主要包括 3 种机制:植物直接吸收并在植物组织中积累非植物毒性的代谢物:植物释放酶到土壤中,促进土壤的生物化学反应;根际-微生物的联合代谢作用。

植物修复的效果很大程度上受污染物的生物可利用性影响,因为植物吸收和酶降解有机污染物的速度很快,污染物在土壤中的转移扩散成为速控步骤。

利用植物修复比较成功的是杨树、柳树和紫花苜蓿等。实验表明,杨柳科尤其是杨树属的植物,通过吸收有机物至根部,可大量去除有机污染物。Lin 等在污染了两年的土壤中(石油含量仍然很高)种植沼泽植物 Sparinalerniflora 和 Sparlinapatens,并在植物生长期施加肥料,发现植物不仅可以生存良好,而且污染物的降解率可达 58.5%/9.391。紫花苜蓿为多年生植物,生存力强,遗传学上容易解码,可以灵活地进行基因改良。经过基因改良的紫花苜蓿可以耐受高浓度的原油污染而不死亡，并且随着时间的推移，可以逐渐恢复生长能力。

4. 微生物修复技术

土壤中包含了自然界中几乎所有的微生物种类，许多细菌、真菌、藻类都有降解苯系化合物的能力。土壤微生物是污染土壤生物降解的主体，在土壤污染胁迫下，部分微生物通过形成自然突变并产生诱导酶，在新的微生物酶作用下产生了与环境相适应的代谢功能，从而具备了对新污染物的降解能力。

目前，所利用的微生物有土著微生物、外来微生物和基因工程菌 3 种类型。在培养基中添加 N、P 等营养物质并接种经驯化培养的高效微生物，可有效地降解或去除残存在土壤中的农药等有机污染物，使之转化为无害物或降解为 CO_2 和 H_2O。

研究表明，微生物一般通过 2 种方式对苯系物进行代谢：① 微生物在生长过程中以苯系物作为唯一碳源和能源。适合于土壤中低分子量的 3 环和 3 环以下的苯系化合物。② 微生物把苯系物与其他有机质共代谢(或共氧化)。微生物共代谢有机物的原因有以下几点：缺少进一步降解的酶系，中间产物的抑制作用，需要另外的基质诱导代谢酶或提供细胞反应中不充分供应的物质。在共代谢降解过程中，微生物通过酶来降解某些非生长必需的物质。由于来源于土壤中很少有能直接降解 4 环及 4 环以上高分子量的苯系物的微生物，所以高分子量的苯系物降解需要依赖共代谢作用和类似物。

研究发现，根区微生物明显比空白土壤中的微生物数量和种类多，假单孢菌属、黄杆菌属、产碱菌属和土壤杆菌属的根际效应非常明显。它们可以促进环境中的农药等有机物的降解。植物根际-微生物系统的相互促进作用将是提高污染土壤植物修复能力的一个活跃领域。

(二) BTEX 地下水污染修复技术

目前已报道多种修复技术来治理地下水中苯系物的污染，包括吸附，自然衰减技术，生物修复等。

1. 吸附法

吸附法主要是通过吸附剂对 BTEX 进行吸附净化，水经过净化后再排入水体中。吸附作用的有效性取决于应用的吸附剂类型(活性表面和孔隙的数量和大小)、吸附物的浓度、温度和湿度、吸附物和吸附剂的接触时间以及两者间的相互亲和力。最常用的吸附剂有活性炭、沸石、胶态二氧化硅、铝凝胶、金属氧化物、改性黏土、煤、粉煤灰、天然纤维材料和合成交联聚合物等。李朝宇等制备得到石墨烯/二氧化硅气凝胶(GS)对不同浓度的苯、甲苯溶液进行吸附，吸附量约为活性炭吸附量的 2.5 倍。冯聪合成新型超高交联树脂对水溶液中苯和甲苯吸附研究显示，其具有较高的吸附量、去除率以及分配系数。Ehsan 等探究了表面活性剂用量对沸石吸附性能的影响，发现阳离子交换容量（CEC）为 100 时改性的沸石吸附性能最好。

2. 自然衰减技术

自然衰减技术是依靠自然净化能力进行修复的技术，是其他昂贵修复技术的替代方法。Cozarlli 等研究报告了其在石油泄漏地点对碳氢化合物修复方面的应用。但该技术在整个衰减过程中对环境的不良影响令人担忧，其中包括溶解氧、硝酸盐和硫酸盐的消耗，硫化物的生成以及 pH 值的不良变化，这会对海洋生物的生长产生不良的影响，从而导致水资源的退化。Kao 等对汽油泄漏点处的苯系物实施监测得到每天的自然衰减率为 0.036%。Mulligan 等定量地指出大约需要 250 年的自然衰减时间才能修复初始浓度为 900 mg/L 的苯的污染。Seagren 等强调，自然衰减本身并不是一种单独有效的修复机制，尤其是处理难降解化合物（如 BTEX）时，污染物浓度的降低实际上是由于地下水中土著微生物的生物修复作用。

3. 生物修复

原位生物处理技术以能耗小、处理效率高、二次污染少等优点备受青睐。生物修复依赖于不同微生物群降解有机污染物的能力，以 BTEX 化合物作为碳源，来修复 BTEX 的地下水污染。倪宇阳等在研究中剖析了抑制微生物生长的因素，对碳源限制性流加补料系统进行了改进，促进了微生物将 BTEX 化合物降解成聚羟基脂肪酸酶（PHA）的产能，在消除污染物的同时变废为宝。Kao 等报道了在受控环境区域内利用生物修复技术来控制 BTEX 的迁移。Chirwa 等提出降解 BTEX 化合物的能力也取决于微生物产生的次级代谢产物（如生物表面活性剂）的性能。Margesin 等实验显示鼠李糖脂生物表面活性剂的合成有助于 BTEX 污染物的吸收降解。游离态的降解菌容易从水中流失，也容易被其他水体微生物吞噬。因此，将 BTEX 降解菌固定化是一种行之有效的方法。微生物固定化技术是将游离的微生物经富集后固定在特殊的材料内，其中主要包括吸附法、包埋法、交联法和共价结合法，包埋法因成本低、稳定性高、细胞活性损失较小而得到较普遍的应用。固定化微生物技术主要用来处理废水中的难降解有机物。聚乙烯醇（PVA）和藻酸盐这类无毒的化学物质，已被用于固定细胞。聚醋酸乙烯-海藻酸盐凝胶因其热不可逆、不溶于水、化学稳定性好、经久耐用等优点而受到人们的广泛关注。生物炭作为固定化材料可同时利用自身的净化能力以及微生物的降解效能，有效提高污染物的去除效率。目前，大量学者将经碳化后的玉米秸秆、棉纤维、竹炭等材料作为固定化材料，生物炭固定化微生物对于低温地下水环境中污染物的去除有着重要的意义。

传统吸附的整个流程运行成本较高，不适宜处理大量废水；自然衰减和生物修复的修复时间过长，对于 BTEX 浓度过高的废水处理效果不佳。新兴修复技术的出现，解决了传统技术的弊端。

4. 新兴修复技术

(1) 纳米技术

大量学者研究使用纳米材料（纳米颗粒、纳米粉末和纳米膜）作为处理剂，来改善水质。很多金属被用于纳米颗粒的合成，并对它们处理水中苯系物的应用进行了研究。钛纳米粒子最容易被光激活，因此其作用方式是光催化。Mahmoodi 等研究表明钛纳米粒子作为反应催化剂，在紫外光的照射下降解水中有机污染物 BTEX 的速度加快。杨忠平等以单晶纳米线 TiO_2 为催化剂，在反应温度为 20 ℃，投加浓度为 1.4 g/L 的条件下，通过光催化处理水中的 BTEX，反应时间为 360 min 时，BTEX 化合物的去除率都在 94%以上。由于磁性纳米吸附剂，如纳米零价铁的表面积较大，与 BTEX 化合物接触的机会较多，现已被应用于受污染地下水的原位修复。Sheikholeslami 等研究发现磁赤铁矿纳米粒子具有较好去除 BTEX 的性能，在紫外光和可见光下活化后，可进行 BTEX 废水处理。纳米碳管吸附法是一种新的处理方法，Zahedniya 等利用 ZnO 单壁碳纳米管吸附去除水中 BTEX，结果显示最佳条件为：20 ℃，接触 20 min，pH 为 6，吸附剂浓度300 mg/L，吸附剂 10 mg，盐浓度 2 g/L。纳米复合材料也逐步应用于水处理中。碳纳米管（CNTs）和石墨烯片以其高吸附能力而闻名。Wang 等人应用石墨烯和氧化石墨烯纳米片从水中去除多环芳烃。于飞采用新型碳纳米材料-多壁碳纳米管作为吸附剂，采用不同浓度次氯酸钠溶液氧化吸附剂，随着吸附剂表面含氧量的增加，3.2% O对苯系物的吸附特性最佳。

(2) 生物电化学技术

电化学技术是一项适用于现场的地下水污染修复的技术，该技术操作成本较为低廉并且适用性强，不受地下水深度限制，且生态环境不会遭到破坏。蒋廉颖利用电化学法去除苯系物，并对甲苯的产物进行紫外光谱分析，指出甲苯被降解为苯甲酸。生物电化学系统（BESs）可以克服好氧方法刺激微生物降解的局限性。生物电化学强化生物修复法特别适用于在含水层中创建有效去除污染物的反应区，通过微生物在厌氧条件下利用电极（阳极）作为最终电子受体，产生电信号后降解有机物联合使用 BES-BBs 的应用是在支撑材料（例如火山浮石）中放置电极，从而进行 BTEX 的高效降解。使用石墨电极时，污染物可吸附在电子受体上产生高代谢活性区域。此外，另一种提高电化学性能和长期适用性的选择是采用多孔陶瓷电极，多孔结构可容纳微生物保证营养物质的通过。Silva 等以聚倍半硅氧烷为原料，采用流延成型技术合成了多孔陶瓷材料，通过改变热分解温度、加入碳填料和金属基导电材料来调整其性能。以二甲苯作为溶剂，对细菌的附着性进行评价，采用该电极对生物膜的形成起到了积极的作用，对于苯系物的降解效率也随之提高。

(3) 新兴生物吸附

生物吸附法与传统吸附法相比，其原料来源广泛、成本低、绿色环保，适用于废水中难降解的有机物，因此具有广阔的前景。Tomasz 等提出的宽叶香蒲种子因其具有果序结构而易于采收，可以将其作为廉价的疏水吸附剂在不同的气候条件下使用，研究表明，该吸附剂可使水中的单芳香烃浓度明显下降。Luis-Zarate 等以椰子废弃物作为生物吸附剂，对水中的苯、甲苯进行吸附，其中椰子纤维具有最高的吸附能力，吸附量分别为 222 mg/g 和 9 mg/g。软木是一种天然、可再生、可生物降解的原材料。Olivella 等将软木废料以 0.25～0.42 mm 的粒度进行过筛后发现其对于水中多环芳烃的去除非常有效，批量实验结果表明软木的吸附速度非常快。2 min 内去除了 80%以上的多环芳烃；20 min 后多环芳烃去除率超过 96%。软木塞副产物可作为去除污染水体中芳烃的有效、经济的生物吸附剂。单宁是一类存在于植物体内的结构比较复杂的多元酚类化合物，能够沉淀各种蛋白质、氨基酸和其他有机化合物。Bacelo 等研究表明将单宁作为环境生物吸附剂，对水中的重金属、染料以及其他有机和无机污染物具有很高的吸附效率，其指出未来有必要研究这些化合物去除水中单芳烃 BTEX 的应用。Fayemiwo 等指出单宁来源于酒厂的固体废弃物(特别是由葡萄皮、种子和茎秆组成的红葡萄皮渣)，可用于合成单宁为基础的吸附剂。因此，使用此类生物吸附剂去除 BTEX 化合物不仅具有修复作用，还可以进行废物利用。

(三) 多环芳烃土壤污染修复技术

目前，处理空气、水与土壤等环境介质中多环芳烃的常用方法有物理方法、化学方法(光氧化法和化学氧化法)和生物修复技术。

1. 物理法

目前研究的物理方法来处理多环芳烃主要采用微波法。

微波是一种波长范围约在 1 mm～1 m 的电磁波，其频率高达 10^8 数量级，辐射效应十分明显。微波有物理、化学、生物学效应，可用于各种目的，但应用最广泛的是微波加热。微波加热与传统的加热方式(热传导与对流)不同，是内外同时进行的“体加热”。

但微波辐射溶液使有机物降解的机理尚不十分清楚，有待于进一步研究，目前微波消除污染物还处于实验室研究阶段。

2. 化学法

(1) 光氧化法

在光氧化过程中，水中的多环芳烃是在光诱发所产生的单线态氧、臭氧或羟基游离基的作用下发生氧化降解的。

郭嘉等研究了各种条件下，燃煤烟气中 PAHs 的光化学降解。结果表明，采用模拟日光中紫外部分的荧光灯照射，PAHs 光解率随光照强度、照射时间、温度和水蒸气含量的增加而增大。推断出在夏季高温、潮湿和高日照条件下，PAHs 一般在数小时内即全部降解。而在冬季低温、干燥和低日照的气候条件下，PAHs 降解速率很小，可在大气中停留较长时间，扩散到较远距离。还提出了由烟气中水蒸气产生的气态 OH 自由基以及未燃尽烃类自由基与激发态 PAHs 碰撞导致发生 PAHs 污染物光化学降解的反应机理。

罗晔等研究了不同条件(如温度、水蒸气含量、光源种类、光照强度和照射时间)下，汽车尾气中的 PAHs 的光化学降解。结果表明，采用模拟日光中紫外部分的荧光灯照射，PAHs 光解率随光照强度、照射时间、温度和水蒸气含量的增加而增大。还提出了由水蒸气产生的气态 OH 自由基与激发态 PAHs 碰撞导致发生 PAHs 光化学降解的反应机理。

化学品光降解性质是筛选优先污染物的重要依据之一。但对于同一化学品光降解研究，不同研究者得到的数据有很大差异，实验室间的数据无可比性，且用于真实环境也存在问题。因此，光降解研究方法和装置的统一、规范是亟待解决的问题。

(2) 化学氧化法

化学氧化主要有臭氧氧化和氯化两种。臭氧氧化法去除多环芳烃的效果比其他氧化法好。水溶液中 4 μg 的苯并[a]芘用 2.5 mg/L 臭氧处理 3 min，则其残余量为 0.6 μg；用 4.5 mg/L 的臭氧处理 5 min，则残余量为 0.04 μg/L。增加臭氧浓度，延长作用时间，可以提高降解率，但残余量总不会低于 0.02 μg/L。氯化法处理效果不如臭氧氧化法好，且生成的产物毒性常比原有的多环芳烃大，因此饮用水的净化应采用氯化以外的方法。含萘废水可用湿式氧化法处理。如在 130～250 ℃、6.0～11.2 MPa 的气压下，在 10 min 内去除 98%的萘，其降解产物不是二氧化碳，而是邻苯二甲酸酐。

化学氧化法不但降解的产物不彻底，而且降解的效果差，降解率低，因此对于化学氧化法降解多环芳烃的研究较少。

3. 生物法

生物降解是将 PAHs 从环境中去除的最主要的途径之一。但是生物降解必须具备两个前提:① 生物必须能接触到有机污染物;② 有机污染物具备可生物降解的特性。土壤中的微生物降解是影响 PAHs 在环境中存留的主要过程。

由于 PAHs 水溶性低,辛醇-水分配系数高,因此,PAHs 在土壤中有较高的稳定性,其苯环数与其生物可降解性明显呈负相关关系。微生物降解 PAHs 主要是以两种方式进行的:① 以 PAHs 作为唯一碳源和能源。低分子量的 PAHs 在环境中能较快被降解,许多微生物能以低分子量 PAHs 作为唯一碳源和能源,并将其完全无机化在环境中的累积量较低。② PAHs 与其他有机质进行共代谢。四环以上的 PAHs 生物降解一般均以共代谢方式开始。共代谢作用通过改变微生物碳源与能源的底物结构,增大微生物对碳源和能源的选择范围,从而达到 PAHs 最终被微生物利用并降解的目的,提高微生物降解 PAHs 的效率。

巩宗强等研究发现在土壤中加入水杨酸、邻苯二甲酸、琥珀酸钠等有机物能明显提高芘在土壤中的降解率。

香港大学的梁佩芝等研究了红树林厌氧环境对多环芳烃的降解,指出了厌氧的硫酸盐还原菌在降解多环芳烃方面有其独特的生化优势,并已初步确定羰基化反应是开始的一个重要步骤。

聂麦茜等从焦化废水污染的污泥中分离出 1 株优势短杆菌,该菌株对菲、蒽、芘降解 10 h 后,菲、蒽、芘浓度从起始 40 mg/L,分别降至 15.2、19.8、28.0 mg/L, Fe^{3+} 对这 3 种多环芳烃的降解有明显的促进作用,在相同实验条件加 Fe^{3+} 反应 10 h 后,反应瓶中菲的浓度降至 5.0 mg/L,蒽降至 9.8 mg/L,芘则降至 15.8 mg/L。

Dan 等研究发现,好氧条件下萘存在时可使菲的降解率提高 5 倍,芘提高 2 倍,同时发现菲存在时可抑制芘的降解,厌氧条件也有同样结果。Michiei 等发现分枝杆菌菌株 S65 可利用芘、菲和荧蒽,苯并蒽,当苯并芘或菲作为芘的共代谢底物时,可以提高芘的降解率。

张志杰等研究了 1 株芽孢杆菌对蒽、菲、芘在单基质及混合基质条件下降解性能的研究,发现在单基质条件下,起初的 82 h 内,该菌株对蒽的降解转化效果最好,菲最差,反应进行到 106 h,各 PAHs 的浓度均接近于 0;在混合基质条件下,菲的竞争代谢能力最强,芘最小。

微生物降解和挥发是水和土壤中低分子量 PAHs 的主要去除过程。但到目前为止,四环或四环以上的 PAHs 因其水溶性差,使得其很难被生物降解。

另外,作为生物修复技术中的一种新型技术的生物堆法正越来越受到人们的重视。土壤堆制处理即生物堆处理就是将受污染的土壤从污染地区挖掘起来,防止污染物向地下水或更大的地域扩散,运输到一个经过处理的地点(布置防止渗漏底,通风管道等)堆放,形成上升的斜坡,并进行生物处理。

姜昌亮等采用异位生物修复技术长料堆式堆制处理法，对辽河油田 4 种不同类型的石油污染土壤进行了生物处理示范研究，结果表明实用规模的长料堆制处理工程对油田稀油、稠油和高凝油石油污染土壤的处理效果很理想。该处理工程自然通风可满足远行要求，因此可大大节省能源投资，对大规模污染土壤处理来说，该技术是一种简单易行、便于推广的污染土壤清洁技术。

张文娟等用实验模拟方法，研究堆制处理过程对污染土壤中的多环芳烃降解效果，结果表明：生物堆法对 6 种难降解的多环芳烃都有不同程度的降解作用，多环芳烃的降解随着苯环数的增加而降低，当多环芳烃的初始浓度提高约 50 倍时，除荧、蒽外，其他多环芳烃的降解率随着污染浓度的提高而降低。

(四) PAHs 地下水污染修复技术

目前对于 PAHs 单一污染的修复手段有很多，和 BTEX 基本相同，包括吸附、自然衰减技术、生物修复等。基本原理及介绍详见前文：BTEX 地下水污染修复技术。

第三节　多氯联苯类污染修复

一、多氯联苯污染

多氯联苯(PCBs)是一类以联苯为原料在金属催化剂作用下，高温氯化生成的氯代芳烃，分子式为 $C_{12}H_{10-n}Cl_n$(n=1～10)，根据氯原子取代数和取代位置的不同共有 209 种同类物，结构式可表示为如图 4.3－1 所示。

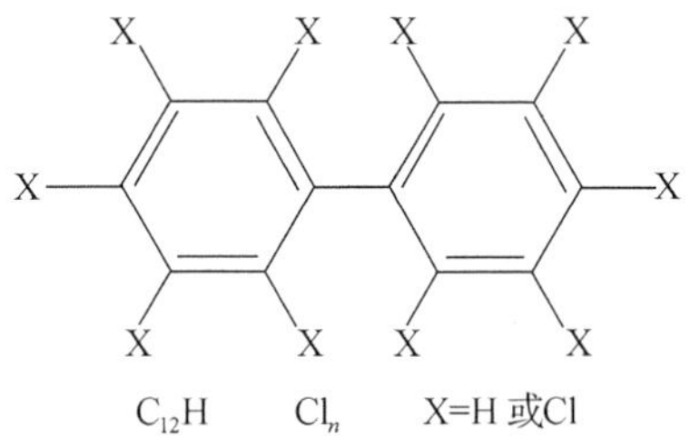

$C_{12}H$　　Cl_n　　X=H 或Cl

图 4.3－1　PCBs 的结构式

PCBs 具有良好的化学惰性、抗热性、不可燃性、低蒸气压和高介电常数等优点，因此曾被作为热交换剂、润滑剂、变压器和电容器内的绝缘介质、增塑剂、石蜡扩充剂、黏合剂、有机稀释剂、除尘剂、杀虫剂、切割油、压敏复写纸以及阻燃剂等重要的化工产品，广泛应用于电力工业、塑料加工、化工和印刷等领域。

但是PCBs对皮肤、肝脏、胃肠系统、神经系统、生殖系统、免疫系统的病变甚至癌变都有诱导效应。一些PCBs同类物会影响哺乳动物和鸟类的繁殖，对人类健康也具有潜在致癌性。历史上曾有过几次污染教训，尤以1968年日本北部九州县发生的震惊世界的米糠油事件最为严重，1 600人因误食被PCBs污染的米糠油而中毒，22人死亡。1979年中国台湾也重演了类似的悲剧。深刻的教训、沉重的代价使PCBs的污染日益受到国际上的关注。

二、多氯联苯的环境特性

1. 环境持久性

由于PCBs具有稳定的苯环和p-π共轭结构，自然条件下的光分解、生物降解都很难发挥作用，至今在某些介质内仍有很高的残留。PCBs的半衰期较长，在土壤及沉积物中不小于6个月，在水中约为80 d，在人体和动物体内则为1～10年。并且氯原子数越多，PCBs越稳定，半衰期越长。如一氯联苯和三氯联苯的半衰期为17个月，而六氯联苯则为12年。

2. 生物蓄积性

PCBs具有生物累积效应，其正辛醇-水分配系数（logKow）＞4，疏水性强，易于富集于生物体的脂肪中，并沿着食物链不断被放大，最终危害到处于食物链最顶端的人类。Wu等在汕头贵屿镇电子垃圾拆解聚集地和附近的一个水库对照点，采集了水、水蛇、螺类以及鱼等生物样品，研究了此区域食物链中的PCBs的富集状况，表明PCBs生物富集因子的对数值为1.2～8.4。Xing等报道了贵屿鱼类样品中PCBs浓度范围在1.95～58.43 ng/g（湿重）。Zhao等的研究表明浙江平桥和路桥鸡蛋中PCBs浓度范围分别为131.19～485.47 ng/g和14.06～8 003.48 ng/g（干重），PCBs含量非常高。

3. 生物毒性

多氯联苯具有低度到中度的毒性，其半致死量（LD_{50}）范围从0.59/kg（体重）～0.139/kg（体重）。PCBs通过芳香烃受体（aryl hydrocarbon receptor，AhR）介导基因的表达或加成作用来改变激酶活性，从而改变蛋白质功能引起毒害效应。早在1987年，国际癌症研究中心就将PCBs列为“动物已知的致癌物质”和“人类可能的致癌物质”。PCBs的毒性主要表现在生殖、遗传、内分泌干扰等方面。

（1）生殖毒性

由于PCBs结构与雄性荷尔蒙非常相似，所以即使微量的多氯联苯在体内也会影响到雄性荷尔蒙的分泌，造成生物体内生殖系统的紊乱，进而引发生殖障碍、畸形、器官增大等现象。如 PCBs 在鸟类中的富集会导致蛋壳变薄、易碎，从而使产卵率降低。波罗的海某海域的海豹由于直接或间接以含有 PCBs 的水生生物为食，生殖功能受到一定程度的损害。PCBs 还能使男性精子数量减少、精子畸形的数量增加。PCBs 还会导致女性受孕能力下降并缩短月经周期，不孕率大大提高。

(2) 遗传毒性

PCBs 可造成家禽类胚胎不同程度的水肿甚至死亡，使其种蛋的死亡率明显升高；鱼类的孵化率随母体胚胎内 PCBs 的浓度升高而降低；通过误食或接触含多氯联苯物质而进入孕妇或哺乳母体内的 PCBs 可通过脐带或乳汁进入胎儿或婴儿体内，导致母体早期流产、畸胎儿率的提高，出生后的婴儿有不同程度的呆滞，智力明显低于当地婴儿的中均值。

(3) 内分泌系统干扰性

生物体的许多健康问题都与内分泌干扰物质有关，这些化学物质干扰生物体内激素的分泌，使其生殖功能衰退，行为异常，严重者甚至性别异化。PCBs 通过模拟天然激素对生物体产生雄激素作用，造成生物体内免疫抑制，内分泌干扰及发育毒性等，可能会引起生物体的甲状腺机能衰退，类固醇降低，甲状腺组织病变等；Vreugdenhil 等对婴儿出生前母亲的 PCBs 暴露水平与神经行为的相关性进行研究，表明暴露水平高的男孩，男性化程度明显降低；暴露水平高的女孩，男性化程度明显升高，研究说明 PCBs 可以通过内分泌系统间接影响儿童的神经行为。

(4) 致癌性

生物体富集过量的 PCBs 还会诱发心血管肿瘤、皮肤病等。Tomas 等研究发现，受 PCBs 污染的水体区域内大头鱼肿瘤和多发性乳头瘤等病的发病率明显升高。Brown 对从事电容器制造工人癌症发病率统计调查发现，长时间暴露在 PCBs 环境中的人群心血管系统疾病和恶性黑素瘤等癌症发病率与普通人相比明显升高。Wolf 等发现患恶性乳腺癌的女性乳腺组织中 PCBs 和 DDE 浓度比患良性乳腺肿瘤的女性高出数倍。

此外，PCBs 还会引起人的神经系统、肠胃系统、免疫系统等一系列的不良反应，严重者体重减轻、维生素 A 失调、氯痤疮、头昏眼花、消沉、记忆衰退等。

4. 全球迁移性——“全球蒸馏效应”和“近源效应”

从全球范围来看，低、中纬度地区的温度相对较高，该区域的 PCBs 挥发速率大于沉积速率，不断从土壤或水体中进入大气并进行大范围的转运和迁移，当温度低时 PCBs 遇冷凝结、沉降或者通过雨、雪等湿沉降的方式降落在温度较低的高纬度地区，并吸附在土壤、植被表面。累计数载如此反复的“蒸馏”过程后，PCBs 富集的最终地区将是极地区域。在人迹罕至的北极地区，有关学者已经在相关哺乳动物的体内高脂肪组织中检测到了 1～12 900(μg/g 湿重)的多氯联苯。甚至在重工业起步比较落后的西藏地区,也发现了 PCBs 的踪迹。

PCBs 从土壤进入大气中要经历一次跳跃就必须完成一个完整的挥发-沉降循环。低氯取代的 PCBs 由于具有相对较高的蒸汽压,而高氯取代的多氯联苯由于蒸汽压比较低,挥发程度小甚至不易挥发,相对而言停留在原地的概率较大,这就是在浓度分布上存在的“近源效应”。

三、多氯联苯的迁移转化

多氯联苯由于自身的特性可以存在于大气、水体、土壤、沉积物以及生物体内,而在不同的介质中多氯联苯的分布以及迁移转化的途径是不同的。

(1) 大气中的多氯联苯迁移转化

在大气中,由于固体废物的大量焚烧以及含多氯联苯产品的泄漏或者释放,多氯联苯在大气中主要以气态形式存在。而我国由于之前疏于监管和技术上的不足导致相较于国外部分地区我国大气中的多氯联苯含量较高,特别是发展较快的沿海地区,由于工业的快速发展,多氯联苯的空气污染程度已经达到中度。而对于大气中的多氯联苯来说,其主要的迁移转化途径只有直接光降解、雨水冲洗以及沉降三种,然而这并不能从根本解决多氯联苯的污染,因为除了直接光降解以外,其他方式只不过是将污染物转移到了土壤和水中,并不是从根本上消除多氯联苯的环境隐患。

(2) 水体中多氯联苯的迁移转化

多氯联苯通过大气沉降、废水等方式进入水体,较少的多氯联苯溶解于水中,另一部分由于其疏水性吸附在其他颗粒物上,最终发生沉降进入底泥之中。多氯联苯在水体中的转化方式只能是挥发,但是挥发的程度较低。现在我国水体已经受到了多氯联苯的严重污染,尤其是河口、港口等位置,河流、湖泊中的污染虽然相对较轻,但大部分的污染程度还是高于国外。

(3) 沉积物中的迁移转化

作为环境中多氯联苯的主要归宿,多氯联苯迁移转化的过程中沉积物有着至关重要的影响。这主要因为多氯联苯较差的水溶性,水体中的多氯联苯很容易会被沉积物吸附,而沉积物的物理化学性质可以很大程度地影响多氯联苯在沉积物中的含量和分布。而根据前人的调查研究发现,多氯联苯在港口、河口沉积物中的含量较高,在河湖、海洋中却相对较少,并且不存在地域差异。

(4) 土壤中多氯联苯的迁移转化

多氯联苯一旦存在于土壤中就难以再对其进行消除了,因为其较强的亲脂性,当其进入土壤中,会被土壤中的有机质吸附并且会随着时间不断进行累积,虽然我国的土壤环境只处于轻度污染状态，但随着更多多氯联苯的排放、沉降进入土壤，多氯联苯的土壤污染的问题将会逐渐加重。

(5) 生物体内多氯联苯的迁移转化

虽然已经有很多实验证明了低氯取代的多氯联苯是可以被生物降解，但这些生物降解反应多是厌氧反应，在氧气存在的条件下很难发生，但大多数的多氯联苯一般不会发生这种反应，特别是高氯取代物，因此多氯联苯的存在是比较稳定的。并且由于其在生物体内的不断积累，环境中的多氯联苯污染物都有可能在食物链的帮助下逐级富集，在各种生物的体内储存，随着食物链进行传递，最后影响人类的身体健康。

四、多氯联苯污染的修复技术

(一) 多氯联苯污染的土壤修复技术

土壤是 PCBs 主要的富集场所，主要源自含 PCBs 废水的排放、含 PCBs 固体废物的渗漏、垃圾焚烧、远距离迁移的大气沉降等。

Meier 等对全球表层土壤 PCBs 浓度进行了普查，结果表明，全球表层土壤至少含有 2.1 万 t PCBs。据统计：1957—1974 年，美国共出售 PCBs 约 40 万 t，估计进入环境中的 PCBs 约为 35.4 万 t，其中进入土壤环境中的约为 27 万 t。

1965—1974 年，我国共生产 PCBs 约 10 000t，其中 9 000 余吨为三氯联苯，主要用于电容器的生产；1 000 余吨为五氯联苯，主要用于油墨、油漆、涂料、润滑油、增塑剂等的生产。PCBs 污染土壤主要分布在 PCBs 化学品生产厂、含 PCBs 电容器的拆解点、废弃 PCBs 电力设备临存场地及其周边地区等。目前，国内对于土壤 PCBs 污染的报道并不多。张雪莲在研究台州地区某典型电子垃圾拆解点土壤环境中 PCBs 污染状况时发现，所采集的 38 个土壤样品中，PCBs 浓度范围为 ND(未检出)～152.8 μg/kg，远高于西藏(0.625～3.501 μg/kg)和南极未污染土壤残留(0.36～0.59 ng/g)。阙明学在研究我国土壤环境中 PCBs 污染水平时发现，我国土壤环境中 PCBs 污染水平空间区域差异较大，最严重的区域为云南昆明，PCBs 浓度约为 1.840 ng/g，其次是上海，为 1.730 ng/g。参照国外轻微污染区 PCBs 浓度标准(1.98～6.94 ng/g)，我国土壤的 PCBs 污染程度不高。

因 PCBs 具有巨大的潜在危害，其污染土壤的修复备受关注。近年来，国内外学者对 PCBs 污染土壤修复展开了广泛的研究，并开发了多种修复技术。目前已经产业化的修复技术按修复场地分为原位修复和异位修复，按修复原理分为物理修复、化学修复和生物修复。作者在此针对修复原理分类的修复技术的研究进展进行介绍。

1 理修复技术

(1) 安全填埋

安全填埋是修复技术中常用的方法。该法是将PCBs污染土壤挖掘并运输至安全填埋场，达到PCBs与水环境、大气环境隔绝的目的。该法适用于PCBs污染程度较重的土壤，但并不能真正清除PCBs，只是将PCBs进行了转移，且费用较高。

(2) 深井注入法

深井注入法是一种并不提倡的技术。1996年，联合国粮农组织(FAO)发表声明称，深井注入是一种存在环境风险和不可控制的技术。注入深井的PCBs是否与地下的岩石、泥土、水、石油等发生反应，影响PCBs的迁移或毒性，目前尚未明确。此外，注入深井的PCBs可能会污染地下水。

(3) 热脱附法

热脱附法是将PCBs污染土壤在隔绝空气、密封的条件下加热，达到PCBs的沸点后，PCBs以蒸汽形式从土壤中释放出来，通过导流将PCBs蒸汽引至吸附室，而后对含PCBs的吸附剂进行深度处理，达到去除PCBs的目的。工艺流程如图4.3-2所示。

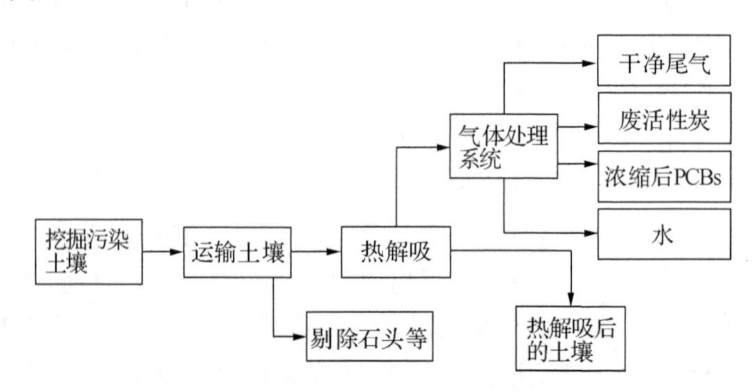

图4.3-2 热脱附工艺流程

该法利用PCBs的半挥发性，通过富集、浓缩、吸附，直接处理含PCBs的吸附剂，工艺简单，可操作性强，适用于PCBs污染严重的土壤，但存在高温破坏土壤结构、能耗高、成本高等不足。

(4) 溶剂淋洗法

溶剂淋洗法的原理与有机物萃取的原理相同，可以分为有机溶剂淋洗和表面活性剂淋洗。

PCBs易溶于丙酮、正己烷等有机溶剂，可使用上述溶剂对PCBs污染土壤进行淋洗，收集淋洗液进行后续处理。

PCBs具有高辛醇/水分配系数，具有强疏水性，在水相中溶解度低，可加入表面活性剂以降低 PCBs/水界面的表面张力，促进土壤中 PCBs 转移至有机相中，收集废液进行集中处理。

工艺流程如图 4.3－3 所示。

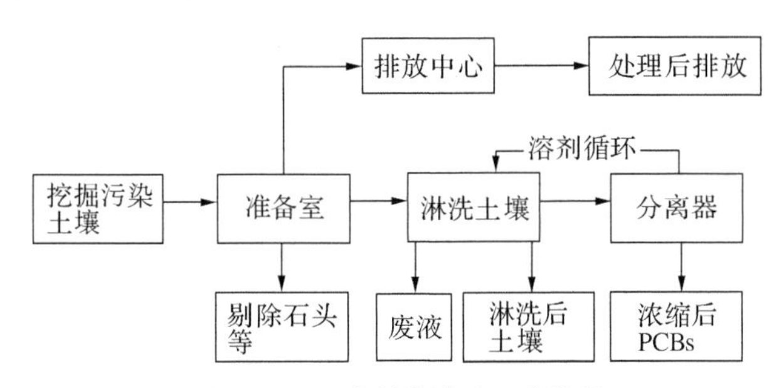

图 4.3－3　溶剂淋洗法工艺流程

溶剂淋洗法适用于 PCBs 事故性泄漏且污染土壤不大的情况，具有处理效率高、耗时短、成本低等优点，但存在着淋洗剂易挥发、废液处理难度大、存在二次污染等不足。

2. 化学修复技术

化学修复技术分为焚烧技术和非焚烧技术两大类。焚烧技术分为高温焚烧技术、水泥窑技术和等离子体焚烧技术；非焚烧技术分为氧化技术、还原技术、催化热解技术、化学脱氯技术和稳定化技术。

(1) 高温焚烧技术

高温焚烧技术用于处理持久性有机污染物最为广泛，需要 870～1 200 ℃的高温，是一种异位修复 PCBs 污染土壤的技术。是将 PCBs 污染的土壤置于焚烧炉中，鼓入充足的氧气，再通过高温使 PCBs 燃烧生成无害物质。

美国环境保护署（US. EPA）称，高效率的焚烧炉可焚烧 PCBs 浓度高达 50 mg/kg 的污染土壤。研究表明，在 2 s 停留时间、1 200 ℃高温、3%过剩空气或 1.5 s 停留时间、1 600 ℃高温、2%过剩空气的条件下，PCBs 去除率可达到 99.999 9%，即 PCBs 浓度降至 1 mg/kg 以下。该法可处理 PCBs 污染程度较重的土壤，且处理量大、处理效率高。但是，高温焚烧 PCBs 过程中，会破坏土壤的理化性质，并生成二和呋喃等新的 POPs。这些物质进入环境后会污染大气、水体和土壤，甚至危害人类。因此，在焚烧过程中需连续监控设备运转情况，严格控制反应温度。

(2) 水泥窑技术

水泥窑技术需要高温、高碱环境和长停留时间。在高温高碱条件下，PCBs 中 C—X 键极易断裂，氯原子可以与金属阳离子结合，生成氯化物，实现对 PCBs 的去除。采用水泥窑技术处理 PCBs 污染土壤时，一般不从窑两端加入受污染土壤（未经处理的 PCBs 会从熔渣中直接挥发出去），而是在窑中央设置漏斗，将 PCBs 污染土壤加至窑中，窑温控制在 1 100 ℃左右，可实现对 PCBs 的去除。该法处理 PCBs 污染土壤效率高、处理量大，但高温、高碱环境会破坏土壤结构，且基建要求高、投资成本大。

(3) 等离子体焚烧技术

等离子体焚烧技术是使电流通过低压气体流产生等离子体，局部温度高达 5 000～15 000 ℃，能使 PCBs 彻底分解为原子态，冷却后生成水、二氧化碳和一些水溶性的无机盐，PCBs 的去除率可达 99.99%以上。该法需对 PCBs 污染土壤进行预处理，将 PCBs 从固相转移至水相，虽然处理效率很高，但存在基建投资大、处理量小等不足。

(4) 氧化技术

氧化技术分为超临界氧化技术、电化学氧化技术、熔融盐氧化技术等。

超临界氧化技术是基于高温、高压条件下超临界水的高溶解性而发展起来的一种技术。是在超临界水条件下，加入适当的氧化剂（通常为氧气、过氧化氢或硝酸盐），将 PCBs 上的碳原子氧化为二氧化碳、氢原子氧化为水、氯原子转化为氯离子，实现对 PCBs 的破坏。该法成本高、处理能力有限。

电化学氧化技术核心部件为电化学电池，在酸性环境（通常加入硝酸）下，电池通电后在阳极产生氧化性物质，这些物质协同酸能够进攻任何有机化合物（包括 PCBs）。在 80 ℃、标准大气压下，可将绝大部分有机化合物转化为二氧化碳、水和无机离子。该法不但成本高，而且处理后的酸化土壤还需要继续处理。

从 1950 年开始，熔融盐氧化技术在小范围内发展起来。该法需设置一个碱性熔盐床（通常为碳酸钠），在 900～1 000 ℃条件下，加至盐床上的 PCBs 会断裂 C—X 键，氯原子与金属阳离子结合，转化为无机盐，保存在床层上。该法处理效率高，基本不产生二次污染，但不能直接处理 PCBs 污染土壤，需先将 PCBs 从土壤中气提浓缩后，再进入盐床进行处理。

(5) 还原技术

还原技术分为溶剂化电子技术、催化氢化技术、零价金属还原技术等。

① 溶剂化电子技术

溶剂化电子技术是指在溶剂化溶液中，通过自由电子中和卤代化合物，达到脱卤的目的。该法将碱金属（通常为钠，也可为钾或锂）置于无水液氨中，碱金属瞬间溶解，当溶液呈现亮蓝色时，即表示碱金属的外层电子释放出来。PCBs 上不同程度取代的氯原子具有极强的电子亲和力，可吸收自由电子，当氯原子外层形成电子对后，C—X 键断裂，氯离子与钠离子结合形成氯化钠，从而实现对 PCBs 的脱氯。该法适用于 PCBs 污染较重且对 PCBs 进行气提浓缩后的深度处理，但运行成本过高。

② 催化氢化技术

催化氢化技术是具有发展前景的对 PCBs 进行脱氯的一种技术。该法需以贵金属（如 Pt）为催化剂进行催化，在 PCBs 上的联苯骨架上加氢，达到破坏芳环的目的，同时生成氯化氢、轻质烃等副产物。研究发现，当污染土壤 PCBs 浓度为 4 000 mg/kg 时，经过催化氢化后，PCBs 浓度可降至 0.027 mg/kg 以下，PCBs 去除率高达 99.999 93%。该法处理效率高、处理量大，但一些环境因素易使贵金属中毒，催化剂对环境的适应性差，限制了其大规模推广应用。

③ 零价金属还原技术

零价金属还原技术分为纳米铁还原技术和双金属还原技术。

纳米铁还原技术是利用纳米铁粉末修复 PCBs 污染的地下水、底泥和土壤的一种具有潜力的技术。纳米铁粉末具有极大的比表面积和极高的反应活性，可以与 PCBs 上的氯原子发生反应。但纳米铁还原脱氯也存在一些问题，如氯代芳香族化合物活性较低，反应不完全。此外，随着反应的进行，纳米铁表面发生钝化，活性降低。目前，大多数研究集中在纳米铁还原水溶液中 PCBs，对于土壤中 PCBs 还原的研究不多。陈少瑾等在研究纳米铁还原土壤中 PCBs 时发现，纳米铁对土壤中浓度为 5 mg/g 的 PCBs 有一定的脱氯效果，当 PCBs 浓度降至 1 mg/g 时，只有加入含量为 0.05%的金属钯后，才具有显著的脱氯效果。

双金属还原技术是一种基于原电池原理的技术。美国海军装备工程司令部在处理含 PCBs 的油漆时，采用的是 Mg/Pt 双金属处理系统，处理原理如图 4.3-4 所示。该法面临的最大问题是纳米级的双金属粉末活性太强，操作难以控制。

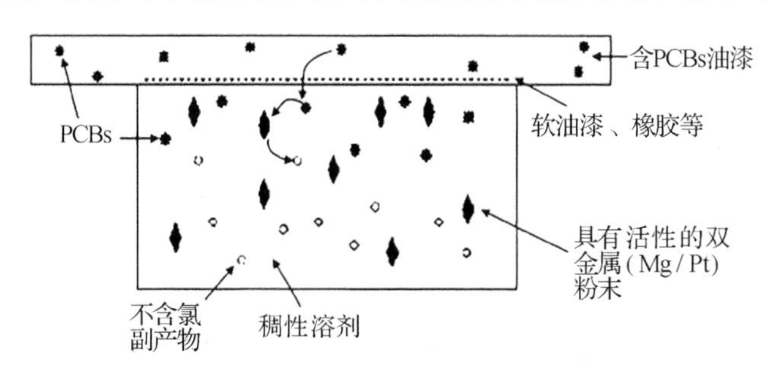

图 4.3-4　双金属处理系统的原理

④ 化学脱氯技术

化学脱氯技术是通过取代 PCBs 上的氯原子或分解 PCBs，阻止 PCBs 向土壤迁移或挥发其他环境介质的一类技术的统称。常见的化学脱氯技术包括碱催化热解技术、羧甲脱卤技术等。

碱催化热解技术是由 EPA 环境风险降低工程实验(EPA's Risk Reduction Engineering Laboratory)联合美国国家设施工程服务中心(National Facilities Engineering Services Center)共同开发的一种技术。该法处理 PCBs 污染土壤或底泥,通常包括两个阶段:a. 将 PCBs 污染土壤或底泥与碳酸氢钠充分混合,然后采用热解吸技术将 PCBs 从混合物中解吸出来;b. 在空气控制系统中将 PCBs 蒸汽冷凝收集,导流至加热搅拌釜反应器中,反应器中预先配制催化剂、高沸点烃油和氢氧化钠的混合液,PCBs 与混合液发生反应,实现脱氯的目的。

羧甲脱卤技术需要化学试剂 APEG(A 代表碱金属氢氧化物,通常选用氢氧化钠或氢氧化钾;PEG 代表聚乙二醇),主要包括两个步骤:a. 将 PCBs 污染土壤与 APEG 充分混合;b. 加热混合土壤,在高温条件下,APEG 与土壤中 PCBs 发生反应,生成乙二醇、羟基化合物和碱金属盐。

化学脱氯技术适用于 PCBs 污染较重、处理量较大的情况,但存在高温高碱环境破坏土壤理化性质和二次污染的缺点。

⑤ 稳定化技术

稳定化技术需要加入黏合剂,例如硅酸盐水泥、水泥窑粉灰、飞灰、腐殖酸等,将有毒有害物质转化为难溶解、低迁移、低毒性的物质。稳定化技术不同于其他 PCBs 污染土壤的修复技术,它并没有对土壤中 PCBs 进行富集或破坏。有研究者指出稳定化技术仅仅适用于无机化合物污染土壤的修复,但是事实证明,稳定化技术可以较好地修复有机化合物污染的土壤。目前,国内外已有学者采用腐殖酸对 PCBs 进行稳定化处理,腐殖酸作为自然界中广泛存在的一种天然高分子化合物,也是生态循环中的重要组成部分,以其矿化处理 PCBs 极具研究价值。

3. 生物修复技术

(1) 微生物修复

PCBs 微生物降解研究始于 1973 年,Ahmed 等首先发现了可降解一氯联苯和二氯联苯的菌株,并对其降解途径进行了研究。迄今,已筛选出上百种 PCBs 降解菌,主要包括假单胞菌属(Pseudomonas)、产碱杆菌属(Alcaligenes)等革兰氏阴性菌,以及芽孢杆菌属(Bacillus)、红球菌属(Rhodococcus)等革兰氏阳性菌。对于真菌降解 PCBs 也有相关的报道,Field 等发现,白腐真菌(Phlebia brevispora)、黄曲菌(Asperillus flavus)等也具有降解 PCBs 的能力。贾凌云等分离出一株能在液相中高效降解 PCBs 的降解菌 Enetbracet:Ps. LY402,在土壤环境中不仅能与土著菌共生,而且对不同氯代 PCBs 类似物均有一定的降解能力。

(2) 植物修复

Groeger 等较早研究 PCBs 的植物修复，并从植物组织和细胞的角度探讨了植物对 PCBs 的降解途径，以及植物对 PCBs 的富集能力。植物修复 PCBs 的机理相对复杂，它是多种机制协同作用的结果。一般说来，植物修复 PCBs 有 3 种机制：① 植物直接吸收 PCBs，将其转化为无生物毒性的物质累积在植物组织细胞中；② 释放可降解 PCBs 的酶；③ 植物与根际微生物协同作用。刘亚云等研究发现，红树植物秋茄可直接吸收并累积 PCB47 和 PCB155。Magee 等研究发现植物叶片中所含的硝酸还原酶可以显著促进 PCB 153 脱氯反应的发生。

(3) 植物-微生物联合修复

植物修复 PCBs 污染土壤，与微生物有着紧密的联系，很多植物与微生物存在着共生关系，根际区域微生物的密度和活性均强于非根际区域。因此，植物-微生物联合修复技术有很好的应用前景。在根际区域，细胞分裂能力强，新陈代谢快，分泌出大量物质，为微生物提供了适宜生存的微生态环境。植物源源不断地向根部输送氧气，释放可作为微生物生长底物的根系分泌物，促进微生物对 PCBs 的降解。滕应等研究紫花苜蓿修复 PCBs 污染土壤时，向其中添加了苜蓿根瘤菌，分别进行盆栽和田间试验，结果发现，紫花苜蓿-苜蓿根瘤菌协同修复时，对 PCBs 的去除率最高。

(4) 动物-微生物联合修复

动物-微生物联合修复技术主要是利用土壤中动物(例如蚯蚓等)的运动，增加土壤中氧气的含量，同时，动物分泌的一些物质可以促进土壤中微生物的生长，增强微生物的活性，促进微生物对 PCBs 的降解。但是由于 PCBs 具有强生物毒性，动物对其耐受性差，使得动物-微生物联合修复技术具有一定的局限性。

(二) 多氯联苯污染的地下水修复技术

地下水污染修复技术经历了不同的发展阶段，最初的修复技术是抽出处理(Pump and Treat)异位修复技术，该技术是将受污染的地下水通过水泵抽取到地表后，再利用地表水污染治理技术进行处理后回灌地下。该技术适合地下水污染范围广，污染晕相对较大的区域，能有效地将污染区控制在抽出井的上游。但是此技术只能限制污染物的进一步扩散，对滞留在水体中的重非水相液体(DNAPLS)去除率很低，不能原位修复受持久性有机物污染的地下水。另外为保证泵抽出和处理系统正常运行，该方法需要耗费大量的电力。同时还需要大量的人力物力定期对系统的运转进行维护、管理及监测，整体费用十分昂贵。该技术还存在一个致命缺陷——地下水的抽提和回灌会引起其水力梯度的减小，从而活化处于休眠状态的重非水相液体，造成污染反弹现象。

鉴于异位修复技术的种种弊端,地下水原位修复法逐渐成为新的研究热点,是种具有广阔前景的地下水污染治理技术。这种技术不仅处理费用较低,而且可以减少地表构筑物的建设,极大地降低了污染物在表层环境中暴露的机会,减少了对环境的不良影响。包括原位化学反应技术、可渗透性反应墙(PRB)及原位生物修复等成为地下水修复技术的发展方向。自20世纪90年代初期O'Hannesin和Gillham首次实地试验考察了零价铁对氯代有机物的还原性脱氯效果以来,以零价铁为反应介质的可渗透反应墙(PRB)技术以运行成本低廉和处理效果显著而备受关注。与传统的抽出—处理系统的技术相比,该技术上的主要优点是不需要泵提和地表人工处理系统,对生态环境扰动较小,且介质反应消耗很慢,具有长达数年的处理能力,能够长期有效运行,几乎不需要运行费用,具有广阔的应用前景。

渗透性反应墙(Permeable Reactive Barier, PRB)是一个填充有反应介质、具有一定阻截吸附性的原位被动反应区,工艺设计施工时,墙体的建设方向与地下水中污染羽状体的流动方向垂直,当地下水流过渗透反应墙时,其中的羽状体污染物与墙体反应介质发生物理、化学或生物反应生成其他物质或者易被去除的沉淀物质而吸附、沉淀,从而达到净化水质的目的。可渗透反应墙可以安置在污染源的下游,在该区域形成一道物理屏障,防止污染羽状体扩散,减缓污染组分向下游迁移的趋势。目前研究处理最多的污染物主要是氯代脂肪烃,例如二氯乙烯(DCE)、三氯乙烯(TCE)、四氯乙烯(PCE)、氯乙烯(VC)等。无机污染物主要是重金属离子的去除,包括Cr、Cd和As等。

目前国内外将PRB技术治理地下水中的有机、无机及重金属污染的研究已取得了良好的效果,但是其中大部分研究只是简单地对处理效果的描述,仅有少数学者利用同位素示踪法等监测技术对PRB内部反应过程和机理进行了初步探讨,但是仍未形成成熟的理论。另外,我国在这项技术上的研究不多,研究内容主要集中在实验室内进行模拟工艺试验,未进入工程实践应用。实际地下水的环境地质条件、水质成分、地球化学作用等都需要在实验室模拟的条件中考虑,在充分利用数值模型的基础上建立系统的、成熟的技术理论。

PRB技术的应用范围有待进一步扩展。虽然PRB技术已从只运用于地下水污染的修复扩展应用到土壤污染的修复,但还须进一步深入研究,特别是在处理受污染的地表水应用,虽然国外相关研究已取得初步进展,将其研究成果应用于实际工程仍有很大困难,相信在不久的将来,该项技术将会为我国的环境治理工作做出一定的贡献。

第四节　石油烃污染修复

一、石油烃污染

石油，又称为原油，是现代社会的最主要能源之一，被称作“工业的血液”。石油成分复杂，难降解的烃类化合物是其主要的组成部分，沥青质、树脂等非烃类物质仍占有一定比重。随着人们对能源的需求不断增大，石油的开采、炼制和运输量逐年增加，每年不可避免地出现大量石油泄漏事件，加之含油废水的不达标处理，各种石油制品的挥发及不完全燃烧物通过大气的沉降作用等引起了一系列石油副产物，造成了土壤石油污染问题。尤其是油井周围泄漏的落地原油对周围土壤的污染程度是巨大的，日常工业生产过程中也会造成石油烃类物质的污染。石油烃类污染物主要是由单链烷烃、环烷烃、芳香烃、烯烃等组成的复杂混合物，其在土壤中具有严重的累积效应，并有长期滞留性，很难被彻底降解。这些石油烃类污染物如果长时间积累在土壤中，不仅会被水体和土壤中的动植物富集，并通过食物链传递给人体，从而导致三致（致癌、致畸、致突变）问题，也会严重影响土著微生物的多样性分布和群落结构，破坏程度与土壤污染程度的不同而具有很大的差异。我国虽地域辽阔、土地面积巨大，但一直处于发展中阶段，对原油的开采不断增长的同时，对土地污染的程度也同时扩张。目前，我国着手致力于水生态和大气生态的污染治理，而对油污土壤修复的重视程度甚低，每年造成了大量土地资源污染荒废，已有科学家将其比喻为“化学定时炸弹”，这已经成为不容忽视的环境问题。因此，石油污染土壤的治理已成为当前生态建设急需解决的问题。

二、石油烃污染的特点

（一）石油烃污染物在场地中的存在状态

在微生物、风、阳光等自然因素影响下，通过扩散、蒸发，以及溶解、乳化氧化、吸附、沉淀的过程后，石油类物质的组成、性质和存在形式均会发生变化。石油类中易挥发组分会以气态形式存在于土壤间隙、土壤水或地下水中，其中一些会扩散至大气，另一些会被土壤组分重新吸附。长链烷烃的黏性较大，不容易挥发扩散去除，大多数吸附在表层土壤，很难被洗脱，在一定条件下会进一步污染深层土壤和地下水。石油类烃染物在地下环境有四种存在状态，包括残留态、挥发态、自由态和溶解态。

残留态：由于石油吸附作用或是毛细作用而残留在土壤多孔介质中的污染物，其以液态形式存在但不能在重力作用下自由移动。

挥发态：由挥发进入土壤气相中，并在浓度梯度作用下不断扩散的污染物。

自由态：在重力作用下可自由移动的部分，其可通过挥发和溶解向土壤和地下水中释放。

溶解态：指溶解在地下水中，并随地下水迁移扩散。

虽然石油类物质在土壤中以这四种形态存在，但每种形态的污染物并不是一成不变的，每种形态间会通过一系列的传质作用进行相互转化。

（二）石油烃污染物的自然衰减

自然衰减利用污染区域自然发生的物理、化学和生物学过程，如吸附、挥发、稀释、扩散、化学反应、生物降解、生物固定和生物分解等，降低污染物的浓度、数量、体积、毒性和迁移性等。

场地污染物的自然衰减需要在适当的条件下才能有效发生。为弄清场地污染物自然衰减过程的变化规律，需要对场地的土壤或地下水进行定期监测。

自然衰减是国内外具有广泛应用前景的有机物修复方法。众多国内外学者的研究表明，受燃油物质（如石油等）污染的地下环境中存在着自然衰减现象，主要影响因素为挥发、吸附和生物降解。

(1) 挥发

当挥发性有机物进入土壤后，可以通过土壤的孔隙挥发，进入大气，对于某些易挥发的石油类污染物，在进入土壤三天内，因挥发所造成的损失量占总损失量的90%。亨利常数在有机化合物迁移中能够描述其从溶液中挥发的难易程度，可以根据亨利常数对有机化合物的挥发速率作初步判断，当亨利常数小于3×10^{-2}(Pa·L)/mol时，认为污染物的挥发作用不明显。

土壤类型和含水量都会影响挥发性有机物在土壤的挥发过程，土壤孔隙越大、砂粒含量越高，土壤挥发作用越强烈。

有机物在土壤中挥发速率还受温度、土壤中有机质及各化合物的含量等环境因素的影响。有机质质量分数也会对土壤中柴油的挥发产生影响，质量分数越高，就会抑制柴油在土壤中的挥发。表面活性剂也会对苯系物的挥发行为产生抑制。不同的表面活性剂类型和浓度，对苯系物的挥发行为抑制程度不同。如含有更少极性的环氧乙烷和单环芳烃的溶解度更低的表面活性剂，一般影响挥发减少的程度更大；而低浓度表面活性剂，对不溶性溶质的挥发影响比对高水溶性溶质挥发过程的影响更明显。当表面活性剂的浓度高于临界胶束浓度时，对所有苯系物的挥发过程都会有明显影响。

(2) 吸附

吸附过程也是石油污染物在地下水中自然衰减的重要过程之一。土壤中有机物的吸附-解吸影响因素首先与其颗粒组成有关,疏水性有机污染物在土壤中的吸附可在土壤颗粒及其内部发生。颗粒表面吸附的有机污染物在适宜条件下可被解吸,而颗粒内部的有机污染物则难以被解吸。一般认为水体中的有机物溶解度越小,越有利于其在土壤上的吸附。而大部分有机物在水中的溶解度较低。

(3) 降解

土壤中有机污染物的降解方式主要有 2 种:生物降解和非生物降解。非生物降解是要指的是化学降解、光解或通过挥发作用进入大气。

化学氧化分解主要是通过化学氧化剂与有机物的氧化还原反应,进而除去有机物的一种方法。但是化学降解不仅会对土壤结构造成破坏,并且会对土壤中的原始微生物带来极大的伤害。生物降解是土壤中有机污染物的最重要的生物降解方式。Kao 等的研究发现,从土壤中去除石油烃的最佳方式是通过微生物降解。微生物降解主要是某些微生物能利用有机污染物作为碳源及能源,进而将有机污染物转化为 CO_2 和 H_2O,或转换为无毒性的中间产物,从而能达到降解土壤中有机污染物的目的。许多有机污染物可以作为微生物的生长基质,只要用这些物质作为微生物的唯一碳源便可以鉴定是否能将其降解。

汽油中其他成分的共存会影响苯系物的降解过程。乙醇的存在改变了微生物群落的结构和功能,降低了含水层的氧化还原状态,从而降低了苯系物的降解速率。而苯系物的降解不受甲基叔丁基醚(MTBE)存在的影响。污染物的初始浓度不同时,微生物的利用类型也不同。生物优先利用的基质类型主要取决于污染物的初始浓度和毒性。若同时存在几种不同污染物时,有机物的生物降解主要表现在 3 个方面:① 协同效应,即介质中某一有机物的存在促进有机物的降解;② 拮抗效应,主要指的是某一有机物的存在会抑制其他有机物的降解;③ 有机污染物浓度的高低会对其他有机污染物的降解产生不同的作用,低浓度有促进作用,而高浓度则会对其他有机物产生抑制。

三、石油烃的迁移转化

(一) 石油烃在土壤中的迁移转化

石油类物质组成和性质十分复杂,土壤又是一个多相体系,决定了其在土壤环境中迁移、转化规律的复杂性。由于土壤中存在着大量的有机和无机胶体、微生物和土壤动物,使进入土壤中的石油类污染物通过土壤的物理、化学和生物等过程,不断地被吸附、分解、迁移和转化。土壤表面的石油还可通过挥发进行自净。乳化和溶解态的石油类物质随水流可以相对自由地向土层深处迁移或发生平面的扩散运动;当污染强度较大且小分子烃类含量较高时,则可以迁移进入地下水含水层中。逸散在大气中的部分石油类物质可由空气携带漂移,漂移过程中易于吸附在大气的粉尘上,随着粉尘的降落而进入远离污染源的地表土壤,使污染物发生了长距离的输移。

(1) 吸附与解吸

20 世纪 70 年代,Meyers 研究了人工配制的海水中石油烃类和矿物颗粒的相互作用,认为溶解石油烃类在颗粒上的吸附符合 Feundlich 吸附等温式;通过对吸附热的测定,认为石油烃类与颗粒物的吸附是由范德华力引起的,属于物理吸附。Shen 研究了总溶解石油烃类在纯的和经过腐殖酸表面处理的高岭土、蒙脱土、矾土三种不同物质上的吸附行为。并对其中单一组分芳烃组分的吸附行为也进行了探讨,得到了总石油烃和芳烃组分在矿物质上的吸附规律符合线性关系。李崇明等以煤油、柴油和机油为例,研究了泥沙对乳化油的吸附和解吸规律,并进一步分析了泥沙粒径和含盐量对吸附作用的影响。王宏等研究了闽江地区溶解油在河口沉积物上的吸附过程,证明石油在河口沉积物上的速率较快,在 30 min 内就能达到平衡,并提出溶解油在河口沉积物上的吸附不是简单的单分子层吸附。李文森等研究了海水中矿物颗粒对石油烃吸附过程的影响因素,认为石油烃的吸附量主要受水温的影响,其次是盐度和 pH 值。

对于石油烃的吸附行为主要集中在土壤/沉积物上,由于石油烃的复杂性,对于在黑炭、溶解性有机碳等上的吸附特性几乎尚未涉及。

(2) 渗滤作用

土壤中在不同方向上广泛分布的孔隙,为污染物在多种方向上的扩散和迁移提供了可能性。由于水的重力迁移作用,污染物在土壤中的迁移在总体上存在着向下的趋势。落地原油污染物平面上主要以放射状,分布在以油井为中心的一定范围内,单井调查显示:油井附近浓度最大,离井越远浓度越小,40~60 m 以外石油的残留污染就很低了,而纵向上石油对土壤的初步污染则多集中于地表下20 cm 左右的表层。黄廷林等进行了石油类污染物在黄土地区土壤中竖向迁移特性试验,研究表明,黄土对石油类有很强的截留能力,石油类很难向土壤深层迁移,土壤中可检出的石油类最大迁移深度为 30 cm;随土壤石油污染强度提高,石油类迁移的深度增大;石油烃在土壤中存留时间长短对石油烃的迁移影响较大,新污染的土壤中的石油烃比早期污染土壤中的石油烃更易向深层土壤中迁移;随着环境温度的升高,石油烃污染物在土层和地下水中的迁移能力增强。石油烃污染物在土壤中的渗滤过程影响地下水的污染程度。

(3) 微生物降解

石油的主要成分是碳氢化合物。自然界中降解碳氢化合物的微生物早已被人们重视。已经了解到细菌、丝状真菌和酵母菌中，有 70 个属 200 个种可以生活在石油中，并使石油氧化降解。石油浓度影响微生物的活性和毒性。油浓度较高会抑制生物的活性。通常土壤中油浓度为 1～100 μg/g 不会对普通异常菌产生毒性。但在有些情况下，污染物浓度相对较高时，能刺激降解污染物的微生物的繁殖。微生物对石油的降解速率受环境因素的影响，如温度、土壤含水量、pH 值等。不同原油，其组成和炼制产品不同，微生物对它的降解效率也不同。研究者通过比较两种原油、两种燃料油被海港混合菌降解情况发现，低硫、高饱和烃的原油被微生物降解最快，而高硫、高芳香烃的燃料油被微生物降解最慢。

(4) 非生物降解

非生物降解主要包括化学降解和光化学降解作用。化学降解主要是指自然界产生的各种氧化剂和还原剂以及其他一些功能团破坏或取代有机化合物上的键或基团，决定于可能反应位的数量和类型，取代功能团的存在以及数量、酸碱性和加入催化剂的条件，以及溶液的离子强度等影响反应活性的因素，如氧化-还原反应、水解反应、配位反应等。

光化学降解是指土壤表面接受太阳辐射能和紫外线等而引起有机污染物的直接和间接分解作用。石油进入土壤环境后，在土壤—气界面的富集，为光化学降解途径提供了有利的条件。当天然日光照射到土壤表面时，日光被土壤吸收，从而引发在土壤表面进行的光化学反应。光化学反应遵循光化学定律：① 只有被分子吸收的光才能有效地引起分子的化学反应。② 在光化学反应的初级过程中，被吸收的一个光子只能激活一个分子。光化学反应过程主要包括 3 个步骤：光吸收、初级光化学反应和次级光化学反应。有机物就是经过以上 3 个步骤逐步发生光降解，并最终分解成为小分子物质，参与到整个土壤中的元素循环。此外，当广泛讨论土壤有机物的光化学反应时，在有些情况下初级和次级光反应并不能完全区分，只是一个连续反应过程的前、后两部分。

(二) 石油烃在水体中的迁移转化

石油类物质进入水体后发生一系列复杂的迁移转化过程，主要包括扩展、挥发、溶解、乳化、光化学氧化、微生物降解、生物吸收和沉积等。

(1) 挥发过程：C_{15}～C_{25} 的烃类（例如柴油、润滑油、凡士林等），在水中挥发较少；大于 C_{25} 的烃类，在水中极少挥发。挥发作用是水体中油类污染物质自然消失的途径之一，它可去除海洋表面约 50％的烃类。

(2) 溶解过程:与挥发过程相似,溶解过程决定于烃类中碳的数目。石油在水中的溶解度实验表明,在蒸馏水中,一般溶解规律是:烃类中每增加 2 个碳、溶解度降低约 90%。在海水中也服从此规律,但其溶解度比在蒸馏水中低 12%～30%。溶解过程虽然可以减少水体表面的油膜,但却加重了水体的污染。

(3) 乳化过程:指油—水通过机械振动(海流、潮汐、风浪等),形成微粒互相分散在对方介质中,共同组成一个相对稳定的分散体系。乳化过程包括水包油和油包水两种乳化作用。顾名思义,水包油乳化是把油膜冲击成很小的油滴分布于水中。而油包水乳化是含沥青较多的原油将水吸收形成一种褐色的黏滞的半固体物质。乳化过程可以进一步促进生物对油类的降解作用。

(4) 光化学氧化过程:主要指石油中的烃类在阳光(特别是紫外光)照射下,迅速发生光化学反应,先离解生成自由基,接着转变为过氧化物,然后再转变为醇等物质。该过程有利于消除油膜,减少海洋水面油污染。

(5) 微生物降解过程:与需氧有机物相比,石油的生物降解较困难,但比化学氧化作用快 10 倍。微生物降解石油的主要过程有:烷烃的降解,最终产物为二氧化碳和水;烯烃的降解,最终产物为脂肪酸;芳烃的降解,最终产物为琥珀酸或丙酮酸和 CH_2CHO;环己烷的降解,最终产物为己二酸。石油物质的降解速度受油的种类、微生物群落、环境条件的控制。同时,水体中的溶解氧含量对其降解也有很大影响。

(6) 生物吸收过程:浮游生物和藻类可直接从海水中吸收溶解的石油烃类,而海洋动物则通过吞食、呼吸、饮水等途径将石油颗粒带入体内或被直接吸附于动物体表。生物吸收石油的数量与水中石油的浓度有关,而进入体内各组织的浓度还与脂肪含量密切相关。石油烃在动物体内的停留时间取决于石油烃的性质。

(7) 沉积过程:沉积过程包括两个方面,一是石油烃中较轻的组分被挥发、溶解,较重的组分便被进一步氧化成致密颗粒而沉降到水底。二是以分散状态存在于水体中的石油,也可能被无机悬浮物吸附而沉积。这种吸附作用与物质的粒径有关,同时也受盐度和温度的影响,即随盐度增加而增加,随温度升高而降低。沉积过程可以减轻水中的石油污染,沉入水底的油类物质,可能被进一步降解,但也可能在水流和波浪作用下重新悬浮于水面,造成二次污染。

(三) 石油烃在地下环境中的迁移转化

泄漏的原油或成品油在重力作用下通过包气带向下扩散,最终进入含水层的过程中,大部分被包气带截留。吸附作用是控制石油烃类在包气带运移的主要因素。土柱淋滤试验表明,土层对油类的截留率达 85%,垂直方向上土层油类污染物浓度随深度呈负指数递减。流经包气带的石油烃,部分被土壤和沉积物颗粒吸附残留在细小的土壤颗粒中,形成残留的非水溶相液体(残留相 NAPLs),并向包气带空隙挥发扩散或被生物降解，残留在土壤颗粒以及毛细带中的 NAPLs 是地下水和大气的持续污染源。到达地下水面的石油烃，由于密度比水小，在地下水面以上形成一个污染体（自由相 NAPLs），并持续溶解进入含水层（溶解相 LNAPLs）。

在石油烃上述迁移过程中，大部分分子量较小的烷烃和环烷烃挥发去除，而分子量较大的（nC_{18} 以上）的烷烃和环烷烃被吸附于土壤中。石油中的芳香烃（BTEX）降解性能差，迁移性能较强，是构成地下水石油烃污染的主要组分。苯系物中苯最难被生物降解，是地下水石油类污染常见的芳香烃组分之一。

四、石油烃污染的修复技术

（一）石油烃污染的土壤修复技术

目前石油烃污染土壤修复的技术方法按原理通常可以分为三大类：物理法、化学法、生物法。

1. 物理修复技术

物理修复方法是利用物理原理和特定工程技术，将土壤中的污染物移除或者转化为无害形态。其主要包括土壤置换、气相抽提、萃取洗脱、电动修复、热脱附和生物炭吸附等。

（1）土壤置换

土壤置换是将污染土壤通过机械手段从污染场地移除，并填充以新鲜土壤的修复技术。土壤置换法较为单调，修复周期漫长，且修复过程需要投入大量人力、物力和财力。需要注意的是，土壤置换不能从根本上去除土壤中的污染物，移除后的污染土壤仍需进一步处理（如高温焚烧等）。因此，该技术一般只适用于污染核心区超高浓度污染土壤的处理或者紧急事件小面积污染场地的处理。

（2）气相抽提

土壤气相抽提技术（Soil vapor extraction，SVE）是去除非饱和区土壤中挥发性有机物的有效手段，通过注入井向渗流区注入空气，同时利用抽提井产生低压环境，使得土壤中存在于油相、溶解相以及吸附相的有机污染物挥发到气相中，并经抽提井收集到地面尾气处理装置中进行回收或处理。土壤气相抽提系统主要由鼓风机、真空泵、空气注入井、空气抽提井、监测井以及辅助管道等组成。该技术被美国环保署（US environmental protection agency，EPA）大力推广，是目前使用最为广泛的修复技术之一。

影响土壤气相抽提效果的因素有抽提气速、抽提模式、土壤渗透性、土壤中水和有机质含量以及有机污染物的挥发性等。Albergaria 等考察了抽提气速对修复效果的影响，并得出结论：当污染物的气相浓度大于土壤中的吸附相、水相和非水相的平衡气相浓度时，提高抽提气速有利于土壤中污染物的去除，能有效缩短修复时间。当达到相平衡，且出现慢扩散效应时，抽提气速对修复效果影响不再明显，抽提速率过高，反而会增加尾气处理设备负担，导致操作费用升高。何炜研究了连续气相抽提和间歇气相抽提 2 种操作模式对土壤中汽油和柴油污染物去除效果的影响。实验发现，连续操作模式能明显增加土壤中污染物的去除速率。此外，Albergaria 等研究表明，土壤中有机质含量的存在会增加土壤基质对石油污染物的吸附能力，增大有机污染物吸附相-气相分配系数，减小有机污染物的气相分压，从而导致土壤气相抽提修复效率和速率降低；而在采用不同污染物（苯、甲苯、乙苯、二甲苯、三氯乙烯、四氯乙烯）进行实验时，Albergaria 等发现，蒸汽压较高的污染物更容易以气相形式从土壤中移除，使得修复效率更高，周期更短。

在国内，天津大学对土壤气相抽提技术进行了深入研究。从土壤气相抽提作用机制理论研究和基本数学模型建立，再到实际场地应用，均开展了大量研究工作。

为提高半挥发和难挥发有机污染物的去除效率，学者们在土壤气相抽提技术的基础上开发了热强化土壤气相抽提技术。采用射频加热、电阻加热、高温蒸汽或空气注入等热强化措施来提高污染土壤温度，从而增加空气中污染物的蒸汽分压，使污染物气体分子从土壤内部和表面逸出，并利用气相抽提产生的压力梯度将半挥发或难挥发有机污染物从土壤中移除。与传统土壤气相抽提技术相比，热强化土壤气相抽提技术大大提高了非饱和区土壤中半挥发性尤其是难挥发有机物的去除效率。

热强化土壤气相抽提技术在石油类污染土壤修复中已有不少场地应用案例。Poppendieck 等使用热强化土壤气相抽提技术修复某空军基地石油烃污染土壤，热脱附系统采用射频加热方式，平均操作温度为 96 ℃，经过 19 d 的修复周期，场地污染土壤中的 C_{13}、C_{15}、C_{17}、C_{19} 质量分数分别减少 76%、68%、49%、26%。类似地，Park 等对某列车维修厂柴油污染土壤进行修复，采用高温空气注入方式加热土壤，在空气流速为 20 mL/min、温度为 100 ℃的条件下处理 120 h，土壤中的 C_{10}、C_{12}、C_{14}、C_{16} 等石油烃污染物可成功去除。

土壤气相抽提技术对非饱和区土壤中易挥发有机污染物具有较高的去除效率，设备投资和操作费用较低。但是，该技术的应用受到场地土壤性质和污染物种类限制，对于低渗透性污染场地中的半挥发性或难挥发性有机污染物却无能为力。为拓展土壤气相抽提技术的应用范围，学者们提出热强化土壤气相抽提技术，有效解决了半挥发或难挥发有机物去除效率低的问题。目前，土壤气相抽提发展成熟，完全达到商业化水平，场地应用案例更是屡见不鲜。然而，尾气处理环节却有较大不足之处。目前，商业上一般采用活性炭对尾气中有机物进行吸附。但是该过程效率较低，活性炭再生费用昂贵。此外，隋红等开发出一套土壤气相抽提尾气处理工艺。该工艺采用溶剂吸收方式将污染物资源化回收，吸收率高达 99.99%，但溶剂再生涉及蒸馏过程，能耗方面优势并不明显。因此，开发绿色节能的尾气处理工艺十分必要。

(3) 萃取洗脱

萃取洗脱技术包括溶剂萃取技术和淋洗技术，前者以“相似相溶”原理为基础，采用有机溶剂等作为萃取剂，并依据液、固密度差进行液、固分离，从而达到土壤修复目的；而后者主要依据界面作用力来实现污染物从土壤颗粒表面洗脱分离。萃取洗脱技术主要用于高浓度有机污染土壤的修复。常用的萃取剂有有机溶液、植物油、超临界流体和亚临界流体等。常用的淋洗剂有人工合成表面活性剂、生物表面活性剂、环糊精、微乳液等。

溶剂萃取技术在石油污染土壤修复中被广泛应用。李忠媛使用复合溶剂 TU-A 萃取土壤中的高浓度石油，并考察了温度、液/固比、土壤含水率对脱油率的影响。实验发现，升高温度能够增加石油在复合溶剂中的溶解度，从而提高脱油率，提高液/固比增加了污染物在固相和液相之间的浓度差，从而提高传质推动力，有利于污染物的移除；随着土壤中水含量的增加，会在土壤间隙和表面覆盖一层水膜，减小了溶剂和污染物的接触面积，导致脱油率下降。此外，溶剂配比对环烷芳烃、极性芳烃、沥青质的萃取效率有一定的影响，呈先增大后减小的趋势。当混合溶剂中丙酮体积分数为 0.125～0.375 时，萃取效率最高。在操作方式方面，当溶剂用量一定时，逆流萃取效果优于错流萃取；此外，增加萃取级数能显著提高萃取效率，但同时也增加了设备费用，在实际应用中必须权衡。有机溶剂能够高效去除土壤中的污染物，但修复过程物耗较大。有机溶剂萃取过程中造成二次污染问题严重限制了有机溶剂在场地修复中的应用，因此，开发绿色廉价的有机溶剂是该领域的热点之一。

植物油具有较好的生物降解性，不会产生二次污染，是一种理想的萃取剂。Gong 等使用葵花籽油去除污染土壤中多环芳烃，分别向 150 g 和 75 g 污染土壤中加入 150 mL 葵花籽油，并将其置于摇床上充分震荡，通过测定土壤中多环芳烃从土壤到葵花籽油的传质动力学发现，葵花籽油能使土壤中多环芳烃去除率达到 80%～100%。

流体在超临界或亚临界状态下具有很强的扩散能力和溶解能力，通过调节流体温度和压力，可将土壤中的污染物萃取出来。常用的超临界流体和亚临界流体有 CO_2 和 H_2O 等。

淋洗技术通过界面作用，改变污染物与土壤颗粒间的相互作用力，使污染物从土壤颗粒表面分离，从而达到土壤修复的目的。表面活性剂方面，由于其具有亲水基团和亲油基团，能够稳定存在于油水界面。当表面活性剂质量浓度低于临界胶束浓度时，能减小液固两相间的表面张力；当质量浓度高于临界胶束浓度时，能显著增强油相在表面活性剂溶液中的溶解能力，从而使得石油污染物从土壤中洗脱下来。

环糊精具有中空圆筒立体环状结构，也是一种具有水、亲油性能的两性化合物。其环外为亲水基团，内部空腔为疏水区域。由于其独特的结构，可以与土壤中的石油污染物作用，形成包合物，从而将污染物从土壤中洗脱下来。Vigliant 等使用 β-环糊精、羟丙基 β-环糊精、甲基-β-环糊精溶液去除污染土壤中的多环芳烃，分别探究了环糊精溶液浓度、操作液/固比以及萃取温度对萃取效率的影响，实验发现，相同的条件下，甲基 β-环糊精溶液萃取效率最高。此外，Gruiz 等研究发现，环糊精能显著增强土壤中石油污染物的生物利用率，减小了石油污染物对微生物的毒害作用。

微乳液是油、水和表面活性剂形成的热力学性质稳定的分散体系，根据微乳液的相态变化，可以将其分为 Winsor Ⅰ型、Winsor Ⅱ型、Winsor Ⅲ型和 Winsor Ⅳ型。微乳液能够降低油-水界面张力，促进油、水间的溶解能力，因此是一种良好的淋洗剂。

淋洗技术在土壤修复方面具有广阔的应用前景。与有机溶剂相比，淋洗液中的表面活性物质浓度很低，且一般具有生物降解性，其在保证修复效果的前提下，有效地降低了二次污染的产生。然而，表面活性剂、环糊精以及微乳液等淋洗液的生产成本昂贵，在场地修复应用中市场竞争力有限。因此，为突破成本效应对其应用的限制，必须开发出廉价的新型淋洗液或降低已有淋洗液的生产成本。

(4) 电动修复

电动修复技术是一种原位土壤修复技术。通过向污染土壤中置入电极，并通以低压直流电形成电场。在电势梯度作用下产生的电动效应（电渗析、电迁移和电泳）会驱动土壤中的流体介质发生定向移动，从而使污染物伴随主体流动从土壤中移除。该技术操作简单，不受土壤渗透性限制，具有广阔的应用前景。

电动修复技术去除污染土壤中石油污染物主要依靠电渗析作用。在电场作用下，带电离子的存在导致土壤间隙水或者地下水的迁移。一般来说，由于土壤表面带负电，间隙液离子带正电，在离子黏性剪切力的作用下，电渗方向从阳极向阴极。当土壤电性发生改变时，则会发生反向电渗。此外，在电场电动效应下，有机污染物和降解菌的传质过程会得到强化，从而增加石油污染物的生物可利用性。

影响电动修复效果的因素有电场强度、电极材料、污染物类型、添加剂种类以及土壤 pH 值等。Pazos 等探究不同电场强度（1 V/cm 和 2 V/cm）对柴油污染土壤电动修复效果的影响，研究表明，增强电场强度能够提高电渗流速率，有利于污染物的移除。当电场强度为 1 V/cm 时，实验组土壤中的柴油去除率仅为 28%；当电场强度增加到 2 V/cm 时，柴油去除率可达到 73%。然而，增加电场强度导致土壤中 Na 含量减少，不但破坏了土壤理化性质，同时也抑制了微生物的降解作用。Tsai 等和 Yang 等研究发现，针对不同的污染物，使用不同的电极材料会产生不同的修复效果。在柴油污染土壤中，金属电极修复效果优于石墨电极；而在三氯乙烯污染土壤中，石墨电极优于金属电极。Korolev 等探究了电动修复技术对污染土壤中不同性质石油的去除效率，实验发现，石油的密度和油品中沥青质的增加，不利于其在土壤中的迁移扩散，从而使得电动修复效率降低。Han 等研究了螯合剂 EDTA、助剂正丙醇和非离子表面活性剂 Tergitol 15-S-7 以及 Tergitol NP-10 作为添加剂对柴油污染土壤电动修复效果的影响，研究发现，EDTA 能增加土壤液的导电性，促进石油污染物在土壤中的迁移能力。在污染土壤中添加摩尔浓度为 0.01 mol/L的 EDTA 溶液进行 14 d 的电动修复，土壤中的脂肪烃和芳香烃去除率分别可达到 42%和 31%；而表面活性剂和 EDTA 的混合溶剂去除效果比 EDTA 溶液次之，主要原因是表面活性剂的加入会使石油烃在土壤表面发生沉积现象；正丙醇和 EDTA 的混合溶液能够显著增加土壤中石油烃在水相中的溶解性和迁移性，从而使得其去除效果优于 EDTA 溶液。此外，土壤 pH 值变化会引起土壤表面 zeta 电位变化，从而直接影响电渗析速率。

电动修复技术操作简单，应用不受土壤渗透性的限制。在电场作用下，能够快速精确控制非均质土壤中污染物的移动，从而将污染物有效移除。然而，对于难溶于水且不易迁移的石油组分往往去除效率较低，必须加入一定的添加剂改变其迁移能力。然而，电极的热效应还会引起土壤温度升高，影响微生物生长。另一方面，电极的电解作用会导致电极附近土壤的 pH 值发生剧烈变化，严重破坏土壤的理化性质。为抑制 pH 值的剧烈变动，工程上往往采用加入缓冲溶液的措施，但同时也会产生二次污染。因此，开发绿色低廉的电解液和缓冲溶液是目前电动修复技术的研究方向之一。

(5) 热脱附

热脱附土壤修复技术是利用升高温度来增加污染物在空气中的分压，从而达到将污染物分子从土壤颗粒上分离的目的。热脱附技术主要应用于高浓度挥发性或半挥发性有机物污染土壤的修复。有机污染物在土壤颗粒上的热脱附包括 3 个阶段：① 污染物在土壤孔隙内的汽化过程；② 污染物气体分子在土壤颗粒内部的内扩散过程；③ 污染物分子从土壤表面向大气环境的表面扩散过程。热脱附系统常见的加热方式有蒸汽加热、燃油加热、射频加热、微波加热、电加热等。此外，在热脱附系统中，通常采用通入载气或制造真空条件使挥发出的有机污染物进入尾气处理系统进行处置或回收利用。

热脱附技术具有高效、灵活、操作简单等优点，其在石油污染土壤修复过程中被广泛应用。根据热脱附的温度，可将其分为低温热脱附（100～300 ℃）和高温热脱附（300～550 ℃）。近年来，热脱附技术取得了很大的进步。在加热方式方面，从起初的燃料加热或电加热发展到微波加热。与传统加热方式相比，微波能量以光速“渗入土壤”，不存在温度梯度，具有加热均匀、速率快的优点。此外，微波加热能够有效避免温度“过热”，在土壤修复应用方面对土壤理化性质破坏较小。Falciglia 等使用 2.5 GHz 微波对柴油污染土壤进行处理，实验发现，微波加热能够使沙性土壤中柴油的去除效率达到 90％以上。在热脱附处理设备方面，由传统的滚筒式发展到改进的流化床，极大地强化了载气和土壤颗粒间的传热、传质过程。Lee 等使用流化床对石油污染土壤进行热脱附处理，在 300 ℃温度下间歇操作 0.5 h，土壤中石油烃去除率可达 99.9％；在连续操作条件下，土壤中石油烃的去除效率变化不大。

影响异位热脱附技术修复效率的主要因素有加热温度、加热时间、土壤粒径以及土壤水含量等。加热温度取决于土壤中污染物的汽化温度。当加热温度低于污染物的汽化温度时，提高温度能够增加污染物的去除率；当加热温度高于污染物的汽化温度时，提高温度不但对修复效率影响不大，反而会增加过程能耗。加热时间是热脱附效率的关键影响因素，在热脱附系统中传热、传质达到平衡状态之前，增加热处理时间能够提高修复效率。当达到平衡状态时，加热时间的增加对修复效率影响甚微。另一方面，Falciglia 等研究了土壤粒径对柴油污染土壤热脱附效率的影响，实验测定了 100 ℃条件下，粗砂（500～840 μm）、中砾砂（200～350 μm）、细砂（75～200 μm）和淤泥土（10～75 μm）及黏土（＜4 μm）的热脱附动力学。研究发现，在相同加热时间内，修复效率由大到小的顺序为细砂、中砾砂、黏土、淤泥土、粗砂。可见，修复效率与土壤比表面积并不呈正相关。此外，Falciglia 等在微波加热装置中探究了土壤含水量对柴油污染土壤热脱附效率的影响，研究表明，土壤含水量增加，能有效提高微波能量的转化效率，从而增强热脱附效率。

热脱附技术修复速率快，污染物去除效率高，应用不受环境限制，尤其适用于污染场地的应急修复。然而，热脱附过程涉及高温条件，高能耗、高费用无法避免。另一方面，高温条件会对土壤理化性质以及微生物群落造成严重破坏。此外，热脱附尾气处理措施十分关键，如果处置不当则会引起二次污染。因此，为进一步推广热脱附技术的应用，必须采取相关的强化措施和节能手段，在保证修复效率的同时，减少过程能耗和对土壤理化性质的破坏。再者，注重高效节能尾气处理新工艺的开发，以提高热脱附修复技术的市场竞争能力。

（6）生物炭吸附

生物炭（Biochar）是生物质在无氧条件下进行高温热解后的固体残留物。根据生物质材料来源，生物炭可以分为木炭、秸秆炭、竹炭、稻壳炭以及动物粪便炭等。由于生物炭丰富的空隙结构、较大的比表面积以及众多表面活性基团，其对有机物具有较强的亲和能力。因此，可以用来吸附土壤中的有机污染物。生物炭对有机污染土壤修复原理主要有以下几个方面：① 生物炭表面活性基团的吸附；② 生物炭内部孔隙的固定。除了能够吸附土壤中的污染物，生物炭还可以作为土壤改良剂，改善土壤肥力。

影响生物炭修复效果的因素有处理时间、生物炭和污染物种类以及生物炭投料时间等。朱文英等以小麦秸秆为原料，在 300 ℃无氧条件下热解制备成生物炭材料，并用其对大港油田石油污染土壤进行修复。经过 14 d 和 28 d 的混合培养，土壤中的总石油烃质量分数分别下降了 45.48%和 46.88%。然而，芳烃和烷烃的去除率并不随培养时间的延长而增大。Liu 等探究了生物炭热解温度和种类对土壤中多环芳烃去除效率的影响。在生物炭特征方面，高温有利于增加生物炭的比表面积，然而却减小了总空隙体积。相同制备条件下，稻壳炭的性能高于牛粪炭，在多环芳烃去除方面，由于比表面积和空隙特性，高温（500 ℃）条件下制备的生物炭更利于 2～3 环芳烃的去除，且随着芳烃环数的增加，其去除效率逐渐降低。而低温（350 ℃）条件下制备的生物炭对 4～6 环芳烃具有较高的去除效率。Qin 等研究了水稻秸秆炭投料时间对石油污染土壤生物降解效率的影响。实验分别设置未添加生物炭、实验初期加入生物炭和实验进行 80 d 时加入生物炭 3 个对照组，经过 180 d 处理，土壤中的总石油烃质量浓度分别下降 61.2%、77.8%和 84.8%。代谢产物检测结果表明，生物炭的加入能够促进多环芳烃和正构烷烃的生物降解效率，但投料时间和降解效率并不成正相关。

生物炭作为一种生物基环境功能材料，对环境无毒无害，能够有效吸附污染土壤的石油污染物，在土壤修复中具有潜在的应用价值。然而，生物炭只是利用其较强的吸附作用将污染物固定，终究没能够将污染物从土壤中移除。当土壤环境变化时，存在污染复发的风险。此外，大部分生物炭能够促进土壤中有机污染物的生物降解，但值得注意的是，并不是所有种类生物炭的加入都能促进生物降解，也可能会出现吸附抑制作用。

2. 化学修复技术

化学修复方法是利用化学反应原理和工程技术将土壤中的污染物分解成无毒小分子，从而达到土壤修复的目的。其一般适用于高浓度污染场地的处理，主要的修复技术包括化学氧化、等离子体降解和光催化降解等。

(1) 化学氧化

化学氧化修复技术是通过向污染土壤中加入化学氧化剂，利用氧化剂和污染物之间发生的化学反应来实现土壤中污染物的降解。氧化剂的选择十分关键，其遵循以下原则：a. 氧化剂必须能与污染物发生化学反应；b. 氧化剂和反应产物不能对人体造成毒害；c. 氧化剂要经济可行。石油类污染土壤修复过程中常用的氧化剂有芬顿试剂、臭氧和其他氧化剂等。

① 芬顿试剂氧化

芬顿试剂最早由化学家 Henry John Horstman Fenton 发明。在酸性条件下(pH 值为 2.5～4)，H_2O_2溶液在 Fe^{2+} 的催化下生成氧化性极强的羟基自由基(·OH)，同时 Fe^{2+} 被氧化为 Fe^{3+}。当 pH 值大于 5 时，Fe^{3+} 则还原为 Fe^{2+}。芬顿试剂在氧化降解有机污染物过程中涉及的化学反应如式(4-3)～式(4-5)所示。

$$H_2O_2+Fe^{2+} \longrightarrow \cdot OH+OH^-+Fe^{3+} \quad (4-3)$$

不稳定的羟基自由基通过夺氢反应或加羟基反应降解有机污染物：

$$RH+\cdot OH \rightarrow \cdot R+H_2O \quad (4-4)$$

$$R+\cdot OH \rightarrow ROH \quad (4-5)$$

酸性环境利于羟基自由基的生成，从而提高芬顿试剂对污染物的氧化效率。Ojinnaka 等考察了 pH 值对芬顿试剂氧化降解污染土壤中轻质原油效率的影响，研究发现，在酸性条件下，芬顿试剂能够高效降解土壤中的原油。经过 7 d 氧化处理，原油污染土壤中的多环芳烃质量分数减少 96%，苯系物质量分数减少 99%。除 pH 值外，Fe^{2+}浓度和 H_2O_2浓度对芬顿试剂氧化性也有很大的影响。过量的 Fe^{2+}会消耗体系中产生的羟基自由基，从而降低芬顿试剂的氧化性，涉及反应方程式见式(4-6)。

$$Fe^{2+}+\cdot OH \rightarrow OH^-+Fe^{3+} \quad (4-6)$$

同时，过量的 H_2O_2也不利于石油污染物的降解。Xu 等探究了不同改性芬顿试剂对土壤中原油和有机质选择性的影响，在增加 H_2O_2浓度、增加 Fe^{2+}浓度以及逐滴滴加 H_2O_2 3 种不同操作条件下分别测定土壤中有机质和总石油烃降解量。实验发现，随着 H_2O_2浓度和 Fe^{2+}浓度的升高，氧化剂对原油的选择性降低。相比一次性加入 H_2O_2，逐滴滴加 H_2O_2有利于提高氧化剂对原油的选择性。因此，在使用过程中必须根据污染场地实际情况确定二者浓度配比，并避免 H_2O_2和 Fe^{2+}一次性混合加入。

此外，芬顿反应为放热反应，在使用过程会产生热积累，导致土壤温度升高，由此可能破坏土壤理化性质，损坏基础修复设施(熔化 PVC 管)。另一方面，在不同土壤 pH 值环境中，反应过程产生的 OH^- 可能会与 Fe^{3+} 或土壤中的其他重金属离子形成胶体或沉淀物，将土壤表面包覆，从而降低土壤渗透性，使得修复效率降低。因此，在工程应用中必须考虑以上因素。

② 臭氧氧化

臭氧作为气体强氧化剂，在土壤中能够充分扩散和吸附，因此，其在土壤修复领域具有广阔的应用前景。原理方面，土壤中的有机污染物可以被臭氧直接氧化分解，或者被臭氧产生的羟基自由基降解，其降解过程中涉及的化学反应如式(4－7)～式(4－9)所示。

臭氧直接氧化：

$$O_3 + Soil-RH \rightarrow Soil + CO_2 + H_2O \tag{4-7}$$

臭氧生成羟基自由基间接氧化：

$$O_3 + Soil \rightarrow Soil-\cdot OH + O_2 \tag{4-8}$$

$$Soil-\cdot OH + Soil-RH \rightarrow Soil + CO_2 + H_2O \tag{4-9}$$

近年来，使用臭氧处理石油污染土壤的研究屡见不鲜。Yu 等通过土柱实验研究了臭氧对土壤中柴油污染物的去除规律。对于柴油中的易挥发组分，污染物的挥发作用是限制其去除效率的主要因素。而对于难挥发组分，与挥发作用相比，臭氧降解作用占主导地位。Li 等使用臭氧降解土壤中的柴油污染物，并探究臭氧浓度、土壤粒径大小和土壤水含量对臭氧修复效率的影响。实验发现，适当提高臭氧浓度有利于柴油污染物的降解，但当臭氧浓度超过一定范围时，化学反应趋于平衡态，臭氧浓度的增加对修复效率无明显贡献；随着土壤粒径的减小，其比表面积增大，土壤中的污染物与臭氧反应越充分，其修复效率越高；相同的条件下，当土壤含水质量分数在 11％～28％范围变化时，其对污染物去除率几乎没有影响。另一方面，Wang 等研究了不同石油组分在臭氧环境中的降解规律，并得到臭氧和石油组分反应速率由小到大的顺序为正构烷烃、多环芳烃、萜烷、甾烷、三芳甾烷。

③ 其他氧化剂氧化

除芬顿试剂、臭氧等氧化剂外，高锰酸钾、过硫酸盐、类芬顿试剂等化学氧化剂也常用来降解污染土壤中的石油烃。

Yang 等通过实验手段评价了芬顿试剂、$Na_2S_2O_8$、$KMnO_4$ 3 种氧化剂对石油烃污染物的降解效率。在总石油烃质量分数为 3 920 mg/kg 的污染土壤中分别加入质量分数为 5％的氧化剂处理 360 min，对照实验结果显示，芬顿试剂、$Na_2S_2O_8$、$KMnO_4$对石油烃的降解率分别为 75％、61％、94％。类似地，Yen 等使用 H_2O_2、$Na_2S_2O_8$、$KMnO_4$降解土壤中的柴油污染物，实验发现，氧化剂的降解率由小到大的顺序为 H_2O_2、$Na_2S_2O_8$、$KMnO_4$。此外，Usman 等研究了磁铁矿催化类芬顿试剂

(H_2O_2＋磁铁矿)和活化过硫酸盐($Na_2S_2O_8$＋磁铁矿)对石油烃的降解效率，通过土柱实验发现，2 种氧化剂能有效降解土壤中的石油烃，降解效率可达 60%～70%。

化学氧化在修复石油污染土壤方面具有高效、快速、普适等优点，能够将土壤中难溶于水的石油污染物转化为CO_2或降解为有机物小分子，增加其水溶性和生物可利用性。此外，H_2O_2等氧化剂的分解作用会产生 O_2，从而提高了土壤中的氧含量，促进好氧微生物对污染物的降解。然而，化学氧化在修复过程中二次污染风险较高。芬顿试剂的过量使用使土壤温度升高，pH 值下降，严重破坏土壤的理化性质。臭氧的过量使用会减少土壤中有机质含量，破坏土壤微生物群落结构。与此同时，反应过程产生的副产物如醛、酸等对土壤环境也有负面效应。因此，修复过程中必须严格控制氧化剂用量，并将化学氧化修复的土壤进行适当处理。

(2) 等离子体降解

等离子体是由大量离子、电子、原子、分子以及未电离的中性粒子组成的宏观上呈电中性的集合体。近几年，等离子体作为一种新型技术被运用到环境领域。由于在电离产生等离子体过程中能够产生大量活性物质如 O_3、H_2O_2、自由基(·OH)、O 原子以及其他离子(O_2^-、O_2^+、H_3O^+、O_3^-)，从而创造一种强氧化环境，将处于电离场中的有机物进行氧化分解。其中，基于介质阻挡放电和脉冲电晕放电产生的低温等离子体在污染土壤修复应用方面受到科技工作者的关注。

等离子体对污染土壤中石油烃的降解效率受到污染物种类、等离子体能量密度、污染物初始浓度以及土壤水含量等因素影响。Redolfi 等在介质阻挡放电等离子体反应器中对煤油污染土壤进行处理。实验发现，在特定能量密度下，煤油中易挥发组分更容易降解。同时还发现土壤中煤油去除效率与等离子体能量密度成正比关系，当能量密度为 960 J/(g 土壤)时，仅需 22 min 可将土壤中的煤油去除 90%。同样地，Li 等使用脉冲电晕放电等离子体降解污染土壤中的柴油。对照实验表明，等离子体对柴油污染物组分的降解不存在选择性，且土壤中污染物初始浓度越高，污染物降解效率越低。此外，土壤水含量对等离子体降解效率具有较高的影响，适当的水分有利于羟基自由基 OH 和 H_2O_2 的形成，从而促进柴油污染物的降解。反应方程式见式(4-10)～式(4-12)。而土壤水含量较大时，水分子将会覆盖土壤表面的活性反应位点，从而阻碍污染物的降解。

$$2H_2O+e^- \rightarrow H_2O_2+H_2+e^- \quad (4-10)$$

$$2H_2O+e^- \rightarrow 2\cdot OH+\cdot H_2+e^- \quad (4-11)$$

$$\cdot OH+\cdot OH \rightarrow H_2O_2 \quad (4-12)$$

等离子降解作为一种新型的土壤修复技术，能够高效快速降解土壤中的有机污染物，且不易产生二次污染，在土壤修复领域具有潜在的应用价值。然而，该技术尚处于实验室研究阶段，离场地应用还有一定距离。目前，尚有以下问题需要解决：第一，等离子体降解有机污染物的机理尚不明确，现有的检测技术只能揭示部分现象，关于污染物最终形态和归宿问题仍需研究。第二，等离子体发生能耗太高，严重影响了该技术的市场竞争优势，如何提高能量利用率，降低过程能耗仍是关键问题。第三，设备要求高，等离子体发生装置较为复杂，在实际应用过程中存在的放大效应以及未知风险仍需解决。

（3）光催化降解

光催化降解有机物的机理是当半导体材料吸收的光能大于或等于半导体禁带宽度时，电子由半导体的价带跃迁到导带上产生高活性电子 e^-。同时，在原来的价带上形成 1 个空穴 h^+。产生的空穴具有极强的氧化性（即获取电子的能力），可以与水作用形成羟基自由基（·OH），从而直接将有机物降解为小分子物质。用于光催化反应的半导体催化剂有 TiO_2、ZnO、CdS、GaP、WO_3 和 NiO 等，其中，锐钛矿型 TiO_2 由于高光敏性、良好的化学稳定性、无毒性以及价格低廉等优点在环境修复领域备受青睐。

影响污染土壤中有机物光催化降解效率的因素有催化剂种类、催化剂用量、光源特征、土壤 pH 值以及土壤中腐殖酸含量等。Hamerski 等以自然光作为光源，分别研究了 $Ca(OH)_2$、$Ba(OH)_2$、KOH 改性 TiO_2 光催化剂对土壤中石油污染物的降解效率。经过 40 h 的处理后发现，$Ca(OH)_2$ 改性的 TiO_2 光催化剂催化性能最好，能使土壤中的石油去除率达到 37.6%。Dong 等在紫外光照射下，探究了纳米锐钛矿型 TiO_2 对土壤中有机污染物的降解规律。他们发现，增加光催化剂用量或增强紫外光照射强度，有利于羟基自由基的形成，从而提高污染物降解效率；当土壤中污染物的三重态能量低于 250 kJ/mol 时，腐殖酸的存在能够激发污染物的光敏反应；另一方面，在 TiO_2 作用下，腐殖酸会产生一些活性氧基团，促进有机物降解。此外，由于半导体催化剂一般为两性氧化物，pH 值的变化会影响催化剂表面电荷性质，从而调控表面化学反应速率。Zhang 等探究了 pH 值对光催化降解多环芳烃效率的影响，发现酸性环境中多环芳烃降解效率最高，而中性环境中降解效率最低。值得注意的是，由于光无法透过土壤，因此光催化反应只能在土壤颗粒表面进行，严重限制了土壤中污染物的降解效率。为解决此问题，Ireland 等在多环芳烃污染土壤中加入三乙胺配制成土壤溶液，以 TiO_2 为光催化剂，在波长为 310～380 nm紫外光下处理 24 h，土壤中的大部分多环芳烃降解率在 90%以上。

光催化降解石油污染物具有高效快速的优点。然而，土壤颗粒阻碍了光子在土壤内部的传递，使得光催化反应仅仅在土壤颗粒表面反应，这是导致土壤修复效率低的根本原因。因此，必须要采取相应的强化措施，增强光子和土壤的有效接触面积，诱发光催化反应。此外，光催化剂也是影响光催化降解效率的关键因素。纳米锐钛矿型 TiO_2 是目前在环境领域使用最广泛的光催化剂，可在自然光下激发光催化反应，但在土壤修复应用中无法回收而残留在土壤中，一方面增加了修复成本，另一方面给环境造成潜在污染。因此，开发绿色高效的新型光催化剂是实现该技术场地应用的难点之一。

3. 生物修复技术

生物修复法是近年发展起来的一项新兴技术，主要通过生物（植物、动物和微生物）的代谢活动来吸收、转化和降解土壤中的污染物。生物修复法因其本身就是自然过程的强化，具有成本低廉，环境友好，原位降解污染物，且不造成二次污染等优点，成为石油烃污染土壤修复的主流方向。按照参与主体的不同，生物修复技术可以细分为微生物修复技术、植物修复技术、微生物-植物联合修复技术等微生物修复方法

(1) 微生物修复技术

微生物修复方法是利用细菌和真菌等微生物的代谢过程和工程技术将土壤中的污染物分解，从而达到土壤修复的目的。其一般适用于低浓度污染场地的处理，主要的修复技术包括生物刺激、生物强化和生物通风。

① 生物刺激

生物刺激是在修复过程中，通过工程调控措施加入生物表面活性剂、释氧剂、生物营养物以及其他物质等来刺激土壤中土著微生物的生长并促进土著微生物对土壤中石油污染物的降解。除了土壤的 pH 值、温度、湿度等环境因素外，影响微生物降解效果的因素还包括以下方面。

a. 营养物质

土壤中的 C、N、P 等无机养分是微生物新陈代谢过程中的必要物质。石油污染物改变了土壤中的 C/N 组成，从而严重影响微生物对污染物的降解能力。在土壤修复过程中，人为加入 C、N、P 等无机养分能显著促进微生物的生长和降解能力。李春荣以 $(NH4)_2SO_4$ 和 KH_2PO_4 为氮源和磷源，研究了不同营养物配比下 DX-3（微球菌属）、DX-4（不动细菌属）和 DX-9（节细菌属）3 种细菌对石油烃的降解规律。结果表明，当营养物中 C、N、P 的摩尔比为 60∶3∶1 时，石油降解效率最高。另一方面，营养物类型对微生物降解石油污染物的速率也有较大的影响。Emami 等分别以硝基氮和氨基氮为不同类型氮源，探究了微生物在石油污染土壤中酶活性变化，研究表明，氨基氮作为氮源更利于微生物酶活性提高。此外，乔俊等使用腐殖酸、诺沃肥和氮磷钾复合肥 3 种物质构建的复合营养助剂能够有效刺激土著微生物生长，在石油污染土壤生物修复中具备一定的优势。

b. 电子受体

除必要的营养物质外，微生物对石油污染物降解活性还取决于电子受体的种类和数量。对于好氧微生物而言，主要的电子受体为 O_2。而对于厌氧微生物，电子受体可为 NO_3^-、SO_4^{2-}、Fe^{3+} 以及有机物分解的中间产物。在好氧条件下，对于质地疏松、孔隙率高的土壤一般自然通风就能满足微生物的氧需求。离地面较深的缺氧层往往采用高压风机管路，将空气或者高浓度 O_2 通入土壤给微生物供氧；或者向深层土壤中注入释氧剂（主要成分为 H_2O_2、MgO_2、CaO_2 等），利用释氧剂产生的 O_2 作为电子受体。魏德洲等系统地研究了 H_2O_2 对土壤中烃类污染物微生物降解速率的影响，研究发现，H_2O_2 既可以直接氧化部分石油烃，又可以为微生物提供降解石油烃所必需的电子供体。H_2O_2 的添加能够使土壤中的石油烃降解速率提高近 3 倍。李木金对 CaO_2 释氧剂的释氧过程及其影响因素进行研究，并测定了释氧剂存在条件下微生物的生长曲线。实验表明，CaO_2 能够促进微生物的生长。Gallizia 等和 Vezzuli 等以 MgO_2 为释氧剂，分别研究了微生物对水中和土壤中有机污染物的降解规律，结果显示，MgO_2 的加入能提高微生物的酶活性，使得有机物降解速率显著提升。此外，Boopathy 等利用厌氧反应器研究了不同电子受体（硫酸盐、硝酸盐、甲烷以及混合电子受体）对微生物厌氧降解柴油的影响，结果表明，在混合电子受体条件下，微生物的活性最高，土壤中的柴油去除率高达 80.5%。

c. 生物表面活性剂

土壤中的石油成分具有强烈的疏水性，严重限制了微生物的作用面积，使得降解效率低下。生物表面活性剂无毒无害，容易在环境中降解。在土壤中添加生物表面活性剂能够促进石油乳化，增加油-水接触面积和生物细胞的亲油性，强化微生物细胞、油、水之间相互作用，从而提高微生物对石油底物的利用率，使得降解效率大大提高。梁生康探究了鼠李糖脂表面活性剂对石油烃污染物生物降解的影响，实验证明，在污染体系中加入鼠李糖脂或能够产生生物表面活性剂的菌株 O-2-2可以明显提高石油烃的降解速率，约为控制组的 3～4 倍。

② 生物强化

生物强化是在污染土壤中加入特定功能的外来微生物（如工程细菌和真菌）或驯化后的土著微生物来提高污染物降解速率的修复方法。简而言之，就是将具有高效石油降解能力的菌株加入石油污染土壤中，利用其直接降解作用或共代谢作用强化石油类污染物的去除过程。高效降解菌的选择是生物强化的关键，其生产过程如下：从污染场地分离出适应菌株；筛选出具有高效降解能力的菌株；反复地人工驯化或进行基因修饰；进一步人工筛选；得到高效降解菌株，并进行繁殖。根据微生物的来源，可将生物强化分为外源微生物强化和土著微生物强化。

a. 外源微生物强化

通过施加外源微生物对石油类污染土壤进行修复已经取得了良好的效果。张瑞玲从不同来源石油污染土壤中筛选出具有较强降解潜力的混合菌株，进行培养驯化后对石油组分甲基叔丁基醚的降解率可达 65.2%。Yu 等从不同油田中分离驯化得到 2 种高效石油降解菌株枯草芽孢杆菌 SWH-1 和多食鞘氨醇杆菌 SWH-2，并制备成高效微生物制剂投入到胜利油田污染场地中，经过 2 个月的修复处理，土壤中的石油去除率达到了 67.7%。隋红等采用自主研制的高效微生物制剂对某油田厂油泥处理区的土壤进行生物强化中试试验。该生物制剂以麦麸、麦壳锯末、活性炭、砖粉等作为载体，污染土壤中制剂质量浓度为 0.175 kg/m^2，经过 2 个月的修复，油泥区土壤中总石油烃质量分数从 334 mg/kg 降到了 91 mg/kg，修复效果明显高于自然降解。

b. 土著微生物强化

尽管外源微生物的加入能提高石油污染物的降解效率，但驯化富集后的土著微生物由于较强的适应性，往往具有更高效的降解效率。Fodelianakis 等将 4 种具有石油降解能力的外源菌株加入 Elefsina 湾海岸线附近某炼油厂的污染土壤中进行降解，并将降解效果与土著微生物降解效果进行比较。实验发现，外源菌株的加入对油污降解效率并无显著提高，反而有较高的死亡率。Ma 等从某炼油厂分离出 21 种菌株，并筛选出 6 种高效石油降解能力的菌株，将其混合后处理该厂污染土壤，经过 84 d 的处理，土壤中石油污染物去除率达到 63.2%+20.1%，是空白对照组的 3～4 倍。

③ 生物通风

生物通风是一种应用前景较为广阔的原位生物修复方法。其通过风机和空气注射井向污染土壤中注入适量的空气来创造适合土著微生物生长的好氧环境，从而增强污染物的降解速率。除了吸附在土壤中的污染物被降解外，污染物中的易挥发组分在土壤间隙缓慢移动的过程中也被微生物降解或者从污染土壤中解析出来。

生物通风和土壤气相抽提的装置极为相似。二者之间最显著的差别在于生物通风技术注重修复过程中有机物的生物降解因素，而土壤气相抽提更注重有机物的挥发因素。因此，生物通风系统中的气体流速要低于土壤气相抽提系统中的气体流速。此外，与土壤气相抽提相比，生物通风修复过程能够有效克服修复过程中出现的拖尾效应，缩短修复周期。

与土壤气相抽提规律类似，影响生物通风效率的主要因素包括污染物特性、通风速率、土壤渗透性等。此外，土壤水含量、土壤 pH 值以及土壤中营养物含量也与修复效率密切相关。Miller 等采用生物通风技术去除某污染场地中的苯系物。

实验发现，当土壤中水的质量分数低于15%时，增加水含量有利于土壤中微生物生长，能够提高修复效率；然而，当水的质量分数高于15%时，随着水含量的增加，水分子会占据土壤空隙，降低土壤渗透性，不利于污染物的去除。土壤pH值会影响微生物的生命活动，酸性环境或碱性环境容易导致微生物死亡率升高，从而降低修复效率。土壤中营养物能够促进微生物代谢过程，从而增加污染物的降解效率。在理论研究方面，Sui等对非饱和区污染土壤生物通风修复过程中涉及的传质、生物降解以及流场分布进行了二维数值模拟。杨乐巍在辽河油田和天津开发区石油烃污染现场进行了生物通风场地应用研究，并在其基础上建立了单井抽气-微生物降解气相流动和耦合传质模型。

生物修复方法能够较彻底降解土壤中的石油污染物，修复过程不会影响土壤理化性质，即二次污染产生，真正达到了绿色清洁。同时，生物修复方法费用低廉，具有较强的市场竞争力。然而，微生物生长极易受土壤环境限制（pH值、温度、土质等），在环境恶劣的土壤中，微生物生命活动受到抑制，无法将污染物代谢降解。另一方面，生物修复周期较为漫长，不适用居民区污染土壤的应急修复。此外，生物修复方法只适用低浓度污染场地的修复，当土壤中污染物浓度较高时，会对微生物造成毒害作用，致使修复效率下降。此时，往往需要将其与物理修复方法或化学修复方法联合使用，以达到协同修复效果。

（2）植物修复技术

植物修复是利用天然植物的物理、化学、生物性质移除、降解、富集、固定土壤中的污染物，具有成本低廉、实施简单、环境友好以及美观等优点。然而，植物修复技术目前处于实验阶段和小规模场地实验阶段，应用于大规模污染场地的实际应用鲜有报道。限制植物修复技术发展的主要原因之一是高效降解植物的筛选。理想的修复植物应该满足以下条件：a. 对污染物具有良好的耐受性；b. 生长迅速，对污染物具有高效的生物富集、降解和固定能力；c. 能将根部积累的污染物转移到地上茎叶部分；d. 容易收割。

植物降解有机物机理比较复杂，许多学者对其进行了研究。目前比较主流的理论有4类：根际降解、植物固定、植物降解和植物挥发。

① 根际降解

根际降解本质是植物根部辅助微生物降解。植物根部及其周围微生物的相互作用，能够显著降低石油类污染物的毒性和持久性。首先，植物的非根部分能够为根部提供必要的营养物质，促进根的生长，并分泌有机物质，增加石油污染物的生物可利用性；其次，植物根部能够创造富含糖类、氨基酸、有机酸、维生素、单宁、生物碱、固醇、生物酶、生长素等营养物质的多元有机环境，从而增强周边微生物群落的新陈代谢活动;最后,在根际微生物代谢作用下,将石油污染物降解为自身生长必需的碳源,同时减少石油污染物对植物的毒害作用。

② 植物固定

植物固定是指污染物在植物根表面的吸附或在植物根内部的吸收沉积,从而有效阻止污染物通过腐蚀、渗漏以及扩散等作用在土壤中迁移。植物根部细胞壁在相关酶和蛋白质的作用下和污染物结合在一起,使其固定在细胞膜外面。另一方面,部分酶能够促使某些污染物通过根部细胞壁和细胞膜进入细胞液泡中,从而起到固定作用。此外,在植物分泌的生物酶催化下,能增加石油污染物与土壤中有机物之间的相互作用,形成无害的腐殖质,显著提高了石油污染物的生物可利用性。

③ 植物降解

植物降解机理是污染物被植物根部吸收后,在植物组织输运作用下,参与植物体内新陈代谢过程从而实现降解。Palmroth 等研究了欧洲赤松、杨树、黑麦草和紫羊茅等混合草种以及豌豆和白三叶等豆科植物对土壤中柴油污染物的去除效率。实验结果表明,豆科植物降解效率最高。有趣的是,豆科植物根部污染物浓度虽然降低,但其根茎叶萃取物中并未发现柴油成分,该研究结果验证了植物对有机物的直接降解作用。此外,在植物分泌的生物酶催化作用下,石油类污染物可在植物体外部发生化学反应,也可实现间接降解。

④ 植物挥发

植物挥发是指污染物被吸收后,污染物中的易挥发组分和某些代谢物通过植物茎叶的蒸腾作用释放到大气环境中,从而有效地将污染物从土壤中移除。植物挥发作用大小可通过以下 2 种方法测量:a. 在密闭系统中,利用吸附剂吸收植物茎叶挥发出的有机气体,通过分析吸附有机物含量直接计算植物挥发量;b. 开放系统中,通过测量体系中残留污染物含量,间接计算出植物挥发量。需要注意的是,后者由于存在植物吸收、根际降解等作用,往往存在较大的误差。Rubin 等在密闭系统测量了杨树苗对石油组分甲基叔丁基醚的植物挥发量,研究发现,经过一周时间的培养,体系中的甲基叔丁基醚质量分数减少了 30%。

近年来,运用植物修复技术处理石油污染土壤的案例屡见报道。Da Cunha 等发现 2 类柳科植物(Salix rubens and salix triandra)具有很强的石油耐受性,在污染土壤中种植 2 种柳科植物,经过 3 年的生长后,土壤中的石油烃质量分数减少 98%。Abioye 等和 Agamuthu 等分别用红麻和麻风树修复润滑油污染的土壤(润滑油质量分数 1%,并添加啤酒花种子皮),实验发现,在 90 d 修复期内,红麻能使土壤中的润滑油质量分数减少 91.8%;在 180 d 修复期内,麻风树使土壤中的润滑油质量分数减少 96.6%。

与微生物修复方法类似，植物修复方法绿色环保，成本低廉，在土壤修复应用中备受青睐。然而，植物生长过程受气候、季节以及土壤环境限制，致使场地修复效率具有很大的不确定性。此外，高浓度的污染物会使植物出现中毒现象，甚至死亡。因此，植物修复方法通常和物理修复方法、化学修复方法以及微生物修复方法联用，以达到协同修复目的。

(3) 植物微生物联合修复技术

尽管在可控的实验室条件下，特定微生物能够有效地促进石油烃类污染物的降解利用，但在自然环境中，成功的微生物修复往往难以实现。同样，对于植物修复而言，虽然有些植物对于污染环境具有一定的耐受性，但其生长发育往往较健康环境条件下显著降低，在一定时间内，难以积累足够的生物量来达到有效的降解目的。为了克服常规微生物修复和植物修复的限制，植物微生物联合修复体系成为近年来研究的热点。

植物微生物联合修复体系中，植物根系的出现能够有效地改善污染土壤中水分的渗透和氧气的扩散，为微生物的生长繁殖提供良好的环境；其次，植物根系分泌物还能作为微生物生长繁殖的营养，或者共代谢底物，来促进其对污染物的降解。更有研究表明，植物根系的出现能够选择性地富集污染物专性降解菌，诱导降解基因的产生。反过来，微生物的引入对于植物修复同样具有积极作用。土壤中降解菌对污染物的利用能够降低其植物毒性，从而辅助植物生长，同时，有些微生物本身就具有促进植物生长，增强根系发育以及植物对各种环境胁迫耐受性的能力。表面活性剂产生菌还能增强石油烃的生物可利用性，促进植物对其吸收降解。

大量研究表明，植物微生物联合修复体系可以加强清理过程，较常规微生物修复或者植物修复而言取得更好的效果。Agnello 等通过盆栽试验评估了四种不同生物修复策略：自然衰减、植物(苜蓿)修复、生物(铜绿假单胞菌)强化和生物强化辅助植物修复对重金属以及石油污染土壤的修复效果，结果表明，苜蓿植物能够耐受污染土壤环境并生长，特别是当土壤接种促进植物生长的铜绿假单胞菌后(芽和根分别增加 56%和 105%)。生物强化辅助植物修复取得了最高的总石油烃去除率(68%)，然后是生物强化(59%)，植物修复(47%)和自然衰减(37%)，该研究的结果表明，与单一修复方法相比，植物与微生物相结合的修复方法是处理受污染土壤的最好选择。Nanekar 等研究了微生物群落，植物(Vetiveria zizanioides)，填充剂(小麦壳)和营养物质在 90 d 内对油泥修复的影响，结果显示，结合了填充剂、营养物质，微生物群落以及植物的处理显著增加了土壤中脱氢酶活性。另外，结合了植物与微生物群落的处理较单独的微生物修复取得了更高的总石油烃去除效率。植物微生物联合修复体系充分发挥了植物根际环境与相关微生物间的互利作用，弥补了单一修复方法的不足，使植物与微生物的修复作用得到更好的实现。

在很长一段时间里，植物促生菌主要用于农业，促进植物吸收环境中的营养物质或预防植物病害。其作用方式分为两种：直接和间接的。直接作用方式主要包括：① 微生物分泌某些能够直接促进植物生长发育的物质，如吲哚-3-乙酸（IAA），一种常见的植物生长素，其主要作用是增强侧根和不定根的生长，从而提高植物对矿物质和营养素的吸收，也从另一方面增强了根系分泌物的扩散以及根系微生物的增殖；② 某些微生物具有将环境中无效元素转化为能够被植物吸收利用的物质的能力，如溶磷菌，尽管土壤中磷的含量通常很高，但大部分磷都以无机矿物质，或有机的肌醇磷酸、磷酸三酯等形式存在，不溶于水，也无法被植物吸收利用，而溶磷菌则具有增加此类不溶性磷酸盐的溶解度，从而增加植物的吸收利用并促进其生长的功能。间接作用方式是指微生物可以通过某些机制来提高植物的系统抗性，控制病害或环境胁迫对其负面影响，达到促进植物生长的目的。例如，某些微生物具有合成低分子铁载体的能力，铁载体可以与环境中微溶性三价铁离子结合，促进植物的吸收利用，同时，当植物暴露于重金属污染类的环境胁迫时，铁载体有助于减轻重金属含量高的土壤对植物的压力。

单纯地采用具有植物促生特性的菌株来辅助修复植物在污染土壤中的生长效果可能不佳。原因之一是植物促生菌不一定能够适应污染场地极端的环境（如高浓度污染物，高盐度，广泛的 pH 值等）。因此。利用能够降解污染物，或耐受污染环境且促进植物生长的细菌来辅助植物修复受污染土壤是一个相对较新的概念。Pacwa Plociniczak 等的研究认为，两株表现出植物促生长特性的石油烃降解红球菌菌株，可以作为辅助修复石油污染场地的良好介质。

虽然植物微生物联合修复体系相对于单一修复方法而言存在巨大优势，但由于植物根际环境不可预见的复杂性，目前这方面的研究和应用还存在一定的困难，其理论体系、修复机制和修复技术还需进一步研究完善。

（二）石油烃污染的地下水修复技术

石油烃污染地下水严重威胁人类的用水安全，地下水中石油烃污染物的有效去除是世界各国环境工作者的研究热点之一，目前针对石油烃类污染物的去除包括物理、化学、生物法三大类，而生物法逐渐成为石油烃污染地下水的核心修复技术。国外研究地下水污染治理已有四十年之久，在大量实践应用中地下水污染修复技术得以不断改进和创新。地下水石油烃污染修复技术可分为原位修复技术和异位修复技术。其中异位技术指抽出-处理技术（Pump and Treat），原位修复技术中较成熟的包括地下水曝气技术（Air Sparging，AS），可渗透反应墙修复技术（Permeable Reactive Barrier，PRB）和原位生物修复技术等。

1. 抽出-处理技术

抽出处理技术是利用机械手段将已污染的地下水抽出地表后，利用物理法、化学法和微生物法等，在地表处理受污染地下水的技术方法。这种处理技术主要适合地下水环境受易溶性物质污染修复和治理。抽出-处理技术的主要原理是持续抽取污染地下水，使得含水介质层中的污染物不断向水体中转移，抽取的地下水进行表层处理后地下污染羽状体的范围逐渐缩小、污染物的浓度逐渐降低、最终得以去除，经处理后的水可直接使用或再次回灌到地下。

之前石油烃污染地下水修复主要依靠抽出处理技术，研究的热点是如何有效建立抽出井群系统，从而控制整个受石油烃污染水体的流动。但是该技术存在许多缺点，实际操作繁琐、可靠性差、时间长、成本高、维护时间长等，其中最主要问题是需要建立一套完整的地上处理工程，从而大大增加了工程投资。EPA报告显示，美国超基金建立的 32 个抽出-处理系统的平均费用为 590 万美元，平均年维护费用为 32 美元/千加仑水。这是由于残留在含水层孔角的 NAPLs 难以被抽出，尤其是比水重的非水溶性液体（DNAPLs）会沉到含水层底部，致使抽出-处理系统难以对其产生效果。近年来出现的表面活性剂强化含水层修复技术（Surfactant Enhanced Aquifer Remediation，SEAR），是对抽出-处理技术的改进。表面活性剂对疏水性有机污染物具有增溶和增流作用，能有效提高 DNAPLs 在地下水中的溶解性和迁移性，从而大幅度提高抽出-处理技术对于 DNAPLs 修复的有效性。

2. 原位修复技术

地下水污染原位修复技术是在不改变地下水的相对位置情况下，利用人为手段，在原位将受污染地下水修复的技术。地下水污染原位修复技术根据修复机理不同，一般分为物理、化学、生物等，目前可渗透反应墙修复技术成为了主流。

地下水原位修复技术有许多优点，投资少、运行时间长、对修复场地扰动少等；原位修复技术潜在优势明显，在实际污染场地的应用由 1986 年的 3%增加到 1999 年的 35%，其中在 1995—1999 年间增加了 26%。发展至今，地下水原位修复技术主要包括：水力隔离系统、曝气技术、电化学修复技术、渗透反应墙技术、生物降解技术等。

（1）水力隔离系统

水力隔离系统是在受污染地下水的前沿设置一眼或多眼或一排多排抽水井，以形成地下水已受污染区与周围尚未污染区的水力隔离帷幕。它是将稳定污染物限制在一定区域内，阻止其扩散至未污染水体的作用，并无修复地下水的功能。该系统一般在地下水受未知污染物污染，由于条件所限一时无法清除污染物时、抽出-处理技术无效时使用。

(2) 曝气技术

曝气技术是利用曝气装置将空气注入受污染地下水含水层中,按照注入气体在地下水中利用方式不同,该技术分为生物通风技术、地下水曝气和井内曝气技术等;方式一是利用空气吹脱作用将受污染区域中易挥发的有机污染物带出含水层,其中地下水曝气和井内曝气技术都是利用该原理;方式二是通过曝气,向受污染地下水中注入大量的氧气,促进好氧微生物降解,强化可生物降解污染物的去除,例如:生物通风技术。地下水曝气技术成本低、效率高,还可与生物降解等方法配套使用,对场地土体扰动小。AS 是去除饱和土壤和地下水中挥发性有机污染物的有效方法,被广泛应用于地下储油罐泄漏引起的石油污染治理中。

影响地下水曝气技术效率的主要因素包括污染场地水文地质条件、污染物类型、曝气方式等。污染场地的地层结构和地层渗透性直接影响着曝气技术应用的有效性渗透性低的土壤很难处理,土壤的各向异性也会使空气分布不均,而不均的空气分布可能会使污染物的运移无法控制。地下水曝气技术的去除机理是挥发和好氧生物降解,污染物的亨利常数低时很难从液相剥离,因此挥发性差难于生物降解的污染物,此技术不适用。

国外地下水曝气技术应用广泛,始于 20 世纪 80 年代。1982—1999 年,美国超基金原位地下水污染修复项目中,地下水曝气技术占 51%。Bass 等总结了 49 个 AS 技术的实地应用效果,其中 36 个是石油类污染场地,47%的实地处理获得了 95%以上的有机物去除。

(3) 原位生物修复技术

原位生物修复技术(In situ Bioremediation)是利用微生物的代谢作用将土壤和地下水中的石油烃类污染物降解、吸附或富集的生物工程技术。主要包括自然生物修复技术、强化生物修复技术(生物刺激技术)(Enhanced Biodegradation or Biostimulation)、人工生物强化修复技术。20 世纪 70 年代初,生物修复技术首次应用于美国宾夕法尼亚州的 Ambler 管线泄漏导致的地下水石油烃污染治理并取得成功。原油中的大部分成分是可以进行生物降解的,许多微生物能够降解石油烃并且以烃类作为其生长的唯一碳源和能源。生物修复成本低、效果好、无二次污染,是处理土壤石油烃污染最为有效的方法之一。在欧美发达国家,生物修复技术广泛应用于土壤和地下水石油烃污染修复与治理中。在生物修复方法中,微生物修复技术是最为有效的,但微生物溶解度低且高分子量烃吸附微生物限制了可用性。近几年来,生物表面活性剂的加入增强了石油烃污染物的溶解性,提高生物的可利用性,大大提高了石油的微生物降解率。

自然生物修复技术(Natural Bioremediation)又叫监测自然衰减(Monitored

Natural Attenuation,MNA),是指在没有人为干扰的条件下,土著微生物利用地下水中的有机污染物作为碳源和能源,用地下水中的 O_2、NO_3^-、SO_4^{2-}、Fe^{3+}、CO_2 等作为电子受体,通过微生物降解去除有机污染。自然生物修复技术常作为传统的地下水抽出-处理修复技术的补充手段,在抽提处理后期随着污染物浓度的降低,处理效率降低且常出现拖尾现象。此时,可以考虑利用天然生物修复去除剩余污染物。实施自然生物修复技术最关键的是建立监测系统,监测污染羽的迁移速度和自然生物降解速率。

强化生物修复技术(Enhanced Biodegradation),又称生物刺激(Biostimulation)。在污染场地注入特定的营养物质或电子受体,刺激土著微生物的生长,使其数量增加、活性增强,提高有机污染物的生物降解效率。石油烃的耗氧降解速度要比厌氧降解快得多,向污染的含水层中添加氧化剂和养分,可以提高生物降解率。如何将氧化剂和养分输送给非均质的地下水系统是地下水好氧原位生物修复的关键问题。生物曝气技术有效地解决了这一问题。生物曝气是利用空气注入井向饱和带引入空气(或氧化流),强化生物降解来消除污染物。生物曝气的过程与原位气提法(AS)相似,但是它的气流速率比较低,用来促进生物组分降解减少挥发。而原位气提主要通过挥发去除污染物。生物曝气法已成功应用于中、重石油污染的场地如柴油、航空煤油及轻的石油产品,包括汽油(它很容易挥发,可以用 AS 法去除)。然而,重烃如润滑油需要长时间降解,也可以用生物曝气法在一定程度上降解。

人工生物强化技术,是指把经过筛选和培养的微生物引入地下环境以增强对特定有机污染物的降解。此特殊的微生物为人为富集和培养的高效复合菌群,或采用基因工程技术,获得广谱降解能力的基因工程菌。但基因工程菌可能对环境造成污染,所以很少用于生物技术修复中。近年来发展起来的原位生物反应墙技术实质是原位强化生物修复新技术通过向墙体内输入营养基质、电子受体来刺激土著微生物的活性增强、数量增加或直接引入具有特殊代谢功能的外源微生物作为污染物降解菌,使石油烃产生好氧生物降解或共代谢降解。它可以控制合适的运行条件并延长外源菌的生物活性同时可以处理复合污染物。

总之,原位生物修复技术经济、高效、环境影响小,被广泛应用于石油类污染场地的修复治理。但是此技术不能降解所有的有机污染物;介质渗透性太低时,微生物生长可能会产生堵塞。降解不完全可能会产生比母体危害更大的中间产物。引入的营养物质可能会引起水体的污染。有机物浓度太低时,不能满足生物生长碳源的需求。地下环境的温度、pH 值等环境因素可能会影响生物修复技术的运行效果。

(4) 电化学修复技术

电化学修复技术是利用离子交换、氧化还原、电镀、沉淀等方式去除目标污染物的一种新型修复技术。它是通过电极导入电流，以离子或电子转移的方式使得目标污染物发生吸附、沉淀、溶解和氧化还原等作用。电动修复具有独特的优点：环境相容性、多功能适用性、高选择性、适于自动化控制、低运行费用等，是一种绿色修复技术。Bruell 等用电渗析法去除土壤中的石油烃，效果明显。陈武等通过三维电极处理含油废水，结果表明对不同油田废水的 COD 去除率在 56%～87%。

(5) 可渗透反应墙修复技术

可渗透反应墙是一种原位被动修复技术。于 20 世纪 90 年代初出现，已经成为欧美发达国家于原位去除污染水体污染组分的有效方法。PRB 技术是将装有活性材料的墙体垂直置入地下含水层拦截地下水污染羽，为污染地下水提供一个高渗透性的反应区。当地下水流经反应墙时，反应介质可以通过吸附、沉淀、氧化还原、生物降解等作用，使污染物被固定或转化降解；从而使流过的地下水中污染物质含量达到环境标准目标。与传统的抽出处理技术相比，PRB 技术具有时效长、运行维护费用低等优点，可用于 DNAPLs、重金属以及石油烃污染的控制与修复。

在地下水石油烃污染修复方面，主要有吸附反应墙和生物降解反应墙，其机理为介质吸附和微生物降解。近年来发展的新型生物降解反应墙修复石油烃污染十分有效。在澳大利亚 Brunnam Gebirge 的一个旧工业场地，将沸石、活性炭等吸附材料添加到墙体内，利用其物理吸附修复了芳香烃污染的地下水。Bianchi 等利用 MgO_2 作为释氧化合物去除地下水中的苯和甲苯，监测数据表明，运行 18 d，距离污染源 0.5 m 及更远的检测井中，苯和甲苯质量浓度均低于 0.5 mg/L。马会强等利用泥炭生物反应墙对石油烃污染地下水进行了室内模拟修复。结果表明，反应墙运行 80 d 时，苯系物、萘系物及菲去除率为 83.60%～99.85%；泥炭对石油烃具有很强的吸附能力，且生物降解有效延长了泥炭的吸附寿命。张莹等利用经过热处理改性后的草炭土、功能微生物为填充介质设计的化学生物修复反应墙，经过动态吸附试验，草炭土对石油类污染物的去除效果很好，去除率可达到 83.10%。

上述研究表明生物降解反应墙应用于地下水石油烃污染治理是可行的，但要应用于实际工程还不成熟。在实际修复过程中，地下水环境温度低、营养物质缺乏、菌群间存在相互竞争、反应介质堵塞、生物活性低等均会影响降解菌和生物反应器墙功能的稳定发挥，导致 PRB 生物修复效率低。因此，如何有效提高原位生物活性，防止填充介质堵塞是 PRB 技术需要解决的关键问题。

第五节 氰化物污染修复

一、氰化物污染

氰化物特指带有氰基(CN)的化合物，其中的碳原子和氮原子通过三键相连接。这一三键给予氰基以相当高的稳定性，使之在通常的化学反应中都以一个整体存在。因该基团具有和卤素类似的化学性质，常被称为拟卤素。通常为人所了解的氰化物都是无机氰化物，是指包含有氰根离子(CN—)的无机盐，可认为是氢氰酸(HCN)的盐，常见的有氰化钾和氰化钠。它们多有剧毒，故而为世人熟知。另有有机氰化物，是由氰基通过单键与另外的碳原子结合而成。视结合方式的不同，有机氰化物可分类为腈(C—CN)和异腈(C—NC)，相应的，氰基可被称为腈基(—CN)或异腈基(—NC)。氰化物可分为无机氰化物，如氢氰酸、氰化钾(钠)、氯化氰等；有机氰化物，如乙腈、丙烯腈、正丁腈等均能在体内很快析出离子，均属高毒类。很多氰化物，凡能在加热或与酸作用后或在空气中与组织中释放出氰化氢或氰离子的都具有与氰化氢同样的剧毒作用。

氰化物一般情况下分为三大类：分别是无机氰化物、有机氰化物和氰化物衍生物。氰化物衍生物包括：氰化氢 HCN；氰酸及其盐 HCNO、NaCNO、KCNO；硫氰酸及其盐 HSCN、NaSCN、KSCN。有机氰化物包括：乙腈、丙烯腈等。无机氰化物包括简单氰化物和络合氰化物。其中简单氰化物又包括易溶氰化物 HCN、NaCN、KCN 和难溶氰化物 CuCN、$Zn(CN)_2$、$Zn(CN)_2$，而络合氰化物又包括弱络合物和强络合物。其中弱络合物包括：锌氰络合物、铜氰络合物、钴氰络合物等，强络合物包括：钴氰络合物、铁氰络合物、亚铁氰络合物等。

大多数氰化物都属剧毒，高毒物质，极少量的氰化物(每千克体重数毫克)就会使人、畜在很短的时间内中毒死亡，含氰化物浓度很低的水(<0.05 mg/L)也会使鱼等水生物中毒死亡，还会造成农作物减产。氰化物污染水体引起鱼类、家畜及至人群急性中毒的事例，国内外都有报道。这些事件是因短期内将大量氰化物排入水体造成的。因此，在工业生产过程中，必须严格控制氰化物的使用和排放量。尤其要有完善的污水处理设施以减少氰化物的外排量。

不但简单氰化物会污染环境，使人、畜中毒甚至死亡，即使像铁氰酸盐和亚铁氰酸盐那样的低毒性氰化物复盐，如果大量排入地表水中，经过阳光照射和其他条件的配合也可分解释放出相当数量的游离氰化物，导致水生生物的中毒死亡。

通常所说氰化物对环境的污染，主要是指含氰废水外排所造成的河流（地表水）、饮用水（地下水）的污染，由于氰化物在大气中存在的时间仅十几分钟，故一般不会造成大气的污染，含氰废渣由于必须处理后，才能堆积存放，因而产生的污染仍是对水的污染。

二、氰化物污染的特点

（一）存在形态多样性

土壤氰化物存在形态一方面与其产生的环境风险直接相关，另一方面也影响到含氰土壤处理处置技术的选择，因此有必要对土壤氰化物存在形态进行深入了解。目前有关土壤中氰化物形态的研究较多，如 Johannes C. L 等人在研究土壤中铁氰化物降解速率和化学稳定性时，发现土壤中的氰化物主要以络合物形式如铁氰化物存在，简单氰化物含量微乎其微，不超过总氰含量的 0.1%。在煤气厂污染厂址，主要以普鲁士蓝为主的铁氰化物是氰化物污染的主要形态。在电镀和矿山堆浸出场等地，土壤中的氰化物主要是铁氰化物和其他金属如 Cu 和 Ni 等金属氰络合物混合存在。相比较游离氰化物而言，只有在特定的土壤 pH 值和氧化还原电位条件下，铁氰化物才可以解离为游离氰化物。研究表明，铁氰络合离子 $[Fe(CN)_6]^{3-}$ 和亚铁氰络合离子 $[Fe(CN)_6]^{4-}$ 是氰化物污染土壤或含氰废渣中最主要的化学形态。因此，治理和修复氰化物污染土壤是我国以及世界范围内迫切需要解决的难题，这不仅包括简单氰化物的处理，更主要是络合氰化物的降解和去除。

（二）非持久性

氰化物是一个非持久性污染物，在土壤或水体中通过自然过程发生自然降解，例如自然挥发、光分解、氧化分解和生物降解等。

（1）自然挥发：在土壤或水体中存在游离的 CO_2，会与 CN^- 发生反应，使氰化物以氢氰酸的形式挥发，其反应式如公式（4-13）所示。

$$CN^- + CO_2 + H_2O = HCN\uparrow + HCO^{3-} \quad (4-13)$$

（2）光分解：强酸可解离的氰化物（如铁氰络合物），通过暴露在太阳光中的紫外线下而分解，使络合物解离为游离氰化物和金属离子。这种光分解需要废水直接暴露在阳光下，可以通过曝气、搅拌等方法促进废水的湍动，提高光分解氰化物的效果。但是，在自然衰减过程中，废水通常是静止状态，这样就会使氰化物降解受到限制，从而导致自然衰减过程非常缓慢。

（3）氧化分解：CN^-在水中溶解氧的作用下，会缓慢氧化生成铵盐和碳酸盐而自然消失，其反应式如公式（4－14）和式（4－15）所示。

$$2CN^- + O_2 = 2CNO^- \quad (4-14)$$

$$2CNO^- + 2H_2O = NH_4^+ + CO_2 \quad (4-15)$$

（4）生物降解：土壤或水体中的微生物从 CN^- 中获取碳、氮养料，有的微生物甚至选择性地只以 CN^- 作为碳、氮源，从而降解 CN^-。研究表明，约有 49 种菌种对 CN 有降解作用，其降解机理如公式（4－16）所示。

$$HCN \xrightarrow{H_2O} HCONH_2(\text{甲酰胺}) \xrightarrow{H_2O} HCOOH(\text{甲酸}) + NH_3 \quad (4-16)$$

氰化物在这类降解过程中受到较多条件的影响，如温度、pH 值、水化学和溶解氧浓度的影响。其中溶液的 pH 值对氰化物的挥发起主要作用。HCN 气体在 25 ℃时的 kPa 值为 9.24，这就意味着当环境 pH 值低于 9.24 时，氰化物以氢氰酸的形式存在，并挥发。此外，升高温度，减少液体深度以及湍流都会显著增加氰化物的挥发速率，同时水中溶解的二氧化碳会降低溶液 pH 值，也有利于增加氰化氢气体的挥发。

（三）高毒性

能释放 CN^- 的氰化物几乎对所有动植物都具有高毒性，且氰化物中毒是一个快速作用过程，中毒机理主要是游离的氰离子与细胞色素呼吸酶结合，从而使细胞氧化酶失活，无法运输氧气进入血液，最终导致动物窒息死亡，其毒性与金属离子和氰化物结合强度的倒数有关。根据临床资料显示，氰化物对人体的平均致死量约为 150 mg（氰化钠）、200 mg（氰化钾）、100 mg（氰化氢），氰化物中毒引起的人体系列反应见表 4.5－1。在吸入或摄入氰化物的短时间内，如果摄入量高于解毒率，机体就会立即发生反应，如窒息，死亡。少量的氰化物在体内能快速转化为无毒的代谢物，通过皮肤等途径排出体外。

表 4.5－1　人体氰化物中毒的特征

中毒的各阶段	中毒特征
前驱期	口服者，口内有苦辣味及烧灼感，喉部有束紧及麻木感，恶心
呼吸困难期	神志恍惚，头痛晕眩，心跳无力，心律不齐
痉挛期	神志丧失，猛烈抽搐，呼吸浅而不规则，
麻痹期	深度昏迷，各种反射消失，瞳孔放大，以至呼吸、心跳停止

三、氰化物的环境归趋

（一）环境中的氰化物

氰化物包括能溶解并释放出游离氰离子（CN^-）的简单氰化物和金属氰络合物、氰衍生物（$(CN)_2$等）和有机氰化物（如腈、氰甙糖苷）。自然界的许多微生物、植物甚至动物，都能够产生氰化物，但大规模的氰化物污染主要来自人类活动，包括煤气生产、电镀、黄金冶炼、生物质燃烧、特殊食品加工等。氰化物的毒性主要是由CN^-阻断呼吸活动中活性氧传递引起的，因此简单氰化物、部分氰衍生物和有机氰化物等能解离产生游离CN^-的氰化物都具有很强的毒性。

（二）氰化物的环境归趋概念模型

煤气厂、金矿冶炼等产生或使用氰为原辅材料的企业等会排放大量的含氰废渣、废水和废气。森林火灾或生物质燃烧时，也会排放大量的HCN。废水中氰化物能够挥发产生HCN，简单氰化物固体能与CO_2反应放出HCN。溶解迁移的氰化物能被矿物质中的金属离子络合固定，Fe^{2+}/Fe^{3+}、Ca^{2+}、H^+是影响氰离子迁移的主要因素。理论上，随地下水扩散至清洁区域的氰化物挥发的HCN还能穿透包气带扩散到地表，扩大了污染范围。氰化物也能被植物、微生物吸收和分解。大气中的HCN与大气（光）氧化剂反应缓慢，其水溶性也较差，随降雨的湿沉降不明显，海洋吸收是HCN的主要汇。

（三）氰化物在土壤和地下水中的迁移转化

天然土壤中氰化物通常在0.1 mg/kg以下或低于方法检出限。由于CN^-良好的生物降解性和挥发性，土壤中不可能有大量CN^-长期存在——突发氰化物污染事故场地土壤除外。氰化物进入土壤后，在土壤体系（包括土壤、地下水和植物）中，可发生溶解/沉淀、吸附/解吸、络合/解离、酸化挥发、生物/非生物转化/降解等复杂的转化。

土壤或雨水pH值增加，有利于氰化物的溶解和游离CN^-的迁移。对弱结合的金属（Cu、Zn、Ni）氰络合物而言，可以解离释放出自由氰离子；对于铁氰络合物而言，游离氰离子含量仅占总氰化物的不到1%，但光照能加快铁氰络合物的解离。游离氰离子很容易发生酸化反应生成HCN而挥发。当土壤中总氰化物浓度达到90 g/kg时，土壤气体中HCN的浓度达到了1～2 mg/m^3。在大多数情况下，土壤颗粒对氰化物的吸附是非常有限的，对氰化物迁移的阻滞作用很小。

简单氰化物的可生物降解性很好，氰化物有氧生物降解的主要产物是CO_2和NH_3，在一些金矿尾液中还发现NH_3能进一步被氧化生成硝酸盐。部分腐菌可实现铁氰络合物的矿化，但效率低下。游离态氰化物能被植物根迅速吸收并代谢，铁氰化物能被植物吸收并向上转运，但在植物体内仅有少量被代谢。

（四）地表水中氰化物的转化

在地表水体中，氰化物主要以 HCN、CN^-、弱结合的金属氰络合物以及铁、钴等强结合的金属氰络合物形式存在。地表水中高浓度的简单氰化物主要通过挥发损失，高温、高溶解氧、空气中高浓度的二氧化碳有利于 HCN 的挥发。深层水体中简单氰化物的清除机制有沉降、微生物降解、挥发等。弱结合的金属氰络合物，如 Cu、Ni 的金属氰络合物，能够在溶液中释放出 CN^-，具有一定的可生物降解性。模拟试验表明，光照越强、温度和溶解氧浓度越高，水中氰化物降解越快，且在海水中的降解速率高于淡水。

（五）氰化物的大气转化

HCN 在大气中是普遍存在的，HCN 在大气中扩散、稀释、溶解在大气水中或者被大气氧化剂氧化，从而使大气 HCN 浓度维持在不影响人类健康的较低的平衡状态。大气化学模型中普遍采用的大气 HCN 浓度为$(2\sim5)\times10^5$ molecule/cm^2。HCN 与大气氧化剂的反应都比较缓慢，与平流层 OH 和 $O(^1D)$的反应是 HCN 主要的大气清除机制。根据 OH 与 HCN 的反应速率，HCN 的大气寿命约为几年，但观测的大气寿命仅为几个月，事实上海洋对 HCN 的吸收量为$(1.1\sim2.6)\times10^{12}$ g/a，是大气 HCN 主要的汇机制。

四、氰化物污染的修复技术

（一）氰化物污染的土壤修复技术

对于氰化物的去除和含氰土壤的修复，除了传统的自然降解法，目前已经有大量成熟的处理技术。土壤氰化物可以通过化学氧化、生物或热化学等方法，控制其在土壤中的浓度水平，达到降低其在环境中的可迁移性和生物可利用性的目的，使其符合环境保护的要求。含氰土壤处理方法总体可分为直接法和间接法两大类。其中直接法采用一定的技术手段直接降低土壤氰化物浓度水平，如植物修复、微生物修复，低温热处理修复，氧化法等。间接法采用淋洗技术将含氰土壤中的氰化物转移至液相，然后通过传统成熟的化学法、光降解或光催化降解、湿式氧化等技术进一步将液相中的氰化物转化为低毒或无毒的物质。本论文针对技术比较成熟的几种处理方法进行重点介绍。

1. 生物法

生物法是指利用微生物或植物通过自身的代谢过程将氰化物转化为低毒或无

毒的化合物。包括植物修复、微生物修复、联合修复等多种修复技术。生物修复技术作为氰化物污染土壤的处理技术，具有经济效益高，二次污染少，环境风险低等优点。目前我国生物法降解氰化物正在逐步从实验室走向规模化的工业生产应用，国外已达到商业化应用。

(1) 微生物修复

微生物修复技术主要采用微生物来去除土壤环境中的氰化物。大量研究表明，许多微生物可以降解简单氰化物或络合氰化物，通过生物降解将氰化物转化为低毒或无毒的物质，或利用氰化物以为自身的生长提供营养物质。如细菌中的Klebsiellaoxytoca、Pseudomonas fluorescens P70；真菌如 Fusariumsolani、Fusariumoxysporum；藻类如 Scenedesmusobliquus 等。氰化物作为一种可被微生物生长繁殖所利用的营养物质，常作为氮源或氮源。有些将氰化物同时作为碳源和氮源，因此不再需要外加碳氮源，也有些细菌将其作为氮源添加葡萄糖作碳源如砖红镰刀菌 FusariumLateritium 利用氰化物水合酶，以腈作为唯一氮源，生长转化为大肠杆菌 Escherichia coli。研究表明：氰化物的生物降解有四种途径，分别为：水解、氧化、还原和取代/转移。主要以水解和氧化作用为主。水解反应主要由氰化物水合酶做催化剂，一步水解产生甲酰胺或由水解酶催化产生甲酸和氨。

氰化物生物降解的难易程度取决于其化学稳定性，游离氰最易降解，其次是Zn、Ni、Cu 等弱金属络合氰化物，铁氰最难降解。目前关于氰化物生物降解的研究主要集中在：细菌生长动力学和氰化物去除率之间的关系，不同微生物对不同形态氰化物降解条件参数的优选；氰化物对微生物生长抑制的最低浓度等。早期研究更多关注微生物的应用，然而由于微生物对高浓度氰化物或极端复杂污染环境条件难以适应，研究学者们将目光转向多种微生物的科学组合和联合培养。目前的主要趋势及以后的发展方向将集中于联合培养对农业及工业污染物的降解，随着现代生物技术的深入研究和不断发展，通过基因重组进行菌株改良和重建来培育能适应极端环境条件的工程菌是今后发展的一个前景方向。

(2) 植物修复

植物修复技术是指植物吸收、代谢或诱导转化土壤中的氰化物作为生长的营养物质，利用自身的代谢过程将氰化物转化为无毒的代谢产物储存于自身组织中同时其密布的根系能固定土壤和泥沙，以达到去除氰化物和修复含氰土壤的目的。该法具有环境友好，成本低廉、高效持久等优势，近 20 年来受到广泛重视，丹麦已成功实现采用植物修复煤气场地氰化物污染土壤，美国每年通过植物修复技术用于环境清洁的成本为 60 亿～80 亿美元/年，世界范围内为 250 亿～500 亿美元/年。研究表明，氰化物可以为某些植物提供生长必需的碳源和氮源，维管束植物自身具有

β—氰丙氨酸合成酶和β—氰丙氨酸水解酶，通过多步酶促反应可将氰化物代谢生成天冬酰胺。许多研究已证明植物对氰化物具有很好的去除效果，包括陆生或水生植物，常见的有柳树、高粱、木薯、水葫芦等。近年来诸多学者致力于探究植物对不同环境中氰化物的降解效果，如于晓章等采用黄豆和玉米两种植物探究对氰化物污染土壤的原位修复时发现，两种植物对氰化物的去除率均超过 90%。室温条件下，低浓度污染液(45.5 CN mg/L)对植物生长没有影响，高浓度污染液使植物生长出现了停滞的现象。但也有植物在高浓度污染环境中表现出更好的降解效果，如凤眼莲(Eichomiacrassipe)能吸收金矿含氰废液中的氰化物，其中包括游离氰和络合氰化物，总浓度可达 400 mg/L，经过高浓度氰化物驯化后置于野外湿地进行氰化物降解试验，结果表明降解效果更高。但该植物由于极易受到生物入侵的干扰，仅限在人工湿地或受污染水体中应用，具有一定局限性。植物修复具有对土地破坏较小的优势，但受植物生长条件如生长周期长、病虫害的侵扰、所处环境的营养条件、植物自身生长速率和成活率等的限制。

总体而言，生物修复技术与传统的处理技术相比，具有更高的成本效益，对多种形态的氰化物具有更好的降解效果，减少了有毒有害副产物的产生和对环境的二次污染，为氰化物污染土壤的修复提供了一种新的思路，是一种环境友好、经济高效有广阔前景的处理技术。但生物法也存在易受污染物浓度、种类的限制；受环境影响因素较大；修复时间长等缺陷，可通过与物理化学方法相结合来解决生物修复的局限性。目前发展较成熟的技术有湿式空气氧化-活性污泥法、过氧化氢氧化-生物降解法联合等方法都是经济环保具有广阔发展前景的选择。

2. 土壤淋洗法

土壤淋洗法是一种处理含氰土壤的间接修复技术。土壤淋洗法以一定的固液比向污染土壤中加入能够促进土壤污染物溶解或迁移的淋洗剂，通过离子交换、吸附或螯合等作用，使吸附在土壤中细小颗粒物表面的氰化物转移到液相中，通过过滤分离可将含有污染物的淋洗废液和清洁后的土壤分离以实现修复土壤的目的。

淋洗技术的关键是找到既能提取各种形态氰化物又不破坏土壤结构的淋洗液，优化淋洗液与土壤相互作用的各类参数条件以提高洗提率。常用的土壤淋洗液有水、碱(如氢氧化钠)、无机盐(如磷酸盐)等。有学者采用水作淋洗液，对含氰土壤进行原位淋洗修复，经过一系列处理过程后，最终修复洁净土壤占 50%以上。也有学者以电镀行业产生的含氰废弃物为研究对象，采用水作淋洗液，进行淋洗修复，过滤并低温灰化，固相溶于水进行破氰处理，整个过程产生的含氰废液采用传统碱性氯化法处理。最终结果表明，淋洗法对含氰废弃物有较好处理效果，处理后的含氰废弃物可达排放。水作为一种常见的溶剂和淋洗液，可洗出溶解度较高的游离氰化物和弱金属氰络合物，但有些强金属氰络合物只能在碱性条件下被洗出，如 Mitsuo Matsumura 等人通过柱洗实验发现，污染土壤中的 KCN 能被去离子水洗提出来，而与土壤颗粒结合能力较强的 $K_4Fe(CN)_6$、$Fe_4[Fe(CN)_6]_3$ 只能在 pH 值>13的碱液条件下可以从污染土壤中洗脱出来，含氰废液进一步通过传统的化学氧化法、生物法、光催化氧化法等降解处理。Kim 等人采用淋洗法和化学氧化法修复氰化物污染土壤的，淋洗液为磷酸盐溶液 $P_2O_7^{4-}$（30～50 mM），调整体系 pH 值至 10～12，固液分离后向洗脱液中加入氧化剂 H_2O_2 氧化一部分可溶态氰化物，生成 CNO^-，进一步转化为 NH_3 和 CO_2，加酸酸化碱性淋洗液可使部分氰化物沉淀，加入铁盐使氰化物进一步沉淀，从被酸化的淋洗液中分离出被沉淀的氰化物，最终含氰污染土壤中氰化物的去除率达 99%。由此可见，淋洗技术主要通过调控溶液碱度、固液接触时间和固液比，实现土壤氰化物最大限度的液相转移。

土壤淋洗法主要受土壤条件、氰化物污染物类型、淋洗剂种类和运行方式等因素影响。研究表明，土壤中氰化物的释放与环境介质 pH 值直接相关，在酸性条件下溶解度很低，而在中性和碱性介质中溶解度随之增大，室温条件下中性溶液中（pH 值为 6～8）氰化物的挥发量是强碱性条件下（pH 值为 10～12）的上百倍。氰化物污染土壤中，虽然络合态是氰化物的主要存在形态，但并不能排除自由氰化物和弱络合氰化物的存在。因此，对于氰化物污染土壤的治理修复有必要控制强碱性的操作条件，以降低处理处置过程中的环境风险。

3. *热处理法*

污染土壤低温热处理技术通过外加热源控制温度在适当范围内使含氰土壤中的氰化物分解或以气相形式从土壤表面或孔隙中分离出来，最终转化为无毒物质。研究表明，含有氰化物的废渣或土壤在加热过程中可使氰化物彻底分解破坏，达到较高去除率。刘俊良以含氰废渣为研究对象，进行了热处理实验。结果表明，当温度 600 ℃，时间 6 min 时，CN^- 残留率为零，去氰率为 100%，达到了无氰化。在实际应用方面，山西省陵川化工总厂建起了焚烧法处理含氰废渣设施，将含氰尾矿废渣与煤和黏土以 6∶4∶1 的比例混合搅匀后，制球，置于焚烧炉中，经焚烧后去除率尾渣中氰化物降解率可达 90%以上。目前我国应用更广泛的是水泥窑处置含氰危险废物，将含氰废物作为一种生产水泥的替代材料，如桑义敏进行了水泥窑资源化共处置含氰黄金尾矿试验，考察了经水泥窑处理后尾矿和尾气中氰化物的降解效果。结果表明，处理温度对氰化物去除效率有显著影响，低温下氰化物的去除率已经高达 98%以上，而氧气含量对去除效率影响不是很大，处理后尾矿中氰化物满足国家的相关标准要求。热处理法可以批量处理含氰废物，包括含氰废渣和含氰土壤，适用于所有形态氰化物污染土壤的处理且降解效果显著，对于高浓度污染土壤的处理更为适用。

因此，热处理法是一种适用范围广，处理效果好，且短期高效的优良方法，这种方法工艺简单，能有效减少废物量，有望将成为一种处理含氰固废的有效方式，未来前景广阔。但传统热处理法对反应设备、反应条件的要求相对较高，且存在二次污染等问题。

4. 生物联合修复法

金属电镀、矿石浮选、染料制备、煤气生产、制药和焦化等工业活动场地的污染多表现为氰化物伴随重金属等其他污染物的复合污染类型，污染空间分布、污染程度与厚度差异大，单项修复技术往往很难达到修复目标，发挥生物修复非破坏性、环保经济的优势，集成其他修复手段的技术特点，建立协同联合的复合修复模式，已成为场地和农田土壤修复的研究和发展方向，并已在实际应用中显现优势。

(1) 微生物-植物联合修复

菌根生物修复技术协同植物和共生菌根在根际建立合适的、复杂的降解群落，在植物修复的同时，植物根分泌物为菌体提供营养和能量物质，促进微生物对氰化物的降解，不仅可以提高污染土壤的修复速率与效率，而且可以克服单项修复技术的局限性，已成为氰化物污染土壤生态恢复的重要研究方向。Harman 等通过盆栽试验将木霉菌接种到小麦种子和根系上，协同作用下小麦幼苗能耐受 100 μg/g 的氰化物浓度，同时木霉菌表现出很强的降氰效果。利用修复植物复合根际高效木霉菌株被认为是氰化物场地修复的有效方法，具有非常广阔的应用前景。

(2) 化学/物化-生物联合修复

众多高耐受能力的氰降解微生物在实验条件下表现出很高的降氰能力，并在实际含氰废水的治理中展现出巨大的潜力。据 Bewley 等报道，英国 Cardiff 的一家生物处理公司采用传统工程和微生物联合技术成功实现了土壤氰化物和其他污染物的组合修复，将 14 000 m^3 受重金属和氰化物污染的土壤原位包埋入黏土中，氰化物在微生物作用下降解为二氧化碳和氨。H_2O_2 氧化法和细菌生物降解联合修复氰化物污染土壤和水体在美国科罗拉多州已成功实现工程应用，经过处理的总氰化物和易释放氰化物质量浓度均由 80 μg/mL 分别降至 1 μg/mL 和 0.1 μg/mL。

(二) 氰化物污染的地下水修复技术

氰化物极易溶于水，且容易和金属形成化合物，导致地下水氰化物污染情况复杂。氰化物进入地下水后，会有 3 种形态：自由氰基、可分解性弱酸氰化物（WAD）和可分解性强酸氰化物（SAD）。地下水污染的修复技术采选受到地质条件的限制，修复过程较多采用原位方式进行。可行性较好的备选地下水氰化物污染修复技术包括抽出处理技术、自然衰减技术、原位生物修复技术、原位化学氧化技术、可渗透反应墙技术和原位金属沉淀法等。

1. 抽出-处理技术

目前，对于高浓度氰化物，世界各国普遍采用抽出处理技术。这种方法具体实施是：抽取污染的地下水，经地表处理后使污染物降低到一定标准后再进行排放。但处理抽出水和单纯处理地表水氰化物污染不同，因为土壤和地下水中金属离子较多，氰化物极易和金属离子结合，很容易形成 WAD 和 SAD，一般的处理方法无法处理 SAD 和部分 WAD，所以需要配以紫外线（UV）协同处理。

2. 自然衰减技术

氰化物在自然中是可以被降解的，因此针对污染浓度低的场地可以采取自然衰减技术。由于自然衰减监测时间较长，期间会存在许多不确定因子，需要设计一个长期且完整的监测计划，以掌握治理过程中场地的变化情况。监测计划的执行需要确认两个目标：① 污染物浓度持续下降；② 污染物并没有移动且有逐渐缩小现象。为了能确认上述目标，则必须针对每个土壤或地下水污染场地的特性，考虑场地的水文地质情况、场地地层特征、污染物种类、污染物分布情形、高污染源区分布情形、污染物移动路径、污染羽移动速率、地下水流速及潜在受体的距离等因素，设计一套完整的长期性监测计划，其中以地下水流速及潜在受体的距离两个因素最重要，其将影响监测井设置的位置、密度以及采样监测频率的设计。

完整设计的内容应包括监测位置、数量、频率、监测项目种类等，用监测结果来评估自然衰减是否如预期发生，且能够达到预定的修复目标。一个完整的设计准则需要考虑的因素包括：① 能够证明自然衰减如预期一样正在发生；② 能够监测任何会降低自然衰减成效的环境状况改变，包括水文地质、地球化学、微生物族群或其他的改变；③ 界定任何潜在具有毒性或移动性的降解产物；④ 能够证实污染羽正持续缩减；⑤ 能够证实对于下游潜在受体不会有无法接受的影响；⑥ 能够监测出有新的污染物质释放到环境中，且可能会影响到自然衰减的成效；⑦ 能够证实可以达到修复目标。

在美国俄亥俄州的 Tuscarawas 县一个废弃铝厂的修复场地，地下水氰化物的检出质量浓度最高为 2.43 mg/L，经过两年多的自然衰减，质量浓度降到了 0.2 mg/L。

3. 原位生物修复技术

原位生物修复技术是利用微生物降解土壤/地下水中污染物，将其最终转化为无害物质的过程。原位生物修复技术是处理地下水和土壤氰化物污染的有效方法。

典型原位生物修复系统包括地下水回收井、地面处理单元、营养添加单元、电子受体添加单元，然后再将经过上述步骤处理过的水注入地下受污染区域。

生物修复技术基本上分两类：① 天然生物修复技术，是指土著微生物以氰化物作为碳源，用 O_2、NO_3^-、SO_4^{2-}、Fe^{3+} 和 CO_2 为电子受体，去除地下水中的氰化物；② 强化生物降解技术，即人为向地下污染区（包气带或含水层）加入促进细菌生长的营养物和电子受体，加速生物降解速率。

目前，众多微生物可降解氰化物，但细菌的效果最好。美国科罗拉多州的一个超级基金场地采用了一种假单胞菌处理地下水中的氰化物，取得了很好的效果，除了对自由氰基和 WAD 有效果外，对一般生物降解无法处理的 SAD 也有很好的效果。

4. 原位化学氧化技术

原位化学氧化技术指的是将化学物质注入污染的地下水中，将氰化物氧化成无害产物的过程。目前，有过的案例是在一个氰化钠的处置场地，采用碱性氯化法来治理污染的地下水，该法能彻底处理自由氰基和 WAD，但是无法氧化 SAD，同时易产生大量的有毒的次氯酸根离子和氯离子。

5. 可渗透反应墙技术

可渗透反应墙技术是一种被动处理系统，其主要机制是把合适的反应材料填充于墙内，然后把墙体设置在垂直污染水的流向上。当污染水流经反应墙时，水中的污染组分与墙内的填充物发生反应后被去除，以此达到治理污染的目的。针对氰化物目前较有效的是铁砂混合可渗透反应墙，一般 420 μm 铁屑和 530 μm 砂的体积比为 1∶10。

6. 原位金属沉淀法

因为氰能和铁形成无毒且稳定的化合物，因此可通过向地下水中注入硫酸亚铁来形成普鲁士蓝或滕氏蓝的方法来实现地下水氰化物污染的修复。该方法具有操作简单、花费低的优点，是较新型的方法，目前没有太多成熟的案例。美国华盛顿州一个铝厂的总氰化物检出质量浓度最高可达 4 000 mg/L 自由氰基和 WAD 的质量浓度可达 20 mg/L，目前还在修复中，已经达到修复目标的 70%。

虽然国内外对地下水的氰化物污染问题开展了大量的研究工作，但由于地下水赋存环境的复杂性，含水介质的非均质性及地下参数的非确定性等影响，同一种方法在不同场地效果差别很大。因此，调查地下水氰化物污染治理修复工作，必须是建立在对场地水文地质条件、含水介质、包气带性质和污染物分布情况深刻认识的基础上确定具体治理方案。

第六节 氟化物污染修复

一、氟化物污染

氟(F)是一种非金属元素,被发现于1813年,位于元素周期表中第二周期、第ⅦA族。在地球化学中,由于它易于与金属元素形成可溶性的化合物进行迁移,因此又称为矿化剂元素。几乎能与所有的化学元素发生化学反应,而且反应非常剧烈,它甚至能与稀有气体中的氙和氪发生反应,生成氙和氪的化合物。它的电负性极强,对电子的亲和力强(电子的吸引力为79.5 cal/g原子),很容易从其他元素获得一个电子而成为−1价氧化态F^-,也可与另一个原子的未成对电子配对形成共价键,或与其他元素化合成络阴离子,因此,环境中的氟仅以负一价离子状态存在[161]。其环境化学特征如下:

(1) 许多氟化物具有挥发性,一些氟化物沸点低,在常温或较低的温度下即气化而大量挥发,如四氟化硅(SiF_4)和氟化氢(HF),它们是大气氟环境污染的主要物质,许多排氟工厂排出的主要是这两种氟化物。这些氟化物在环境中易发生迁移转化。

(2) 大多数的氟化物具有一定的水溶解性。很多氟化物易溶于水,在20 ℃时,氟磷灰石($Ca_{10}(PO_4)_6F_2$)的溶解度为200～500 mg/L,冰晶石($3NaF \cdot AlF_3$)为348 mg/L。即使是溶解度很低的萤石(CaF_2)也达40 mg/L,故其迁移性较强。

(3) 在酸性条件下,氟与许多元素有形成络合物的趋势,许多重要的元素,如铝、硅、铁、镁、硼、铌、钽铍、锂等都易于与氟形成络合物,且通常这些络合物较稳定。

在自然环境下,氟主要以氟离子(F^-)或以络阴离子的形式存在于造岩矿物及副矿物中,并形成大量独立的氟矿物(大约有150种),重要的氟化物有萤石(氟化钙)、冰晶石($3NaF \cdot AlF_3$)磷灰石($Ca_3(PO_4)_3(F^-, Cl^-, OH^-)$)、氟盐(NaF)、($MgF_2$)、氟铝石($AlF_3$),其中氟化钠易溶于水,氟化钙、氟化镁、氟化锰等微溶于水,合成的大多数氟化物也是易溶于水的,而且大多数的氟化物随环境酸碱度和温度的变化是很明显的,在不同的温度和酸碱度情况下,不同的氟化物的溶解度是不同的,而且差异是很大的。例如:20 ℃时,氟化钙的溶解度只有40 mg/L,氟磷灰石为200～500 mg/L,而氟化钠则高达40 540 mg/L。

除了自然形成的氟化物，还有许多人工合成的氟化物，如六氟化铀、六氟化硫、氟化卤、含氟配合物、四氟铵（NF_4^+）盐、氟化物玻璃、"氟利昂"（Freon）类型化合物、碳氟羧酸类化合物及碳氟烯类化合物等。

氟在自然环境中的形态也是多种多样的，在空气中氟主要以氟化氢（HF）、四氟化硅（SiF_4）的形式逸散在空气中，在土水系统中的氟的形态一般可分为：水溶态、可交换态、吸附态等。水溶态氟主要指以离子或络合物存在于土壤和水体溶液中的氟，包括 F^-、HF_2^-、$H_2F_3^-$、$H_3F_4^-$、AlF_6^{3-} 等。土水系统的 pH 值对氟的形态和氟的溶解都有较大的影响。

二、氟化物的特点

（一）来源及存在形态多样性

氟化物广泛存在于自然界中，其在地壳的存量为 $6.5\times10^{-2}\%$，存在量的排序数为 13。环境中氟污染的主要来源是钢铁、炼铝、化学、磷肥、玻璃、陶瓷、氟工厂、砖瓦、电子材料制造等工业和燃煤过程中排放的含氟"三废"。

土壤中的氟首先来源于土壤母质，自然界中含氟矿物已知的有 100 多种，其中最重要的是氟石（CaF_2）、氟镁石（MgF_2）、氟铝石（$AlF_3:H_2O$）、冰晶石（Na_3A1F_6）等，岩石矿物风化后，其中的氟很易溶解转移到土壤中，是土壤氟的主要来源。在各类岩石中以酸性岩平均含氟量最高，约为 800 mg/kg；中性岩和沉积岩次之，约为 500 mg/kg；基性和超基性岩较低，约 370 mg/kg 及 100 mg/kg。随着岩石中 SiO_2 含量的减少，氟的含量也减少，常见的土壤矿物中黑云母、白云母和角闪石是土壤中的主要氟来源。

土壤中氟还来源于自然环境。大气中的氟化物会对作物产生很大的危害，而大气氟化物的沉降，也是土壤氟的来源之一；火山喷发是自然土壤积累氟化物的主要来源，火山喷发时，一部分含氟的气体和尘埃随巨大的喷流腾入高空，经重力作用沉降或随降水回到地表，一部分直接进入土壤，另一部分含氟的大块碎屑物质，则大量地积累在火山附近地区，掺入或掩盖原来的表土，后又经过风化，将其固定的氟释放。

人为活动也是土壤中氟的重要来源。在农业生产中，磷肥是土壤中污染物的主要来源，Mclaug. lin 等研究指出，当把磷肥施用于旱地小麦和灌溉西红柿时，在 As、F、Cd 3 个元素中，危险性最高的是 Cd 和 F；有关资料也表明：我国磷肥厂有 800 个左右，每年磷矿石用量在 300 万～400 万 t 以上，按照磷矿石一般含氟量为 3%，一年排氟量将近 10 万 t。除了磷肥有较大的污染外，冶金、钢铁、玻璃、砖瓦等生产过程中也会排放大量的含氟气体，这些气体可以进一步污染土壤，成为土壤中氟的来源。自然环境中氟异常主要在火山地区、含氟矿床区和干旱、半干旱的沙漠和草原地区。

土壤中氟的存在形态极为复杂，氟在各种环境介质中所具有的形态在土壤中均可能存在。对于土壤环境中氟的存在形态，由于与不同景观条件、土壤类型及土壤现状性质有关，目前据研究可分为水溶态、可交换态、铁锰氧化物态、有机结合态和残渣态等。其中水溶态氟和可交换态氟对植物、动物、微生物及人类有较高的有效性。土壤水溶态氟主要指以离子或络合物形式存在于土壤和水体溶液中的氟，包括 F^-、HF^{2-}、H_2F^{3-}、H_3F^{4-}、AlF_6^{3-}、FeF_6^{3-}等。

（二）生物有效性

氟在地球上分布广泛，岩石、土壤、水体、植物及动物体内都含有一定量的氟。氟是人体一切矿化组织的一种重要成分，人体中的氟含量约为 2.6 g，日需求量为 1 mg，世界卫生组织提出的人日摄入氟量不超过 3 mg 的标准。据统计，人体摄入氟的来源有茶叶、肉、水果、蔬菜等，人体中的氟主要分布于骨骼和牙齿中，适当的氟化物暴露和使用对骨骼和牙齿的完整有益，但是过多摄入体内会引起氟中毒，主要临床表现为釉斑牙，严重者可导致氟骨病。地方性氟中毒属典型的地球化学性疾病，在我国分布面积广、危害严重。全国现有病区县 1 226 个，受威胁的病区人口 1 亿多。地方性氟中毒具有明显的地理规律，饮水型氟疾病约占总患病人数的 90%以上，集中发生于西北干旱、半干旱地区，东南湿润地区流行范围小，病情较轻，饮用高氟水人数较多的几个省区为河南、河北、安徽和内蒙古。流行病学调查资料证实，不同地区引起氟中毒的环境氟阈值不尽相同。

土壤氟是大多数地方水和食物中氟的主要来源，适量的氟可以促进牙齿健康、骨骼的钙化，在牙齿外面形成一种抗酸性的氟磷灰石保护层，增强牙齿的硬度和抗酸能力。而缺氟易发生蛀齿和骨质变形、贫血等症状，氟过量易发生氟斑牙和氟骨症，出现肌肉萎缩，肢体变形等症状。研究表明，土壤环境中氟过量，可使土壤酸性增加，因而使土壤中微量磷酸分解而生成磷氟化物，对农作物生长不利。另外，土壤中的氟会迁移至地表水和地下水中，造成水源型氟中毒。

氟在植物体内的累积随着植物种类不同而有所差异，在植物体内一些无机氟化物甚至转化为毒性更强的有机氟化物（如氟乙酸和氟柠檬酸）。氟化物对植物的影响比 SO_2要大 10～100 倍。当大气中氟化物含量达到 45～90 mg/m^{3}时，植物的叶组织就会坏死。氟在动植物体内无生物降解作用，严重污染时将明显危害人类和动植物，即使低水平的污染也能通过生物富集和食物链作用对人体和动植物造成一定的危害。

三、氟化物的迁移转化

（一）氟迁移转化的基本特征

对人和动物而言积累在体内的氟，一部分是通过呼吸来自空气，绝大部分是通过水和食物途径进入体内的。资料显示，除过 CaF_2 等少数化合物，氟的化合物绝大多数是水溶性的。所以 F 是水迁移性元素，在水体中主要以 F^- 等离子形态存在，在土壤和水体中，随水流迁移。

资料分析表明，氟在中性和碱性溶液中为简单离子 F^-，当溶液中 Ca^{2+} 和 Mg^{2+} 浓度较高时可能生成 CaF_2 和 MgF_2 等形态物质。从表 2.9 中反应式的 logk 值可以看出，在酸性特别是强酸性溶液中，氟则主要以 HF 或 HF_2^- 的形式存在。FeF_2^0 是不存在的，氟的铁铝化合物都较为稳定，而对氟铝和氟铁化合物本身而言，随着配位数的增加其稳定性也随之增强，其稳定性顺序为 $Al^{3+} > Fe^{3+}$。而氟与 Pb^{2+}、Hg^{2+}、Co^{2+} 及 Zn^{2+} 的络合物与氟和铁及氟和铝的络合物相比则显得不是很重要。氟与铁和铝络合物的生成对氟的迁移和转化是有重要意义的。在水中还或多或少存在着由腐殖质等形成的一些有机配体，其也可与氟和 Pb^{2+}、Hg^{2+}、Co^{2+} 及 Zn^{2+} 等金属离子形成的金属氟络合物阳离子（如 FeF^{2+}、AlF^{2+}、CoF^{2+}、ZnF^+、H_2F^{2+}、PbF^+、HgF^+ 等）形成复杂的络合物和螯合物，这种作用有利于这些中间络合物和一些不稳定氟络合物的稳定作用，使氟的溶解性和迁移性增强，减少固相中氟的含量。

随淋溶、降水或氟含量超标的水进入岩土中的氟，可被岩土吸附，同时，岩土中各种化学物质与水溶液的相互作用不断影响水溶液的酸碱条件和氧化还原条件，促进或抑制水溶液中各种化学反应。岩土本身对溶液中的氟化合物具有机械过滤、物理吸附、物理化学吸附、化学吸附及生物吸附等作用。据报道，岩土中氟迁移能力与其存在状态和所处的环境化学条件有关。就其条件而言，迁移能力的顺序为：离子态＞络合态＞难溶态，或者水溶态＞吸附态＞难溶态。从环境化学条件而言，酸性条件能使难溶态的氟溶解，不易形成络合物，而主要以简单氟离子的形式存在，易于迁移。但在微酸和偏碱性条件下，氟易于与金属离子形成络合物，还可能与溶液中的钙和镁等离子形成沉淀，不利于氟的迁移而有利于氟的富集。

水体中的氟有明显的累积性，它属于迁移累积元素。淋溶时间长，水体附近岩土的含氟量高，水体中的氟含量就高，或者含氟水的强烈蒸发也会使水中的氟因浓缩而增加。

（二）水-土系统中的物理、化学作用

岩土—溶液（固相与液相）之间物质迁移和转化的结果是吸附与解吸、溶解与

沉淀和络合与解离反应综合作用的产物。氟在土水系统中与岩土和水中的各种组分、矿物之间会发生一系列的机械过滤、物理吸附、物理化学吸附、化学吸附、沉淀、溶解等物理和化学作用，使土壤溶液中氟的含量和存在形态发生变化，其中，大部分的氟在迁移过程中由于岩土的过滤、吸附和自身的沉淀而存留在岩土中，使土壤溶液中氟的浓度大幅度降低。

1. 机械过滤作用

机械过滤作用是指土壤像筛网一样，将迁移液中的絮凝片状、丝状或较大粒状物质截留下来而让离子型物质通过的这样一个过程。机械过滤作用主要取决于岩土的结构和性质。一般土壤粒径愈细，过滤效果愈显著。过滤作用主要是去除溶液中的沉淀物，如 CaF_2 和 MgF_2 及氟与一些氧化物或金属离子形成的某些絮凝状络合物、螯合物。黏性土和亚粉土的机械过滤作用效果明显，而在颗粒较粗的砂性土中过滤效果较差。影响过滤作用的因素很多。水动力条件、分子扩散作用、沉淀作用、氢键力、范德华力、静电力等吸附作用，以及岩土的物理和化学性质等都对会过滤作用产生影响，包括岩土和水系统的非均匀性和非饱和性。

精确地描述过滤过程是困难的，一般是应用质量守恒定律和扩散等理论进行概括性的描述。

2. 吸附作用

(1) 物理吸附作用

岩土介质，特别是细粒含有较多黏土矿物的岩土，具有巨大的表面积。根据表面化学的原理，一般颗粒的粒度越小，其表面积就越大，表面积越大其表面能就愈大，所以细粒含有较多黏土矿物的岩土，具有巨大的表面能，它能够借助于范德华力把迁移液中的某些物质吸附在其表面上，这一过程被称为物理吸附作用。

物理吸附具有以下特征：

① 吸附力为范德华力。

② 吸附为放热反应，吸附热较小，与液化热相似，一般每摩尔放热小于20.934 kJ。

③ 吸附没有选择性，同一吸附剂可吸附不同的吸附质，不同的吸附剂可吸附同一吸附质，但吸附量差别很大。同一系列的化合物，吸附量随分子量的增加而增加。

④ 吸附为单分子层或多分子层。

⑤ 吸附速度快，温度对吸附速度的影响较小，易达吸附平衡，被吸附物质可在岩土表面发生位移，较易解吸。

凡能降低表面能的物质，如表面活性剂和有机酸、无机盐等能降低岩土表面的活化能，易被岩土表面吸附，凡能增加表面能的物质，如无机酸及其盐类——氧化物、硫酸盐、硝酸盐等，被岩土颗粒排斥，分别是两种截然相反的吸附，分别称为正吸附和负吸附。

(2) 物理化学吸附作用

物理化学吸附，又称离子交换或静电引力吸附，即岩土中的铁和铝的氧化物胶体、氧化物表面上与中心金属离子配位的A型羟基或水合基可与一些离子发生离子交换，岩土中的腐殖质以及氟和铁及氟和铝等离子形成的络阳离子均可与羟基等发生离子交换，把这种吸附称为物理化学吸附。

(3) 化学吸附作用

化学吸附是岩土颗粒表面的物质与溶液中化学物质之间，由于化学键力作用，即在吸附剂和吸附质之间发生电子转移或共有电子而引起的。化学吸附涉及比物理吸附大得多的能量效应，其热效应近于化学反应热，约为40 kJ/mol，一般为吸热反应，有选择性，特定吸附剂只对某些吸附质起吸附作用，化学吸附大多数为不可逆和缓慢的，加热有利于吸附反应的进行，吸附力为短程力，被吸附物质只能形成单分子层，不易达平衡，较难脱附。

3. 沉淀作用

迁移离子在岩土中迁移时，当离子的活度积大于溶度积时，便产生沉淀，从而使迁移离子的浓度降低。氟的沉淀物主要有CaF_2、MgF_2和BaF_2，其沉淀受溶度积控制，与pH值、Eh、温度等因素密切相关，与无机络合离子和有机络合离子也有一定的关系。在岩土溶液和水体中，在离子强度大于0.1或比0.1小很多的情况下，无论是有机络合还是无机络合，都可能改变某些化合物的溶解度。一些金属离子与岩土中的草酸、柠檬酸等形成的络合物易溶解，增加某些化合物的溶解度；而与腐殖酸形成的螯合物则难溶解，降低某些化合物的溶解度。如Pb和Zn的腐殖酸络合物，其pK值为8.35和5.72，而Pb和Zn的草酸的pK值为4.0和3.6。这样就可间接使某些迁移离子得到释放，使迁移离子的迁移率明显增加。

四、氟化物污染的修复技术

(一) 地表水中氟污染的治理技术

1. 化学沉淀法

化学沉淀法是在高浓度含氟废水中采用，pH值一般为2左右，其常规处理采用钙盐沉淀法，即向废水中投加石灰乳或投加石灰粉来中和废水的酸度，并投加适量的其他可溶性钙盐（$CaSO_4$和$CaCl_2$等），使废水中的[F^-]与[Ca^{2+}]反应生成CaF_2沉淀而除去。石灰和硫酸钙价格便宜，但溶解度小，只能以乳状液投加，由于生成的CaF_2沉淀包裹在$Ca(OH)_2$或$CaSO_4$颗粒的表面，使之不能被充分利用，因而用量很大。投加石灰乳时，即使用量大到使废水 pH 值达 12 也只能使废水中的氟浓度降到 15 mg/L 左右，且水中悬浮物含量较高。徐金兰等研究发现，单纯的石灰沉淀法不能把高浓度含氟废水降低较低水平，石灰沉淀的 pH 值=10，混合反应的时间为 45 min，沉淀分离时间为 1.5 h。

用水溶性较好的 $CaCl_2$ 除氟，其用量一般为理论用量的 2～5 倍。这是因为[F^-]与[Ca^{2+}]反应生成 CaF_2 的反应速度较慢，达到平衡所需的时间较长。为加快反应，需加入过的 Ca^{2+}，使得投加的钙盐与水中[F^-]的摩尔比达到 2 倍以上，$CaCl_2$ 的投加量高达 500～1 200 mg/L。童浩在处理含氟废水时，选用 $CaCl_2$ 作为投加，他在近一年的工程运行证明，该处理方法操作方便，处理费用低。pH 值对药剂的投加量和处理效果影响非常明显的，先将含氟废水的 pH 值调整到 7.5～8.5，可以节约药剂的用量。

在投加钙盐的基础上，近年来有些研究者提出联合使用铝盐、镁盐、磷酸盐等工艺，处理效果比单纯加钙盐要好。阎秀芝等提出氯化钙与磷酸盐除氟法，其工艺过程是：在废水中加入氯化钙调 pH 值至 9.8～11.8，反应 0.5 h，然后加入磷酸盐，再调 pH 值至 6.3～7.3，反应 4～5 h，最后静止澄清 4～5 h，出水质量浓度为 5 mg/L左右。钙盐、磷酸盐、氟三者的摩尔比大约为(15～20)∶2∶1。张焕祯等提出了利用氯化钙作沉淀剂，以复合铁盐作为混凝剂，以高分子 PAM 作絮凝剂，利用化学沉淀处理氟废水的工艺流程，其特点是不增加现有废水处理设施、设备，增加废水处理量，减少污泥量并使污泥更易于过滤，废水处理效果优于原方法。Krossnerl 等报道了用氯化钙和三氯化铝联合处理含氟废水的方法，其工艺过程为：在废水中投加氯化钙，搅溶后加入三氯化铝，混合均后用氢氧化钠调 pH 值至 7～8，沉降 15 min 后砂滤，出水氟离子浓度为 4 mg/L。氯化钙、三氯化铝和氟摩尔比大约为(0.8～1)∶(2～2.5)∶1。周珊等对钙盐处理含氟废水进行了研究，提出钙盐联合使用铝盐、镁盐、磷酸盐后，除氟效果增加，残留氟浓度降低，因为形成了新的更难溶的含氟化合物，剩余污泥和运行费用仅为原来的。

2. *混凝沉淀法*

混凝沉淀法主要采用铁盐和铝盐两大类混凝剂除去工业废水中的氟。其机理是利用混凝剂在水中形成带正电的胶粒吸附水中的[F^-]，使胶粒相互并聚为较大的絮状物沉淀，以达到除氟的目的。铁盐类混凝剂一般除氟效率不高，仅为 10%～30%。铁盐要达到较高的除氟率，需配合 $Ca(OH)_2$ 使用，要求在较高的 pH 值条件下(pH 值>9)使用，且排放废水需用酸中和反应调整才能达到排放标准，工艺较复杂。铝盐类混凝剂除氟效率可达 50%～80%，可在中性条件(一般 pH 值=6～8)下使用。铝盐除氟是利用[Al^{3+}]与[F^-]络合以及铝盐水解中间产物和最后

生成的 $Al(OH)_3$ 矾花对[F^-]的配位体交换、物理吸附、卷扫作用除去废水中的[F^-]。常用的铝盐混凝剂有硫酸铝、聚合氯化铝、聚合硫酸铝等，均能达到较好的除氟效果。陶大均等对硫酸铝处理含氟废水进行了研究，得出使用硫酸铝时，混凝最佳 pH 值为 6.4～7.2，但投加量大，根据不同情况每吨水需投加 150～1 000 g，不过这会导致出水中含有一定量的对人体健康有害的溶解铝。使用聚合铝（聚合氯化铝、聚合硫酸铝等）后，投药可减少一半左右，混凝最佳 pH 值范围扩大到 5～8。与钙盐沉淀法相比，铝盐混凝沉降法具有药剂投加量少、处理水量大、成本低、一次处理后出水即可达到国家排放标准的优点，适用于工业废水的处理。

铝盐混凝沉淀法也存在缺陷，即除氟效果受搅拌条件、沉降时间等操作因素及水中[SO_4^{2+}]、[Cl^-]等阴离子浓度的影响较大，出水水质不够稳定。

混凝沉淀法一般只适用于含氟较低的废水处理。在强酸性高氟废水处理中，混凝沉淀法常与中和沉淀法配合使用。唐文洁等对稀土工业酸性含氟废水处理进行了研究，采用石灰和 $CaCl_2$ 联合中和除[F^-]，并加入 $FeSO_4$ 和 PAM 混凝剂进行复合聚凝沉降处理，控制[Ca^{2+}]和[F^-]浓度比小于 8，pH 值为 7～8，快速搅拌30 min，静置沉淀 2 h，可使废水中 F^- 浓度由 700～1 000 mg/L 降至 10 mg/L 以下。

为了提高工业废水中氟离子的去除效果，化学沉淀、混凝沉淀两步联用的应用颇受重视。朱义年等在处理酸性含氟废水的试验研究时，采用两步中和沉淀，分两次投加石灰乳，并用 PAM 作为混凝剂，结果表明，采用该工艺处理后的出水含氟量低于 5 mg/L。娄金生等将 $CaCl_2$ 与混凝剂 PAC 联用，氟离子去除效果较好，出水残氟浓度为 5.1 mg/L，去除率达 95.57%。

3. 吸附法

吸附法是目前研究最多的地表水除氟技术之一，主要针对含氟量较低的天然水体或饮用水。该法是利用具有高比表面积、易再生的吸附材料，通过物理、化学等作用将水中溶解的氟离子吸附从而降低氟含量的目的。吸附剂吸附氟的能力与所用吸附剂的种类和吸附剂的表面积有很大关系，吸附剂表面积越大，吸附能力越强。同时，吸附能力也与水化学条件，如溶液的 pH 值，温度以及氟浓度等有关。

根据原料的不同，去除含氟水中氟的吸附剂可分为：改性沸石类吸附剂、铝盐吸附剂、铁盐吸附剂、稀土类吸附剂、生物吸附剂以及其他类吸附剂。

由于吸附法的成本较低，且除氟效果较好，一直是含氟废水处理的重要方法。特别是近年来，传统吸氟材料的改性和新型吸氟材料的研究备受重视。董岁明等和赵雅萍等均采用三价铁修饰改性吸附材料的方法来提高氟离子的吸附容量，都取得了较好的效果，而且采用该方法改性的吸附剂具有吸附性能稳定、高选择性、能多次再生等特点。铝和氧化铝基的吸附剂，对水体中的氟离子具有良好的去除效果。Maliyekkal 等报道了一种新型吸氟吸附剂，他们在氧化铝上负载氧化锰，取得了比活性氧化铝更好的吸氟效果（该吸附材料的吸附容量是 2.85 mg/g，而活性氧化铝则为 1.08 mg/g）；Tripathy 等则发现负载了氧化锰后的氧化铝，能将水中初始氟离子浓度从 10 mg/L 降到 0.2 mg/L，且吸附的最佳 pH 值为 55；Teng 等在氧化铝上负载水合氧化锰之后，无论在静态吸附和动态吸附，都取得了较好的效果，但同时也发现竞争离子对吸附氟离子的影响较大。Maliyekkal 等把氧化镁用来修饰改性活性氧化铝，用该方法制备的吸附剂 3 h 的吸附效率能达到 95%，且受 pH 的影响较大，随着 pH 值的增大，吸附容量下降，同时也说明了共存离子对吸附氟离子的消极作用。

其他天然材料，如铝矾土、赤泥以及黏土等都可以作为去除水体中氟离子的吸附材料，Das 等用热处理来激活富钛铝矾土，将该类铝矾土在 300～450 ℃保持 90 min 后，吸附容量有很大提高，且其吸附的最佳 pH 值范围为 5.5～6.5，同时共存离子对吸附的影响不大，这说明了该材料对氟离子是特异吸附。Tor 等最近报道了用颗粒赤泥动态和静态吸附水体中氟离子的研究，该试验的数据符合吸附动力学和热力学模型，而动态试验则符合汤姆斯模型，吸附剂可以用 0.2 M 的 NaOH 得到良好的再生。用黏土矿物作为吸附剂去除水体中的氟离子的研究最早可以追溯到 1967 年，Bower and Hatcher 等指出黏土矿物对氟离子的吸附，同时释放出 OH^-，该吸附过程受水体中氟离子浓度影响很大。Puka 等研究发现，黏土矿物的结构决定了黏土表面的电荷以及与水体中氟离子交换的特性。

4. *其他方法*

除了上述 3 种主要方法之外，很多研究者在电渗析法、电凝聚法、反渗透法、液膜法、离子交换树脂法、戈尔膜过滤技术、共蒸馏法等方面开展了大量研究工作，并针对特种含氟废水应用一些新方法取得较好的效果。电渗析法处理技术是膜分离技术的一种，这种技术是在外加直流电场作用下，利用离子交换膜的选择透过性（即阳膜只允许阳离子透过，阴膜只允许阴离子透过），使水中阴、阳离子作定向迁移。Annouar 等研究者将天然壳聚糖作为吸附剂去除氟离子的方法与电渗析去氟的方法相比较，发现这两种方法都能取得很好的效果，达到世界卫生组织的标准。最近，Kabay 等研究者将电渗析去氟工艺进行了优化，开发出了一种具有最大去除率和最低能源消耗的电渗析去氟技术。

电凝聚法主要依靠电解生成的活性絮状沉淀的静电吸附和离子交换作用除氟，处理后水质较好，可将浓度为 20 mg/L 的含氟水降至含氟 1～2 mg/L 以下。

反渗透是用足够的压力使高氟水中的水分子通过反渗透膜（或称半透膜）而分离出来。因为它和自然渗透的方向相反，故称为反渗透。Ndiaye 等采用 RO 膜技术去除水体中的氟离子，他们发现采用该方法除氟的效率高达 98%，而且在每一批次的试验后，RO 膜都可以完全地再生。

戈尔膜过滤技术是使用 0.5 μm 左右的戈尔膜过滤废水达到去除有害物质的一种膜处理技术。

离子交换法时使用离子交换树脂达到去除氟离子目的的一种方法。常用的除氟树脂是氨基磷酸树脂，它对氟离子有很强的络合作用。吸附氟的最高量为 9.31 mg/L，去除率大于 75%，其最大的不足是除掉了水中的矿物质，引入了胺类物质，在饮用水除氟中受到了限制。Luo 和 Inoue 等比较了负载不同三价离子的 Amb200CT 型 Amberlite 离子交换树脂对氟的吸附能力。负载了不同三价金属离子的 Amb200CT 型树脂对氟的吸附能力的顺序为：La(Ⅲ) Ce(Ⅲ)＞Y(Ⅲ)＞Fe(Ⅲ) w Al(Ⅲ)，在 pH 值在 4～7 的条件下，经 lanthanum(Ⅲ)负载的树脂可以将氟的浓度降低到世界卫生组织(WHO)推荐的 1.5 mg/L 的标准以下。

(二) 大气中氟污染的治理技术

工业生产中排出的氟化物主要有两种形态。一种是以渣或尘的固态出现，另一种是以气态出现，主要是 HF，其次是 SiF_4。SiF_4在空气中极易水解生成 HF：

$$SiF_4 + 2H_2O \longrightarrow 4HF + SiO_2 \qquad (4-17)$$

HF 是化学活泼性很强的物质，易溶于水生成氢氟酸。固态渣一般可作为无害渣抛弃或堆存。含氟粉尘通过除尘器捕集下来，或弃或用。HF 则必须采取化学净化的办法将它除去，并进一步加工处理。从清洁生产的原则出发，防治大气氟污染必须在生产过程中尽量提高含氟原料的利用率和最大限度地成渣。集气排烟系统要保证高效率，尽可能减少烟气的无组织排放。最后的手段是采取完善的净化回收措施，确保末端达标排放。

含氟气体净化回收技术，通常有湿法与干法之分。这里仅就其中几种典型的和成效显著的流程加以介绍。

1. 含氟废气湿法净化与回收

目前，工业上应用的净化回收流程多为湿法。湿式净化以水或碱性溶液为吸收剂，洗涤吸收废气中的气态氟化物。HF 和 SiF_4都是易溶于水的物质，在净化过程中可以达到很高的净化效果。

湿式装置的流出液达到一定浓度后，可以进一步加工制成有用的氟化物。这一回收工艺分为酸法和碱法两类。酸法回收以水为基础，生成氢氟酸溶液再加工成氟化盐。这种流程的优点是产品的纯度和价值较高。其缺点是腐蚀严重，设备材料要求特殊。碱法回收以碱性溶液为基础，生成物是氟化钠或其他氟化物。这种方法虽然克服了腐蚀问题，但结垢堵塞成了致命弱点。

酸法有氟化铝法和冰晶石合成法。碱法有碳酸化法，碳酸氢钠法，一次合成法，以及硫酸铝法和氨法等。采用何种方法需因地制宜地根据当地原料和产品市场情况加以选定。

(1) 吸收设备

HF 对水有极强的亲和力，在沸点温度下，可以以任意浓度溶解于水中，生成氟氢酸。因此湿式净化所采用的设备主要从传质过程考虑。目前，工业上常用的设备有空心喷淋塔，湍球塔和喷射塔，此外还有其他一些形式的净化设备，如文丘里吸收器，填充塔，筛板塔等。

(2) 回收工艺

含氟烟气在净化设备中用水或碱溶液循环吸收。流出液中含有大量 HF 或 NaF，为避免二次污染，必须加以回收或采取化学固定法加以无害化处理，例如转化为 CaF_2。

2. 含氟废气干法净化与回收

人们很早就发现，利用 HF 的极性强，沸点(19.5 ℃)高，易被吸附的特性，借助某些吸附剂吸附净化含氟废气。这就是所谓干法技术。同传统的湿法相比较，干法净化具有以下优点：

① 流程简单，操作维修容易；

② 除氟效率高，可达 98%以上；

③ 无水作业，因而无水处理设施，无需保温防冻措施，无腐蚀与堵塞之虞，无二次污染；

④ 投资和运行费用较低。

20 世纪 60、70 年代，干法技术取得突破，国外开始建造大型工业装置。到 20 世纪 80、90 年代，干法技术日臻完善，在某些工业部门(特别是炼铝)已达到普遍应用的程度。

(1) 典型的干法流程

目前，国外已发展了许多干法流程，例如美国的 A—398 法，加拿大的 Alcan 法，法国的 Pechiney 法等。

A-398 法采用砂状工业氧化铝作为吸附剂，将流化床反应器与袋式过滤器组合为一个整体设备，因而设备造价和占地面积大大减少。净化效率很高，气氟达 99%，固氟 98%。其缺点是能耗较高，操作稳定性较差。

在此基础上发展起来的稀相输送床净化系统和管道反应净化系统有了较大改进。过滤设备采用吸附剂涂层复膜袋滤器，陶瓷—刚玉过滤器，颗粒层过滤器，静电过滤器等。在吸附剂方面也大大拓宽了范围，如活性氧化铝，工业氧化铝，石灰和石灰石粉末等。

(2) 吸附过程

吸附过程与温度、湿度、吸附剂的晶型、粒度、比表面积和微孔孔径等有密切关系。HF 被吸附剂所吸附属于单分子层化学吸附，通常分为 5 个步骤：① 气膜扩散，HF 达到吸附剂表面；② 微孔扩散、HF 被吸附在吸附剂内表面上；③ 吸附反应、生成表面吸附化合物；④ 部分被吸附的 HF 脱附；⑤ 脱附的 HF 向气相扩散。

以 Al_2O_3 为吸附剂，吸附 HF 生成的表面化合物是以 $[H^+]$ 为中心的 $[F(O)_3]$ 四面体结构。

吸附反应式：

$$Al_2O_3 + 2HF \rightarrow Al_2O_3 \cdot 2HF \tag{4-18}$$

按照单分子层吸附计算，Al_2O_3 的单位面积上 HF 的吸附量为 Al_2O_3 重量的 0.033%。Al_2O_3 的比表面积为 162.6 m^2/g，因此每克 Al_2O_3 饱和吸附的 HF 量为 5.37%，同试验得出的数据 5.96%相吻合。

(3) 吸附设备

工业上要正确选择吸附设备和工艺流程，主要原则是有利于吸附过程，流程简单、易实现自动化操作。气锢两相反应的吸附床分为 3 类：固定床、流化床和输送床。

输送床都有较高强度的传质过程，能实现吸附剂的循环再生和吸附过程的连续操作。这两种反应装置适用于处理较大的烟气量。试验证明，Al_2O_3 吸附 HF 的反应时间约为 0.1 s，设计管道长度时，应考虑气固两相充分接触的时间不宜低于 1 s。

固定床由于气流速度低，床层厚，因而占地面积大，而且多台设备切换操作比较麻烦。工业上并无广泛应用。

流化床分为浓相床和稀相床两种。流化床有利于气固两相的传质。浓相床床层高度在 50～300 cm 不等，气流速度 0.3 m/s，吸附剂停留时间为 2～14 h。稀相床的特点是气速较高，固气比较低。喷动床便是其中的一种。

输送床实际上是一种特殊的管道反应器，其长度根据反应过程所需时间和烟气流速来确定。一般垂直管道的气速不小于 10 m/s，水平管道的气速不低于 13 m/s。

(4) 过滤设备

在干法净化系统中，最终都需要气固分离设备。工业上常用的分离设备有袋式过滤器，静电过滤器和颗粒层过滤器，以及近年问世的复膜过滤器和塑烧板过滤器等。

袋滤器有多种多样的型式，其优点是过滤效率高，一般在 99%以上，但维修比较麻烦，烟气入口温度受滤料材质的限制。

静电过滤器的显著优点是阻力小，一般为 100～300 Pa，能适应温度高于

300 ℃的工况,但它对颗粒物的比电阻有一定要求,有效范围为 $10^3 \sim 10^{14}$ Ω·cm。

颗粒层过滤器对各种工况的适应性较强,但设备庞大,操作运行比较困难,故应用甚少。

(三) 土壤中氟污染的治理技术

基于土壤中氟的赋存形态以及水-土系统中氟发生的主要化学反应,开发出氟污染土壤修复技术。目前,氟污染土壤修复技术研究主要包括化学固定修复技术、化学淋洗技术、电动修复技术和植物修复技术。

1. 化学钝化

化学钝化修复技术主要是利用化学、生物等措施改变土壤中无机污染物的化学形态和赋存形态,从而降低污染物的生物有效性和迁移性。钙对土壤中氟的固定具有重要作用,国内外已有大量研究报道。梁成华等通过室内培养和田间试验研究磷石膏对土壤氟含量和土壤氟形态分布的影响,结果表明,经过连续 4 年施用磷石膏改良土壤后,土壤水溶性氟含量随磷石膏施用量增加而降低。研究者认为,影响土壤水溶性氟含量的主要因素可能是土壤钙含量的增加和 pH 值的降低。崔俊学等通过向珠三角典型氟污染酸性土壤中添加系列钙化合物,研究其对土壤 pH 值和土壤氟有效性的影响,结果表明,添加氧化钙可以显著改善土壤酸化,但是土壤中有效态氟含量上升,而添加碳酸钙对不同土壤表现出不同的效应,硝酸钙对减小有效态氟含量效果显著,但是对土壤酸化没有改善。王凌霞等采用不同的钙化合物来调控不同茶园土壤中水溶性氟含量,结果发现,不同茶园添加不同的钙化合物对土壤中水溶性氟的固化效果不同,分析发现,出现不同的固化效果主要与钙化合物的酸碱性和茶园土壤的酸碱性有关。可见,土壤 pH 条件对其固定土壤氟的效率具有重要影响。

黄雷等以贵州省某磷肥厂周边的氟污染土壤为研究对象,采用室温养护方法研究生石灰和钙镁磷肥联用对土壤 pH 值和水溶性氟含量的影响,研究表明,氧化钙与钙镁磷肥联用比其单独添加有更好的土壤水溶性氟的固化效果,分析发现,氧化钙和钙镁磷肥联用可与土壤中的氟生成氟化钙、氟磷酸钙等沉淀,影响土壤胶体有机基团等对氟的吸附能力。

除了钙化合物,有机物料也是固化土壤氟的有效物质。王开勇等通过向模拟高氟污染土壤中添加有机物料泥炭和风化煤,研究两种有机物料对土壤中水溶性氟含量的影响。结果表明,泥炭和风化煤都能降低土壤中水溶性氟含量,且泥炭的处理效果更好,同时表明,黄壤和石灰土环境下氟形态转化的化学机理不同,运用有机质修复氟污染时黄壤适量添加就可达到理想效果,而氟污染石灰土还存在其他更直接有效的方法改变氟在石灰土环境下的形态及活性。Gao 等研究了木炭和竹炭的添加对土壤中氟形态的影响，结果表明，添加木炭和竹炭显著降低了土壤中水溶态和可交换态氟含量，而铁锰氧化物结合态氟含量显著增加，研究认为，木炭和竹炭是一种有效的土壤氟稳定剂。张永利等研究了氨磷钾肥对茶园土壤溶液中氟含量的影响，结果表明，施用适星的酰胺态氮，或者配施磷或磷和钾，在一定时间内可以提升土壤 pH 值，进而降低土壤溶液氟含量。

2. 化学淋洗

土壤淋洗技术广泛应用于重金属和有机物等污染土壤修复中，而在氟污染土壤修复中的应用仍然较少。Xu 等研究了不同小分子有机酸对土壤氟的解析能力，结果表明，苹果酸溶液显著提高了土壤中氟的解析效率，并且随着溶液 pH 的降低，氟的解析效率逐渐增加。李琼等研究了不同螯合剂对氟污染土壤去除效率的影响，结果表明，随着提取溶液浓度的增加，土壤氟的提取效果逐渐提高，其中，半胱氨酸的萃取效果最佳，研究认为，半胱氨酸除了有 $COOH^-$ 和 NH_2^- 基团，还有 HS^- 基团，这是其具有较高提取效果的重要原因。

Kim 等采用不同浓度氢氧化钠溶液作为提取溶液，从土壤中提取氟，结果表明，随着氢氧化钠浓度的增加，氟的提取效率逐渐增加，当氢氧化钠浓度为 1 mol/L 时，氟的去除效率为 22.8%。Moon 等研究了不同淋洗剂（盐酸、硝酸、氢氧化钠、硫酸和酒石酸）对氟污染土壤淋洗效果的影响，结果表明，盐酸对氟污染土壤具有最好的淋洗效果，采用 3 mol/L 的盐酸溶液可将初始浓度为 740 mg/kg 氟污染土壤中的氟去除达 97%，处理后可达到韩国居住区土壤预警标准值。

3. 电动修复技术

电动修复技术是一种高效的土壤修复技术，广泛应用于重金属、有机物以及放射性元素污染的土壤、污泥和沉积物的修复。电动修复技术是在电场作用下氟离子通过电迁移和电渗流等从土壤中去除的过程。研究表明，电动修复技术可有效应用于修复氟污染土壤，目前已有大量试验研究并取得了良好效果。Kim 等研究了通过循环强碱溶液调控阳极 pH 值的方法电动修复氟污染土壤，结果表明，随着阳极电解液浓度和施加电流密度的增加，土壤氟的去除率逐渐增加，经过 14 d 的处理，土壤中氟的去除率最高可达 75.6%。研究认为，调控阳极电解液条件电动修复氟污染土壤是一种有前景的修复技术。Zhu 等和朱书法等开展了相似的研究，并获得了相似的研究结果。研究分别利用去离子水和氢氧化钠作为电解液，采用循环电解液的方式电动修复氟污染土壤，结果表明，采用氢氧化钠作为电解液并使两极溶液串联循环时可高效从土壤中去除氟。同时，朱书法等研究了不同电压梯度和氢氧化钠浓度对电动修复氟污染土壤的影响，结果表明，随着电压梯度和电解液浓度的增加，土壤中氟的去除效率逐渐增加，最高去除效率可达 73%。

Zhou 等研究了采用太阳能电池、离子交换膜和脉冲电流对电动修复氟污染土壤的影响研究认为，利用太阳能作为电源电动修复氟污染土壤是行之有效的方法，采用脉冲电动修复可有效提高氟污染土壤的去除效率。随后，Zhou 等研究了阴极逼近对电动修复氟污染土壤的影响，研究表明，阴极逼近电动修复氟污染土壤是一种有效的氟污染土壤修复方法，采用该方法可提高电动修复效率，减小电动修复能耗，缩短修复时间。同时，Zhou 等研究了电动修复氟污染土壤时对土壤肥力的影响。Zhu 等采用氨水作为电解液，采用竹炭作为吸附剂联合电动修复氟污染土壤。研究表明，其联合修复效率最高可达 75.7%，氨水强化电动修复结合竹炭吸附是一种去除氟污染土壤的有效方法。Zhu 等研究了不同电压梯度电动修复氟污染红壤的修复效率，研究采用去离子水作为电解液，结果表明，随着电压梯度的增加，氟的去除效率逐渐增加，在 1.5 V/cm 的电压梯度下，氟的去除率达到 63.2%。

4. 植物修复

氟污染土壤的植物修复可分为植物提取和植物阻隔，植物提取即利用氟积累植物从土壤中吸取氟，随后收割地上部并进行集中处理，连续种植该植物，达到降低或去除土壤氟污染的目的。植物阻隔是通过种植氟低积累品种来减少作物可食部位的氟含量，从而达到安全利用污染农田的目的，该项技术被称为植物阻隔修复。目前，氟污染土壤植物修复的工作一方面集中在氟积累植物的筛选，并结合其他修复技术，从土壤中高效富集氟，从而将氟彻底从土壤中去除。另一方面是筛选氟低积累植物，减小氟从土壤向植物体的转移，或种植不进入食物链的植物，减轻氟对人体的危害。

目前，植物提取修复氟污染土壤的研究仍较少，已报道的对氟具有较高富集作用的植物有茶树（Camellia sinensis）、刺槐（Robinia pseudoacacia）、国槐（Sophora japonica）、臭椿（Ailanthus altissima）、合欢（Albizzia julbrissin）等。研究表明，在氟污染严重的挪威西部森林土壤中，某些植物叶中氟含量高达 1 100 mg/kg。茶树是一种氟富集植物，且绝大部分富集在叶部，尤其是老叶，落叶中氟含量可达 2 000 mg/kg 以上，茶树黄棪叶中氟的富集量占全株的 98.19%。在氟污染区域，可以种植氟积累植物，同时结合其他修复技术，从而将氟从土壤中去除。但是，已发现的氟积累植物种类较少，氟富集植物的筛选将是今后工作的重点之一。

研究者们对不同地区不同植物的氟吸收能力进行了大量研究，发现不同植物对氟的吸收富集能力差异较大，筛选氟低积累植物种类或品种，对氟污染土壤的安全利用具有重要意义。资料显示：草本植物含氟量为 3～19 mg/kg，木本裸子植物含氟量为 0.02～4 mg/kg，木本被子植物含氟量为 0.04～24 mg/kg。胡志林调查新疆天山草场牧草氟含量发现，牧草氟含量为 0.5～9.4 mg/kg。文勇立等调查发现，川西北牧草中氟含量冷季为 3.14 mg/kg，暖季为1.42 mg/kg。Loganathan 等研究发现，长期施用磷肥导致土壤中氟含量显著升高的牧区，牧草中氟含量升高，通常接近 3 mg/kg。

粮食作物的氟含量通常小于 1 mg/kg，且受土壤氟含量的影响较小，朱法华等调查发现，高氟地区粮食作物中氟含量为 0.70～0.85 mg/kg。在清洁区不同蔬菜对氟的吸收富集能力存在一定差异，但大多均较低。曹进等调查了西藏不同地区蔬菜中的氟含量，其氟含量范围为 0.03～0.15 mg/kg。孟宪玺等调查了松嫩平原蔬菜中氟含量，该区域为非氟污染区，调查表明，黄瓜中氟含量最高(1.19 mg/kg)，马铃薯氟含量最低(0.79 mg/kg)。而在污染区附近，蔬菜中氟含量显著高于清洁区，且叶菜类蔬菜氟含量大于瓜果根茎类。段敏等调查了西安郊区蔬菜氟含量，结果显示，叶菜类氟含量的均值是茄果类的 2.9 倍。研究认为，空气氟污染可能是导致叶菜类氟含量较高的原因之一。

植物不同组织对氟的吸收和积累存在显著差异，通常，氟大量地积累在新陈代谢旺盛的器官，而营养贮存器官的氟积累量相对较小，即其含量变化普遍呈现根＞叶＞茎和果实的递减规律。研究表明，氟在水稻、花生和大豆中的分布，基本均符合上述规律。但大量调查研究显示，并不是所有植物都满足上述规律，何锋等发现，菠菜中氟含量分布为老叶＞幼叶＞根。同时氟在植物体内的分布与氟化物进入植物的途径有关，在氟污灌区植物体内氟的含量分布为根＞叶＞壳和果实，而在受大气氟污染的区域，植物主要由叶吸收氟，体内氟分布为叶＞根＞果实。大量调查研究表明，不同茶树各组织氟含量分布不尽相同，但均呈叶片大于其他组织的规律。Xie 等发现，废弃茶园中 6 种植物(其中一种为茶树)的氟富集含量为叶＞茎＞根。马立锋等研究表明，茶树的氟富集能力为叶片＞吸收根＞主根＞茎，Fung 等研究也发现了相似的结果。

在氟污染区，可根据当地的种植习惯，有选择性地种植氟低积累经济作物，如粮食作物、根茎类蔬菜等，避免种植叶菜类等氟容易富集的品种。同时，将植物阻隔技术与化学钝化技术联合应用，在修复氟污染土壤中取得了理想效果。盆栽试验表明，苜蓿和黑麦草中富集的氟含量与土壤水溶性氟或 0.01 mol/L 氯化钙浸提氟含量呈显著正相关。为了减少氟在植物中的积累，可以在种植氟低积累作物的同时添加一些相应的稳定剂。有研究表明，木炭和竹炭的添加显著降低了茶树根和茶叶中的氟含量，而对茶叶质量没有影响。

Alvarez-Ayuso 等研究了脱硫石膏在酸性土壤中的施用对植物富集氟的影响，结果表明，植物地上部分氟的积累量是 22～65 mg/kg，随着脱硫石膏施加量的增加，植物地上部分氟的富集量逐渐减小，研究认为土壤中溶解性钙浓度的增加是导致氟在植物中积累的重要限制因素。Ruan 等和马立峰等通过水培和盆栽试验研究了土壤 pH 值和钙对土壤氟活性和对茶树富集氟的影响，结果表明，添加钙显著降低茶树对溶液中氟的吸收，在盆栽试验中向土壤中添加 $Ca(NO_3)_2$ 或 CaO 后均显著降低了茶树叶片氟含量，但是添加两种钙的化合物之后并没有降低土壤氟的有效性。添加钙使土壤中溶解性的氟离子与钙形成 CaF_2 沉淀是减少茶树对氟富集的一个重要因素，但这并不是添加钙减小茶树富集氟的唯一原因，研究者认为，钙的添加对细胞壁和细胞膜渗透性的影响以及对氟存在形态的影响是减小茶树对氟富集的重要原因。

第七节　二噁英污染修复

一、二噁英污染

二噁英全称分别是多氯二苯并-对-二噁英(polychlorinated dibenzo-p-dioxin，简称 PCDDs)和多氯二苯并呋喃(polychlorinated dibenzofuran，简称 PCDFs)。由 2 个氧原子联结 2 个被氯原子取代的苯环为多氯二苯并二噁英(PCDDs)；由 1 个氧原子联结 2 个被氯原子取代的苯环为多氯二苯并呋喃(PCDFs)。每个苯环上都可以取代 1～4 个氯原子，从而形成众多的异构体。各种异构体的毒性差异很大，由于氯原子个数和取代位置不同，PCDDs 和 PCDFS 各有 75 种和 135 种异构体，其中 2,3,7,8-TCDD(T4CDD)被称为“地球上毒性最强的物质”。

二、二噁英的特点

(一) 二噁英的来源

环境中的二噁英系列污染物并不是我们人为生产的(不包括 PCBs，PCBs 曾因其良好的热/化学稳定性和低的导电性，被广泛地应用于各种工业，如传热和液压流体，塑料、涂料中的增塑剂、粘合剂以及电容器和变压器中的介电流体，由于它的存在对环境和人类构成了严重的危害，于 20 世纪 70 年代后期相继被迫停产)，不仅没有一点工业价值(指的是 PCDFs 和 PCDD)，还会对人类及动植物赖以生存的环境和自身的健康构成严重威胁，公众对其邻近的环境安全和自身健康的关注普遍增加。环境中只有极少量的 PCDFs 和 PCDDs 是以科研的目的合成的，大量的 PCBs 是 20 世纪商业化时期留下的，绝大部分的二噁英是工业生产的副产物，目前可被用来预见的二噁英主要来源的途径有以下几种：

(1) 固体废弃物以及城市生活垃圾的焚烧和处理：这些固体废弃物本身就含有小部分的二噁英，尤其是焚烧过程中的不完全燃烧为二噁英的主要来源，多氯联苯、聚氯乙烯、五氯酚等诸多含有 Cl 原子的有机物和城市固废的焚烧过程排出的烟尘中都含有二噁英。有研究表明 95%的固废、垃圾的焚烧过程都有二噁英形成，而环境中 90%左右的二噁英物质来源于城市和工业垃圾的焚烧。焚化炉中没有彻底氧化的废弃物再次通过热回收/集尘装置等设备时，温度被逐渐降低(300～500 ℃)的过程中特别容易生成二噁英。另外，二噁英也极易在木材类、纸张类制品、棉类、塑料类制品和食物残渣、等含氯、含碳物质的焚烧过程形成(电容器、变压器等电力设备中的绝缘油还是 PCBs 的主要来源)。

(2) 相关化工产品的使用：① 能源的燃烧与利用：以煤为原料的火力发电过程，以柴油/汽油为燃料的动力车以及家用炉灶等的能源的使用过程都含有多环芳烃，多环芳烃进一步作用便能形成二噁英。除此之外，石油的焦化、裂解过程也能衍生出二噁英。② 含芳香烃类化合物的生产过程：以硝基/烷基/酚类、苯胺、甲基苯等作原料的化工产品，例如合成洗涤剂、漂白剂、消毒剂、杀虫剂、防沉剂、室内装潢建材等建筑材料，都可派生出二噁英。

(3) 有机氯化学药品如农药等的生产和使用：在农药类化合物的制造过程和使用中，尤其是氯系化学物质，像杀虫剂、除草剂、落叶剂(美军用之对越;作战)等产品中均可产生强毒性的二噁英。

(4) 冶金行业的工业生产：尤其是钢铁、冶金等工业流程的烧结工序，不仅是排放 SO_2、N_xO_y和颗粒等大气污染物，也是主要释放二噁英类物质，并且其排放量占冶铁冶金行业总排放量的 90%以上。

(二) 二噁英的形成机理

二噁英物质(这里主要是指前两类物质 PCDDs 和 PCDFs，PCBs 的合成机理早在 20 世纪就已经很清楚了)的熔点和沸点都很高，常温常压下是固体，不溶于水等无机溶剂，易溶于四氯化碳等有机溶剂。自然环境中它们的稳定性很高，生物降解性十分缓慢，在低温条件下能稳定存在，一般要加热到 800 ℃以上才会降解，然而，要大量破坏时需要的温度则高达 1 000 ℃，一旦温度降下来又会重新合成。但无论二噁英以哪一种方式生成，都必须要具备四个基本条件：① 必须有含苯环结构的物质存在(二噁英的母体)；② 必须有氯源：可由氯盐等无机氯或氯苯、PVC、多氯联苯等有机氯提供 C1 原子；③ 生成温度必须适宜：最佳的生成温度大约为 350 ℃；④ 必须有催化剂：如铁、铜、锌、镍等具有催化性的金属。

虽然国内外学者做了大量研究，但因为二噁英复杂的反应过程、众多的影响条件和因素以及检测方法的限制，导致了二噁英的生成机理不是很明确。目前被普遍接受的二噁英的生成机理有：直接释放机理、高温气相反应机理、前驱物合成机理和低温再合成反应机理。

(1) 直接释放机理

德、美、日和加拿大等国的学者均证实了固体废物中含有二噁英。二噁英良好的热稳定性在固体废物燃烧过程得到了充分的体现，如果达不到二噁英分子的分解温度等条件，它们在燃烧过程中便不发生变化，或者经不完全分解破坏后仍继续存在，最终通过固体残渣和烟气进入环境。研究者通过实际生产作业中的物料平衡证实了废物焚烧生成二噁英的总量要远高于垃圾本身固有的二噁英的量，并且二噁英的异构体分布也不相同，所以二噁英主要在垃圾焚烧后重新生成。

(2) 前驱物合成机理

垃圾不完全燃烧的情况下会产生二噁英的前驱物，如氯酚、氯苯或者多氯联苯等，主要生成温度高于 400 ℃(最合适的温度约为 750 ℃)；再由催化金属与无机盐类或者氧化物等在飞灰上形成表面活化物质，从而吸附前驱物，在金属离子的催化作用下，通过氯化反应、氧化反应、缩合反应、重排反应等化学反应生成二噁英物质，其中一部分二噁英会从飞灰表面脱附下来烟气排放到环境中。低温换热区和灰渣区是前驱物合成机理的主要发生场所，异相前驱物的催化生成和同相前驱物的催化生成是主要的生成过程。① 前驱物的异相催化生成：是指烟气中已生成的气态前驱物(如氯酚基团、氯苯等)和飞灰表面吸附的二噁英前驱物，与烟尘中携带的氯化铜或氯化铁等催化剂共同作用形成二噁英，温度为 200～500 ℃。前驱物异相催化合成的步骤：a. 固废的不完全燃烧产物(主要是 PIC 类前驱物、挥发性物质以及有机活性基团)的形成；b. 具有吸附性的表面活性物质的形成，可吸附前驱物、过渡金属及其盐和氧化物；c. 有机活性催化过程的发生和部分反应产物从活性表面脱附下来。② 前驱物的同相催化生成：是指灰尘表面吸附的前驱物(例如：聚氯乙烯、多氯苯酚、氯酚、氯苯类和二苯醚等)通过进一步的反应形成二噁英。在二噁英生成阶段与异相催化略有不同，其余均与异相催化相同。

(3) 高温气相反应机理

高温气相反应主要发生在垃圾焚烧炉炉膛换热区，焚烧炉内垃圾的初期干燥阶段除水分外低沸点的有机物挥发进入空气后发生氧化反应，生成水和二氧化碳，形成短暂的缺氧条件，使其中一部分有机物与氯化氢反应生成二噁英，生成温度一般为 500～800 ℃。许多学者发现在高温气相中，二噁英可由氯酚、多. 氯联苯等不同的前驱物生成，比如在氧气量充足、温度为 500～700 ℃等条件下，多氯联苯能够在极短的时间内形成二噁英。关于二噁英气相生成机制的研究，Babushok 的研究表明:主要的反应基是由燃料燃烧系统中自由氯的产生和富氯燃料的混合决定的,反应基通过进一步的反应生成浓度较高的氯代苯氧基和苯环上的二聚反应共同促进了二噁英的生成。也有研究表明还可能存在二噁英生成的气相途径。Gullett等人的文献研究了200~800 ℃范围内二噁英前驱物在氧气、氯气和氯化氢等环境下的反应,发现氧气存在的高温条件下,氯化氢促使生成更多的二噁英前驱物、阻碍二噁英的直接生成。Bozzelli等人研究了羟基自由基环境中多氯联苯、氯化联苯醚以及氯代二苯呋喃向2,3,7,8-四氯代二苯并-对-二噁英转化的气相过程,得到了含短链的氯代烃在气相中能产生前驱物进而形成二噁英的结论。气相环境中生成二噁英的温度均高于600 ℃。

(4) 低温再合成反应机理

低温再合成反应又被叫作从头再合成机理,是指碳、氢、氧和氯等元素在烟气净化系统的低温条件下通过一系列的基元反应生成二噁英,或是由化学结构不相近的化合物,或不含氯的有机物与氯源反应生成,其最佳生成温度为300 ℃。垃圾焚烧炉尾部的低温区是该机理的发生区域,主要发生氧化反应和缩合反应。a. 氧化反应:从头合成反应的基本要素是氧气,生成二噁英所需的氯原子由氯盐提供,如迪康(Deacon)反应,所需的氯原子就是由飞灰中的金属盐或者烟气中的氯化氢分子提供。飞灰中含氯巨碳分子必须同氧气反应,将其破坏成小分子,这些小分子包含二噁英以及二噁英的前驱物质,如多氯联苯、氯酚等。b. 缩合反应:该反应能被金属离子/类似活性炭的碳结构催化,为二噁英的生成提供两个芳香族羟基结构。不含氯的大分子碳(炭黑、焦炭、活性炭等)通过氯化反应从而生成二噁英,进行缩合反应所需要的活化能被附着在灰尘上的催化金属降低,在一定程度上促使氯苯、氯酚等单环官能团的芳香族化合物通过缩合反应生成二噁英同类物。

很多前辈的研究都表明垃圾焚烧是环境中二噁英的主要来源,前驱物催化合成和低温再合成反应是生成二噁英最主要的机理。

(三) 二噁英的毒性危害

近年来,人们谈"癌"色变,大量的研究表明,80%以上的癌症病例可能与环境污染有着极大的关系,在多种环境因子中,化学致癌物占大多数,其中二噁英的贡献最为突出。二噁英是一类急性毒性极强的物质,其致癌性比3,4-苯并芘(BaP)高数倍,相当于已知的黄曲霉素的十倍,是马钱子碱的五十倍,氰化钾的三百倍,二氧化砷(砒霜)的九百倍,0.1g的二噁英可导致数十人死亡,或杀死上千只禽类。其中2,3,7,8-TCDD毒性是氰化钾的一千倍以上,被称为"世纪剧毒",二噁英在全球范围的各种环境介质以及人体和动植物组织器官中广泛存在,已被世界各国政府、学术界以及工业界等公认为是对人类健康存在极大的潜在危害全球性分布的最难治理的环境污染物。大量的动物实验表明浓度很低的二噁英类就可对动物表现出来致死效应。暴露在含有二噁英的环境中的不同物种间的急性毒性差异是很大的，其中豚鼠对二噁英最为敏感，6 μg 的 TCDD 就可以使质量为 1 000 g 的豚鼠死亡，15 μg 的 TCDD 就可以使质量为 1 000 g 的家兔致死等，而对人体则可引起皮肤痤疮、头痛、失聪、忧郁、失眠等症状，并且还可能导致染色体损伤、心力衰竭、癌症等。

已有大量研究证明二噁英可导致急性致死毒性，皮肤癌，肝毒性，致癌性，生殖毒性与内分泌干扰毒性，发育毒性和致畸、免疫毒性，心血管系统、呼吸系统和神经系统毒性、甲状腺和类固醇激素和生殖功能。二噁英也是肺癌，喉头癌、口腔咽头癌、食道癌、胃癌、膀胱癌、肾盂尿管癌、胰腺癌等多种癌以及虚血性心疾患、脑血管疾患、慢性闭塞性肺疾患、牙周疾患等多种疾患、低出生体重儿和流早产等有关妊娠异常的危险因子。国际上也曾发生过一些著名的二噁英事件，例如：1965—1970 年越战期间，美国在越南投放大量的落叶剂、除草剂，所投的 2,4,5-T 的橙色剂中 TCDD 的含量超过 2%，造成当地居民生育陆续发生孕妇流产、胎儿畸形等严重危害；1967 年意大利萨维索城二噁英泄漏事件后，医生发现该地区居民的肝癌发病率要明显高于其他地区。1968—1978 年间日本发生了米糠油事件，因福冈和长崎的居民食用受到二噁英污染的米糠油，导致 1 600 多人不同程度的中毒，孕妇腹中胎儿流产、畸形等。米糠油事件过去 20 年后，我国台湾地区没能吸取日本的经验、教训，让相似的悲剧发生。2004 年，乌克兰总统维克多尤先科在大选时被投毒二噁英，不仅容貌被毁，也造成了氯痤疮、内脏等身体机能的破坏。所以二噁英的毒性作用可见一斑。1997 年，世界卫生组织和美国环保署将二噁英系列化合物由二级致癌物质提升为一级致癌物质，代表着二噁英是全世界迄今为止有毒物质中毒性最强的物质，进一步明确它们对人体的危险性。1998 年，我国年颁布了《国家危险废物名录》，将二噁英（此处不包括多氯联苯）列入特级危险物的行列，2002 年颁布的《剧毒化学品目录》，二噁英也被标记为剧毒化学品。一些美国的科学家认为：当二噁英的含量在人体脂肪组织中达到 5%时，患癌的概率就能高达 40%。二噁英对生命体的最大危害在于它的不可逆的致畸、致癌、致突变等毒性。因此，对二噁英毒性研究具有重要的意义，评价其对人类、动物的健康和环境的风险。

三、二噁英的环境归趋

二噁英系列化合物不仅在生态环境中无处不在，而且对生命体的杀伤力和影

响最大的化合物。二噁英和类二噁英化学对自然环境和人类健康构成了极大的威胁,他们带来的环境污染主要表现在以下三个方面:

(一) 大气中的二噁英

二噁英主要以颗粒或者气相的形式存在,含氯原子数目较多的二噁英大都以颗粒物的形式存在,含氯原子数目较小的二噁英主要分布在气相环境中。其中气溶胶中的二噁英的含量是比较低的,对大气造成的污染也相对的小一些:通常以颗粒物形式存在的二噁英,主要是通过吸附作用附着在其他悬浮颗粒表面(如PM2.5、PM10等固体悬浮颗粒),再通过重力沉降到水体、土壤中并造成严重的环境污染。颗粒物形式存在的二噁英对大气污染、对人体的危害主要体现在雾霾上,附着有二噁英的雾霾通过人的呼吸进入人体内,其带来的伤害很大,尤其冬季是雾霾的高发季节,近年来,我国特别是东部、北方出现大面积的雾霾,与北方相比,我国广州、福建、杭州等南方地区的大气环境中二噁英的含量相对较低,但仍高于英国和西班牙等地区的含量水平。雾霾不仅使能见度降低,导致交通事故率上升,而且最大的危害是对我们人体造成的内在伤害,并且多是由二噁英造成的,如:皮肤、呼吸道、肺部等疾病以及癌变率不断增加。

(二) 水体中的二噁英

气相中的二噁英可随着气流通过远距离的大气传输作用以及沉降作用,扩散到大范围的自然环境中,导致其全球性的分布,甚至在南极、北极和喜马拉雅无人区都检测到了二噁英的存在。针对水体中的二噁英类物质,目前我国缺乏具有代表性的数据,但通过对比洞庭湖淡水样品与日本地下水二噁英的平均毒性当量浓度发现我国部分水体已经受到污染。20世纪60至80年代,由于五氯酚钠的大量使用,导致我国第二大淡水湖-洞庭湖的水体受到污染,超过了日本2007年地下水二噁英的平均毒性当量浓度。2007年,日本2.5%的公用水和0.3%的地下水中的二噁英浓度不达标。与发达国家相比,我国虽然缺乏有说服力的二噁英污染数据,但是根据国外的经验和有限的数据来看,二噁英确实存在于我国水体环境中,且部分水体中的含量超标。所以未来几年甚至几十年内展开二噁英水体污染的调查和控制方面的研究十分有必要。2011年,胡习邦等的研究中表明,珠江三角洲(西江)水体中二噁英的质量浓度较低,但是仍高于波罗的海支流,我国广州等市二噁英的污染水平仍然比较高,给居民健康带来的安全隐患也是巨大的。

(三) 土壤中的二噁英

大气中的二噁英伴随着降雨沉降到地面上从而渗入土壤、污染的地下水扩散到周围土壤、大气中悬浮颗粒或者烟灰扬尘上吸附的二噁英由重力作用沉降到地面。过去十年来，位于我国广东省汕头市并设有密集参与电子垃圾拆解和回收的全球电子垃圾回收站的贵屿镇，其表面土壤和燃烧残渣中都被检测出含有多氯代二苯并-对-二噁英和二苯并呋喃。张素坤等研究表明珠江三角洲周围的土壤环境中含有二噁英，山区、郊区、工业区和生活商业区也检测到了二噁英。同别的地区相比，珠江三角洲地区土壤环境中二噁英的质量分数同湖北鸭儿湖相比明显高于后者，与我国杭州市、台湾新竹等地区的含量相差不大，但明显低于贵屿和日本秋田市等地。

(四) 二噁英在食物链中的富集

不仅大气、水体、土壤受到了二噁英的污染，食品安全也受到二噁英的污染。二噁英已经被世界卫生组织列入全球环境监测计划中食品部分的监测对象名单。我国多地的食物中也相继被检测出二噁英。胡习邦等的研究表明深圳珠江三角洲地区 11 种食物中粮食、蔬菜、植物油、猪肉、鸡肉、鸭肉、鱼类、羊肉、牛肉、蛋类和奶粉中二噁英浓度一直呈升高趋势，其中，鱼类中二噁英的含量值为最高，将近粮食中含量的 1300 倍。同近期一些文献的研究结果相比，珠三角地区的蛋类、水产品、奶制品等食品中二噁英的含量略高于我国南方、北方共 12 个省份和我国台湾食物中二噁英含量；肉制品中珠三角地区的二噁英含量高于 12 个省份，鸡肉和羊肉中二噁英的含量与台湾地区相当；所有食物中，粮食和蔬菜类中的二噁英含量都是最低的，而且浓度水平基本一致。而国外大部分国家也在食品中检测到二噁英，1995 年至 2010 年期间，欧洲食品安全局从 24 个欧洲联盟成员国、冰岛和挪威收集的共计 13 797 份二噁英样品和 19 181 份非二噁英样多氯联苯样品考虑进行详细评估。在几乎所有样品中都发现了至少一种二噁英和二噁英样多氯联苯的定量同源物，而在 68.4%的饲料和 82.6%的食品样品中至少有一个二噁英样多氯联苯指示剂被定量。鳗鱼肉和鱼肝及其衍生产品中二噁英和多氯联苯的平均污染水平最高，样品食品的二噁英水平分别高于最大水平允许值 10%和 3%。1999 年间，比利时由于含有饲料受到了二噁英的污染导致了“毒鸡”事件的发生，法国、德国、荷兰等国也因为同样的原因发生了畜禽类产品及乳制品二噁英含量过高的现象。2011 年，食品链污染物小组在由 8 个欧洲国家提交的 332 头羊、175 头羊肉和 9 头鹿的肝脏样本中检测到二噁英；Guillaume 等的研究表明：来自荷兰的 62 家的家庭生产的鸡蛋和商业鸡蛋相比，二噁英含量明显较高。Horst 等的研究表明北大西洋及其相邻海洋的鳕鱼也受到二噁英大范围的污染。所以，二噁英对于食品的污染也是全球性的。

四、二噁英污染的修复技术

(一) 物理化学方法

物理化学修复技术，一般需要把土壤加热到很高或者较高温度，或者需要向土壤中加入某些化学物质后再进行处理；或者需要把土壤挖出来放入密闭容器或燃烧室中进行处理；或者需要进行前处理，例如用溶剂把二噁英萃取出来，再进一步处理。这样使得土壤的水分含量和结构都有可能被改变，并且这些技术耗费人力、物力大，成本高，对设备的要求高。因此，这些技术的推广与应用有一定的难度。

目前，物理化学方法大致有以下 5 个方面：

(1) 吸附、填埋、固化/稳定化技术。土壤中的二噁英也可以通过活性炭、矿物表面吸附来去除，但该方法只是将二噁英进行富集或转移，并没有降解二噁英。填埋、固化/稳定化技术是通过限制污染物的滤除率降低二噁英的迁移。这些方法只是暂时的稳定了二噁英，污染物仍停留在土壤中，仍存在潜在危害，后续对土壤中二噁英的彻底去除将要花费大量时间和金钱。

(2) 热处理技术。热处理是去除二噁英污染物的一种有效方法，如果处理温度、滞留时间、烟气冷却和空气污染控制系统合适的话，热解去除率达 99.999 9%(U. S. Congress, Office of Technology As-sessment，1991)，但是花费较高，只在污染很严重的区域可以使用。

(3) 溶剂洗脱、萃取技术。用溶剂将土壤中的二噁英直接提取出来实现土壤的净化。如 Kieatiwong(1990)用橄榄油萃取出土壤中 91%的二噁英。Hashimoto 等(2004)用亚临界水萃取方法，350 ℃、4 h 内从土壤中萃取出 99.4%的二噁英，但这只是把二噁英从土壤中转移出来，并且成本较大，要彻底清除二噁英还需结合其他方法。

(4) 光降解方法。二噁英可以吸收近紫外区的电磁辐射而发生光降解，光解作用一般在表面数 mm 之内与二噁英亲合力低的地区适用；加入有机溶剂和表面活性剂可以增加土壤中污染物的溶解性，将其输送到土壤表面，从而避免光照穿透力的不足，但是有机溶剂的使用易于造成土壤的二次污染。植物油脂具有高效、廉价以及安全性高的特点，Isosaari 等(2001)采用植物油脂来强化土壤中二噁英的降解，用橄榄油为溶剂结合紫外照射一个高污染土壤，17.5 h 内土壤样本 I-TEQ 值减少了 84%。张志军等(1996)用 1 500 W 中压汞灯照射干燥土壤表面的二噁英研究紫外光降解情况，结果发现，它们在土壤的表面降解很快反应在 2 h 内基本完成，脱氯反应主要发生在 1,4,6,9 等邻位上，但降解深度仅为 0.1～0.27 mm。

(5) 化学降解方法。化学降解可将土壤中的二噁英分解或转化为其他无毒或低毒性物质而去除。目前发现一些氧化性试剂可以降解二噁英，mino 等(2004)在含有 2,7-DCDD 的土壤中加入 $Fe^{3+}-H_2O$，发现 30 min 内 DCDD 几乎完全降解。但是化学降解降低土壤污染物的毒性或含量同时可能形成毒性更大的副产物，一些强氧化性化学试剂也会改变土壤的理化性质、破坏生态环境。

国外处理二噁英污染土壤的几种物理化学技术有：上述所说的萃取 r 辐射技术和"区域燃烧"修复技术。Gray 和 Hilarides(1995)用钴 60 产生的 r 辐射可以把 TCDD 转化为几乎无毒的产物。Hilarides(1995)对从美国纽约的 LoveCanal 挖掘出的受 TCDD 污染土壤进行 r 辐射处理，在 450 kGy 的 r 辐射剂量下，接近 75%的 TCDD 被转化。r 辐射技术有缺点：当土壤中含有多于 4 个氯取代原子的二噁英同系物时，用 r 辐射处理受污染土壤的过程中，这些同系物会转化为 TCDD 等，而且转化速率高于二噁英去除速率，在这种情况下，r 辐射处理方法即无效了。

"区域燃烧"修复是 Kasai 等(2000)提出的利用填充层中焦炭粒子的稳定燃烧以及连续的空气流对含氯化合物污染的土壤进行热处理的技术。Kasai 等在实验室中用"区域燃烧"修复技术将污染土壤中超过 98.9%的二噁英去除掉。处理过程大致为：首先，把土壤和不同质量百分比的焦炭混合并加水进行团粒化；空气从填充层底部流入填充层，用煤气喷嘴点燃填充层顶部；待填充层中的焦炭粒子稳定燃烧后，关闭煤气喷嘴，让新鲜空气继续流入容器。焦炭燃烧的高温区域最高温度超过 800 ℃。固体粒子和空气流以及水分之间有大量的热量交换。在较上层，传递到空气的热量被再次用于增加较下层的温度，实际效果就是，高温区域以 2～3 cm/min的速度向下层移动，二噁英被充分分解或者挥发。

"区域燃烧技术"的一个优点是处理后的土壤有很好的利用性。即在低温燃烧区，土壤颗粒能够保持原来的大小和形状。在温度相对高的燃烧区，可以形成几厘米大小的土壤团粒。总体上，处理后土壤能很好地返回到原来的地方。但是该处理过程需要不断地冲入新鲜空气，排出的废气量大，这造成需要花费大量的财力处理废气，耗用大量的人力物力将污染土壤转移到这个装置中，对土壤也造成一定的扰动。

（二）微生物修复方法

在过去的几年里，学者们从生物多样性、生物化学、分子生物学等方面研究了二噁英的生物降解过程。发现某些好氧微生物和厌氧微生物可以降二噁英，但降解机理不同。好氧微生物对二噁英进行的是氧化降解，Wittich(1998)总结指出：好氧条件下二噁英主要代谢途径是通过双加氧酶攻击苯环上 1,2-位置(主要)，攻击 2,3-位置(次要)，成为双羟基化合物，再通过脱氢成为烯醇，然后进一步开环氧化。厌氧降解机理则是脱氯还原，即通过催化还原反应移走高氯取代二噁英同系物中的氯,脱氯后的产物比反应物容易降解,一般说来毒性降低;厌氧还原能减少氯取代的数量和位点,改变二噁英化合物的毒性而使化合物更易被好氧微生物降解。

能降解二噁英的微生物主要有假单胞菌(Pseudomonas)、鞘氨醇单胞(Sphingomonas)、丛毛单胞菌(Comamonas)以及白腐真菌(Phanerochaete)。Widada 等(2002)将 1 株假单胞菌以一定浓度定期(两天一次)反复接种到 2,3-DCDD污染的土壤中,14 d 后几乎所有的 2,3-DCDD 被降解。白枯真菌在稳定的低氮介质中,可以降解 10 种 PCDDs 和 PCDFs 的混合物,降解率约为 40%~76%。Barkorskii 和 Adriaen 实验证明。在河流沉积物的厌氧环境中,TCDD 能发生脱氯反应生成三氯-CDD 和单氯-CDD,八氯-CDD 能发生脱氯反应生成七氯-、六氯-、五氯-四氯-、二氯-和单氯-DD。Bunge 等发现,富含二噁英污染物的河流底泥中存在一种厌氧微生物属 Dehalococcoides,进一步研究发现,厌氧细菌 Dehalococcoides sp. strain CBDB1 能够脱氯还原 PCDDs,特别是对 1,23,7,8-PeCDD 有较强的降解能力。

由于高氯代二噁英已被高度氧化,继续进行氧化降解则非常困难,因而二噁英的好氧降解一般只限于低氯代同系物;厌氧微生物将高氯代二噁英脱氯降解为低氯二噁英物质后,还需要经过好氧微生物降解或其他方法才能将二噁英彻底降解。因此,可以通过改变外界条件,例如先将污染土壤进行厌氧保温,将其中高氯取代的二噁英还原脱氯为低氯取代物,再用好氧降解过程将低氯取代物彻底氧化降解掉。上述研究实例证明,可以尝试从自然界中分离和选育能降解二噁英的菌种,利用这些微生物降解土壤中二噁英污染物。

(三) 植物修复方法

植物修复是一种新兴高效、绿色廉价的生物修复技术,现已被科学界和政府部门认可和选用,它可以最大限度地降低修复时对环境的扰动。植物修复土壤中的有机污染物主要是利用植物在生长过程中吸收、降解、钝化作用对污染的土壤进行原位处理,目前,国内重金属的植物修复方面研究较多,而对有机污染物特别是持久性有机污染物(POPs)的植物修复研究还刚刚起步,除了 PAHs 和 DDT 方面的研究外,其他方面几乎全是空白。植物修复土壤中二噁英的研究鲜有报道,到目前为止发现西葫芦、南瓜和黄瓜以及某些西葫芦的亚种的果实部分或者根部,能够积累二噁英。Hulster 等研究了土壤中二噁英污染物向黄瓜属(葫芦科)植物中转移的情况,结果发现:西葫芦、黄瓜和南瓜地上部分积累了大量的二噁英,比其他研究的果实和蔬菜中含量约高 2 个数量级;他们指出,吸收机理可能是这些植物根际分泌物将土壤颗粒中的二噁英“活化”增加了二噁英的可利用性,同时这物质加速了二噁英在植物中的传递。Inui 等(2008)研究了 3 个西葫芦亚种对二噁英的不同吸收情况,发现,“Black Beauty”和“Gold Rush”2 个西葫芦亚种中二噁英的毒性当量值是“Patty Green”亚种中的 180 倍,吸收机理可能与二噁英的理化性质有关。Wang 和 Oyaizu(2009)发现,日本广泛存在的白三叶草在 BDF 污染的土壤中不仅生长的快,而且根部能够降解氯苯化合物的微生物含量显著增加,推断白三叶草具有修复土壤中二噁英的潜力。上述这些研究说明,用植物修复被二噁英污染的土壤是可行的,可以开展这方面的研究。

(四) 植物-微生物联合修复方法

关于植物-微生物联合的方法修复土壤中 PAHs、PCBs 和其他氯代化合物的研究有很多,但由于二噁英在环境中的剧毒性,实际的二噁英根际修复的研究较少。二噁英疏水性强,单一的植物修复有一定的局限,单一的微生物修复时降解菌可能在土壤中竞争力差,植物与微生物结合后可以实现以下优点:一方面微生物可以直接降解二噁英;另一方面微生物可以“活化”有机物,增加有机物的植物可利用性;另外植物根际作用会促进微生物降解菌的数量增加,微生物群落数的增加反过来有利于植物的生长。Wang 和 Oyaizu(2011)用具有二噁英降解能力的白三叶草与丛毛单胞菌 KD7 结合,研究了植物-微生物联合修复二噁英污染土壤的有效性,结果发现:植物根际分泌物增加了降解菌数量,同时降解菌“活化”污染物,有利于植物吸收;微生物群落数的增加有利于植物的生长,植物和微生物联合促进了二噁英的共代谢。他们提出丛毛单胞菌 KD7 与白三叶草结合可以作为修复土壤中二噁英污染有效的、经济友好的方法,但是需要进一步研究植物与微生物之间的相互作用。

虽然可能的修复方法有很多种,但限于经济原因,应根据土地利用情况,受污染土壤面积和程度选择合适的修复方法,不应该盲目地、不加区别地进行处理与修复。例如,黄伟芳和吴群河(2006)提出对小范围二噁英污染浓度高的土壤,可用热处理技术分解土壤中的二噁英,对二噁英浓度低的土壤,可以切断污染源,则让其中的二噁英缓慢的自然降解,或者覆盖干净土壤并在上面栽植草木等。

第五章　效果评估

本章节从修复工程开展过程中和完成后的评估工作展开论述，主要包括修复过程中的环境监理和修复后的效果评估。

第一节　修复过程环境监理

修复阶段的环境监理工作主要以《工业企业场地环境调查评估与修复工作指南（试行）》（原环境保护部公告 2014 年第 78 号）的要求开展。

一、工作内容

（一）设计审核阶段工作内容

设计阶段监理内容包括：收集场地调查评估、场地污染修复方案、修复工程施工设计、施工组织方案等基础资料，对工程中的环保措施和环保设施设计文件进行审核，关注工程的施工位置，审核施工过程中水、大气、噪声、固体废物等二次污染处理措施的全面性和处理设施的合理性，必要的后期管理措施的考虑。

（二）工程施工准备阶段工作内容

施工准备阶段监理内容包括：了解具体施工程序及各阶段的环境保护目标，参与工程设计方案的技术审核，确定监理工作重点，协助业主监理完善的环保责任体系，建立有效的沟通方式等，并编制监理细则。

（三）工程施工阶段工作内容

核实工程是否与实施方案符合，环保设施是否落实，是否建立事故应急体系和环境管理制度；监督环境保护工程和措施，监督环保工程进度；检查和监测施工过程中产生的水、气、声、渣排放，施工影响区域应达到规定的环境质量标准；对场内运输污染土壤、污水车辆的密闭性、运输过程进行监理;对场内修复工程相关措施(如止水帷幕与施工降水措施等)、抽提装置和废水处理进行监督管理,确认各项条件是否符合环境要求;检查必要的后期管理长期监测井设置;根据施工环境影响情况,组织环境监测,行使监理监督权;向施工单位发出监理工作指示,并检查监理指令的执行情况;协助建设单位处理环境突发事故及环境重大隐患;编写监理月报、半年报、年报和专项报告。

工程施工阶段具体工作程序如图 5.1-1 所示。

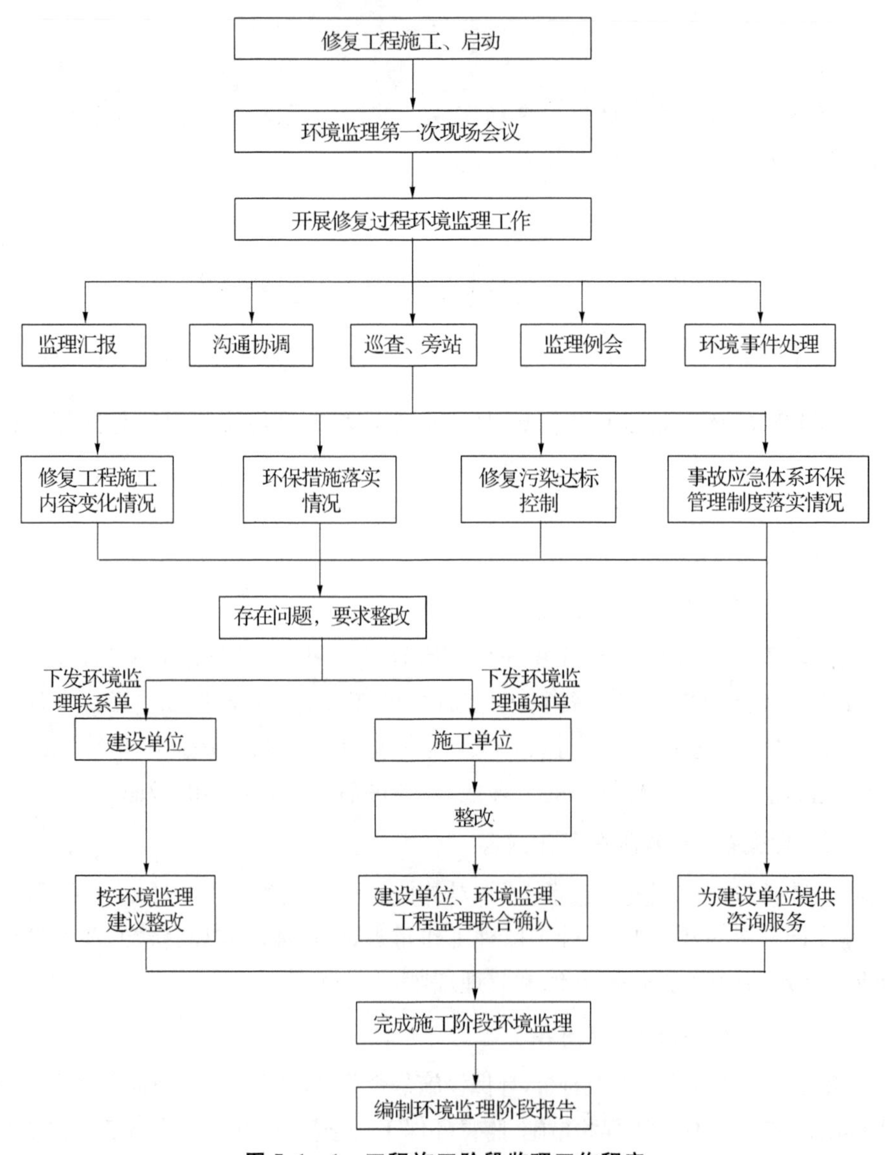

图 5.1-1　工程施工阶段监理工作程序

需要针对场地土壤污染物可能带来的环境影响进行有效监控,监测和评价施工过程中污染物的排放是否达到有关规定。

在施工过程中,若向水体和大气中排放污染物,应进行布点监测。监测点位应按照工程技术设计的要求布设。

(1) 大气环境监测

大气环境监测内容一般包括施工过程中污染物无组织排放空气样品的采集、分析及质量评价。一般根据场区施工作业功能区域规划及修复作业进度,依照《大气污染物无组织排放监测技术导则》(HJ/T55)中相关规定,分别在场地边界及环境敏感点设置大气监测点。

无组织排放大气污染物的采集根据《大气污染物综合排放标准》(GB 16297)执行,采用连续监测 1 小时采集 1 个样品的方法。尾气排放大气污染物的采集参照《固定污染源排气中颗粒物测定与气态污染物采样方法》(GB/T 16157)执行。

采样频次参照《监理工作制度(试行)》(环监〔1996〕888 号)中第 3 条款现场监理规定“对重点污染源及其污染防治设施的现场监理每月不少于 1 次;对建设项目、限期治理项目现场监理每月不少于 1 次”,污染场地修复现场监测频次按每月 1 次执行。

现场实施过程中,由于施工过程的不确定性,在清挖、运输、暂存等过程中,任何施工过程中的不确定事件(如施工作业面的调整、重污染区域的清挖、设备设施故障等),均有可能对周边环境造成污染影响,为了能够及时发现污染隐患,需要一种快速监测手段,对现场进行动态监测,一旦发现异常,能够及时指导现场施工,通过调整施工方式、加强污染防治措施等手段,及时排除污染隐患,避免造成污染影响。针对本项目的特殊性,增设动态监测项目,为施工现场环境快速反应提供参考依据,对施工现场的施工组织和人员防护起到指导作用。

每日由项目施工方配合进行动态监测,可以按照施工作业班组的作业时间,每日监测(如有夜间施工,需加测)。每日监测数据汇总。动态监测点位并不是固定的,需要根据特定时期施工现场的总体施工部署进行点位布设。需要考虑到不同时期、不同施工作业面、施工区域(包括设备、设施、构筑物等)等有可能造成污染排放的区域。不同时期，由于施工现场的变化，动态监测点位也应该随之进行相应调整。

动态监测指标为 TVOCs 和扬尘监测。TVOCs 可利用便携式有机气体检测仪(PID)快速监测，动态扬尘监测参考当地建设工地扬尘管控要求。

(2) 地表水环境监测

为明确工程施工和运行期可能对周边地表水环境造成的影响，监理工作中拟对周边地表水体开展采样监测工作。地表水监测频次为主体工程施工前第一次采样监测，施工进行中 3 次采样监测，每次间隔时间约 15 d。

(3) 地下水环境监测

为明确工程施工和运行期可能对周边地下水环境造成的影响，监理工作中拟对周边地下水体开展采样监测工作。

(4) 噪声污染源监测

噪声污染源监理主要监督检查工程施工过程中的主要噪声源的名称、数量、运行状况；检查修复工程影响区域内声环境敏感目标的功能、规模、与工程的相对位置关系及受影响的人数；检查项目采取的降噪措施和实际降噪效果，并附图表或照片加以说明。噪声监测方法与评价标准参考《建筑施工场界噪声测量方法》(GB 12524)和《建筑施工场界环境噪声排放标准》(GB 12523)。

为明确工程施工和运行期噪声可能对周边环境造成的影响，监理工作中拟对施工作业边界噪声开展采样监测工作。噪声监测频次为主体工程施工期间每日昼间测量 1 次，由施工单位配合完成噪声监测工作。同时在为施工进行中委托第三方检测单位进行 3 次抽检，每次间隔时间约 15 d。

二、工作程序

污染治理修复环境监理工作主要分为三个阶段：工程设计阶段、工程施工准备阶段和工程施工阶段。具体工作程序如图 5.1－2 所示。

以上工作程序中，涉及的主要环节工作程序如图 5.1－3 至图 5.1－7 所示。

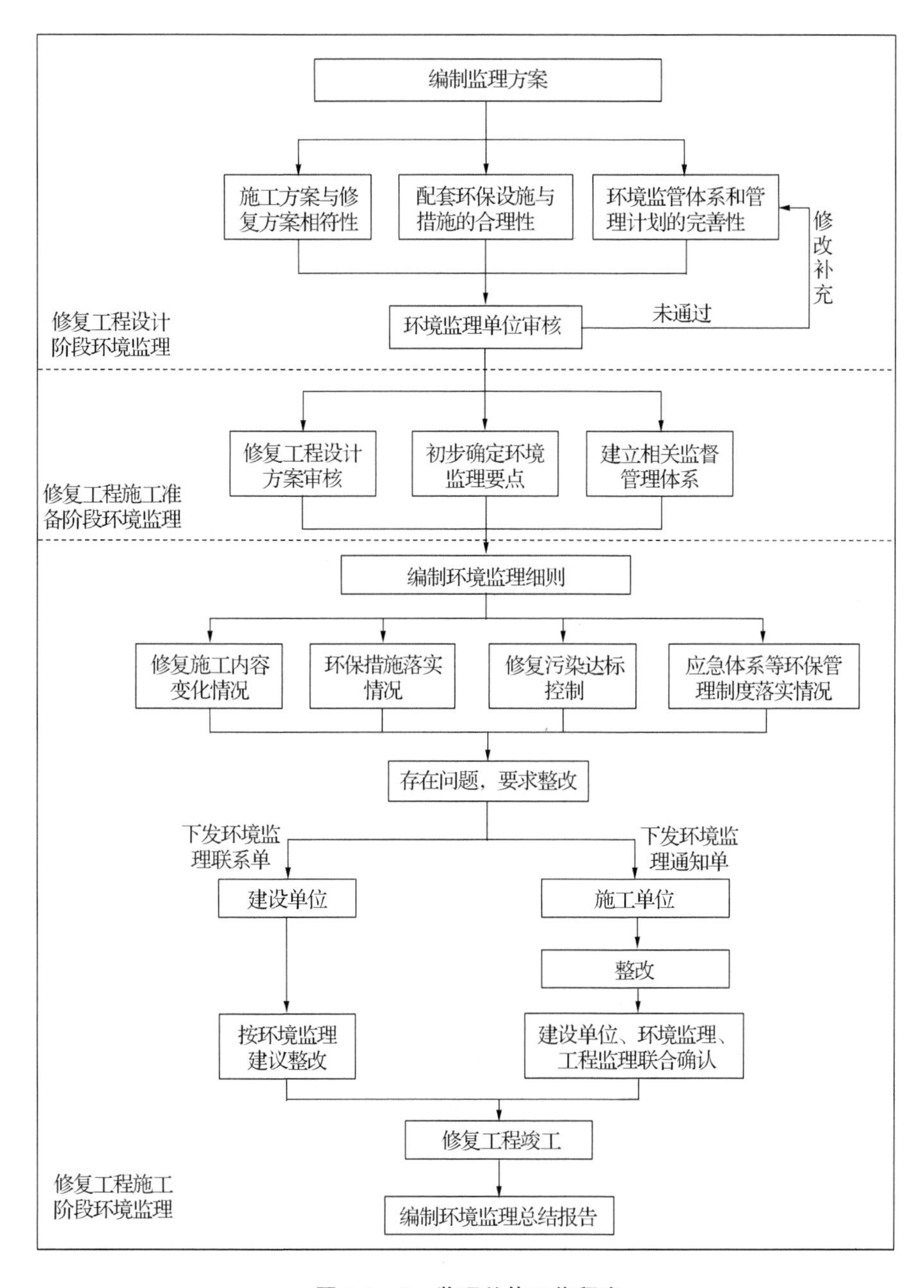

图 5.1－2 监理总体工作程序

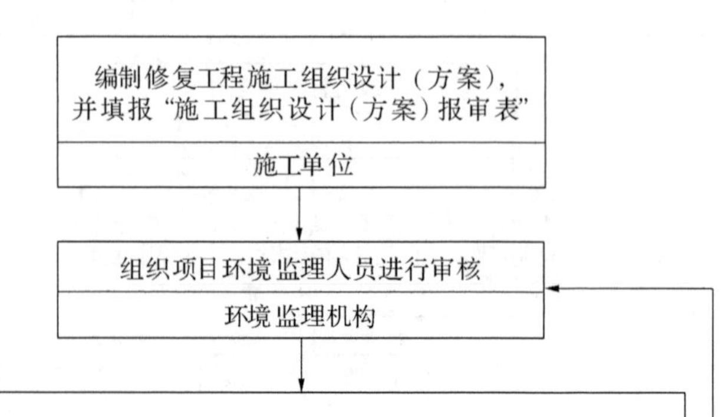

审核以下重点内容：

1.施工单位的审批手续和申报程序是否符合要求；

2.主体修复工程施工程序与顺序是否符合修复方案要求，采取的施工方法是否合理可行，质量保证措施是否可靠；

3.施工单位二次污染控制环节和要点识别是否准确，控制措施是否合理，修复工程环境污染事故应急预案是否明确；

4.工程进度安排是否符合施工合同规定的开工、竣工日期；

5.工程计划能否保证施工的连续性和均衡性；

6.施工单位的环境管理保证体系是否健全；

7.环境保护文明施工保证措施是否安排齐备；

8.季节性或专项施工方案可行性、合理性和先进性；

9.其他必要的内容。

环境监理机构

不合格，修改后再报

合格

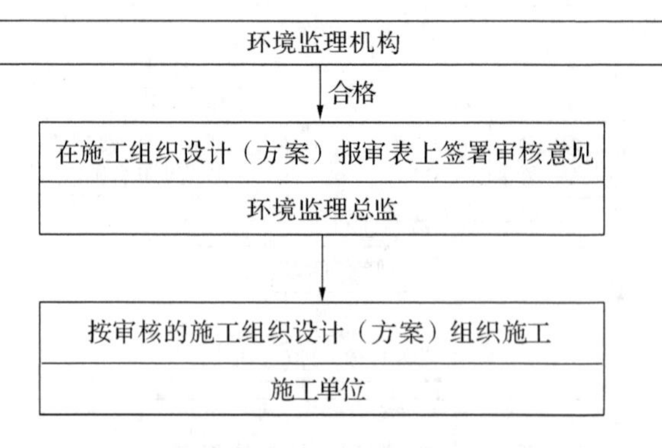

图 5.1－3　修复工程施工组织设计(方案)监理审核工作程序

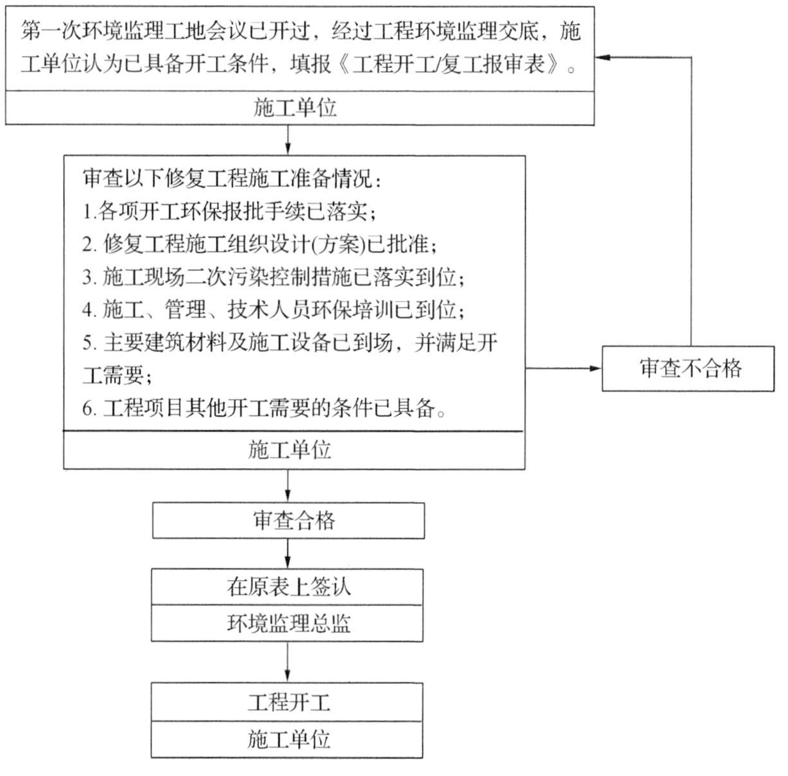

图 5.1－4 修复工程开工申请签认工作程序

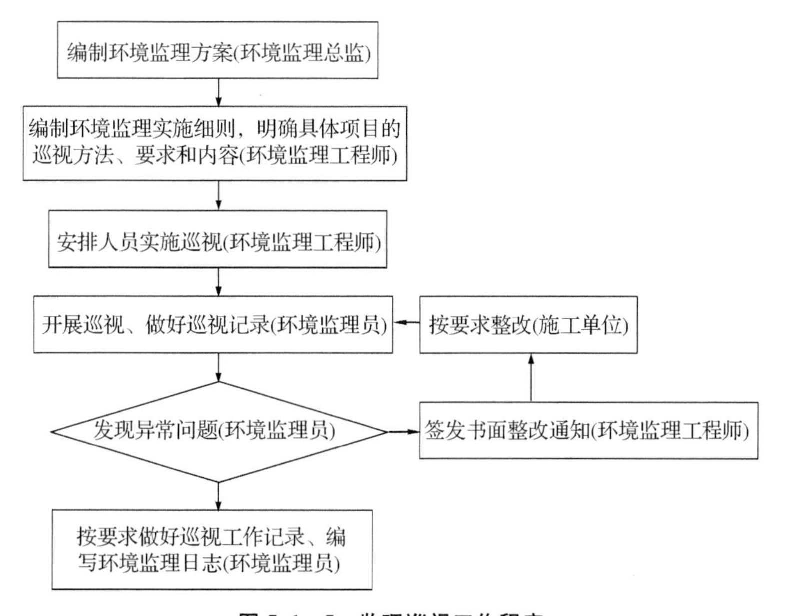

图 5.1－5 监理巡视工作程序

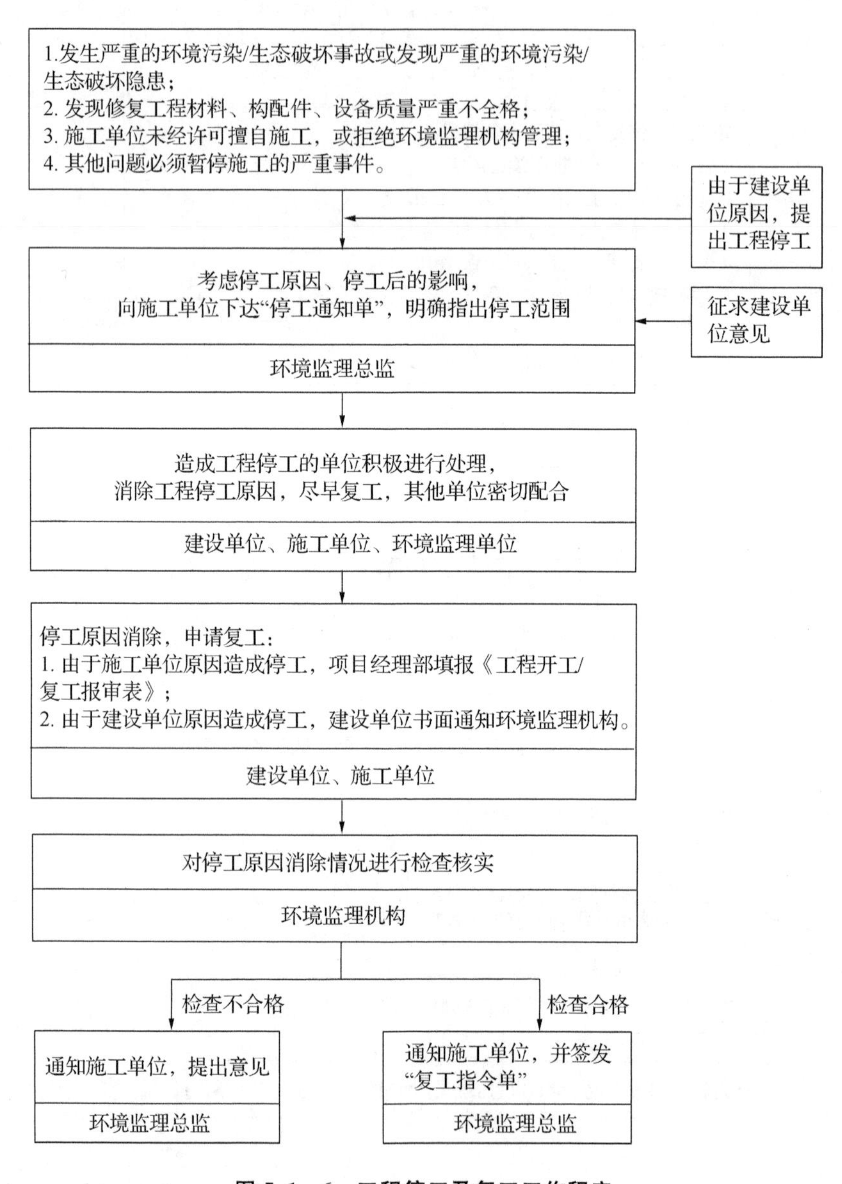

图 5.1－6　工程停工及复工工作程序

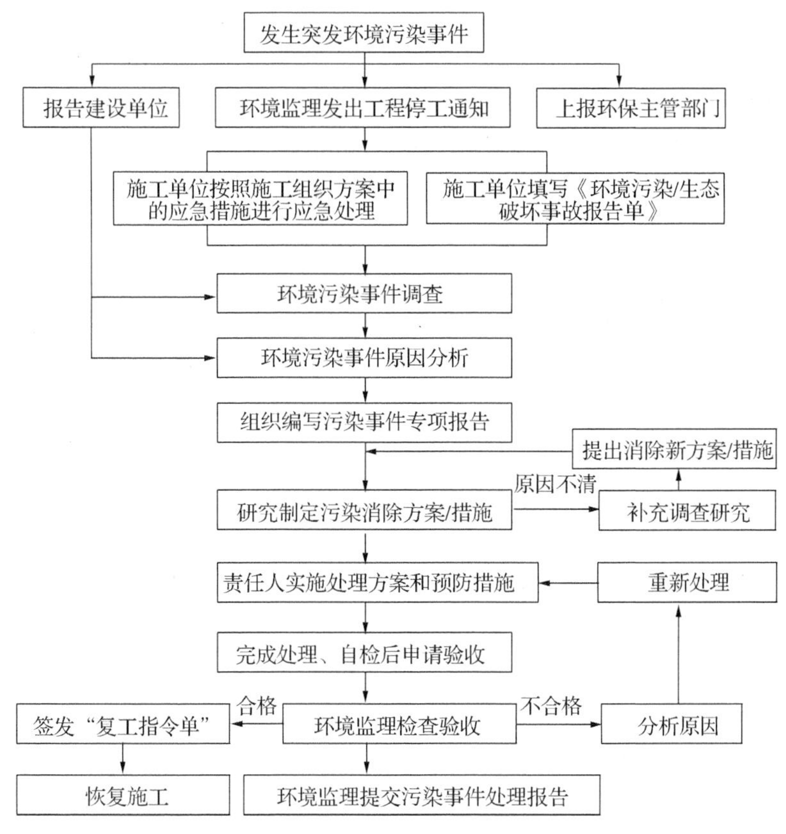

图 5.1－7 修复工程突发环境污染事件处理程序

三、监理要点

（一）监理制度

监理单位应建立一系列工作制度，以保证监理工作规范有序地进行。常用的工作制度包括以下九项：

1. 工作记录制度

监理记录是信息汇总的重要来源，是监理人员作出行为判断的重要基础资料。监理人员应根据场地修复、监理工作情况作出工作记录，重点描述对项目现场环境保护工作的检查监督情况，描述当时发现的主要环境问题，问题发生的责任单位，分析产生问题的主要原因，提出对问题的处理意见。工作记录主要包括监理日志、现场巡视和旁站记录、会议记录、气象及灾害记录、工程建设大事记录、监测记录等。

2. 文件审核制度

文件审核制度是指监理单位对项目承建单位编制的，与场地修复工程相关的环境保护措施和环境保护设施的施工组织设计，进行审核的规定。施工单位编制的施工组织设计和施工措施计划中的环境保护措施、环境保护设施的施工计划等，均应经监理单位审核。监理单位对上述文件的审核意见，是场地修复工程监管单位批准上述文件的重要参考之一。

3. 报告制度

监理报告是项目建设中环境保护工作的一项重要内容，监理报告制度是监理单位对现场监理情况定期报告的规定，包括监理月报、季报、半年报、监理专题报告、设计阶段和施工阶段监理报告、监理总报告。

4. 函件来往制度

监理人员在现场检查过程中发现的环境问题，应通过下发监理通知单形式，通知修复工程实施单位需要采取的纠正或处理措施；对修复工程实施单位某些方面的规定或要求，必须通过书面形式通知。情况紧急需口头通知时，随后必须以书面函件形式予以确认。同样，修复工程实施单位对环境问题处理结果的答复以及其他方面的问题，也应致函监理人员。

5. 会议制度

会议制度是指监理单位确定的必须参加或组织的各种会议的规定。监理机构应建立环境保护会议制度，在会议期间，施工单位对近一段时间的环境保护工作进行回顾性总结，监理人员对该阶段环境保护工作进行全面评议，肯定工作中的成绩，提出存在的问题及整改要求。每次会议都要形成会议纪要，如有重大事故发生，可随时召开会议。

6. 应急报告及处理制度

应急报告与处理制度是监理单位在现场发生环境紧急事件应采取的报告和处理的规定。监理单位针对监理范围内可能出现的环境风险，制订环境紧急事件报告和处理措施应急预案。应急预案中应明确需要及时报告项目建设单位以及环境保护、公安、卫生等行政主管部门的事项，并应明确需要采取的应急措施。

7. 人员培训和宣传教育制度

对相关现场人员进行培训和宣传教育，统一环保认识、提高环保意识。

8. 档案管理制度

监理应结合工程实际建立环保信息管理体系，制定文件管理制度，对文件分类、归档等方面予以规定，对环保信息进行及时梳理和分析，指导和规范现场工作。

9. 质量保证制度

为保证和控制监理的工作质量，监理应严格按照国家与地方有关规定开展工作，监理应严格按照监理方案和实施细则进行。

（二）监理工作方法

1. 核查

在修复工程实施之前，修复方案中的修复技术、修复地点、相关环保措施等内容可能会出现调整变化。监理应根据相关法规仔细审核修复方案与相关文件的符合性，对调整的内容及其可能产生的环境影响进行初步判断，并及时反馈业主，建议业主完善相关环保手续或要求修复单位对修复方案进行补充完善。

修复方案实施过程中，监理应审查各承包商报送的分项施工组织设计、施工工艺等涉及环境保护的内容，做好对施工方案的审核，在监理审核通过后方可进行相关施工工序。若因其他原因调整修复方案，监理应通过资料核对和现场调查的方式，全程持续调查修复项目实际的工程内容、污染防治措施等是否按照设计文件施工。

重点核查以下内容：核查修复工程与修复技术方案的变化情况，如发生重大变化，应尽快督促业主履行相关手续。重点关注修复工程与相关敏感区位置关系的变化、施工方案的变化可能带来的对环境敏感区影响的变化。重点关注针对环境敏感区采取的环保措施等是否落实到修复方案及实施过程中。

2. 巡视

修复监理单位在及时与修复工程实施单位沟通的前提下，按照一定频次对项目现场开展巡视检查，掌握修复工程实际情况和进度，对修复工程方案符合性、环保达标等方面现场查找问题、提出建议，并做好现场巡视记录。

3. 旁站

在关键工程开始前到场旁站，重点检查要求的污染防治措施和生态保护措施是否落实到位、环保设备是否按照设计要求进行施工及安装等，在关键工序和环保设备安装结束后方可离开，离开前应检查评估施工可能造成的污染是否控制在既定目标内。在旁站过程中，监理单位应做好定时记录，并将评估结果整理上报建设单位。

4. 跟踪检查

在巡视和旁站过程中发现的问题，以监理联系单建议修复工程实施单位进行整改，在相关环保问题的整改完成后，监理应对相应问题的整改情况进行跟踪检查。

5. 环境监测

为掌握修复工程实施情况及日常施工造成的环境污染情况，监理单位通过便携式环境监测仪器进行简单的现场环境监测，辅助监理工作；复杂的环境监测内容可以建议修复工程实施单位另行委托有资质的单位开展。

6. 监理会议

监理工作会议主要包括第一次监理工作会议、监理例会、监理专题会议等形式。其中监理例会应在开工后的施工期间内定期举行，一般每月召开一次，具体时间间隔根据工程实际情况由监理技术负责人确定，在会议上承包商需提交环保工作月报，定期汇报当月环保工作情况。

7. 信息反馈

监理人员现场巡视检查发现施工引起的环境污染问题时，应立即通知施工单位的现场负责人员纠正和整改。一般性或操作性的问题，采取口头通知形式。口头通知无效或有污染隐患时，监理人员应将情况报告总监理技术负责人，总监理技术负责人签发《监理整改通知单》，要求施工单位限期整改，并同时抄送建设单位。整改完成后，由监理会同建设单位、工程监理单位对整改结果是否满足要求进行检查。对于一般性问题，监理单位下发监理业务联系单。

8. 记录和报告

记录包括现场记录和事后总结记录。现场记录包括监理人员日常填写的监理日志、现场巡视和旁站记录等；事后总结记录包括监理会议记录、主体工程施工大事记录、环保污染事故记录等。

报告包括定期报告、专题报告、阶段报告、总结报告。

定期报告：根据工程进度，编制工作月报、季报、年报等定期报告提交至建设单位，对当前阶段环保工作的重点和取得的成果、现存的主要环境保护问题、建议解决的方案、下阶段工作计划等进行及时总结。应包括以下内容：工程概况、环境保护执行情况、主体工程环保工程进展、施工营地和工程环保措施落实情况、环保事故隐患或环保事故、监理现存问题及建议。

专题报告：在项目出现方案不符、环保措施落实不到位或其他重大环保问题时，需形成监理专题报告报建设单位。工程施工涉及环境敏感目标时，编制专题报告，反映环保重点关注对象，提出环保要求。

阶段报告：项目完成施工后、运行之前，应就修复工程设计、施工过程中的监理工作进行总结。

总结报告：就修复过程中环保设计、实施、运行情况进行总结，反映存在的问题并提出建议，是竣工验收的必备材料。

四、成果提交

竣工验收阶段监理提供的主要成果包括监理方案,日常工作成果,施工阶段监理报告,以及监理总报告。其中日常工作成果主要有日常巡查记录、周报、月报、会议记录以及专题报告等。要真实记录施工质量和反映工程性能的资料管理在整个工程施工管理工作中占着举足轻重的地位。我们将划分类别出资料清单,并遵守有关管理规定,制订相应的技术资料管理措施,使本工程的资料管理工作以规范性开始,直至规范性竣工,保证工程资料及时、真实。

工程资料采用计算机进行管理,将采用专用电脑配备工程资料管理软件进行工程资料管理,采用不宜褪色的笔迹签字。严格执行有关规范及规定进行填写。

(一) 风险管控工程监理方案

监理单位进场初期,研究施工单位施工组织设计方案,结合现场踏勘,编制《环境监理工作方案》,报送建设单位。

(二) 日常工作成果

1. 监理巡查报告和专题报告

根据工程建设情况,组织定期或不定期巡查,形成巡查记录和报告,并通过照片方式留存,对于产生重大环境影响的分项工程,加大巡查力度,必要时采取旁站方式进行监理。

2. 监理月报和阶段性工作总结

结合本工程的特点,本项目拟采取周报、月报、季报形式,监理每周编制工程监理周报,每月编制工程监理月报,季度编制监理季度报告,上报建设单位。工程施工阶段结束后,编制设计期和施工期监理报告作为申请竣工验收的附件材料。

(三) 风险管控工程监理总结报告

本项目竣工环境保护验收结束前,编制完成《环境监理总结报告》。

建设项目完工后,配合建设单位的竣工环境保护验收工作,并在建设单位组织的验收审查会上汇报监理情况,对于验收会提出的问题,督促施工单位进行整改。

验收通过后,向建设单位移交工程监理竣工材料。移交的资料应包括以下内容:监理总结报告、监理工作方案、监理实施细则、监理工作联系单、通知单及回执、监理报表、环境保护验收资料、环境敏感地区开工前后的评估报告、相关影像资料等。

第二节　修复效果评估

修复效果评估工作主要以《污染地块风险管控与修复效果评估技术导则(试行)》(HJ 25.5—2018)、《污染地块地下水修复和风险管控技术导则》(HJ 25.6—2019)、《工业企业场地环境调查评估与修复工作指南(试行)》(原环境保护部公告 2014 年第 78 号)的要求开展。

一、工作内容

根据《污染地块风险管控与修复效果评估技术导则(试行)》(HJ 25.5—2018)相关要求,污染地块风险管控与土壤修复效果评估的主要工作内容包括:更新地块概念模型、布点采样与实验室检测、风险管控与修复效果评估、提出后期环境监管建议、编制效果评估报告。与《工业企业场地环境调查评估与修复工作指南(试行)》(原环境保护部公告 2014 年第 78 号)的区别在于,将“文件审核与现场勘查”和“确定验收标准”工作变为“更新地块概念模型”工作,并不再明确要求效果评估单位对文件进行审核,而是通过收集文件资料,更新地块信息,从而为后续的效果评估工作提供依据。

(一) 更新地块概念模型

根据风险管控与修复工程实施进度,以及掌握的地块信息对地块概念模型进行实时更新,为制定效果评估布点方案提供依据。

地块概念模型所包含的信息情况见表 5.2-1。

表 5.2-1　地块概念模型包含信息列表

序号	信息类别	信息内容说明
1	地块风险管控与修复概况	修复起始时间、修复范围、修复目标、修复设施设计参数、修复过程运行监测数据、技术调整和运行优化、修复过程中废水和废气排放数据、药剂添加量等情况
2	关注污染物情况	目标污染物原始浓度、运行过程中的浓度变化、潜在二次污染物和中间产物产生情况、土壤异位修复地块污染源清挖和运输情况、修复技术去除率、污染物空间部分特征的变化、潜在二次污染区域等情况
3	地质与水文地质情况	关注地块地质与水文地质条件,以及修复设施运行前后地质和水文地质条件的变化、土壤理化性质变化等,运行过程是否存在优先流路径等
4	潜在受体与周边环境情况	结合地块规划用途和建筑结构设计资料,分析修复工程结束后污染介质与受体的相对位置关系、受体的关键暴露途径等

实际工作过程中，地块概念模型的建立与更新可采用列表法，能够清晰地反映地块情况，并明确各项信息在效果评估工作中的作用，具体列表方式可参考表 5.2－2。

表 5.2－2　地块概念模型表

序号	涉及信息	在本次修复效果评估中的作用	信息描述	备注
1	地理位置	了解背景情况	……	……
2	地块历史	了解背景情况		
3	地块调查评估活动	了解背景情况		
4	地块土层分布	确定采样深度		
5	水位变化情况	采样点设置		
6	地块地质与水文地质情况	采样点设置		
7	污染物分布情况	了解地块污染情况		
8	目标污染物、修复目标	明确评估指标和标准		
9	土壤修复范围	确定评估对象和范围		
10	地下水污染羽	确定评估对象和范围		
11	修复方式及工艺	制定效果评估方案		
12	修复实施方案有无变更及变更情况	制定效果评估方案		
13	施工周期与进度	确定效果评估采样节点		
14	异位修复基坑清理范围与深度	采样点设置		
15	异位修复基坑放坡方式、基坑护壁方式	采样点设置		
16	修复后土壤土方量及最终去向	采样点设置、采样节点		
17	修复设施平面布置	采样点设置		
18	修复系统运行监测计划及已有数据	采样点设置、采样节点		
19	目标污染物浓度变化情况	采样点设置、采样节点		
20	地块内监测井位置及建井结构	判断是否可供效果评估采样使用		
21	二次污染排放记录及监测报告	辅助资料		
22	地块修复实施涉及的单位和机构	辅助资料		

注：表中“信息描述”和“备注”列根据地块模型资料实际情况填写。

（二）布点采样

布点采样工作是效果评估工作中尤为重要的程序，样品检测结果的达标情况是效果评估的重要依据，布点采样工作开展前，应制定布点采样方案，本文将在第五章、第二节、第三项内容中进行着重阐述。

（三）实验室检测

针对不同的效果评估对象，实验室检测指标如下：

（1）基坑土壤：基坑土壤检测指标为对应修复范围内土壤中目标污染物。当存在相邻基坑时，则应考虑相邻基坑土壤中的目标污染物。

（2）异位修复后的土壤检测指标：其检测指标应为修复方案中确定的目标污染物，拖修复后的土壤外运到其他地块，还应根据接收地环境要求增测相应指标。

（3）原位修复后的土壤检测指标：检测指标为修复方案中确定的目标污染物。

（4）化学氧化/还原修复、微生物修复后土壤检测指标：采用该技术修复后的土壤检测指标除修复方案中确定的目标污染物外，还应包括修复过程中产生的二次污染物，原则上二次污染物指标应根据修复方案中的可行性分析结果确定。

（5）风险管控效果评估检测指标：根据前文描述，风险管控效果评估检测对象包括工程性能指标和污染物指标。其中，工程性能指标包括抗压强度、渗透性能、阻隔性能、工程设施连续性与完整性等；污染物指标包括关注污染物浓度、浸出浓度、土壤气、室内空气等。

根据工程的实际实施情况，效果评估检测时可增加土壤理化指标、修复设施运行参数等作为土壤修复效果评估的依据；可增加地下水水位、地下水流苏、地球化学参数等作为风险管控效果的辅助判断依据。

（四）风险管控与土壤修复效果评估

根据检测结果，评估土壤修复是否达到修复目标或可接受水平，评估风险管控是否达到规定要求。

对于土壤修复效果，可采用逐一对比和统计分析的方法进行评估，若达到修复效果，则根据情况提出后期环境监管建议并编制修复效果评估报告，若未达到修复效果，则应开展补充修复。

对于风险管控效果，若工程性能指标和污染物指标均达到评估标准，则判断风险管控达到预期效果，可继续开展运行与维护；若工程性能指标或污染物指标未达到评估标准，则判断风险管控未达到预期效果，须对风险管控措施进行优化或调整。

（五）提出后期环境监管建议

根据风险管控与修复工程实施情况与效果评估结论，效果评估单位应提出后期环境监管建议，具体后期监管方式。

（六）编制效果评估报告

汇总前述工作内容，编制效果评估报告，报告应包括风险管控与修复工程概况、环境保护措施落实情况、效果评估布点与采样、检测结果分析、效果评估结论及后期环境监管建议等内容。

二、工作程序

目前，我国修复效果评估工作主要参照《污染地块风险管控与修复效果评估技术导则（试行）》（HJ 25.5—2018）中的程序开展，具体工作程序如图 5.2－1 所示。

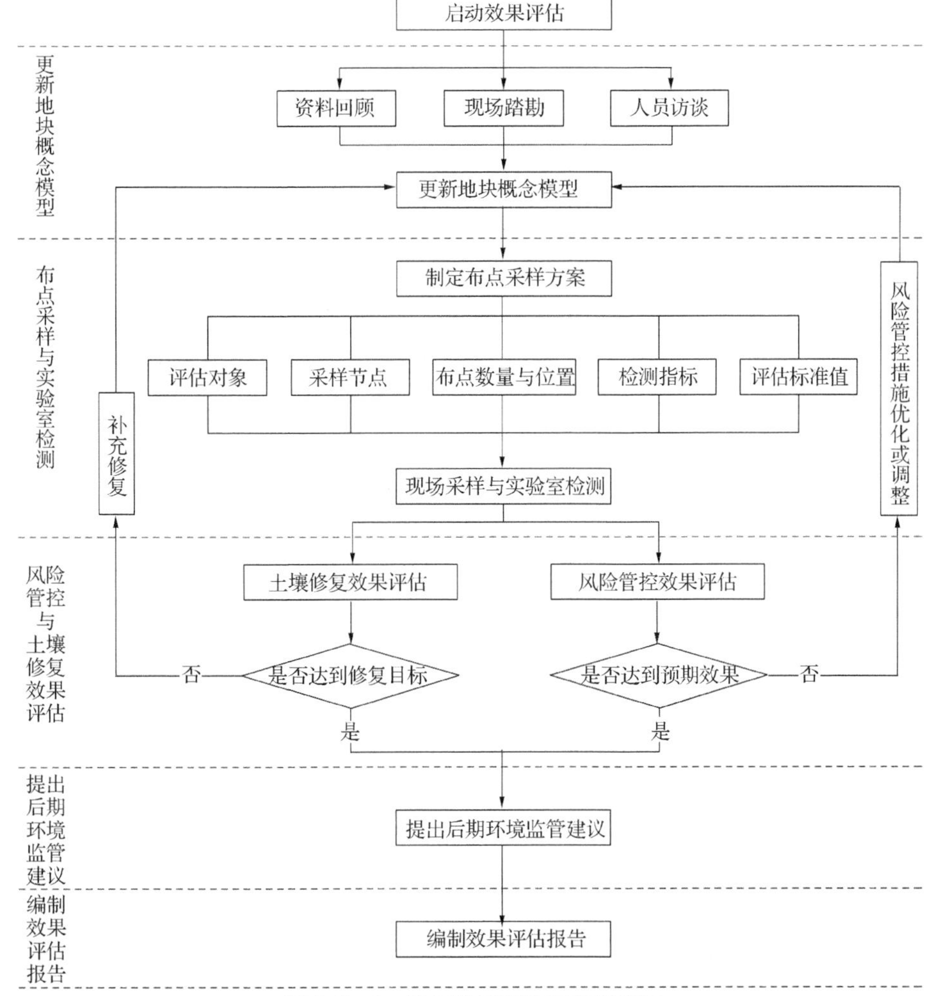

图 5.2－1　修复效果评估工作程序图

三、布点采样

布点采样是效果评估工作中尤为重要的环节,样品检测结果的达标情况是效果评估的重要依据,本节对于布点采样工作做着重阐述。

布点采样工作开展前,应制定布点采样方案,原则上应在风险管控与修复实施方案编制阶段编制效果评估初步布点方案,并在地块风险管控与修复效果评估工作开展之前,根据更新后的概念模型进行完善和更新。布点方案需包括效果评估的对象、范围、采样节点、采样周期和频次、布点数量和位置、检测指标等内容,并说明上述内容确定的依据。

(一) 土壤修复效果评估

(1) 基坑清理效果评估布点

基坑清理效果评估工作在基坑清理后、回填前开展,因此,该项工作需结合工程实际开展情况分批次进行。《污染地块风险管控与修复效果评估技术导则(试行)》(HJ 25.5—2018)、《工业企业场地环境调查评估与修复工作指南(试行)》(原环境保护部公告 2014 年第 78 号)中给出的判断方法均为在基坑侧壁及底部采集土壤样品进行判断。

通常情况下,季肯工地不采用系统布点法,基坑侧壁采用等距离布点法;当基坑深度大于 1 m 时,侧壁应进行垂向分层采样,应考虑地块土层性质与污染物的垂向分布特征,在污染物最容易腹肌的位置设置采样点位,各层采样点位之间垂向距离不应大于 3 m;基坑底部和侧壁的样品以去除杂质后的土壤表层样品(0～20 cm)为主,根据地块实际污染和修复情况,可考虑安排深层采样。

对于重金属和半挥发性有机物,在同个采样网格和间隔内推荐采集混合样品。根据《建设用地土壤污染风险管控和修复监测技术导则》(HJ 25.2—2018)要求,对于基坑底部,将底部均分采样网格,在每个采样网格中均匀分布地采集 9 个表层土壤样品制成混合样。对于基坑侧壁,根据地块大小和污染的强度,将四周的侧面等分成段,在每段采样间隔均匀采集 9 个表层土壤样品制成混合样。

HJ 25.5—2018 推荐的基坑底部和侧壁最少采样点位数量见表 5.2 - 3。

(2) 土壤异位修复效果评估布点

异位修复后的土壤,在土壤修复完成后、再利用前,通过采集异位修复后的土壤堆体中的土壤样品,进行效果评估,根据修复工程的实施进度,效果评估机构可考虑分批次采样。

基坑底部和侧壁布点示意图如图 5.2 - 2 所示。

表 5.2－3　基坑底部和侧壁推荐最少采样点数量表

基坑面积/m^2	坑底采样点数量/个	侧壁采样点数量/个
$x<100$	2	4
$100\leqslant x<1\ 000$	3	5
$1000\leqslant x<1\ 500$	4	6
$1\ 500\leqslant x<2\ 500$	5	7
$2\ 500\leqslant x<5\ 000$	6	8
$5\ 000\leqslant x<7\ 500$	7	9
$7\ 500\leqslant x<12\ 500$	8	10
$x>12\ 500$	网格大小不超过 40 m×40 m	采样点间隔不超过 40 m

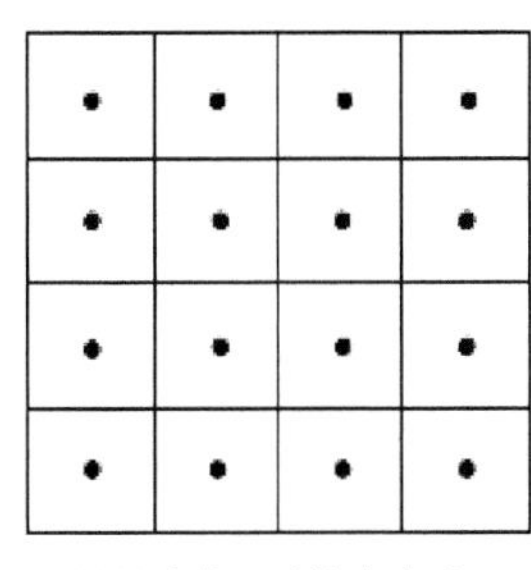
基坑底部–系统布点法

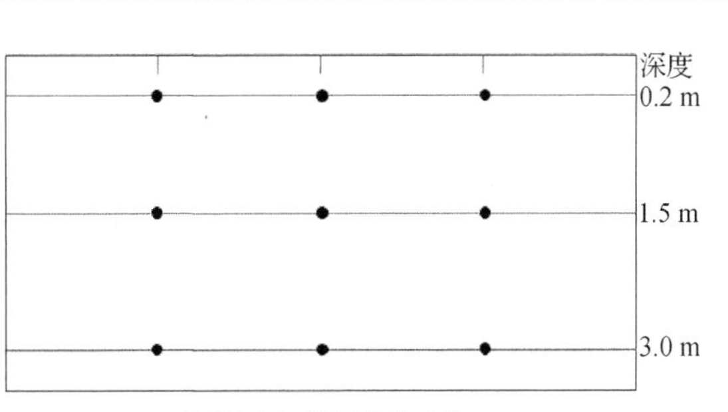

基坑侧壁–等距离布点法

图 5.2－2　基坑底部和侧壁布点示意图

HJ 25.2—2018 推荐的采样方式有 2 种，具体方法如下：

① 按采样单元采样

可将异位修复后的土壤均分为若干采样单元，每个采样单元采集 1 个土壤样品，每个样品代表的堆土体积不应大于 500 m^3。

② 差变系数法采样

根据修复后土壤中污染物浓度分布特征参数计算修复差变系数，根据不同差变系数，对照表 5.2－3 设置采样数量。

表 5.2－3　修复后土壤差变系数法最少采样点数量表

差变系数	采样单元大小/m^3
0.05～0.20	100
0.20～0.40	300
0.40～0.60	500
0.60～0.80	800
0.80～1.00	1 000

差变系数指“修复后地块污染物平均浓度与修复目标的差异”与“估计标准差”的比值，以 τ 表示。差异越大、估计标准差越小，则差变系数越大，所需样本量越小。

$$\tau=\frac{C_s-\mu_1}{\delta}$$

C_s——修复目标值；

μ_1——估计的总体均值，通常用已有样品的均值来估算

δ——估计标准差，根据前期资料和先验知识估计或计算，如题如下：a. 从修复中试试验或其他先验数据中选择简单随机样品，样本数量不少于 20 个，确定 20 个样品的浓度；若不是简单随机样品，则样本点应覆盖整个区域、能够代表采样区；若样品量少于 20 个，应补充样本量或采用其他的统计分析方法进行计算；b. 计算 20 个样品的标准差，作为估计标准差。

综合分析上述两种方法，方法②适用于前期有中试或其他先验数据的情况，方法①相对要求较低，适用性较为广泛，也是目前效果评估工作中应用最多的方法。

对于按照堆体模式处理的修复技术，在堆体拆除前，在满足① ② 采样要求的前提下，需满足表 5.2－4 的采样数量要求。

表 5.2－4　堆体模式修复后土壤最少采样点数量表

堆体体积/m^3	采样单元数量/个
＜100	1
100～300	2
300～500	3
500～1 000	4
每增加 500	增加 1 个

(3) 土壤原位修复效果评估布点

原位修复后的土壤应在修复完成后进行采样，制订方案时应按照修复进度、修复设施的设置等情况分区域采样，修复后的土壤在水平方向上，通常采用系统布点法采样，原位修复后的土壤垂直方向上采样深度应大于等于调查评估确定的污染深度以及修复可能造成污染物迁移的深度，根据土层性质设置采样点，原则上垂向采样点之间距离不大于 3 m。

HJ 25.5—2018 推荐的采样数量参照表 5.2－3。

此外，在水平方向采用系统布点法布点的基础上，应结合地块污染分布、土壤性质、修复设施设置等，在高浓度污染物聚集区、修复效果薄弱区域、修复范围边界

处等位置增设采样点。

(4) 土壤修复二次污染区域布点

潜在二次污染区域采样指在修复工程完成后、此区域开发使用之前，对修复过程中可能存在二次污染的区域进行效果评估；实际工作中，可根据工程进度情况分批次开展潜在二次污染区域采样工作。

通常情况下，潜在的二次污染区域包括：污染土壤暂存区、修复设施所在区、固体废物或危险废物堆存区、土壤或地下水待检区、废水暂存处理区、修复过程中污染物迁移涉及的区域、其他可能的二次污染区域如修复区主要运输道路、车辆清洗区、修复药剂存放区等。

潜在二次污染区域土壤原则上根据修复设施的设置、潜在二次污染来源等资料判断布点，也可采用系统布点法设置采样点位，采样点数量参照表 5.2－3，主要采集去除杂质后的土壤表层样品(0～20 cm)，必要时可采集深层土壤样品。

(二) 土壤风险管控效果评估

由第四章内容可知，通常情况下，风险管控技术包括固化/稳定化、封顶、阻隔填埋、地下水阻隔墙、可渗透反应墙等管控措施。对于风险管控的效果评估，主要是评估工程措施是否有效，一般应在工程设施完工 1 年内开展。

风险管控的效果评估对象包括 2 类，一类为工程性能指标，一类为污染物指标。

(1) 工程性能指标

对于工程性能的指标，应根据工程设计相关的要求进行评估。

(2) 污染物指标

污染物指标应采集 4 个批次的数据，建议每个季度采样一次；采样布点时，需结合风险管控措施的布置，在风险管控范围上游、内部、下游，以及可能涉及的潜在二次污染区域设置地下水监测井；此外，可充分利用地块调查评估与修复实施等阶段设置的监测井，现有监测井须符合修复效果评估采样条件。

(三) 地下水修复效果评估

《污染地块风险管控与修复效果评估技术导则(试行)》(HJ 25.5—2018)中主要针对土壤修复效果评估进行规范，目前，地下水修复效果评估工作主要依据《污染地块地下水修复和风险管控技术导则》(HJ 25.6—2019)开展。

需初步判断地下水中污染物浓度稳定达标且地下水流场达到稳定状态时，方可进入地下水修复效果评估阶段。地下水修复效果评估采样节点见图 5.2－3。

原则上采用修复工程运行阶段监测数据进行修复达标初判，至少需要连续

4 个批次的季度监测数据。若地下水中污染物浓度均未检出或低于修复目标值，则初步判断达到修复目标；若部分浓度高于修复目标值，可采用均值检验或趋势检验方法进行修复达标初判，当均值的置信上限（upper confidence limit，简称 UCL）低于修复目标值、浓度稳定或持续降低时，则初步判断达到修复目标。

若修复过程未改变地下水流场，则地下水水位、流量、季节变化等与修复开展前应基本相同；若修复过程改变了地下水流场，则需要达到新的稳定状态，地下水流场受周边影响较大等情况除外。

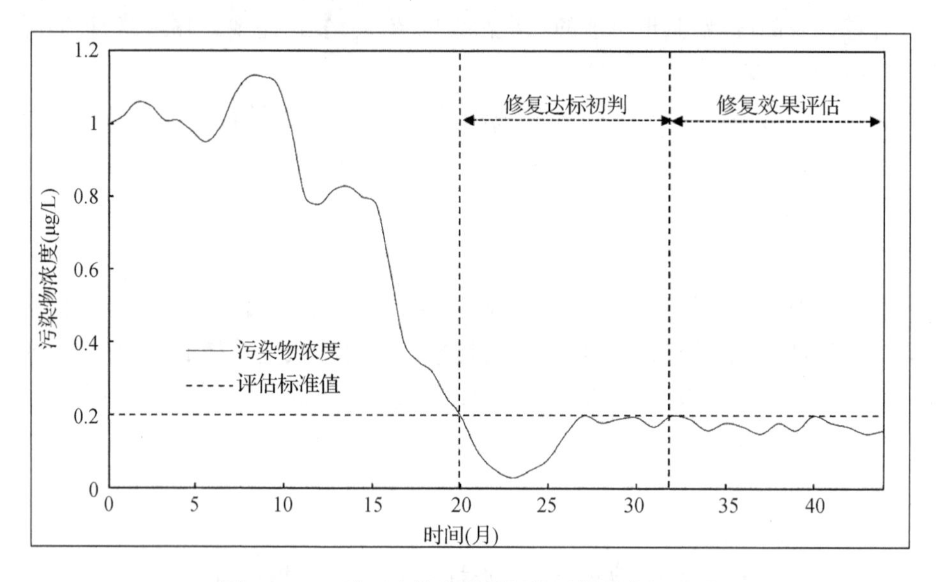

图 5.2-3　地下水修复效果评估采样节点示意图

（1）采样持续时间和频次

地下水修复效果评估采样频次应根据地块地质与水文地质条件、地下水修复方式确定，如水力梯度、渗透系数、季节变化和其他因素等。

修复效果评估阶段应至少采集 8 个批次的样品，采样持续时间至少为 1 年。

原则上采样频次为每季度一次，两个批次之间间隔不得少于 1 个月。对于地下水流场变化较大的地块，可适当提高采样频次。

（2）布点数量与位置

原则上修复效果评估范围上游应至少设置 1 个监测点，内部应至少设置 3 个监测点，下游应至少设置 2 个监测点。

原则上修复效果评估范围内部采样网格不宜大于 80 m×80 m，存在非水溶性有机物或污染物浓度高的区域，采样网格不宜大于 40 m×40 m。

地下水采样点应优先设置在修复设施运行薄弱区、地质与水文地质条件不利区域等。

可充分利用地块环境调查、工程运行阶段设置的监测井，现有监测井应符合地下水修复效果评估采样条件。

（3）检测指标

修复后地下水的检测指标为修复技术方案中确定的目标污染物。

化学氧化、化学还原、微生物修复后地下水的检测指标应包括产生的二次污染物，原则上二次污染物指标应根据修复技术方案中的可行性分析结果和地下水修复工程运行监测结果确定。

必要时可增加地下水常规指标、修复设施运行参数等作为修复效果评估的依据。

（4）现场采样与实验室检测

修复效果评估现场采样与实验室检测参照 HJ 25.1 和 HJ 25.2 执行。

（5）地下水修复效果评估标准值

修复后地下水的评估标准值为地块环境调查或修复技术方案中目标污染物的修复目标值。

若修复目标值有变，应结合修复工程实际情况与管理要求调整修复效果评估标准值。

化学氧化、化学还原、微生物修复产生的二次污染物的评估标准，原则上应根据修复技术方案中的可行性分析结果确定，也可参照 GB/T 14848 中地下水使用功能对应标准值执行，或根据暴露情景进行风险评估确定，风险评估可参照 HJ 25.3执行。

（6）地下水修复效果达标判断

原则上每口监测井中的检测指标均持续稳定达标，方可认为地下水达到修复效果。

若未达到修复效果，应对未达标区域开展补充修复。

可采用趋势分析进行持续稳定达标判断：

① 地下水中污染物浓度呈现稳态或者下降趋势，可判断地下水达到修复效果。

② 地下水中污染物浓度呈现上升趋势，则判断地下水未达到修复效果。

在 95％的置信水平下，趋势线斜率显著大于 0，说明地下水污染物浓度呈现上升趋势；若趋势线斜率显著小于 0，说明地下水污染物浓度呈现下降趋势；若趋势线斜率与 0 没有显著差异，说明地下水污染物浓度呈现稳态。

同时满足下列条件的情况下，可判断地下水修复达到极限：

① 地块概念模型清晰，污染羽及其周边监测井可充分反映地下水修复实施情况和客观评估修复效果。

② 至少有 1 年的月度监测数据显示地下水中污染物浓度超过修复目标且保持稳定或无下降趋势。

③ 通过概念模型和监测数据可说明现有修复技术继续实施不能达到预期目标的主要原因。

④ 现有修复工程设计合理，并在实施过程中得到有效的操作和足够的维护。

⑤ 进一步可行性研究表明不存在适用于本地块的其他修复技术。

(7) 残留污染物风险评估

对于地下水修复，若目标污染物浓度未达到评估标准，但判断地块地下水已达到修复极限，可在实施风险管控措施的前提下，对残留污染物进行风险评估。

残留污染物风险评估包括以下工作内容：

① 更新地块概念模型：掌握修复和风险管控后地块的地质与水文地质条件、污染物空间分布、潜在暴露途径、受体等，考虑风险管控措施设置情况，更新地块概念模型，具体参照 HJ 25.5 执行。

② 分析残留污染物环境风险：地块内非水溶性有机物等已最大限度地被清除，修复停止后至少 1 年且有 8 个批次的监测数据表明污染羽浓度降低或趋于稳定，污染羽范围逐渐缩减，或地下水中污染物存在自然衰减。

③ 开展人体健康风险评估：残留污染物人体健康风险评估可参照 HJ 25.3 执行，相关参数根据地块概念模型取值。对于存在挥发性有机污染物的地块，可设置土壤气监测井采集土壤气样品，辅助开展残留污染物风险评估。

若残留污染物对环境和受体产生的风险可接受，则认为达到修复效果；若残留污染物对受体和环境产生的风险不可接受，则需对现有风险管控措施进行优化或提出新的风险管控措施。

(四) 地下水风险管控效果评估

《污染地块风险管控与修复效果评估技术导则(试行)》(HJ 25.5—2018)中主要针对土壤修复效果评估进行规范，目前，地下水风险管控效果评估工作主要依据《污染地块地下水修复和风险管控技术导则》(HJ 25.6—2019)开展。

风险管控效果评估一般在工程设施完工 1 年内开展。

污染物指标应至少采集 4 个批次的样品，原则上采样频次为每季度一次，两个批次之间间隔不得少于 1 个月。对于地下水流场变化较大的地块，可适当提高采样频次。

工程性能指标应按照工程实施评估周期和频次进行评估。

（1）布点数量与位置

地下水监测井设置需结合风险管控措施的布置，在风险管控范围上游、内部、下游，以及可能涉及的二次污染区域设置监测点。

可充分利用地块环境调查、修复和风险管控实施阶段设置的监测井，现有监测井应符合风险管控效果评估采样条件。

（2）检测指标

风险管控效果评估检测指标包括工程性能指标和污染物指标。工程性能指标包括抗压强度、渗透性能、阻隔性能、工程设施连续性与完整性等；污染物指标包括地下水、土壤气和室内空气等环境介质中的目标污染物及其他相关指标。

可增加地下水水位、地下水流速、地球化学参数等作为风险管控效果的辅助判断依据。

（3）现场采样与实验室检测

风险管控效果评估现场采样与实验室检测参照 HJ 25.1 和 HJ 25.2 执行。

（4）风险管控效果评估标准

风险管控工程性能指标应满足设计要求或不影响预期效果。

地块风险管控措施下游地下水中污染物浓度应持续下降，地下水污染扩散得到控制。

（5）评估方法

若工程性能指标和污染物指标均达到评估标准，则判断风险管控达到预期效果，可对风险管控措施继续开展运行与维护。

若工程性能指标或污染物指标未达到评估标准，则判断风险管控未达到预期效果，应对风险管控措施进行优化或调整。

四、后期监管

1. 监管方式

常见的后期环境监管的方式一般包括长期环境监测与制度控制，通常情况下，两种方式结合使用。

长期环境监测：通过设置地下水监测井进行周期性地下水样品采集和检测，也可设置土壤气监测井进行土壤气样品采集和检测，监测井位置应优先考虑修复效果评估阶段污染物浓度高的区域与污染羽下游，并充分利用地块内符合采样条件的监测井，检测指标需根据修复/管控目标污染物确定，长期监测宜 1～2 年开展一次，可根据实际情况进行调整。

制度控制：采取限制地块使用方式、限制地下水利用方式、通知和公告地块潜在风险、制定限制进入或使用条例等制度对地块进行制度控制。原则上制度控制直至地块土壤与地下水中污染物分别达到 GB 36600 第一类用地筛选值和 GB/T14848 中的Ⅲ类标准值为止。

2. 需要开展后期监管的地块类型

我国现行法律法规及相关技术导则中,《污染地块风险管控与修复效果评估技术导则(试行)》(HJ 25.5—2018)对修复后地块的后期环境监管提出了要求,要求在特定情景下,应开展后期环境监管:

(1) 修复后土壤或地下水中污染物浓度达到修复效果评估标准值、但未达到地块使用功能对应筛选值或地下水使用功能对应标准值的地块,应采取制度控制措施监管。

(2) 地下水中污染物未达到评估标准、但残留污染物对受体和环境产生的风险不超过可接受水平的地块,应同时采取制度控制和长期环境监测措施监管。

(3) 接收异位修复后土壤的地块,应同时采取制度控制和长期环境监测措施监管。

(4) 实施风险管控的地块,应同时采取制度控制和长期环境监测措施监管。

附　录

附录 A　土壤污染隐患排查报告编制大纲

（参考《土壤污染隐患排查技术指南》相关要求）

1　总论

1.1　编制背景

1.2　排查目的和原则

1.3　排查范围

1.4　编制依据

2　企业概况

2.1　企业基础信息

2.2　建设项目概况

2.3　原辅料及产品情况

2.4　生产工艺及产排污环节

2.5　涉及的有毒有害物质

2.6　污染防治措施

3　排查方法

3.1　资料收集

3.2　人员访谈

3.3　重点场所或者重点设施设备确定

3.4　现场排查方法

4 土壤污染隐患排查

4.1 重点场所、重点设施设备隐患排查

4.1.1 液体储存区

4.1.2 散状液体转运与厂内运输区

4.1.3 货物的储存和运输区

4.1.4 生产区

4.1.5 其他活动区

4.2 隐患排查台账(见附表A—1)

5 整改措施

5.1 隐患整改方案

5.2 隐患整改台账(见附表A—1)

6 结论和建议

6.1 隐患排查结论

6.2 对土壤和地下水自行监测工作建议

7 附件(包括但不限于:平面布置图、企业有毒有害物质信息清单、重点场所或者重点设施设备清单等)

附表 A-1　土壤污染隐患排查与整改台账

企业名称						所属行业			
现场排查负责人(签字)						排查时间			
序号	涉及工业活动	重点场所或者重点设施设备	现场图片	隐患内容	发现日期	整改措施	整改后图片	完成日期	备注
1									
2									
3									
4									
…									

附录 B　土壤与地下水自行监测方案编制大纲

1　项目概述

1.1　项目背景

1.2　企业简介

2　编制依据

2.1　相关法律、法规及政策

2.2　相关技术导则、规范及指南

2.3　相关标准

2.4　其他资料

3　工作流程

4　排查概况

4.1　企业建设概况

4.2　厂区平面布置

4.3　主要生产工艺

4.4　隐患排查结论

5　重点区域

5.1　识别原则

5.2　各工段区域分布

5.3　重点设施的识别(见附表 B—1)

5.4　重点区域的识别

6　监测点位

6.1　点位布设原则

6.1.1　总体原则

6.1.2　对照点布设原则

6.1.3　土壤监测点布设原则

6.1.4　地下水监测井布设原则

6.2　土壤监测

6.2.1　土壤一般监测

6.2.2　土壤气监测

6.3 地下水监测
6.4 点位重叠

7 监测因子

7.1 监测因子筛选原则
7.2 筛选结果

8 采样监测

8.1 监测设施
8.2 样品采集
8.2.1 土壤采样
8.2.2 地下水采样
8.3 样品保存
8.4 样品流转
8.4.1 装运前核对
8.4.2 样品流转
8.4.3 样品交接
8.5 样品分析测试
8.6 质量保证及质量控制

9 建议要求

9.1 监测频次
9.2 信息公开
9.3 监测井归档资料
9.4 监测设施维护

附表 B-1　自行监测重点设施信息记录表

企业名称					
调查日期		参与人员			
重点设施名称	点位编号	设施功能	涉及有毒有害物质清单	关注污染物	可能的迁移途径(沉降、泄露、淋滤等)
			1.		
			2.		
			3.		
			1.		
			2.		
			3.		
			1.		
			2.		
			3.		
			1.		
			2.		
			3.		

附录C　土壤污染状况调查报告编制大纲

（参考《建设用地土壤污染状况调查技术导则》相关要求）

C.1　土壤污染状况调查第一阶段报告编制大纲

1　前言

2　概述

2.1　调查的目的和原则

2.2　调查范围

2.3　调查依据

2.4　调查方法

3　地块概况

3.1　区域环境概况

3.2　敏感目标

3.3　地块的现状和历史

3.4　相邻地块的现状和历史

3.5　地块利用的规划

4　资料分析

4.1　政府和权威机构资料收集和分析

4.2　地块资料收集和分析

4.3　其他资料收集和分析

5　现场踏勘和人员访谈

5.1　有毒有害物质的储存、使用和处置情况分析

5.2　各类槽罐内的物质和泄漏评价

5.3　固体废物和危险废物的处理评价

5.4　管线、沟渠泄漏评价

5.5　与污染物迁移相关的环境因素分析

5.6　其他

6　结果和分析

7　结论和建议

8　附件（地理位置图、平面布置图、周边关系图、照片和法规文件等）

C.2　土壤污染状况调查第二阶段报告编制大纲

1　前言

2　概述

2.1　调查的目的和原则

2.2　调查范围

2.3　调查依据

2.4　调查方法

3　地块概况

3.1　区域环境状况

3.2　敏感目标

3.3　地块的使用现状和历史

3.4　相邻地块的使用现状和历史

3.5　第一阶段土壤污染状况调查总结

4　工作计划

4.1　补充资料的分析

4.2　采样方案

4.3　分析检测方案

5　现场采样和实验室分析

5.1　现场探测方法和程序

5.2　采样方法和程序

5.3　实验室分析

5.4　质量保证和质量控制

6　结果和评价

6.1　地块的地质和水文地质条件

6.2　分析检测结果

6.3　结果分析和评价

7　结论和建议

8　附件(现场记录照片、现场探测的记录、监测井建设记录、实验室报告、质量控制结果和样品追踪监管记录表等)

C.3 土壤污染状况调查第三阶段报告编制大纲

1 前言

2 概述

2.1 调查的目的和原则

2.2 调查范围

2.3 调查依据

2.4 调查方法

3 地块概况

3.1 区域环境状况

3.2 敏感目标

3.3 地块的使用现状和历史

3.4 相邻地块的使用现状和历史

3.5 第一阶段土壤污染状况调查总结

3.6 第二阶段土壤污染状况调查总结

4 第三阶段调查

4.1 地块特征参数调查

4.1.1 现场采样

4.1.2 抽水试验

4.1.3 注水试验

4.1.4 渗透试验

4.1.5 土工试验

4.2 受体暴露参数调查

5 结论和建议

6 附件(现场记录照片、现场探测的记录、地勘钻探记录等)

附录D 土壤污染风险评估报告编制大纲

1 地块概况

1.1 地块位置、面积、现状用途和规划用途

1.2 历史用途变迁情况

1.3 潜在污染源简介

2 土壤污染状况调查

2.1 第一阶段土壤污染状况调查

2.1.1 资料收集

2.1.2 现场踏勘

2.1.3 人员访谈

2.2 第二阶段土壤污染状况调查

2.2.1 工作方案

2.2.2 调查结果

2.3 第三阶段土壤污染状况调查(相关参数见附表D—1)

2.3.1 地块特征参数调查

2.3.2 受体暴露调查

3 风险评估程序

4 危害识别

4.1 土壤中污染因子

4.2 地下水中污染因子

5 暴露评估

5.1 敏感受体

5.2 暴露途径

5.3 模型参数

6 毒性评估

6.1 分析污染物毒性效应

6.2 确定污染物相关参数

7 风险表征

7.1 土壤风险表征

7.1.1　暴露量计算

7.1.2　暴露风险计算

7.1.3　风险贡献率

7.2　地下水风险表征

8　风险控制值确定

8.1　风险控制值推导

8.2　风险评估不确定性分析

9　修复目标与修复区域

9.1　修复目标值确定

9.2　污染状况评估

9.2.1　土壤污染情况

9.2.2　地下水污染情况

9.3　修复范围

9.3.1　修复范围的确定原则与方法

9.3.2　土壤修复范围的确定

9.3.3　地下水修复范围的确定

10　结论与建议

10.1　风险评估结论

10.2　修复量估算结论

10.3　污染修复技术建议

10.4　其他建议与要求

附录E 土壤污染修复技术方案编制大纲

（参考《建设用地土壤修复技术导则》相关要求）

1 总论

1.1 项目由来

1.2 编制依据

1.3 编制内容

1.4 工作程序

2 地块问题识别

2.1 所在区域概况

2.2 地块基本信息

2.3 地块环境特征

2.4 地块污染特征

2.5 土壤污染风险

3 地块修复模式

3.1 修复污染物种类

3.2 地块修复目标

3.3 地块修复范围

3.4 地块修复总体思路(修复模式比选)

4 修复技术筛选

4.1 土壤修复技术简述

4.2 土壤修复技术可行性评估

4.3 地下水修复技术简述

4.4 地下水修复技术可行性评估

5 土壤修复方案设计

5.1 修复技术路线

5.2 修复方案设计(推荐方案)

5.3 修复方案设计(备选方案)

6 环境管理计划

6.1 修复工程监理

6.2 环境监理工作程序

6.3 二次污染防范

6.4 修复效果评估监测

6.5 环境应急方案

7 工程投资与实施时间

7.1 修复推荐方案

7.2 修复备选方案

8 结论

8.1 可行性研究结论

8.2 问题和建议

附录F　土壤及地下水典型修复技术目录

（参考《污染场地修复技术目录》相关要求）

序号	名称	适用性	原理	修复周期及参考成本	成熟程度
1	异位固化/稳定化技术	适用于污染土壤。可处理金属类、石棉、放射性物质、腐蚀性无机物、氰化物以及砷化合物等无机物;农药/除草剂、石油或多环芳烃类、多氯联苯类以及二噁英等有机化合物。不适用于挥发性有机化合物和以污染物总量为验收目标的项目。当需要添加较多的固化/稳定剂时,对土壤的增容效应较大,会显著增加后续土壤处置费用	向污染土壤中添加固化剂/稳定化剂,经充分混合,使其与污染介质、污染物发生物理、化学作用,将污染土壤固封为结构完整的具有低渗透系数的固化体,或将污染物转化成化学性质不活泼形态,降低污染物在环境中的迁移和扩散	日处理能力通常为100～1 200立方米。据美国EPA数据显示,对于小型场地(1 000立方码(cy),约合765 m^3)处理成本为160～245美元/m^3,对于大型场地(50 000 cy,约合38 228 m^3)处理成本为90～190美元/kgm^3;国内处理成本一般为500～1 500元/m^3	国外应用广泛。据美国环保署统计,1982—2008年已有200余项超级基金项目应用该技术。国内有较多工程应用
2	异位化学氧化/kg还原技术	适用于污染土壤。其中,化学氧化可处理石油烃、BTEX(苯、甲苯、乙苯、二甲苯)、酚类、MTBE(甲基叔丁基醚)、含氯有机溶剂、多环芳烃、农药等大部分有机物;化学还原可处理重金属类(如六价铬)和氯代有机物等。异位化学氧化不适用于重金属污染土壤的修复,对于吸附性强、水溶性差的有机污染物应考虑必要的增溶、脱附方式;异位化学还原不适用于石油烃污染物的处理	向污染土壤添加氧化剂或还原剂,通过氧化或还原作用,使土壤中的污染物转化为无毒或相对毒性较小的物质。常见的氧化剂包括高锰酸盐、过氧化氢、芬顿试剂、过硫酸盐和臭氧。常见的还原剂包括连二亚硫酸钠、亚硫酸氢钠、硫酸亚铁、多硫化钙、二价铁、零价铁等	处理周期较短,一般为数周到数月。 国外处理成本为200～660美元/m^3;国内处理成本一般为500～1 500元/m^3	国外已经形成了较完善的技术体系,应用广泛。国内发展较快,已有工程应用

续表

序号	名称	适用性	原理	修复周期及参考成本	成熟程度
3	异位热脱附技术	适用于污染土壤。可处理挥发及半挥发性有机污染物(如石油烃、农药、多氯联苯)和汞。不适用于无机物污染土壤(汞除外),也不适用于腐蚀性有机物、活性氧化剂和还原剂含量较高的土壤	通过直接或间接加热,将污染土壤加热至目标污染物的沸点以上,通过控制系统温度和物料停留时间有选择地促使污染物气化挥发,使目标污染物与土壤颗粒分离、去除	处理周期为几周到几年。国外对于中小型场地(2 万吨(t)以下,约合 26 800 m^3)处理成本为 100～300 美元/kgm^3,对于大型场地(大于 2 万吨,约合 26 800 m^3)处理成本为 50 美元/kgm^3。国内处理成本为 600～2 000 元/吨	国外已广泛应用于工程实践。1982—2004 年约有 70 个美国超级基金项目采用该技术。 国内已有少量工程应用
4	异位土壤洗脱技术	适用于污染土壤。可处理重金属及半挥发性有机污染物、难挥发性有机污染物。 不宜用于土壤细粒(粘/粉粒)含量高于 25%的土壤	采用物理分离或增效洗脱等手段,通过添加水或合适的增效剂,分离重污染土壤组分或使污染物从土壤相转移到液相,并有效地减少污染土壤的处理量,实现减量化。洗脱系统废水应处理去除污染物后回用或达标排放。	处理周期为 3～12 个月。 美国处理成本为 53～420 美元/m^3;欧洲处理成本为 15～456 欧元/m^3,平均为 116 欧元/m^3 国内处理成本为 600～3 000 元/kgm^3	美国、加拿大、欧洲及日本等已有较多的应用案例。 国内已有工程案例
5	水泥窑协同处置技术	适用于污染土壤,可处理有机污染物及重金属。 不宜用于汞、砷、铅等重金属污染较重的土壤,由于水泥生产对进料中氯、硫等元素的含量有限值要求,在使用该技术时需慎重确定污染土壤的添加量	利用水泥回转窑内的高温、气体长时间停留、热容量大、热稳定性好、碱性环境、无废渣排放等特点,在生产水泥熟料的同时,焚烧固化处理污染土壤	处理周期与水泥生产线的生产能力及污染土壤添加量相关,添加量一般低于水泥熟料量的 4%。 国内的应用成本为 800～1 000 元/m^2	国外发展较成熟,广泛应用于危险废物处理,但应用于污染土壤处理相对较少。 国内已有工程应用

续表

序号	名称	适用性	原理	修复周期及参考成本	成熟程度
6	原位固化/稳定化技术	适用于污染土壤，可处理金属类、石棉、放射性物质、腐蚀性无机物、氰化物以及砷化合物等无机物；农药/除草剂、石油或多环芳烃类、多氯联苯类以及二噁英等有机化合物。不宜用于挥发性有机化合物，不适用于以污染物总量为验收目标的项目	通过一定的机械力在原位向污染介质中添加固化剂/稳定化剂，在充分混合的基础上，使其与污染介质、污染物发生物理、化学作用，将污染土壤固封为结构完整的具有低渗透系数的固化体，或将污染物转化成化学性质不活泼形态，降低污染物在环境中的迁移和扩散	处理周期一般为3～6个月。根据美国EPA数据显示，应用于浅层污染介质处理成本为50～80美元/kgm³应用于深层处理成本为195～330美元/kgm³	国外已经形成了较完善的技术体系，应用广泛。据美国环保署统计，2005—2008年应用该技术的案例占修复工程案例的7%。 国内处于中试阶段
7	原位化学氧化/kg还原技术	适用于污染土壤和地下水。其中，化学氧化可处理石油烃、BTEX（苯、甲苯、乙苯、二甲苯）、酚类、MTBE（甲基叔丁基醚）、含氯有机溶剂、多环芳烃、农药等大部分有机物；化学还原可处理重金属类（如六价铬）和氯代有机物等。 受腐殖酸含量、还原性金属含量、土壤渗透性、pH值变化影响较大	通过向土壤或地下水的污染区域注入氧化剂或还原剂，通过氧化或还原作用，使土壤或地下水中的污染物转化为无毒或相对毒性较小的物质。常见的氧化剂包括高锰酸盐、过氧化氢、芬顿试剂、过硫酸盐和臭氧。常见的还原剂包括硫化氢、连二亚硫酸钠、亚硫酸氢钠、硫酸亚铁、多硫化钙、二价铁、零价铁等	清理污染源区的速度相对较快，通常需要3～24个月的时间，使用该技术修复地下水污染羽流区通常需要更长的时间。美国使用该技术修复地下水处理成本约为123美元/kgm³	国外已经形成了较完善的技术体系，应用广泛。据美国环保署统计，2005—2008年应用该技术的案例占修复工程案例总数的4%。 国内发展较快，已有工程应用
8	土壤植物修复技术	适用于污染土壤，可处理重金属（如砷、镉、铅、镍、铜、锌、钴、锰、铬、汞等）以及特定的有机污染物（如石油烃、五氯酚、多环芳烃等）	利用植物进行提取、根际滤除、挥发和固定等方式移除、转变和破坏土壤中的污染物质，使污染土壤恢复其正常功能	处理周期需3～8年。 美国应用的成本为25～100美元/吨，国内的工程应用成本为100～400元/吨	国外应用广泛。 国内已有工程应用，常用于重金属污染土壤修复

续表

序号	名称	适用性	原理	修复周期及参考成本	成熟程度
9	土壤阻隔填埋技术	适用于重金属、有机物及重金属有机物复合污染土壤的阻隔填埋。 不宜用于污染物水溶性强或渗透率高的污染土壤,不适用于地质活动频繁和地下水水位较高的地区	将污染土壤或经过治理后的土壤置于防渗阻隔填埋场内,或通过敷设阻隔层阻断土壤中污染物迁移扩散的途径,使污染土壤与四周环境隔离,避免污染物与人体接触和随土壤水迁移进而对人体和周围环境造成危害	处理周期较短。国内处理成本为 300～800 元/m^3	国外应用广泛,技术成熟。 国内已有较多工程应用
10	生物堆技术	适用于污染土壤,可处理石油烃等易生物降解的有机物。 不适用于重金属、难降解有机污染物污染土壤的修复,粘土类污染土壤修复效果较差	对污染土壤堆体采取人工强化措施,促进土壤中具备降解特定污染物能力的土著微生物或外源微生物的生长,降解土壤中的污染物	处理周期一般为 1～6 个月。在美国应用的成本为130～260 美元/m^3,国内的工程应用成本为 300 ～ 400 元/kgm^3	国外已广泛应用于石油烃等易生物降解污染土壤的修复,技术成熟。 国内已有用于处理石油烃污染土壤及油泥的工程应用案例
11	地下水抽出处理技术	适用于污染地下水,可处理多种污染物。 不宜用于吸附能力较强的污染物,以及渗透性较差或存在 NAPL(非水相液体)的含水层	根据地下水污染范围,在污染场地布设一定数量的抽水井,通过水泵和水井将污染地下水抽取至地面进行处理	处理周期一般较长。美国处理成本为 15 ～ 215 美元/kgm^3	国外已经形成了较完善的技术体系,应用广泛。据美国环保署统计,1982—2008 年期间,在美国超级基金计划完成的地下水修复工程中,涉及抽出处理和其他技术组合的项目 798 个 国内已有工程应用

续表

序号	名称	适用性	原理	修复周期及参考成本	成熟程度
12	地下水修复可渗透反应墙技术	适用于污染地下水，可处理BTEX（苯、甲苯、乙苯、二甲苯）、石油烃、氯代烃、金属、非金属和放射性物质等。不适用于承压含水层，不宜用于含水层深度超过10 m的非承压含水层，对反应墙中沉淀和反应介质的更换、维护、监测要求较高	在地下安装透水的活性材料墙体拦截污染物羽状体，当污染羽状体通过反应墙时，污染物在可渗透反应墙内发生沉淀、吸附、氧化还原、生物降解等作用得以去除或转化，从而实现地下水净化的目的	处理周期较长，一般需要数年时间。根据国外应用情况，处理成本为1.5～37.0美元/m^3	在国外应用较为广泛。2005—2008年约有8个美国超级基金项目采用该技术。 国内尚处于小试和中试阶段
13	地下水监控自然衰减技术	适用于污染地下水，可处理BTEX（苯、甲苯、乙苯、二甲苯）、石油烃、多环芳烃、MTBE（甲基叔丁基醚）、氯代烃、硝基芳香烃、重金属类、非金属类（砷、硒）、含氧阴离子（如硝酸盐、过氯酸）等。 在证明具备适当环境条件时才能使用，不适用于对修复时间要求较短的情况，对自然衰减过程中的长期监测、管理要求高	通过实施有计划的监控策略，依据场地自然发生的物理、化学及生物作用，包含生物降解、扩散、吸附、稀释、挥发、放射性衰减以及化学性或生物性稳定等，使得地下水和土壤中污染物的数量、毒性、移动性降低到风险可接受水平	处理周期较长，一般需要数年或更长时间。 根据美国实施的20个案例统计，单个项目费用为14万～44万美元	在美国应用较为广泛，美国2005—2008年涉及该技术的地下水修复项目有100余项。 国内尚无完整工程应用案例

续表

序号	名称	适用性	原理	修复周期及参考成本	成熟程度
14	多相抽提技术	适用于污染土壤和地下水，可处理易挥发、易流动的 NAPL（非水相液体）（如汽油、柴油、有机溶剂等）。 不宜用于渗透性差或者地下水水位变动较大的场地	通过真空提取手段，抽取地下污染区域的土壤气体、地下水和浮油等到地面进行相分离及处理	清理污染源区域的速度相对较快，通常需要 1～24 个月的时间。 国外处理成本约为 35 美元/m^3 水。 国内修复成本为 400 元每千克 NAPL 左右	技术成熟，在国外应用广泛。 国内已有少量工程应用
15	原位生物通风技术	适用于非饱和带污染土壤，可处理挥发性、半挥发性有机物。 不适合于重金属、难降解有机物污染土壤的修复，不宜用于黏土等渗透系数较小的污染土壤修复	通过向土壤中供给空气或氧气，依靠微生物的好氧活动，促进污染物降解；同时利用土壤中的压力梯度促使挥发性有机物及降解产物流向抽气井，被抽提去除。可通过注入热空气、营养液、外源高效降解菌剂的方法对污染物去除效果进行强化	处理周期为 6～24 个月。根据国外处理经验，处理成本为 13～27 美元/m^3	国外应用广泛，国内尚处于中试阶段

附录G　修复工程环境监理报告编制大纲

G.1　修复工程环境监理方案编制大纲

1　总　论

1.1　任务由来

1.2　编制依据

1.3　监理工作范围

1.4　监理工作内容

1.5　监理工作目标

2　前期调查结果要点

2.1　场地基本信息

2.2　土壤及地下水调查总结

3　修复工程设计方案要点

3.1　修复模式

3.2　修复技术

3.3　方案设计

3.4　工程设计

3.5　修复目标值

4　主要环境影响及污染防治措施

4.1　交通环境

4.2　大气环境

4.3　水环境

4.4　声环境

4.5　固体废弃物

4.6　水土保持

5　环境监理工作程序

6　环境监理工作内容

6.1　设计审核阶段工作内容

6.2　工程施工准备阶段工作内容

6.3 工程施工阶段工作内容

7 环境监理制度及工作方法

7.1 监理制度

7.2 监理工作方法

8 监理质量保证体系

8.1 人员素质与分工

8.2 过程控制

8.3 三级审核

8.4 资料管理

8.5 监理制度

9 监理主要成果

9.1 风险管控工程监理方案

9.2 日常工作成果

9.3 风险管控工程监理总结报告

10 监理工作附表

G.2　修复工程环境监理总结报告编制大纲

1　项目概况

1.1　项目背景

1.2　施工区环境概况

1.3　土壤及地下水调查

2　工程概况

2.1　总平面布置

2.2　工程设计

3　工程主要环境影响

3.1　交通环境

3.2　大气环境

3.3　水环境

3.4　声环境

3.5　固体废弃物

3.6　水土保持

4　监理工作开展情况

4.1　工作依据

4.2　监理工作范围

4.3　监理工作内容

4.4　监理工作成果

4.4.1　旁站巡视

4.4.2　资料审核

4.4.3　会议记录

4.4.4　信息反馈

4.4.5　环境监测

5　结论及建议

5.1　结论

5.1.1　工程施工情况

5.1.2　施工过程监理情况

5.2　建议

6　资料附件

附录 H　修复工程环境监理用表示例

附表 H-1　总环境监理工程师任命书

工程名称：______________　　　　环境监理合同编号：______________

致：____________________________（业主单位）

兹任命___________（注册监理工程师注册号：______________）

为____________________________修复工程总环境监理工程师，负责履行修复工程环境监理合同。

环境监理单位（盖章）

法定代表人：

年　　月　　日

附表 H-2 污染场地修复工程施工设计方案报审表

工程名称：______________　　　　环境监理合同编号：______________

致______________：

我方已根据施工合同的有关规定完成了__________施工组织设计方案的编制，并经我单位上级技术负责人审查批准，请予以审查。

附：

修复施工单位(盖章)

项目经理：

年　　月　　日

环境监理单位审核意见：

环境监理单位(盖章)

总环境监理工程师：

年　　月　　日

附表 H-3　环境监理业务联系单

工程名称：______________　　　　环境监理合同编号：______________

致：______________

事由：

环境监理单位（盖章）

总环境监理工程师：

年　　月　　日

抄　送：

受理单位签署意见：

施工单位（盖章）

项目经理：

年　　月　　日

附表 H-4　污染场地修复工程环境监理日志

工程名称：________　　环境监理合同编号：________

<table>
<tr><td>日期</td><td>天气</td><td>气温</td><td>到达现场时间</td><td>离开现场时间</td></tr>
<tr><td></td><td></td><td></td><td></td><td></td></tr>
<tr><td>现场巡视情况</td><td colspan="4">1. 场地现状描述(附照片)
2.
3.
4.</td></tr>
<tr><td>环保问题及其处理</td><td colspan="4"></td></tr>
<tr><td>备注</td><td colspan="4"></td></tr>
</table>

环境监理工程师：

附表 H-5　土壤开挖环境监理用表

工程名称：______________　　　　环境监理合同编号：______________

<table>
<tr><td colspan="2">日 期</td><td>天 气</td><td>气 温</td><td>到达现场时间</td><td>离开现场时间</td></tr>
<tr><td colspan="2"></td><td></td><td></td><td></td><td></td></tr>
<tr><td rowspan="7">基坑开挖情况</td><td>基坑编号</td><td colspan="4"></td></tr>
<tr><td>GPS 坐标</td><td colspan="4"></td></tr>
<tr><td>开挖审核</td><td colspan="4">是否为指定开挖区域：□是/□否</td></tr>
<tr><td>开挖时间</td><td colspan="4"></td></tr>
<tr><td>开挖深度</td><td colspan="4"></td></tr>
<tr><td>开挖土方量</td><td colspan="4"></td></tr>
<tr><td>备注</td><td colspan="4"></td></tr>
<tr><td rowspan="3">基坑积水</td><td>是否存在</td><td colspan="4">□是/□否</td></tr>
<tr><td>抽出时间、水量</td><td colspan="4"></td></tr>
<tr><td>处理方式
（去向）</td><td colspan="4"></td></tr>
<tr><td colspan="2">现场照片编号（附后）</td><td colspan="4"></td></tr>
<tr><td colspan="2">备　注</td><td colspan="4"></td></tr>
</table>

环境监理工程师：

附表 H-6　土壤暂存环境监理用表

工程名称：______________　　　　环境监理合同编号：______________

日 期	天 气	气 温	到达现场时间	离开现场时间

<table>
<tr><td colspan="2">暂存位置</td><td colspan="6"></td></tr>
<tr><td colspan="2">暂存库环保措施监督
（防渗、密闭等）</td><td colspan="6"></td></tr>
<tr><td>占用面积</td><td colspan="7"></td></tr>
<tr><td>占用期限</td><td colspan="7"></td></tr>
<tr><td rowspan="2">周边
自然环境</td><td>类别</td><td></td><td></td><td></td><td></td><td></td><td></td></tr>
<tr><td>最小距离</td><td></td><td></td><td></td><td></td><td></td><td></td></tr>
<tr><td rowspan="2">周边
敏感点</td><td>类别</td><td></td><td></td><td></td><td></td><td></td><td></td></tr>
<tr><td>最小距离</td><td></td><td></td><td></td><td></td><td></td><td></td></tr>
<tr><td>暂存土壤
土方量及
堆放进度</td><td colspan="7"></td></tr>
<tr><td>备注</td><td colspan="7"></td></tr>
</table>

附件：1. 暂存库构建前的原地形、地貌、植被状况的影像及文字资料
2. 对周边环境的影像和采取的环保措施
3. 暂存库用地使用手续复印件

环境监理工程师审核意见：

环境监理工程师：

附表 H-7　土壤运输环境监理用表

工程名称：______________　　环境监理合同编号：______________

日期	天气	气温	到达现场时间	离开现场时间

环保部门对污染土壤运输意见(是否同意外运)：

运输车辆数量	
运输频次	
运输总土方量	
运输路线	否按照指定的路线：　□是/□否

备注	

环境监理工程师：

附表 H-8　大气污染控制环境监理用表

工程名称：______________　　　　环境监理合同编号：______________

<table>
<tr><td colspan="2">日期</td><td>天气</td><td>气温</td><td>到达现场时间</td><td>离开现场时间</td></tr>
<tr><td colspan="2"></td><td></td><td></td><td></td><td></td></tr>
<tr><td colspan="3">扬尘情况描述
（附图）</td><td colspan="3"></td></tr>
<tr><td rowspan="3">土堆</td><td colspan="2">场地内土堆数量</td><td colspan="3"></td></tr>
<tr><td colspan="2">土堆苫盖</td><td colspan="3">苫盖数量：
未苫盖数量：</td></tr>
<tr><td colspan="2">扬尘情况描述
（附图）</td><td colspan="3"></td></tr>
<tr><td>大气监测结果</td><td colspan="5"></td></tr>
<tr><td>其他</td><td colspan="5"></td></tr>
<tr><td rowspan="7">场地洒水除尘措施</td><td colspan="2">洒水时间</td><td colspan="3">洒水范围(附图)</td></tr>
<tr><td colspan="2"></td><td colspan="3"></td></tr>
<tr><td colspan="2"></td><td colspan="3"></td></tr>
<tr><td colspan="2"></td><td colspan="3"></td></tr>
<tr><td colspan="2"></td><td colspan="3"></td></tr>
<tr><td colspan="2"></td><td colspan="3"></td></tr>
<tr><td colspan="2"></td><td colspan="3"></td></tr>
<tr><td>备注</td><td colspan="5"></td></tr>
<tr><td colspan="6">环境监理工程师：</td></tr>
</table>

附表 H-9　地表水污染控制环境监理用表

工程名称：______________　　　　环境监理合同编号：______________

<table>
<tr><td colspan="2">日期</td><td colspan="2">天气</td><td>气温</td><td>到达现场时间</td><td colspan="2">离开现场时间</td></tr>
<tr><td colspan="2"></td><td colspan="2"></td><td></td><td></td><td colspan="2"></td></tr>
<tr><td rowspan="3">设备清洗</td><td>清洗设备名称</td><td></td><td></td><td></td><td></td><td></td><td></td></tr>
<tr><td>清洗时间</td><td></td><td></td><td></td><td></td><td></td><td></td></tr>
<tr><td>清洗废水去向</td><td></td><td></td><td></td><td></td><td></td><td></td></tr>
<tr><td rowspan="3">地表径流</td><td>降水时间</td><td colspan="6"></td></tr>
<tr><td>地表径流去向</td><td colspan="6"></td></tr>
<tr><td>是否溢出污染场地</td><td colspan="6">□是/□否</td></tr>
<tr><td rowspan="3">土壤修复产生废水</td><td>废水量</td><td colspan="6"></td></tr>
<tr><td>水质参数</td><td colspan="6"></td></tr>
<tr><td>废水去向</td><td colspan="6">是否补充淋洗液：□是/□否　　补充量：
是否排入集水池：□是/□否　　排入量：
其他去向：</td></tr>
<tr><td rowspan="2">其他</td><td>废水量</td><td colspan="6"></td></tr>
<tr><td>废水去向</td><td colspan="6"></td></tr>
<tr><td rowspan="4">防渗检查</td><td>清洗池</td><td colspan="6">是否完好：□是/□否　　备注：</td></tr>
<tr><td>集水池</td><td colspan="6">是否完好：□是/□否　　备注：</td></tr>
<tr><td>导排系统</td><td colspan="6">是否完好：□是/□否　　备注：</td></tr>
<tr><td></td><td colspan="6"></td></tr>
<tr><td>备注</td><td colspan="7"></td></tr>
</table>

环境监理工程师：

附表 H-10　地下水污染控制环境监理用表

工程名称：________________　　　　环境监理合同编号：________________

日期	天气	气温	到达现场时间	离开现场时间
地下水流向				
地下水污染控制点位				
地下水检测	检测因子	检测结果	检测因子	检测结果
	温度			
	pH			
	溶解氧			
	氧化还原电位			
备注				

环境监理工程师：

附表 H-11　噪声污染控制环境监理用表

工程名称：______________　　环境监理合同编号：______________

日期	天气	气温	到达现场时间	离开现场时间

时间	噪声来源	噪声污染描述 （如实测分贝值等）	噪声污染控制措施
备注			

环境监理工程师：

附表 H-12　固废污染控制环境监理用表

工程名称：______________　　　　　环境监理合同编号：______________

日期	天气	气温	到达现场时间	离开现场时间

时间	固废堆放地点	固废情况描述（附图）	固废处置措施

备注	
环境监理工程师：	

附表 H-13　土壤、地下水样品环境监理自检用表

工程名称：______________　　环境监理合同编号：______________

日期	天气	气温	到达现场时间	离开现场时间

编号	样品来源	检测结果

备注	
环境监理工程师：	

附表 H-14　土壤、地下水样品第三方检测环境监理用表

工程名称：______________　　　　环境监理合同编号：______________

编号	样品来源	检测单位名称：	
		送样时间	检测结果
备注			

附表 H-15　污染场地修复工程阶段性质量控制单

工程名称：______________　　　环境监理合同编号：______________

业主单位			
修复方案设计单位		修复施工单位	
施工开始日期		质控日期	
工程概况			
质量控制情况	检测结果及评语：		

环境监理单位意见：

环境监理单位(盖章)

总环境监理工程师：

年　　月　　日

附表 H-16　已修复土壤填埋环境监理用表

工程名称：______________　　环境监理合同编号：______________

土壤原堆放位置	
土壤检测结果	
土壤是否已达修复目标	□是/□否

环保部门对于已修复土壤填埋的审核意见(是否同意填埋)：

填埋地址	
填埋土方量	
备注	

环境监理单位意见：

环境监理单位(盖章)
总环境监理工程师：
年　月　日

附表 H-17　污染场地修复工程重大环境问题报告单

工程名称：______________　　　　　　环境监理合同编号：______________

致____________________：

____年____月____日，在______________发生重大环境问题，现将现场发生情况结果报告如下，待调查明确后另作详情报告。

环境监理单位(盖章)

环境监理工程师：

年　　月　　日

原因及经过：

环境影响及损失：

应急措施及初步处理意见：

环境监理单位(盖章)

总环境监理工程师：

年　　月　　日

附表 H-18　污染场地修复工程污染事故处理方案报审单

工程名称：______________　　　　环境监理合同编号：______________

污染事故：

处理方案：

业主单位(盖章)	施工单位(盖章)	环境监理机构(盖章)
负责人：	项目经理：	总环境监理工程师：
日期：	日期：	日期：

附表 H-19　污染场地修复工程竣工报验单

工程名称：______________　　　　环境监理合同编号：______________

致____________________：

我方已按合同要求完成了____________________修复工程，请予以检查和验收。

附件说明：

修复施工单位（盖章）

项目经理：

年　　月　　日

审查意见：

____________________修复工程

1. 符合/不符合我国现行法律、法规要求；
2. 符合/不符合我国现行工程建设标准；
3. 符合/不符合设计文件要求；
4. 符合/不符合施工合同要求。

环境监理单位（盖章）

总环境监理工程师：

年　　月　　日

附表 H-20　污染场地修复工程返工指令单

工程名称：＿＿＿＿＿＿＿＿　　　　环境监理合同编号：＿＿＿＿＿＿＿＿

致＿＿＿＿＿＿＿＿＿＿＿＿＿＿：

由于本指令单所述原因，通知贵部对＿＿＿＿＿＿＿＿＿＿＿＿＿＿＿＿＿＿按要求予以返工，并确保本返工工程项目达到合同条款中所规定的标准。

环境监理单位(盖章)

总环境监理工程师：

年　　月　　日

返工原因：

返工要求：

主受文单位签署意见：

施工单位(章)：

项目经理：

年　　月　　日

附表 H-21　污染场地修复工程暂停指令单

工程名称：______________　　　　　环境监理合同编号：______________

致________________________：

由于本指令单所述原因，通知贵部对__________________按要求予以停工。

环境监理单位（盖章）

总环境监理工程师：

年　　月　　日

停工原因：

复工要求：

施工单位签署意见：

施工单位（章）：

项目经理：

年　　月　　日

附表 H-22　修复工程开工/复工报审表

工程名称：______________　　　　环境监理合同编号：______________

致______________________：

我方承担的____________修复工程已完成了以下各项工作，具备了开工/复工条件，特此申请施工，请核实并签发开工/复工指令。

附件：

1. 开工/复工报告

2. 证明文件

修复施工单位（章）

项目经理

年　　月　　日

审查意见：

环境监理单位（盖章）

总环境监理工程师：

年　　月　　日

附表 H-23　污染场地修复工程复工指令单

工程名称：______________　　　　　环境监理合同编号：______________

致____________________：

由于本指令单所述原因，通知贵部对______________________按要求予以复工。

环境监理单位（盖章）
总环境监理工程师：
年　　月　　日

复工要求：

情况说明：

施工单位签署意见：

施工单位（章）：
项目经理：
年　　月　　日

附表 H-24　污染场地修复工程变更申请单

工程名称：______________　　　　环境监理合同编号：______________

申请单位		工程名称	
设计单位		修复单位	

申请修改理由：

□ 业主要求　　□ 修复区域变更　　□ 发现新的污染区域

□ 修复方案变更　　□ 其他__________

项目经理：__________

年　月　日

环境监理工程师初审意见：

建议修改方式：□ 自行修改　　□ 通知设计单位修改　　□ 另行委托

签名：__________

年　月　日

环境监理单位审核意见： 总环境监理工程师：__________ 年　月　日	业主单位意见： 业主签章： 年　月　日
设计修改情况记录(附件)	修复施工单位意见： 项目经理： 年　月　日

附表 H-25　污染场地修复工程环境监理月报

工程名称：______________　　环境监理合同编号：______________

<table>
<tr><td rowspan="5">工程基本情况</td><td>业主单位</td><td></td><td>负责人</td><td></td></tr>
<tr><td>施工单位</td><td></td><td>项目经理</td><td></td></tr>
<tr><td>环境监理单位</td><td></td><td>总环境监理工程师</td><td></td></tr>
<tr><td>修复方案设计单位</td><td></td><td></td><td></td></tr>
<tr><td>环境监理月报时间</td><td></td><td></td><td></td></tr>
<tr><td colspan="2">修复工程施工进展</td><td colspan="3"></td></tr>
<tr><td rowspan="5">污染控制措施</td><td>大气污染控制</td><td colspan="3"></td></tr>
<tr><td>水污染控制</td><td colspan="3"></td></tr>
<tr><td>噪声污染控制</td><td colspan="3"></td></tr>
<tr><td>固废污染控制</td><td colspan="3"></td></tr>
<tr><td>备注</td><td colspan="3"></td></tr>
</table>

环境监理机构意见：

环境监理单位(盖章)
总环境监理工程师：
年　　月　　日

附录I 修复效果评估报告编制大纲

（参考《污染地块风险管控与土壤修复效果评估技术导则》相关要求）

1 项目背景

简要描述污染地块基本信息，调查评估及修复的时间节点与概况、相关批复情况等。简明列出以下信息：项目名称、项目地址、业主单位、调查评估单位、修复单位、监理单位、

修复修效果评估单位。

2 工作依据

2.1 法律法规

2.2 标准规范

2.3 项目文件

3 地块概况

3.1 地块调查评价结论

3.2 风险管控或修复方案

3.3 风险管控或修复实施情况

3.4 环境保护措施落实情况

4 地块概念模型

4.1 资料回顾

4.2 现场踏勘

4.3 人员访谈

4.4 地块概念模型

5 效果评估布点方案

5.1 土壤修复效果评估布点

5.1.1 评估范围

5.1.2 采样节点

5.1.3 布点数量与位置

5.1.4 检测指标

5.1.5 评估标准值

5.2 风险管控效果评估布点

5.2.1 检测指标和标准

5.2.2　采样周期和频次

5.2.3　布点数量与位置

6　现场采样与实验室检测

6.1　样品采集

6.1.1　现场采样

6.1.2　样品保存与流转

6.1.3　现场质量控制

6.2　实验室检测

6.2.1　检测方法

6.2.2　实验室质量控制

7　效果评估

7.1　检测结果分析

7.2　效果评估

8　结论与建议

8.1　效果评估结论

8.2　后期环境监管建议

9　附件

参考文献

[1]《中华人民共和国环境保护法》。
[2]《中华人民共和国环境影响评价法》。
[3]《中华人民共和国土壤污染防治法》。
[4]《中华人民共和国大气污染防治法》。
[5]《中华人民共和国固体废物污染环境防治法》。
[6]《中华人民共和国水污染防治法》。
[7]《国务院关于印发土壤污染防治行动计划的通知》(国发〔2016〕31 号)。
[8]《国务院关于印发水污染防治行动计划的通知》(国发〔2015〕17 号)。
[9]《污染地块土壤环境管理办法》(环保部第 42 号令)。
[10]《土壤环境质量建设用地土壤污染风险管控标准(试行)》(GB36600-2018)。
[11]《土壤环境质量农用地土壤污染风险管控标准(试行)》(GB15618-2018)。
[12]《地下水质量标准》(GB/T14848-2017)。
[13]《建设用地土壤污染风险管控和修复术语》(HJ 682-2019)。
[14]《建设用地土壤污染状况调查技术导则》(HJ 25.1-2019)。
[15]《建设用地土壤污染风险管控和修复监测技术导则》(HJ 25.2-2019)。
[16]《建设用地土壤污染风险评估技术导则》(HJ 25.3-2019)。
[17]《建设用地土壤修复技术导则》(HJ 25.4-2019)。
[18]《污染地块风险管控与土壤修复效果评估技术导则(试行)》(HJ 25.5-2018)。
[19]《污染地块地下水修复和风险管控技术导则》(HJ 25.6-2019)。
[20]《土壤环境监测技术规范》(HJ/T 166-2004)。
[21]《地表水和污水监测技术规范》(HJ/T 91-2002)。
[22]《地下水环境监测技术规范》(HJ/T 164-2004)。
[23]《污染场地岩土工程勘察标准》(HG/T 20717-2019)。
[24]《土地利用现状分类》(GB/T 21010-2017)。
[25]《建设用地土壤环境调查评估技术指南》(环境保护部,2017 年 12 月 14 日)。
[26]《工业企业场地环境调查评估与修复工作指南(试行)》(环境保护部,2014 年 11 月)。
[27]《地块土壤和地下水中挥发性有机物采样技术导则》(HJ 1019-2019)。
[28]《地下水环境状况调查评价工作指南》(生态环境部,2019 年 9 月 29 日)。
[29]《地下水污染模拟预测评估工作指南》(生态环境部,2019 年 9 月 29 日)。
[30]《地下水污染健康风险评估工作指南》(生态环境部,2019 年 9 月 29 日)。
[31]《地下水污染防治分区划分工作指南》(生态环境部,2019 年 9 月 29 日)。

[32]《在产企业土壤及地下水自行监测技术指南》(征求意见稿)。
[33]《土壤污染隐患排查技术指南》(征求意见稿)。
[34]《污染场地修复技术目录(第一批)》。
[35] 国际钢铁协会. 钢铁白皮书[M]. ISBN 978-2-930069-67-8，2012:7.
[36] 林从刚. 韩国概况[M]. 大连:大连理工大学出版社. 2008(ISBN 9787561129548):46-47.
[37] 田景，等. 韩国文化论[M]. 广州:中山大学出版社. 2010(ISBN 9787306036575):113.
[38] 曾昆，王兴艳. 韩国钢铁行业发展经验借鉴[J]. 冶金经济与管理，2013(4):45.
[39] 林敬淳. 韩国文化的理解[M]. 大连:大连出版社. 2012(ISBN 978-7-5505-0190-4):113.
[40] 郑玉春. 世界钢铁工业发展现状及未来发展分析[J]. 冶金管理，2008(12):14-18.
[41] 陈溪. 世界钢铁产业发展研究及启示[J]. 郑州航空工业管理学院学报，2008，26(06):28-32.
[42] 李海涛. 百年中国近代钢铁工业发展史研究综述[J]. 武汉科技大学学报(社会科学版)，2011，13(06):714-719+737.
[43] 2011年钢铁行业发展平淡[N]. 工控网. 2011-10-19.
[44] 梁斐. 中国钢铁工业高质量发展之路探析[J]. 冶金管理，2019(24):47-49.
[45] 2020年上半年钢铁行业运行情况[Z]. 中华人民共和国工业和信息化部原材料工业司. 2020-07-30.
[46] 关于做好2020年重点领域化解过剩产能工作的通知[Z]. 中华人民共和国国家发展和改革委员会. 2020.
[47] 李晓亮. 环境污染与治理对策研究——以炼钢厂圆形旋转除尘器的优化改造为例[J]. 价值工程，2016，35(26):64-66.
[48] 彭国富. 钢铁业环境经济绩效研究的新探索——评《钢铁企业生态经济绩效测度的理论与方法》[J]. 河北经贸大学学报(综合版)，2015，15(03):128-129.
[49] 李海波. 一部系统研究钢铁业环境经济绩效问题的新作——评《钢铁企业生态经济绩效测度的理论与方法》[J]. 石家庄经济学院学报，2015，38(03):141.
[50] 王旭. 钢铁行业环境污染现状及改进措施[J]. 中国环保产业，2019(03):25-26.
[51] 李莎. 钢铁行业大气污染物减排措施探析[J]. 工业安全与环保，2020，46(06):82-84.
[52] 刘镭，曲冰，兰雨. 钢铁行业对大气污染的影响及减排措施分析[J]. 资源节约与环保，2020(09):7-8.
[53] 李永胜. 浅谈钢铁企业废水来源、处理与回用[A]. 中国土木工程学会水工业分会排水委员会. 全国排水委员会2015年年会论文集[C]. 中国土木工程学会水工业分会排水委员会:中国土木工程学会，2015:4.
[54] 代表建议:适度扩大优质炼焦煤进口 促进钢铁业绿色发展[N]. 中国冶金报. 2020-05-28.
[55] 姚晓菲，陈昆宁，刘树根，杨玲，张春成. 发挥环保倒逼机制作用，促进钢铁企业生态文明建设[J]. 四川环境，2015，34(01):53-58.
[56] 废钢协会呼吁:内外兼顾 互利互惠 推进钢铁产业链健康协调运转[N]. 中国冶金报. 2020-

03-25.
[57] 全国人大代表曹志强建议:应出台政策促进我国废钢产业发展[N]. 中国冶金报. 2020-05-29.
[58] 于诗琦,何苗,韩露. 鞍山产业结构调整问题的思考[N]. 鞍山日报,2015-05-25(A05).
[59] 中国金属学会关于《钢铁行业绿色生产管理评价标准(烧结、球团)》团体标准征求意见的通知[N]. 中国金属学会. 2020-01-02.
[60] 关于推进实施钢铁行业超低排放的意见[J]. 中国钢铁业,2019(06):5-8.
[61] 钢铁行业庆祝中华人民共和国成立70周年座谈会召开——忆往昔 看今朝 望未来[N]. 中国冶金报. 2019-09-07.
[62] 何文波委员:全力推进超低排放 坚决打赢蓝天保卫战[N]. 中国冶金报. 2020-05-28.
[63] 王竹民:以建成"世界最清洁工厂"证明钢铁可以是绿色的[N]. 中国钢铁新闻网. 2018-12-06.
[64] 余勤飞,侯红,吕亮卿,周友亚,田军,李发生. 工业企业搬迁及其对污染场地管理的启示——以北京和重庆为例[J]. 城市发展研究,2010,17(11):95-100.
[65] 张倩,谷庆宝. 工业企业搬迁遗留场地环境风险管理对策[J]. 环境影响评价,2015,37(01):10-14.
[66] 范孝东. 把土壤污染防治放在更重要位置[N]. 安徽日报,2020-10-13(009).
[67] 切实做好企业搬迁过程中环境污染防治工作[J]. 环境保护,2004(06):17.
[68] 国家中长期科学和技术发展规划纲要(2006—2020年)中华人民共和国国务院.
[69] 刘俐. 钢铁生产场地的环境污染特征[J]. 世界环境,2016(04):41-45.
[70] 陈泽雄,张倩华,何坤志. 工业企业搬迁遗留地块重金属污染的调查、评价及修复初探[J]. 广州化工, 2008, 36(003):62-64.
[71] 中华人民共和国国家统计局. 2008中国统计年鉴[M]. 中国统计出版社. 2008.
[72] 王月华,易海涛. 钢铁企业对土壤和地下水的污染影响研究[J]. 环境科学与管理,2015,40(11):41-45.
[73] 赵珂. 钢铁工业与地下水环境[J]. 钢铁技术,2012,2:43.
[74] 朱学愚,钱孝星. 地下水环境影响评价的工作要点[J]. 水资源保护,1998(4):48.
[75] 孟祥帅,吴萌萌,陈鸿汉,杨晓东,何亚平. 我国典型钢铁企业地下水污染特征及防治对策分析[J]. 环境工程,2019,37(12):90-97.
[76] 竹涛,薛泽宇,牛文凤,王礼锋,伊能静. 我国钢铁行业烟气中重金属污染控制技术[J]. 河北冶金,2019(S1):11-14.
[77] 陈轶楠,张永清,张希云,马大龙,杜静静,李育鹏. 晋南某钢厂周边土壤重金属与磁化率分布规律及其相关性研究[J]. 干旱区资源与环境,2014,28(01):85-91.
[78] 冶金环境监测中心等. 首钢地区土壤及地下水污染调查报告[R]. 专题报告,2006(5).
[79] 葛成军,俞花美. 南京市典型工业区耕地中多环芳烃源解析[J]. 长江流域资源与环境,2009,18(09):843-848.

[80] 巩宏平，田洪海，周志广，李楠，杜兵. 钢铁企业排放的烟气及厂区土壤中二噁英类污染研究[J]. 环境保护科学，2007(05)：8-10.

[81] 朱媛媛，田靖，吴国平，魏复盛. 鞍山市空气颗粒物中酞酸酯的季节变化与功能区差异[J]. 中国环境监测，2010，26(04)：9-12.

[82] 董恒利. 钢铁行业污染源调查研究[J]. 科技信息，2014(01)：276＋300.

[83] 杨勇. 钢铁冶金清洁生产新工艺[J]. 中国金属通报，2020(06)：155-156.

[84] 本刊. 钢铁企业污水的来源和主要污染成分[J]. 新疆钢铁，2019(04)：49.

[85] 刘俐. 钢铁生产场地的环境污染特征[J]. 世界环境，2016(04)：41-45.

[86] 董捷，黄莹，李永霞，张厚勇，高甫威. 北方某大型钢铁企业表层土壤中多环芳烃污染特征与健康风险评价[J]. 环境科学，2016，37(09)：3540-3546.

[87] 李永霞，刘燕，王文刚，董捷，王宁，高甫威. 某钢铁企业表层土壤中多环芳烃含量特征与生态风险评价[J]. 环境化学，2017，36(06)：1320-1327.

[88] 葛成军，安琼，董元华. 钢铁工业区周边农业土壤中多环芳烃(PAHs)残留及评价[J]. 农村生态环境，2005(02)：66-69＋73.

[89] 万田英，霍庆，祁志福，曹艳丽，胡红青. 武汉钢铁公司周边地区土壤和蔬菜重金属含量分析[J]. 华中农业大学学报，2014，33(04)：77-83.

[90] 谢团辉，胡聪，陈炎辉，徐芹磊，王果. 某炼钢厂周边农田土壤重金属污染状况的调查与评价[J]. 农业资源与环境学报，2018，35(02)：155-160.

[91] 陈轶楠，马建华，张永清. 晋南某钢铁厂及周边土壤重金属污染与潜在生态风险[J]. 生态环境学报，2015，24(09)：1540-1546.

[92] 黄晨，林晓青，李晓东，李文维，武广富. 典型行业周边土壤中二噁英浓度分布特性研究[J]. 环境污染与防治，2018，40(06)：693-697.

[93] Merican Society for Testing and Materials. Standard guide for risk-based corrective action [EB/OL]. http://www.astm.org/Standards/E2081.htm

[94] Chang S H, Kuo C Y, Wang JW, et al. Comparison of RBCA and CalTOX for setting risk-based cleanup levels based on inhalation exposure[J]. Chemosphere, 2004, 56(4):359-367.

[95] Department for Environment, Food and Rural Affairs and the Environment Agency. Assessment of the development of soil guideline values and related research [EB/OL]. UK: EA, 2007 [2007-06-10]. http://www.environmentagency/gov/uk/commondata/acrobat/clr7-675334.pdf.

[96] 国际癌症研究署. 化学污染物癌症数据库[EB/OL]. http://www.iarc.fr/.

[97] 美国环境保护署. 综合风险信息系统化学物质致癌分类[EB/OL]. https://www.ep3-gov/.

[98] EPA/600/R-98/137. Methodology for assessing health risks associated with multiple pathways of exposure to combustor emissions[S]. Washington DC: U.S. Environmental Protection Agency, 1998.

[99] 陈怀满等. 土壤-植物系统中的重金属污染[M]. 北京:科学出版社,1996.

[100] 崔德杰,张玉龙. 土壤重金属污染现状与修复技术研究进展[J]. 土壤通报,2004, 35(3): 366-370.

[101] 陈志龙,仇荣亮,张景书等. 重金属污染土壤的修复技术工程与技术[J]. 环境保护,2002: 21-24.

[102] 陈玉娟. 珠江三角洲主要城市郊区农业环境重金属污染及修复技术-以 Cd、Zn 污染土壤为例[D]. 中山大学,2004:24-31.

[103] 陈承利,廖敏. 重金属污染土壤修复技术研究进展[J]. 广东微量元素科学. 2004,11(10): 1-8.

[104] 顾继光,周启星,王新. 土壤重金属污染的治理途径及研究进展[J]. 应用基础与工程科学学报,2003,11(2):143-152.

[105] 蒋先军,骆永明,赵其国. 重金属污染生物修复机制及研究进展[J]. 土壤,2000(3): 130-134.

[106] 刘杰,朱义年,罗亚平等. 清除土壤重金属污染的植物修复技术[J]. 桂林工学院学报, 2004,24(4):507-510.

[107] 廖晓勇,陈同斌,谢华等. 磷肥对于提高对于砷污染土壤的植物修复效率的研究:田间实例[J]. 环境科学学报,2004,24(3):455-461.

[108] Karmar PBAN, Duehenkov V, Motto H, et al. Phyextraction: the use of plants to remove heavy mental from soils[J]. Environ Sci Technol, 1995, 29: 1232-1238.

[109] 李荣林,李优琴,沈寿国等. 重金属污染的微生物修复技术[J]. 江苏农业科学,2005(4): 1-4.

[110] Fliepbach A, Martens R, Peber H. Soil microbial biomass and activity in soils treated with heavy metal contaminated sewage sludge[J]. Soil Boil. Biochem, 1994, 26: 1201-1205.

[111] 阚晓明,何金柱. 重金属污染土壤的微生物修复机理与研究进展[J]. 安徽农业科学,2002, 30(6):877-879.

[112] 李录久,许圣君,李光雄. 土壤重金属污染与修复技术研究进展[J]. 安徽农业科学,2004, 32(1):156-158.

[113] 龙新宪,杨肖娥,倪吾钟. 重金属污染土壤修复技术研究的现状与展望[J]. 应用生态学报, 2002,13(6):757-762.

[114] 可欣,李培军,巩宗强等. 重金属污染土壤修复技术中有关淋洗剂的研究进展[J]. 生态学杂志,2004,23(5):145-149.

[115] Pamuks Amukc S, Wittle J K, electrokinetic Removal of Selected Heavy Metals from Soils [J]. Enciron rog, 1992, 11. (3): 241-250.

[116] 石文畝,于水利,邱晓霞,冯伟明. 电动修复铅污染土壤和地下水的初步研究[J]. 环境科学与技术,2005,28(1):20-22.

[117] 孙英杰,孙晓杰,赵由才. 冶金企业污染土壤和地下水整治与修复[M]. 北京:冶金工业出

版社，2008.

[118] 何连生，祝超伟，席北斗. 重金属污染调查与治理技术[M]. 北京：中国环境科学出版社，2013. 12.

[119] Gaffney S H, Panko J M, Unice K M, et al. Occupationalex-posure to benzene at the Exxon Mobil Refinery in Baytown[J]. TX(1978—2006), 2007, 49(9): 18-20.

[120] 吴宏景. 胶体金负载纳米金属氧化物催化氧化苯系物的研究[D]. 武汉：中国地质大学，2010.

[121] 李春玉. 多环芳烃的土壤降解特性及其影响因子研究[D]. 南京：南京农业大学，2008. 6.

[122] Mcveety B D, Hites R A. The distribution and accumulation of PAHs in environment[J]. Atomospheric Environment, 1998, 22(1): 511-536.

[123] 刘淑琴，王鹏. 环境中的多环芳烃与致癌性[J]. 山东师大学报(自然科学版)，1995，10(4)：435-440.

[124] 于小丽，张江. 多环芳烃污染与防治对策[J]. 油气田环境保护，1996，6(4)：53-56.

[125] 董瑞斌，许东风，刘雷等. 多环芳烃在环境中的行为[J]. 环境与开发，1999，14(2)：10-11.

[126] 李潘. 苯系物(BTEX)在新疆干旱区土壤中的环境化学行为及其影响因素研究[D]. 新疆：新疆大学，2014. 5.

[127] Li Yu-ying, Zheng Xi-lai, Li Bing, et al. Volatilization behaviors of diesel oil from the soils [J]. Journal of Environmental Sciences, 2004, 16(6): 1033-1036.

[128] 童玲，郑西来，李梅等. 不同下垫面苯系物的挥发行为研究[J]，环境科学，2008，29(7)：2058-2061.

[129] 钱天伟，刘春国. 饱和-非饱和土壤污染物运移[M]. 中国环境科学出版社，2007，196-197.

[130] 刘涉江，姜斌，黄国强等. 甲基叔丁基醚在饱和黏土中吸附和迁移参数的测定[J]. 天津大学学报，2006，39(12)：1470-1474.

[131] Johnson M. D., Huang W. L., Dang Z., et al. A distributed reactivity model for sorption by soils and sediments. 12. effects of subcritical water extraction and alterations of soil oaganic matter on sorption equilibria[J]. Environmental Science and Technology, 1999, 33(10): 1657-1663.

[132] 罗雪梅，杨志峰，何孟常，刘昌明. 土壤/沉积物中天然有机质对疏水性有机污染物的吸附作用[J]. 土壤，2005，37(1)：25-40.

[133] Kim S. B., Hwang I., Kim D. J., et al. Effect of sorption om benzene biodegradation in sandy soil [J]. Environmental Toxicology and Chemistry, 2003, 22(10): 2306-2311.

[134] Pignatello J. J., Huang L. Q. Sorptive reversibility of atrazine and metolachlor residues in field soil samples [J].

[135] Wang L. L., Yang Z. F., Niu J. F.. Temperature-dependent sorption of polycyclic aromatic hydrocarbons on natural and treated sediments [J]. Chemosphere, 2011, 82(6): 895-900.

[136] Chang S. W., Chen C. Y., Chang J. H., et al. Sorption of toluene by humic acids derived

from lake sediment and mountain soil at different pH [J]. Journal of Hazarous Materials, 2010, 177(1-3): 1068-1076.

[137] Liu P., Zhu D. Q., Zhang H., et al. Sorption of polar and nonpolar aromatic compounds to four surface soils of eastern China [J]. Environmental Pollution, 2008, 56(3): 1053-1060.

[138] Garoma T., Skidmore L.. Modeling the influence of ethanol on the adsorption and desorption of selected BTEX compounds on bentonite and kaolin [J]. Journal of Environmental Sciences, 2011, 23(11): 1865-1872.

[139] Lee J. F., Liao P. M., Kuo C. C., et al. Influence of a nonionic surfactant(Triton X-100) on contaminant distribution between water and several soil solids [J]. Journal of Colloid and Interface Science, 2000, 229(2): 445-452.

[140] 张景环,曾溅辉. 北京土壤对甲苯和萘的吸附及影响因素分析[J]. 环境科学,2006,27(9): 1889-1894.

[141] Sheng G. Y., Wang X. R., Wu S. N., et al. Ebhanced sorption of organic contaminants by smectitic soilsmodified with a cationic surfactant [J]. Journal of Environmental Quality, 1998, 27(4): 806-814.

[142] Brent E. S., Paul D. M.. The effect of temperature om adsorption of oaganic compounds to soils [J]. Canadian Geotechnical Journal, 2001, 38(1): 46-52.

[143] 童玲,郑西来,李梅等. 土壤对苯系物的吸附行为研究[J],西安建筑科技大学学报,2007, 39(6): 856-861.

[144] 任文杰,周启星,王美娥. BTEX 在土壤中的环境行为研究进展[J],生态学杂志,2009,28(8): 1647-1654.

[145] Wild S. R., Jones K. C.. Polynuclear aromatic hydrocarbons in the United Kingdom environmental: a preliminary source in inventory and budget [J]. Environmental Pollution, 1995, 88(1): 91-108.

[146] Wilcke W., Zech W., Kobza J.. PAH-pools in soils along a PAH-deposition gradient [J]. Environmental Pollution, 1996, 92(3): 307-313.

[147] 胡黎明,郝荣福,殷昆亭等. BTEX 在非饱和土和地下水系统中迁移的试验研究[J],清华大学学报(自然科学学报),2003,43(11): 1546-1549.

[148] Kim S. B., Ha H. C., et al. Influence of flow rate and organic carbon content on benzene transport in a sandy soil [J]. Hydrological Processes, 2006, 20(20): 4307-4316.

[149] Huesemann M. H., Hausmann T. S., Fortman T. J.. Leaching of BTEX from aged crude oil contaminated model soils: Experimental and modeling results [J]. Soil and Sediment Contamination, 2005, 14(6): 545-558.

[150] 周月明,刘娜,张兰英等. 耐低温混菌降解苯系物的特性及菌种鉴定研究[J]. 生态环境学报,2010,19(7): 1893-1900.

[151] 吴丹,李法云,杨姝倩等。采用优势菌降解 BTEX 和石油烃的性能[J]. 辽宁工程技术大学

学报(自然科学版),2010,29(2):316-319.

[152] Kao C. M. ,Huang W. Y. ,Chang L. J. ,et al. Application of monitored natural attenuation to remediate a petroleum -hydrocarbon spill site [J]. Water Science and Technology,2006,53(2):321-328.

[153] 刘尧. 土壤 BTEX 污染的分子诊断及修复基准研究[D]. 天津:南开大学,2011.

[154] NELSON T E. Polycyclic aromatic hydrocarbons in the terrestrial environment: a review [J]. J Environ Qual,1983, 12(4):427-441.

[155] FUHR F,SCHEELE H,KLOSTER G. Schadstoffeintrage in denboden durch industrie,besjedlung,Verkehr und landbewirtshaftung [J]. Vdluf-Schriftenreihe,1986, 16:73-84.

[156] JONES K C,STRATFORD J A,WATERHOUSE K S,et al. Organic contami-nants in Welsh soils: polycyclic aromatic hydrocarbons [J]. Environ Sci Technol, 1989, 23: 540-550.

[157] MENICHINI E. Urban air pollution by polycyclic aromatic hydrocarbons: levels and sources of variability [J]. Sci Tot Environ,1992,116:109-135.

[158] 宋玉芳,常士俊,李利等. 污灌土壤中多环芳烃的积累与动态变化研究[J]. 应用生态学报,1997,8(1):93-98.

[159] 何耀武,区自清,陈铁流. 多环芳烃类化合物在土壤上的吸附[J]. 应用生态学报,1995,6(4):423-427.

[160] 何黎,白娟,殷俊,程曦,白瑞,黄瑶瑶. 苯系物污染治理的研究进展[J]. 应用化工,2017 年 10 月.

[161] 席北斗,张化永,姜永海,于会彬,赵磊. 地下水中多环芳烃迁移转化研究[J]. 环境污染与防治,2009 年 10 月.

[162] 戴树桂. 环境化学[M]. 北京:高等教育出版社,2006.

[163] AHN S, WERNER D, LUTHY RG. Modeling PAH mass transfer in a slurry of contaminated soil or sedi mentamended with organic sorbents[J]. Water Research, 2008, 42 (12):2931-2942.

[164] 谭文捷,李宗良,丁爱中. 土壤和地下水中多环芳烃生物降解研究进展[J]. 生态环境,2007, 16 (4):1310-1317.

[165] WICKL Y, REMER R, W RZ B,et al. Effect of fungal hyphae on the access of bacteria to phenanthrene in Soil[J]. Environ. Sci. Technol. 2007, 41 (2)-500-505.

[166] KIMHS, PFAENDER F K. Effects of microbially mediated redox conditions on PAH-soil interactions[J]. Environ. Sci. Technol. 2005, 39 (23):9189 n496.

[167] 胡岚. 苯系物污染土壤修复初步研究[D]. 南京:南京理工大学,2010. 9.

[168] DABEK L Application of sorption and advanced oxidation processes for removal of phenols from aqueous solutions [J]. Annual Set The Environment Protection, 2015, 17 (1): 616-645.

[169] 李朝宇,张潇,吕佳佳,等. 石墨烯/SiO₂气凝胶对苯、甲苯水溶液的吸附[J]. 中国环境科学,2017,37(3):972-979.

[170] 冯聪. 新型超高交联树脂的合成及其对水中苯和甲苯的吸附研究[D]. 郑州:郑州大学, 2013.

[171] EHSAN F E. AHMAD S, MOHAMAD R K N. Separation of BTEX compounds(benzene, toluene, ethylbenzene and xylenes) from aqueous solutions using adsorption process [J]. Journal of Dispersion Science and Technology, 2019,40(3):453-463.

[172] COZZARELLII M, BEKINS B A, BAEDECKER M J, et al. Progression of natural attenuation processes at a crude-oil spill site: I. Geochemical evolution of the plume[J]. Journal of contaminant hydrology,2001,53(3):369-385.

[173] KAO C M, HUANG W Y, CHANGL J, et al. Application of monitored natural attenuation to remediate a petroleum-hydrocarbon spill site[J]. Water Science& Technology, 2015,53(2):321-328.

[174] KAO C M, PROSSER J. Evaluation of natural attenuation rate at a gasoline spill site[J]. Journal of Hazardous Materials, 2011,82(3):275-289.

[175] MULLIGAN C N, YONG R N. Natural attenuation of contaminated soils[J]. Environment International,2004, 30(4):587-601.

[176] SEAGREN E A, BECKERJ G. Review of natural attenuation of BTEX and MTBE in groundwater [J]. Practice Periodical of Hazardous, Toxic& Radioactive Waste Management,2002,6(3):156-172.

[177] 晁群芳,周俊,方新湘等. 苯酚降解菌 ZJ-1 的分离及降解特性研究[J]. 生物技术,2009,19(2):57-59.

[178] ALVAREZ P J J, ILLMAN W A. Bioremediation and Natural Attenuation [M]. New York:Wiley,2006.

[179] 倪宇洋,李荣河. 苯系物降解菌的筛选及改进补料策略的 PHA 生产[J]. 环境科学与技术, 2018. 41(5);11-16.

[180] KAO C M, WANG C C. Control of BTEX migration by intrinsic bioremedia-tion at a gasoline spill site[J]. Water Research,2000,34(13):3413-3423.

[181] CHIRWA E M, MAMPHOLO T, FAYEMIWO O. Biosurfactants as demulsi-fying agents for oil recovery from oily sludge-performance evaluation [J]. Water Science and Technology,2013,67(2):2875-2881.

[182] MARGESIN R, WALDER G, SCHINNER F. Bioremediation assessmentof a BTEX-contaminated soil[J]. Acta Biotechnologica,2003,23(1):29-36.

[183] SULAIMAN A Z, MUFTAH E N. Immobilization of Pseudomonas putida in PVA gel particles for the biodegradation of phenol at high concentrations [J]. Biochemical Engineering Journal,2011,56(1):46-50.

[184] 张志刚,徐德强,李光明等. 固定化优势菌种降解 2,6-二叔丁基酚[J]. 中国环境科学,2005,(3):58-61.

[185] MAPHUTHA S, MOOTHI K, MEYYAPPAN M, et al. A carbon nanotube-infused polysulfide membrane with polyvinyl alcohol layer[J]. Sci Rep,2013, 3(1509):1-6.

[186] MAHMOODI N M, ARAMI M, LIMAEE N Y, et al. Photocatalytic degradation of agricultural N-heterocyclic organic pollutants using immobilized nanoparticles of titania [J]. Journal of Hazardous Mater,2007,145(1):65-71.

[187] 钱雅洁,周雪飞,张亚雷. 零价. 纳米铁在修复受污染地下水中的最新进展[J]. 四川环境,2012,31(1):128-133.

[188] SHEIKHOLESLAMI Z, YOUSEFIK D, QADERI F. Investigation of photo-catalytic degradation of BTEX in produced water using c-Fe₂O₃₋ nanoparticle [J]. Journal of Thermal Analysis& Calorimetry, 2019, 135 (3): 1617-1627.

[189] ZAHEDNIYA M, TABATABAEI GZ. Investigation of BTEX Removal from Aqueous solution by Single Wall Carbon Nanotubes Coated with ZnO[J]. Journal of hydroxylation, 2018,29(2):1-11.

[190] WANG J,CHEN Z,CHEN B. Adsorption of polycyclic aromatic hydrocarbons by graphene and graphene oxide-nanosheets[J]. Encironmental Science and Technology,2014,48(9):4817-4825.

[191] 于飞. 改性碳纳米管的制备及其对苯系物和重金属吸附特性研究[D]. 上海:上海交通大学, 2013.

[192] 杨梅,费宇红. 地下水污染修复技术的研究综述[J]. 勘察科学技术,2008,(4):12-16.

[193] 蒋廉颖. 电化学法去除废气中苯系物实验研究[D]. 杭州:浙江工业大学, 2010.

[194] DAGHIO M,AULENTA F,Vaiopoulou E,et al. Electrobioremediation of oil spill[J]. Water Research,2017(114):51-370.

[195] LOGAN B E, HAMELERS B, ROZENDAL R, et al. Microbial fuel cells: methodology and technology [J], Environmental Science and Technology, 2006, 40(17):5181-5192.

[196] DAGHIO M, ESPINOZAT A, LEONI B. Bioelectrochemical BTEX removal at different voltages: assessment of the degradation and characterizationon of the microbial communities[J]. Journal ofHazardous Materials, 2018(341):20-127.

[197] ZHANG T, GANNON S M, NEVINK P, et al. Stimulating the anaerobic degradation of aromatic hydrocarbons incontaminated sediments by providing an electrode as the electron acceptor [J]. Environmental Microbiology, 2010,12(4):10 11-1020.

[198] CONWAY B E. Electrochemical supercapacitors: scientific fundamentals and technological applications [M]. NewYork: Springer,1999.

[199] Silva T c, Kettermann V F, Pereira C,et al. Novel tape-cast SiOC-based porous ceramic

electrode materials for otential application in bioelectrochemical systems [J]. Journal of Materials Science, 2019, 54(8):6471-6487.

[200] TOMASZ C, CZESL AWA D R, JOANNA P. The Possibilities of Using Broadleaf Cattail Seeds (Typha latifolia L.) as Super Absorbents for Removing Aromatic Hydrocarbons (BTEX) from an Aqueous Solution [J]. Water, Air& Soil Pollution, 2019, 230 (1):1.

[201] LUIS-ZARATE V H, RODRIGUE Z-HERNANDEZ M C, Alatriste-Mondragon F, et al. Coconut endocarp and mesocarp as both biosorbents of dissolved hydrocarbons in fuel spills and as a power source when exhausted [J]. Journal of Environmental Management, 2018, 211:103-111.

[202] OLIVELLA M A, JOVE P, OLIVERAS A. The use of cork waste as a biosorbent for persistent organic pollutants-Study of adsorption/desorption of policyclic aromatic hydrocarbons [J]. Journal of Environmental Science& Health, Part A: Toxic/Hazardous Substances&Environmental Engineering, 2011, 46(8):824-832.

[203] BACELO H A, SANTOS C, BOTELHO C M. Tannin-based biosorbents for environmental applications-a eview[J]. Chemical Engineering Journal, 2016, 303:575-587.

[204] FAYEMIWO O M, DARAMOLA MO, MOOTHI K. BTEX compounds in water-future trends and directions for water treatment [J]. Water SA, 2017, 43(4):602-613.

[205] 张方立. 多氯联苯重度污染土壤的淋洗修复技术研究[D]. 广州:华南理工大学,2014.5.

[206] 杜欣莉. 多氯联苯对生态环境的破坏[J]. 节能与环保,2003,(6):39-41.

[207] Wu J P, Luo X J, Zhang Y, et al. Bioaccumilation of polybrominated diphenyl ethers (PBDEs) and polychlorinated biphenyls (PCBs) in wild aquatic species from an electronic waste(e-waste) recycling site in South China [J]. Environment international, 2008, 34 (8):1109-1113.

[208] Backe C, Cousins I T, Larsson P. PCB in soils and estimated soil-air exchange fluxes ofselected PCB congeners in the south of Sweden [J]. Environment Pollution, 2004, 128 (1-2):59-72.

[209] Zhao G F, Xu Y, Han G G, et al. PCBs and OCPs in human milk and selected foods from Luqiao and Pingqiao in Zhejiang, China [J]. Science of the Total Environment, 2007, 378 (3):281-292.

[210] 邱明英. 多氯联苯污染地下水原位修复的室内模拟研究[D]. 新疆:新疆大学,2012.5.

[211] MEIJER S N, OCKENDEN W A, SWEETMAN A, et al. Global distribution and budget of PCBs and HCB in bac kground surface soils: Implications forsources and environmental processes [J]. Environmental Science& Technology, 2003, 37 (4):667-672.

[212] 张雪莲. 电子垃圾拆解区污染土壤中多氯联苯含量分布及植物修复研究[D]. 南京:南京林业大学,2008.

[213] 孙维湘,陈荣莉. 南迦巴瓦峰地区有机氯化合物的污染[J]. 环境科学，1986,7 (6):64-69.
[214] BORGHINI F, GRIMALT J O, SANCHEZ-HERNANDEZ J C, et al. Organochlorine pollutants in soils and mosses from Victoria Land (Antarctica) [J]. Chemosphere, 2005, 58 (3):271-2.
[215] 阚明学. 我国土壤中多氯联苯污染分布及源解析[D]. 哈尔滨:哈尔滨工业大学,2007.
[216] SINKKONEN S, PAASIVIRTA J. Degradation half-life times of PCDDs, PCDFs and PCBs for environmental fate modeling [J]. Chemosphere, 2000, 40 (9-11):943-949.
[217] U. S. Department of Health and Human Services. Toxicological profile forpolychlorinated biphenyls (PCBs) [R]. Atalanta:Public Health Service, 2000.
[218] LI TL, LISJ, LI Y C. Dechlorination of trichloroethylene in groundwaterby nanoscale bimetallic Fe/Pd particles[J]. Journal of Water Resource and Protection, 2009, 1 (2):78-83.
[219] 陈少瑾，梁贺升. 零价铁还原脱氯污染土壤中 PCBs 的实验研究[J]. 生态环境学报，2009, 18 (1):193-196.
[220] U. S. EPA. Solidification/stabilization use at superfund sites[EB/OL]. http://nepis. epa. gov/Exe/ZyPURL. cgi? Dockey=P1000165. txt, 2000.
[221] U. S. EPA. Technology Performance Review: Selecting and using solidify-cation/stabilization treatment for site remediation[EB/OL]. http://nepis. epa. gov/Exe/ZyPURL. cgi? Dockey=P1006AZJ. txt,2009.
[222] Environmental Security Technology Certification Program (ESTCP). Field testing of activated carbon mixing and in-situ stabilization of PCBs in sediment[EB/OL]. http://ww. serdp. org/content/view/pdf/4724.
[223] FAVA F, PICCOLO A. Effects of humic substances on the bioavailability and aerobic biodegradation of polychlorinated biphenyls in a model soil [J]. Biotechnology and Bioegineering, 2002,77 (2):204-211.
[224] AHMED M, FOCHT D D. Degradation of polychlorinated biphenyls by two species of Achromobacter [J]. Canadian Journal of Microbiology, 1973, 19(1):47-52.
[225] 帅建军，熊飞. 多氯联苯的生物修复[J]. 遗传,2011, 33 (3):219-227.
[226] SIERRA I, VALERAJ L, MARINAML, et al. Study of the biodegradation process of polychlorinated biphenylsin liquid medium and soil by a new isolated aerobic bacterium (Janibacter sp.) [J]. Chemosphere, 2003, 53 (6):609-618.
[227] SHUAI J I, TIANY S, YAO Q H, et al. Identication and analysis of polychlorinated biphenyls (PCBs) bio-degrading bacterial strains in Shanghai[J]. Current Microbiology, 2010, 61 (5):477-483.
[228] FIELD J A, SIERRA-ALVAREZ R. Microbial transfomation and degradation of polychlorinated biphenyls [J]. Environment Pollution, 2008, 155 (1):11-12.

[229] 贾凌云，蒋彩平，文成玉. 一种利用蔗糖脂增强多氯联苯生物降解的方法，中国，1775332A [P]. 2006-05-24.

[230] 贾凌云，文成玉，蒋彩平. 一株降解多氯联苯的兼性厌氧菌及获得方法，中国，1793311A [P]. 2006-06-28.

[231] GROEGER A G，FLETCHER J S. The influence of increasing chlorine content on the accumulation and metabolism of polychlorinated biphenyls (PCBs) by Paul's Scarlet Rose Cells [J]. Plant Cell Report，1988，7 (5)：329-332.

[232] ESTIME L，RIER J P. Disappearance of polychlorinated biphenyls (PCBs) when incubated with tissue culturesof different plant species [J]. Bull Environment Contaminates Toxicity，2001，66 (5)：671-677.

[233] ASAI K，TAKAGI K，SHIMOKAWA M，et al. Phytoaccumulation of coplanar PCBs by Arabidopsis thaliana [J]. Environment Pollution，2002，120 (3)：509-511.

[234] SUNG K，MUNSTER C L，RHYKERD R，et al. The use of box lysimeters with freshly contaminated soils to study the phytoremediation of recalcitrant organic contaminants [J]. Environment Science&Technology，2002，36 (10)：2249-2255.

[235] 刘亚云，孙红斌，陈桂珠. 红树植物秋茄对 PCBs 污染沉积物的修复[J]. 生态学报，2009，29 (11)：6002-6009.

[236] MAGEE K D，MICHAEL A，ULLAH H，et al. Dechlorination of PCB presence of plant nitrate reductase [J]. Environmental Toxicology& Pharmacology，2008，25 (2)：144-147.

[237] 陈果，王景瑶，李聚揆. 石油烃污染土壤修复技术的研究进展[J]. 应用化工，2018. 3.

[238] 王业耀，孟凡生. 石油烃污染地下水原位修复技术研究进展[J]. 化工环保，2004. 3.

[239] 吕晓立，孙继朝，刘景涛，刘俊建，张英，崔海炜. 地下水石油烃污染修复技术研究进展[J]. 安徽农业科学，2014. 5.

[240] 王威. 浅层地下水中石油类特征污染物迁移转化机理研究[D]. 吉林：吉林大学，2012. 6.

[241] 房彬，张建，李玉庆，刘范嘉，马劲. 土壤氰化物污染生物修复技术研究进展[J]. 化工环保，2016. 1.

[242] 杨婷婷. 含氰土壤无害化处理试验研究[D]. 天津：天津科技大学，2019. 1.

[243] 习海玲. 氰化物的环境归趋及其风险评述[J]. 2016 中国环境科学学会学术年会论文集，2016. 10.

[244] Johnson CA. The fate of cyanide in leach wastes at gold mines: An environmental perspective [J]. Applied geochemistry，2015，57(194 - 205).

[245] Kjeldsen P. Behaviour of cyanides in soil and groundwater: a review[J]. Water，Air，and Soil Pollution，1999，115(1-4)：279-308.

[246] Koster H. Risk assessment of historical soil contamination with cyanides; origin，potential human exposure and evaluation of Intervention Values [J]. 2001，

[247] Shah M M, Aust S D. Degradation of cyanides by the white rot fungus phanerochaete chrysosporium; proceedings ofthe ACS Symposium series -American Chemical Society (USA), F, 1993[C].

[248] 安路阳,薛文平,尤飞. 海水与淡水中氰化物光化学降解的对比研究[J]. 黄金,2010, 10: 55-9.

[249] Duflot V, Wespes C, Clarisse L, et al. Acetylene (C_2H_2) and hydrogen cyanide (HCN) from IASI satelliteobservations: global distributions, validation, and comparison with model [J]. Atmospheric Chemistry and Phys-ics, 2015, 15 (18):10509 -27.

[250] Kleinböhl A, Toon G C, Sen B, et al. On the stratospheric chemistry of hydrogen cyanide [J]. Geophysical research letters, 2006, 33 (11).

[251] 刘夏瑜. 氰化物污染场地土壤热修复技术研究[D]. 重庆:重庆大学,2018.5.

[252] 康阳,刘伟江,文一,陈坚,张昭昱. 地下水氰化物污染的修复技术简介[J]. 环境污染与防治,2016,05:90-94.

[253] 董岁明. 氟在土-水系统中的迁移机理与含氟水的处理研究[D]. 西安:长安大学, 2004.6.

[254] 杨林锋,彭明霞,文琛,黄精明,余锦龙. 氟污染现状及其治理技术研究进展[J]. 江西科学,2010.8.

[255] 杨飏. 大气氟污染治理技术[J]. 城市环境与城市生态,2000.5.

[256] 袁立竹,王加宁,马春阳,郭书海. 土壤氟形态与氟污染土壤修复[J]. 应用生态学报, 2018.10.

[257] 周宇. 钢铁企业场地污染现状及修复技术筛选探讨[J]. 中国环境科学学会学术年会论文集, 2015.8.

[258] 陈俊莹. 二噁英污染物毒性与结构间定量构效关系的探究[D]. 郑州:郑州大学, 2017.5.

[259] 黄伟芳,吴群河. 二噁英污染土壤修复技术的研究进展[J]. 广州环境科学,2006.3.